작업형 완전정복

한국산업인력공단 출제기준에 맞춘

실내건축산업기사 / 편입대학·대학원 / 인테리어 실무를 위한

실내건축산업기사

2차 작업형 실기

저자 김영애

INTERIOR ARCHITECTURE

최고의 BEST
추천도서

HASA
한솔아카데미

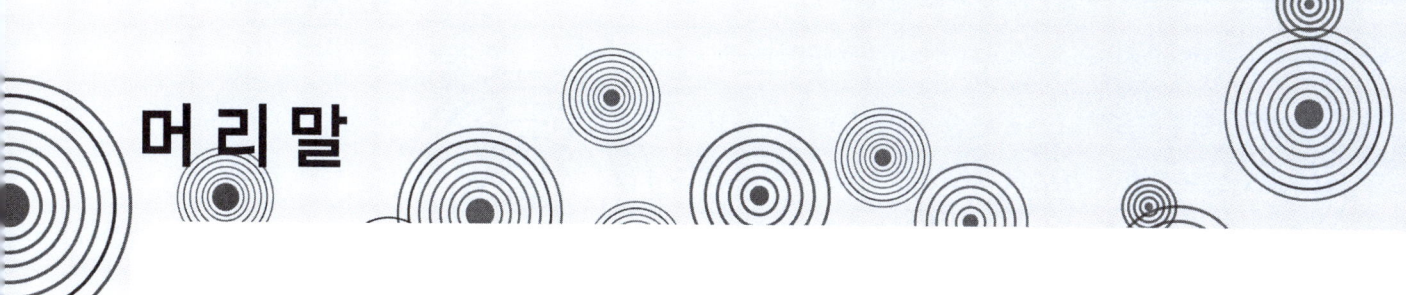

머리말

　실내디자이너는 인테리어플래너, 인테리어 코디네이터 등으로 지칭되며 주거공간, 상업공간 및 인테리어와 관련된 실내장식적인 측면이 강조된 분야를 담당하고 있다.
　실내건축시공에 관한 기초적인 지식과 구조적이고 기능적인 또한 미적인 설계감각을 가지고 건축내·외부 수장에 필요한 작업공정을 종합해 처리하는 일을 주로한다. 또한 인테리어나 실내 환경의 미적 조성을 담당하는 일을 한다.
즉, 건축의 내·외부 치장에 필요한 작업공정을 종합해 새로운 공간을 창출하는 것이다. 따라서 기술적이면서도 창조적인 능력이 있어야 한다.

　실내건축 자격시험은 보다 책임감 있고 전문성 있는 실내디자이너를 검증하기 위한 국가기술 자격시험이다.
　그래서 건축현장에서 실내건축시공에 관한 전문 이론지식의 습득을 평가하는 필기시험(실내디자인론, 색채 및 인간공학, 건축재료, 건축일반)과 실무능력을 평가하는 실기시험(시공실무 및 도면작성)으로 치러진다.

　이 자격은 실내건축기능사(학년, 연령제한 없음)와 상위자격인 의장기사1급(4년제대학 이상 졸업자나 졸업예정자), 2급(전문대졸업자나 졸업예정자)으로 1998년 3월에 처음 시행되었다. 지금도 이 자격은 시행되고 있으며 의장기사는 실내건축산업기사, 기사로 명칭을 변경 시행해 오고 있다.

실내건축 자격시험은
- 비전공자로서 인테리어를 공부하려는 학생 및 일반인
- 전공자이면서 학점인정으로 학위와 취업준비를 필요로 하는 학생
- 실내디자인과로 편입을 희망하는 학생
- 자격증 취득을 준비하는 학생 및 일반인
- 대학원 또는 유학 준비생에게는 꼭 필요한 전공필수 교육과정이다.

　인테리어디자이너는 주택, 사무실, 상가 건물의 내부 환경을 기능과 용도에 맞게 설계를 하고 의뢰한 고객과 충분한 협의를 거쳐 건물의 목적과 기능, 예산, 건축형태 등을 파악해서 설계를 한다.
　공간의 구조, 가구나 시설의 배치, 색상 등 구체적인 계획에 대해 고객과 협의하고 동선, 색채, 조명에 대한 계획을 세우고 가구와 장식품, 조명기구 등을 구체적으로 선정하며 디자인이

완성되면 세부 도면을 만들어 건축가에게 전달하게 된다.

 이 과정에서 인테리어디자이너는 창의적인 사고와 미적 감각, 색채 감각, 공간 지각력, 사물에 대한 관찰력이 있어야 하며, 구체화된 디자인 컨셉안을 확정하여 도면을 작성, 여러 디자인 시공계획을 세우게 된다.
또한 마감재의 결정, 색상선정, 동선이나 그밖의 문제점을 파악해 시공에 필요한 도면을 작성 후 시공업체를 선정하여 시공이 진행되는 동안 감리까지하게 된다.

 따라서 설계분야에 있어 보다 책임감 있고 전문성 있는 실내디자이너를 만들기 위해 보다 세심한 교재가 필요하다.
이 책은 설계도면의 작업순서를 보다 자세하게 보여 주어 도면작업의 실력배양에 중점을 두었으며 많은 학생들이 힘들어 하는 투시도와 컬러링부분에 참고 도면을 많이 넣어 주어 색채감각배양과 표현부분의 테크닉을 강조 하였다.

 현대는 라이프스타일을 중요시 한다. 생활수준이 높아지고 실내공간의 사회적요구가 커져가고 있으며 이에 따라 실내디자이너의 역할이 매우 중요하다고 할 수 있다.

 이 책이 조금이 나마 도움이 될 수 있기를 희망하며 이 책이 잘 나올 수있게 도와 주신 한솔아카데미 한병천 사장님과 출판사 편집부 및 임직원분과 작업을 도와준 제자, (고)김영수교수님, 인테리어 디자이너 전예진, 이지영, 임정은에게도 감사의 말을 드립니다.

저자

Contents

제1장 설계의 기본 — 001

1 실내디자인의 개념과 역할 ···································· 003
  1. 실내디자인의 개념과 역할 ···································· 003
  2. 실내디자이너 ···································· 005

2 제도용구의 사용법 ···································· 007
  1. 제도 ···································· 007
  2. 제도용 필기구 ···································· 007
  3. 제도용 자 ···································· 008

3 선 ···································· 014
  1. 선의 종류와 굵기에 따른 용도 ···································· 015
  2. 선긋기 방법 ···································· 016
  3. 선연습 ···································· 017

4 제도글씨(문자) ···································· 019
  1. 도면내 문자기입 ···································· 019
  2. 도면 내 문자의 종류 ···································· 019
  3. 글씨연습 ···································· 021

5 도면내의 표시기호 ···································· 029
  1. 도면의 기능 ···································· 029
  2. 도면치수 기입법 ···································· 029
  3. 도면의 기호 ···································· 031
  4. 도면내 설계약어 및 용어 ···································· 039

제2장 설계의 기초　　　　　　　　　　　　　　　　　　　　　　　　　　047

1 실내건축의 요소　　　　　049
1. 실내공간의 요소　　　　　049
2. 실내 각 요소의 특징　　　　　051

2 벽체의 구조 및 특징　　　　　052
1. 벽체의 구조 재료　　　　　052
2. 각종재료의 설계기호　　　　　063

3 개구부　　　　　069
1. 문　　　　　069
2. 창문　　　　　081

4 실내공간의 가구 및 마감재료 표현　　　　　090
1. 가구　　　　　090
2. 벽면구성　　　　　103
3. 마감재료 표현(실습)　　　　　106

제3장 실내건축 도면 실기　　　　　　　　　　　　　　　　　　　　　　　　　　111

■■■ 3-1 실내투시 작도법　　　　　113

1 입체표현 - 투시도원리의 이해　　　　　113
1. 투시도　　　　　113
2. 눈높이에 따른 실내변화　　　　　114

2 투시투상법의 종류　　　　　116
1. 1소점 투시도　　　　　116
2. 2소점 투시도　　　　　120

■■■ 3-2 실내투시 작도법 실습　　　　　125

1 도면실습 I　　　　　125
1. 도면작도 시간배분　　　　　125
2. 채점기준 세부사항　　　　　126

2 작업형(실기) 예제실습(원룸형 주택)　　　　　127
1. 평면도　　　　　129
2. 입면도　　　　　146
3. 천정도　　　　　153
4. 투시도　　　　　166

3 작업형(실기) 예제실습(커피전문점)　　　　　187
1. 요구조건　　　　　187
2. 요구도면　　　　　187

목차

제4장 과년도기출문제　　257

- **1** PC방 ··· 259
- **2** 아동의류 전문점 A ·· 267
- **3** 아이스크림 판매점 ··· 275
- **4** 주거오피스텔 ·· 283
- **5** 무선통신기기 매장 ··· 291
- **6** 패스트푸드점 ·· 299
- **7** 북카페 ··· 307
- **8** 자동차 판매대리점 ··· 315
- **9** 오피스텔 ··· 323
- **10** 헤어숍 ··· 331

■■■ 실내투시도 체크 ··· 339
- **1** 오피스텔 ··· 339
- **2** 패스트푸드점 ·· 345

제5장 실내투시 컬러링　　351

- **1** 주거형 오피스텔 I , II ··· 353
- **2** 커피숍 ··· 357
- **3** 스포츠 의류매장 I , II ··· 359
- **4** 아동복 매장 I , II ·· 363
- **5** 이동통신기기 매장 I , II ····································· 367
- **6** 호텔객실(트윈 베드룸) ·· 371
- **7** 재택근무자를 위한 원룸 ····································· 373
- **8** 자녀방 I , II ··· 375
- **9** 벤처사무실 I , II ·· 379
- **10** 보석점 I , II ··· 383
- **11** PC방 ··· 387
- **12** 아이스크림 전문점 I , II ····································· 389
- **13** 독신자 APT I , II ·· 393

학사 취득안내

전문대 졸업자의 학사학위 취득에 대한 설계

2년제 대학(전문대학)을 졸업하면 전문학사 학위를 받고, 학사학위 취득을 위해 4년제 대학교로 편입하고 있다. 그러나 일반 편입하지 않고도 1년안에 학사학위를 받을 수 있다.
학사학위 취득 후에는 대졸자를 구인하는 회사에 지원이 가능하며, 학사 장교지원, 편입학(일반, 학사) 및 대학원 진학, 유학도 가능하다.

학점은행제

학점은행제는 「학점인정 등에 관한 법률」, (법률 제 11690호)에 의거하여 학교에서 뿐만 아니라 학교 밖에서 이루어지는 다양한 형태의 학습과 자격을 학점으로 인정하고, 학점이 누적되어 일정 기준을 충족하면 학위취득을 가능하게 함으로써 궁극적으로 열린 교육사회, 평생학습사회를 구현하기 위한 제도이다.

교 양	전 공		일반 선택
	전공필수	전공선택	
모든 전공영역에서 기초 수준에 해당하는 과목, 학제적 성격의 과목, 자유교양적인 과목 등으로 구성, 필수와 선택의 구분이 없이 운영 교양과목 최소이수학점 : 전문학사 과정 15점	전공과목 최소 이수학점에는 표준교육과정에서 전공영역별로 제시하는 모든 전공필수과목의 함점 반드시 포함 전공과목 최소이수학점 : 전문학사 과정 45학점		학습자가 취득한 교양과목과 전공과목을 제외한 기타 과목

동일직무 자격 간의 학점인정 기준

동일직무란 대분류-중분류-직무번호가 동일한 것을 말하며, 동일직무 내에 속한 자격은 여러 개를 취득하여도 선택하는 1개의 자격에 대해서만 학점인정 가능함.

자격과 표준교육과정 전공 연계 기준

자격과 전공이 연계된 경우, 자격에 대한 학점은 연계된 전공의 "전공필수" 학점으로 인정하며, 연계된 전공이 없는 경우에는 "일반선택" 학점으로 인정함. 자격에 대한 학점은 "교양" 학점으로는 인정할 수 없음.

학사학위과정 학위종류

학위명	수업연한	누적학점	학위취득 대상
학사학위	3~4년	140학점 이상	• 대학(4년제대학으로 산업대와 교육대 포함)졸업자 • 전문대학 (2,3학년제 대학)의 전공심화과정 • 원격대학(방송대학, 통신대학, 방송통신대학 및 사이버대학 포함)의 학사학위과정 • 기술 대학의 학사학위과정 • "학점인정 등에 관한 법률"에 의한 학점인정자 • "독학에 의한 학위취득에 관한법률"에 따른 독학학위제 취득한자
전문학사	2년	80학점 이상	• 전문대학교(2,3학년제대학, 폴리텍대학 포함)의 졸업자 • 원격대학의 전문학사 학위과정 • "학점인정 등에 관한 법률"에 의한 학점인정자 • 학사학위과정 졸업 인정 조건

학사학위과정 졸업 인정 조건

구 분	전문학사	학사학위	학위연계(동일전공)	학위연계(타전공)	학사편입(전문학사)	학사편입(4년제학위)
전공학점	45학점	60학점	15학점	60학점	36학점	48학점
교양학점	15학점	30학점	15학점	15학점	-	-
일반학점	20학점	50학점	30학점	-	-	-
총이수학점	80학점	140학점	60학점	75학점	36학점	48학점

학점인정이 되는 자격증

교육과학기술부 장관의 승인을 받아 평생교육진흥원장이 고시한 자격(국가자격, 국가기술자격, 국가공인 민간자격 중 일부)에 한해 학점이 인정되고 있다. TOEIC·TOEFL 등의 국제자격이나 기타 민간자격은 현재 학점인정대상이 아니다.

구 분	기술사	기능장	기 사	산업기사	컴퓨터활용능력 1급	컴퓨터활용능력 2급	워드프로세서 1급
학점인정	45학점	30학점	20학점	16학점	14학점	6학점	4학점

실내디자인학 관련 학점인정 자격증

분야	직무구분	등급 및 종목	최대 인정학점	관리처
건설	05	실내건축기사	20/30	한국산업인력공단
건설	05	실내건축산업기사	16/24	한국산업인력공단
건설	05	건축기사	20/30	한국산업인력공단
건설	05	건축산업기사	16/24	한국산업인력공단
건설	02	건축목공산업기사	16/24	한국산업인력공단
건설	02	건축목재시공기능장	30/39	한국산업인력공단
건설	02	목재창호산업기사	16/24	한국산업인력공단

진로 및 전망

건축설계사무실, 건설회사, 인테리어사업부, 인테리어전문업체, 백화점, 방송국, 모델 하우스 전문 시공업체, 디스플레이전문업체 등에 취업할 수 있으며, 본인이 직접 개업하거나 프리렌서로 활동이 가능하다.

실내건축산업기사의 인력수요는 계속 증가하고 있다. 의장공사협의회의 자료를 보면 1999년 1월 현재 면허업체가 1,813개사, 1997년 기성실적이 2조 3753억 67백만 원에 이르며, 2000년 이후 실내건축 시장은 국내경제의 회복에 따른 수요증대 및 ASEM 정상회의(2000)에 따른 회의장 및 부속시설, 영종도 신공항건설(2000), 부산아시안게임 관련공사(2002), 월드컵(2002) 주경기장과 부대시설공사 등 대규모 국가단위 행사 또는 국책사업 등에 의해 새로운 도약기를 맞았다. 이밖에 실내건축은 창의적인 능력과 경험을 토대로 하는 지식산업의 하나로 상당한 부가가치를 창출할 수 있으며, 실내공간의 용도가 전문적이고도 특별한 기능이 요구 되는 상업공간, 주거공간, 전시공간, 사무공간, 의료공간, 예식공간, 교육공간, 스포츠·레저공간, 호텔, 테마파크 등 업무영역의 확대로 실내건축산업기사의 인력 수요는 증가할 전망이다. 또한 경쟁도 심화되어 고도의 전문지식 습득 및 서비스정신, 일에 대한 정열은 필수적이다.

출제기준(실기)

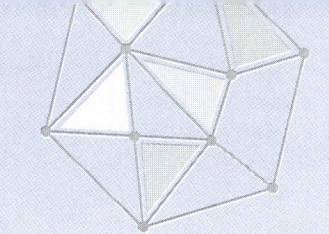

직무분야	건 설	중직무분야	건 축	자격종목	실내건축산업기사	적용기간	2016.1.1~ 2019.12.31

○ 직무내용 : 건축공간을 기능적, 미적으로 계획하기 위하여 현장분석자료 및 기본 개념을 가지고 공간의 기능에 맞게 면적을 배분하여 공간을 계획 및 구성하며, 이러한 구성개념의 표현을 위하여 개념도, 평면도, 천정도, 입면도, 상세도, 투시도 및 재료 마감표를 작성하고, 완료된 설계도서에 의거하여 현장의 공정 및 시공을 총괄관리 하는 등의 직무 수행
○ 수행준거 : 1. 각종 유형의 실내디자인을 계획하고 실무도면을 작성할 수 있다.
　　　　　　 2. 실내건축시공, 공정관리, 적산, 재료의 관리 및 계획을 할 수 있다.

실기검정방법	복합형	시험시간	필답형 : 1시간, 작업형 : 5시간 정도

실기 과목명	주요 항목	세부 항목	세세 항목
건축실내의 설계 및 시공실무	1. 실내디자인 기획	1. 사용자 요구사항 분석하기	1. 사용자 요구사항을 근거로 프로젝트의 취지, 목적, 성격, 기능, 용도, 업무범위를 분석할 수 있다. 2. 사용자와의 협의사항을 바탕으로 작업내용을 규정할 수 있다. 3. 기초조사를 통해 실제 사용자를 위한 결과물의 내용, 소요업무, 소요기간, 업무 세부내용의 요구수준을 결정할 수 있다. 4. 사용자 경험과 행동에 영향을 미치는 요소를 파악할 수 있다. 5. 해당 공간과 주변의 자연환경, 인문환경을 조사할 수 있다. 6. 자료조사를 통해 목표로 하는 시장의 정보, 사용자의 구조, 구성을 파악할 수 있다. 7. 문헌조사와 인터뷰 조사를 통해 사용자 요구사항을 파악할 수 있다. 8. 관련 프로젝트의 현황 파악을 통해 디자인 트렌드 조사를 할 수 있다.
		2. 설계 개념 설정하기	1. 프로젝트에 대한 자료조사 분석을 통하여 해당 공간의 디자인 방향을 설정할 수 있다. 2. 도출된 공간의 디자인 방향을 구체화 하여 본 설계의 주제를 설정할 수 있다. 3. 설정된 주제를 조형언어로 전환시킬 설계개념을 설정할 수 있다. 4. 설계개념을 구체화 할 수 있는 전략을 수립하여 설계의 아이템과 연계한 실행방안을 설정할 수 있다. 5. 프로젝트 분석에서 검토된 내용을 활용하여 필요한 공간 요소를 추출할 수 있다. 6. 프로젝트 분석에서 검토된 내용을 활용하여 기능별 영역을 정립하여 공간의 효율성을 높이는 계획을 수립할 수 있다. 7. 프로젝트 분석에서 검토된 내용을 활용하여 디자인의 원리와 요소를 적용한 계획을 수립할 수 있다.

실기 과목명	주요 항목	세부 항목	세세 항목
	2. 실내디자인 계획	3. 공간 프로그램 작성하기	1. 디자인 개념을 적용시킨 공간을 구상할 수 있다. 2. 공간의 사용목적에 따라 공간의 기본 단위를 도출할 수 있다. 3. 공간의 사용과 중요도에 따라 공간의 위계를 수립할 수 있다. 4. 기능에 따른 공간을 배치할 수 있다. 5. 시간의 흐름에 따른 공간의 변화를 계획할 수 있다. 6. 공간에 적절한 가구, 집기, 조명계획을 할 수 있다.
		1. 공간계획 하기	1. 실내디자인 기획단계의 내용을 토대로 통합적이고 구체적인 실내 공간을 계획할 수 있다. 2. 실내디자인 기획단계의 내용을 토대로 마감재, 색채, 조명, 가구, 장비, 에너지 절약, 친환경 계획을 적용할 수 있다. 3. 실내디자인 공간 계획에 따른 기본 설계 도면을 작성할 수 있다. 4. 실내디자인 공간 계획에 따른 개략적인 물량을 산출할 수 있다. 5. 공사 공정에 따라 제반 비용을 포함한 총 공사예가를 산출할 수 있다.
		2. 마감계획 하기	1. 실내디자인 공간 계획의 내용을 토대로 마감계획을 구체화 할 수 있다. 2. 실내공간의 용도와 사용자의 행태적, 심리적 특성, 시공성 등을 고려한 마감계획을 할 수 있다. 3. 마감재의 안전기준, 장애인, 노약자의 편의증진에 관한 기준을 검토하고 적용할 수 있다.
		3. 가구계획 하기	1. 실내디자인 공간 계획의 내용을 토대로 가구계획을 구체화 할 수 있다. 2. 계획된 공간의 특성에 따라 행태적, 심리적 특성을 고려한 가구계획을 할 수 있다. 3. 계획된 공간에 전기, 기계설비요소들을 고려한 가구배치를 할 수 있다. 4. 계획된 공간의 특성에 따라 인체공학적, 심리적 특성을 고려한 가구를 선정할 수 있다. 5. 유아, 노인, 장애자의 특성을 고려한 가구계획을 할 수 있다.

실기 과목명	주요항목	세부항목	세세항목
		4. 조명계획 하기	1. 계획된 공간에 적절한 조도를 갖춘 경제적, 기능적, 심미적인 조명배치에 대한 기본 계획을 할 수 있다. 2. 계획된 공간에 경제적, 기능적, 심미적인 조명과 조명기구 등을 선정할 수 있다. 3. 계획된 공간에 경제적, 기능적, 심미적인 배선기구 등을 선정할 수 있다. 4. 계획된 공간에 필요한 약전, 정보통신에 대한 기본 설비 계획을 할 수 있다. 5. 계획된 전기설비에 대하여 전기설비 협력업체와 구체화 작업을 협의할 수 있다. 6. 전기설비 및 조명 협력업체를 관리할 수 있다.
		5. 설비계획 하기	1. 계획된 공간에 필요한 급배수, 공조, 냉난방, 위생설비, 배관, 배선 등 설비 기본계획을 수립할 수 있다. 2. 계획된 공간에 필요한 소화설비 등에 대한 계획을 수립할 수 있다. 3. 계획된 공간에 필요한 실내위생설비 및 실내 관련 설비 기구를 선정할 수 있다. 4. 계획된 공간에 필요한 방화 및 피난시설에 대한 계획을 수립할 수 있다. 5. 계획된 공간에 필요한 화재탐지설비에 대한 계획을 수립할 수 있다. 6. 계획된 위생·소방·안전 설비에 대하여 협력업체와 구체화 작업을 협의할 수 있다. 7. 위생설비 및 소방·안전 협력업체를 관리할 수 있다.
	3. 실내디자인 설계도서 작성	1. 실시 설계도면 작성하기	1. 기본 설계를 바탕으로 시공이 가능하도록 실시설계 도면을 작성할 수 있다. 2. 설계도면 작성 기준에 따라 정확하게 설계도면을 작성할 수 있다. 3. 도면을 작성한 후 설계도면집을 완성하여 제시할 수 있다.
		2. 내역서 작성하기	1. 실시설계 도면을 파악하여 수량산출서를 작성할 수 있다. 2. 자재의 단가와 개별직종 노임단가를 조사하여 재료비, 노무비, 경비를 파악하고 일위대가를 작성할 수 있다. 3. 공종별 내역서를 작성할 수 있다. 4. 공사의 원가계산서를 작성할 수 있다.

실기 과목명	주요항목	세부항목	세세항목

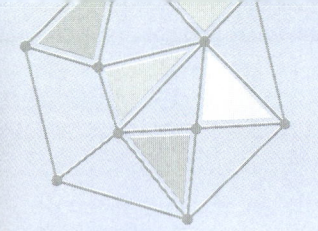

실기 과목명	주 요 항 목	세 부 항 목	세 세 항 목
	4. 실내디자인 시공 관리	3. 시방서 작성하기	1. 실시설계 도면을 검토하여 도면에 표현하기 어려운 내용과 공사의 특수성을 감안하여 시방서를 작성할 수 있다. 2. 시공을 위한 일반사항과 공종별 지침에 대해 기술할 수 있다. 3. 필요한 경우 특별시방서를 직접 작성하거나 관련 업체에 요청하여 취합할 수 있다.
		1. 공정 계획하기	1. 설계의 전반적인 내용을 숙지하고 예정공정에 따라 공사전반의 공정계획서를 작성 할 수 있다. 2. 설계에 따라 각 공정에 필요한 인력, 자재, 장비의 투입 시점을 계획 할 수 있다. 3. 공사에 소요되는 예산 계획을 수립할 수 있다. 4. 공정계획서의 일정계획과 진도관리에 따라 공사를 완료 할 수 있다.
		2. 현장 관리하기	1. 공사계획에 따른 인력, 자재, 예산을 관리할 수 있다. 2. 설계도서에 따른 적정 시공 여부를 확인할 수 있다. 3. 위기대응, 현장정리, 진행과정을 기록·보고를 할 수 있다. 4. 공정계획서의 일정계획과 진도관리에 따라 공사를 완료 할 수 있다.
		3. 안전 관리하기	1. 시공현장의 재해방지·안전관리 계획을 수립할 수 있다. 2. 시공 작업에 맞추어 공종별 안전관리 체크리스트를 수립할 수 있다. 3. 안전관리 시설을 설치·관리 할 수 있다. 4. 시공과정에 따른 안전관리체계를 지도 할 수 있다.
		4. 감리하기	1. 공사에 투입되는 장비와 자재의 품질에 대한 적정성을 판단 할 수 있다. 2. 공사가 올바르게 시공되었는지 검사하고 판단할 수 있다. 3. 부적합한 사안에 대하여 시정 지시를 할 수 있다.

응시자격

산업기사

다음 각 호의 어느 하나에 해당하는 사람

1. 기능사 등급 이상의 자격을 취득한 후 응시하려는 종목이 속하는 동일 및 유사 직무분야에 1년 이상 실무에 종사한 사람
2. 응시하려는 종목이 속하는 동일 및 유사 직무분야의 다른 종목의 산업기사 등급 이상의 자격을 취득한 사람
3. 관련학과의 2년제 또는 3년제 전문대학졸업자 등 또는 그 졸업예정자
4. 관련학과의 대학졸업자 등 또는 그 졸업예정자
5. 동일 및 유사 직무분야의 산업기사 수준 기술훈련과정 이수자 또는 그 이수예정자
6. 응시하려는 종목이 속하는 동일 및 유사 직무분야에서 2년 이상 실무에 종사한 사람
7. 고용노동부령으로 정하는 기능경기대회 입상자
8. 외국에서 동일한 종목에 해당하는 자격을 취득한 사람

비고

1. "졸업자등"이란 「초·중등교육법」 및 「고등교육법」에 따른 학교를 졸업한 사람 및 이와 같은 수준 이상의 학력이 있다고 인정되는 사람을 말한다. 다만, 대학(산업대학 등 수업연한이 4년 이상인 학교를 포함한다. 이하 "대학등"이라 한다) 및 대학원을 수료한 사람으로서 관련 학위를 취득하지 못한 사람은 "대학졸업자등"으로 보고, 대학등의 전 과정의 2분의 1 이상을 마친 사람은 "2년제 전문대학졸업자등"으로 본다.
2. "졸업예정자"란 국가기술자격 검정의 필기시험일(필기시험이 없거나 면제되는 경우에는 실기시험의 수험원서 접수마감일을 말한다. 이하 같다) 현재 「초·중등교육법」 및 「고등교육법」에 따라 정해진 학년 중 최종 학년에 재학 중인 사람을 말한다. 다만, 「학점인정 등에 관한 법률」 제7조에 따라 106학점 이상을 인정받은 사람(「학점인정 등에 관한 법률」에 따라 인정받은 학점 중 「고등교육법」 제2조제1호부터 제6호까지의 규정에 따른 대학 재학 중 취득한 학점을 전환하여 인정받은 학점 외의 학점이 18학점 이상 포함되어야 한다)은 대학졸업예정자로 보고, 81학점 이상을 인정받은 사람은 3년제 대학졸업예정자로 보며, 41학점 이상을 인정받은 사람은 2년제 대학졸업예정자로 본다.
3. 「고등교육법」 제50조의2에 따른 전공심화과정의 학사학위를 취득한 사람은 대학졸업자로 보고, 그 졸업예정자는 대학졸업예정자로 본다.
4. "이수자"란 기사 수준 기술훈련과정 또는 산업기사 수준 기술훈련과정을 마친 사람을 말한다.
5. "이수예정자"란 국가기술자격 검정의 필기시험일 또는 최초 시험일 현재 기사 수준 기술훈련과정 또는 산업기사 수준 기술훈련과정에서 각 과정의 2분의 1을 초과하여 교육훈련을 받고 있는 사람을 말한다.

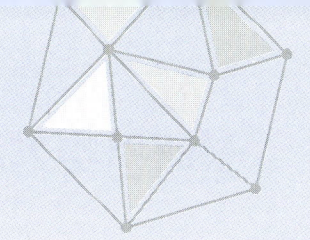

실내건축기사 · 산업기사 출제기준(실기)

Ⅰ. 실내디자인 실무 실기시험 〈배점 60점〉	**실내건축기사**
	1. 실내디자인 계획 ① 주어진 테마(Theme)를 중심으로 실내디자인 기본계획을 세운다. 　가. 디자인 개요 　나. 디자인 의도 　다. 디자인 방향 작성 등 2. 일반도면 작도 ① 주어진 테마에 의한 기본계획을 평면도상에 표현한다. ② 내부 입면도 1면 혹은 2면 ③ 단면도 ④ 천장도 ⑤ 실내투시도(채색포함) 3. 작도시간 : 총 6시간 30분(연장시간 없음) 4. 시공실무(필답) 40점+작업형실기 60점=100점
	실내건축산업기사
	1. 실내디자인 계획 ① 주어진 테마(Theme)를 중심으로 실내디자인 기본계획을 세운다. 　가. 디자인 개요 　나. 디자인 의도 　다. 디자인 방향 작성 등 2. 일반도면 작도 ① 주어진 테마에 의한 기본계획을 평면도상에 표현한다. ② 내부 입면도 1면 혹은 2면 ③ 천장도 ④ 실내투시도(채색포함) 3. 작도시간 : 총 5시간 30분(연장시간 없음) 4. 시공실무(필답) 40점+작업형실기 60점=100점
	실내건축기능사
	1. 일반도면작도 〈평면도, 입면도, 천장도, 투시도(채색포함)〉 2. 작도시간 : 5시간 정도 3. 100점 만점에 60점 이상 합격

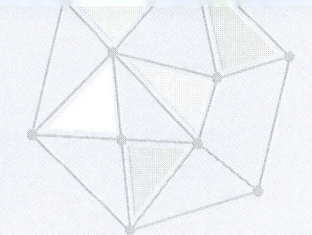

II. 시공실무 〈배점 40점〉	실내건축기사 & 산업기사
	1. 시공에 관한 사항 　① 비계공사 　② 조적공사 　③ 목공사 　④ 타일, 테라코타공사 　⑤ 미장공사 　⑥ 금속공사 　⑦ 유리공사 　⑧ 플라스틱재공사 　⑨ 도장공사 　⑩ 내장공사 　⑪ 석공사 2. 공정관리에 관한 사항 　① 공정표 작성 　② 공정계획 3. 적산에 관한 사항 　① 일반사항 　② 공사별 적산 4. 재료에 관한 사항 　① 재료의 검수관리에 관한 사항

Tip

∗ 문제유형
① 시공순서쓰기
② 종류쓰기
③ (　) 넣기
④ 용어정리
⑤ 연결하기
⑥ 장, 단점쓰기

∗ 시험시간 : 1시간(60분)
∗ 시험문항 : 9~11문항 정도(1문항당 3점~6점)
∗ 시험형식 : 주관식(단답형)
　　　　　　 계산식 포함
∗ 시험 합격 가능점수 : 기사 30점, 산업기사 25점
　　　　　　　　　　　(40점 만점 기준)

채점기준(도면)

세부사항	항목별 채점방법	배점
1. 도면의 미관 도면의 배치	① 도면이 한쪽으로 치우치거나 중심에 들어오지 않을 때 -2 ② 테두리선을 작도하지 않고 임의로 작도했을 때 -2 ③ 도면의 훼손 정도가 심하고 청결하지 못할 때 -5 ④ 손때가 눈에 보이게 묻어 있을 경우 1개소당 -1	-10
2. 각종 선의 작도와 구분	① 선의 굵기와 용도에 맞는 선의 표현이 미숙할 때 -5 ② 선과 선이 만나는 부분이 교차 ±1 이상이 되는 곳 1개소마다 -1 ③ 치수선 및 인출선의 각도 및 구도가 미숙할 때 -2 ④ 중심선의 표시가 1개소 누락 혹은 1점 쇄선이 아닐 경우 -2	-10
3. 평면도	① 크기 및 간격이 일정치 못할 경우 -1 ② 꼭 필요한 곳, 설명이 필요한 곳에 문자나 숫자가 누락 -2 ③ 재료의 표현이 누락되거나 표현이 미흡할 경우 -2 ④ 출입구 부분 ENT표시 누락 -2 ⑤ 입면도, 단면도 방향 표시 누락 -5 ⑥ 개구부(창·문)의 작도시 밑틀의 유무와 선의 종류, 구조적, 표현이 미흡할 경우 -5 ⑦ 요구된 가구 및 집기에서 누락될 경우 개당 -3 (주요 가구일 시 -5) 계획상으로 미흡할 경우 -5 ⑧ 요구된 문제의 벽체 및 개구부의 위치나 크기가 틀릴 경우 -5 ⑨ 공간에서 가구 및 집기 등의 비례가 맞지 않을 경우 -3 ⑩ 디자인 컨셉트 누락시 -5	-38
4. 입면도	① 벽면에 대한 재료 표현 누락 -3 ② 가구 및 집기 등의 높이가 터무니없을 경우 -2	-5
5. 천장도	① 범례 기입 누락 -5 ② 공간 내에 조명의 배치가 일정치 않을 경우 -3 ③ 공간 내에 조명의 배치가 너무 많거나 적을 경우 -5 ④ 일정 간격의 조명 치수 미기입 -2 ⑤ 소방, 설비 기구의 누락은 각 -2 ⑥ 커튼박스 누락 -3 ⑦ 욕실, 발코니 등의 천장 재료 누락 -3	-23
6. 투시도	① 투시보조선 누락 -5 ② 가구 및 집기 등의 공간상 비례 -3 ③ 도면이 썰렁할 경우 -3 ④ 표현의 미숙 (모든 물체들이 각이 져 있을 경우) -2 ⑤ 개구부 (특히, 창호)의 누락 -3	-16
7. 투시도 컬러링	① 색이 너무 튈 경우 (야광색, 원색 사용) -2 ② 마카 사용시 얼룩이 많이 질 경우 -2	-4
8. 기타	① 도면명 미기입 -5 ② 스케일 미기입 -3 (특히, 투시도 S=N.S) ③ 요구된 도면 미작도 -20 ④ 요구된 스케일과 틀리게 작도할 경우 -10	-38

평가기준

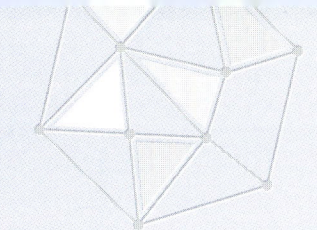

문제의 요구조건 및 요구사항, 요구도면의 파악

1. 문제의 요구조건 및 요구사항, 요구도면에 맞추어 도면을 작도한다.

문제 조건의 파악은 매우 중요하다. 감점의 요소가 크기 때문에 대부분의 학생들 중 정말 작도를 할 줄 몰라서 못하는 경우는 드물다. 대개 문제에서 요구하는 사항들을 실수로 누락시키거나 오작하는 경우가 많다. 문제는 주어진 것조차 제대로 파악하지 못하고 오작하는 실수를 범하지 않아야 한다. 먼저 주어진 문제의 도면과 요구조건을 보고 벽체와 개구부의 조건을 파악해야 한다. 같은 문제로 시험을 치루기 때문에 주어진 평면의 면적은 벽체에서 단 100mm의 오차가 생기더라도 평가시 확연히 드러난다. 따라서 문제에서 요구하는 벽체, 개구부, 가구 및 집기 도면의 스케일, 입면도의 방향 등 조건 파악이 무엇보다도 중요하다.

도면 작도시 기호들은 빠뜨리기 쉬우므로 제출할 때 빠진 것들이 없나 반드시 확인해야 한다. 예를 들어, 도면명 옆에 기입하는 도면의 스케일이라든지, 평면도에서 입면도 방향 표시나 단면 표시 등은 반드시 한 번 더 확인해 보아야 한다.

2. 시간 내 완성

도면은 주어진 시간 내에 완성해야 한다. 전에 시행되던 연장시간이 없어지고 시험시간이 정해져, 산업기사는 5시간 30분, 기사는 6시간 30분 안에 작업을 완성해야 한다. 따라서 실습 과정에서부터 도면 작도의 소요 시간을 계산하여 미리 연습하도록 한다.

3. 선과 글씨

선과 글씨는 제도의 기본이다. 선의 굵기와 용도에 맞는 선의 표현, 글씨의 통일성, 다른 사람들도 읽기 쉬운 정확한 글씨 등은 도면을 한눈에 들어오게 하여 짜임새 있는 도면이 된다. 그러나 선의 용도에 맞는 굵기와 그 굵기에 대한 적절한 표현이 미흡한 도면은 한눈에 들어오지도 않을뿐 더러 도면이 흐릿하여 명확하게 보이지 않는다.

보통 한 회 시험에 400명 이상의 학생들이 응시하고 그 중 30%정도가 합격한다. 1인당 시험지(트레이싱 지) 3장에 도면을 작도하므로 응시 인원이 400명씩 3장을 작도한다고 하면 채점자는 1,000여 장이 넘는 시험지를 채점해야 한다. 채점자가 1,000여 장이나 되는 도면을 한꺼번에 다 들여다 보기는 어렵다.

선은 공간의 계획에 우선되지는 않으나 아무리 시간내에 도면을 완성하고 공간의 계획이 좋다하더라도 선 과 글씨의 표현이 적절하지 못하면 도면 자체를 좋게 평가 받기는 어렵다.

4. 공간의 계획

주어진 공간에 대해서는 주어진 요구조건에 맞추어 계획한다. 계획은 법규처럼 정해진 것은 아니다. 그러나 일반적인 상식과 공간의 비례, 가구 및 집기 등의 비례 등에 크게 벗어나거나 어색하지 않아야 한다.

계획에는 큰 감점의 요소가 없다. 단지 실생활에 적합한 이상적인 계획을 설계하였는지 평가하게 된다.

공간을 계획할 때는 각종 규정, 건축구조, 건축제도의 통칙을 준수하여 작도한다.

5. 도면의 배치와 청결

지급된 제도용지에 사방 1cm의 테두리선을 만들고 작도하고자 하는 도면을 제도용지(트레이싱지)의 중앙에 맞춰 작도 한다. 도면이 한쪽으로 치우치거나 균형이 맞지 않으면 감점대상이 된다.

도면의 청결 또한 중요하다. 삼각자, 스케일자 등을 휴지로 자주 닦아 도면에 자욱이 남지 않게 한다. 도면이 파손(찢어지지)되지 않게 조심해서 작도하며, 파손될 경우에는 투명한 테이프로 뒷면에 잘 붙여준다.(트레이싱지는 잘 찢어지므로 주의가 필요하다.)

지급된 제도용지는 시험중에 다시 재지급되지 않는다.

도면을 제출할 때에는 지저분한 곳을 잘 지워서 청결하게 하여 제출한다.

수험자 유의사항

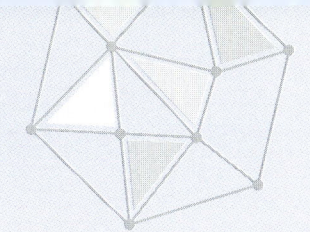

1. 다음과 같은 경우에는 채점대상에서 제외된다.

    (1) 시험시간 내에 요구사항을 완성하지 못한 경우

    (2) 시험시간 내에 제출된 작품이라도 다음과 같은 경우
        ① 구조적 또는 기능적으로 사용 불가능한 경우
        ② 각 부분이 미숙하여 시공이 불가능한 경우
        ③ 주어진 조건을 지키지 않고 작도한 경우
          명기되지 않은 조건은 각종 규정, 건축구조, 건축제도 통칙을 준수한다.
          도면에 사용하는 용어는 국문, 영문을 혼용해도 된다.

    (3) 기타 채점대상에 제외되는 조건
        ① 지급된 재료 이외의 재료를 사용한 경우

지급재료 목록	트레싱지(A2(420×594) 120g/㎡ 3장)
	켄트지 (A1(594×841) 180g/㎡ 1장)

    ※ 지급된 켄트지(받침용)는 제도판 위에 마스킹 테이프를 사용해 부착시킨다. 트레싱지는 수검 중 교환이 불가하다. 파손(찢어진 경우)시 투명 테이프를 이용해 뒷면에서 붙인다.(평면도 1장, 내부입면도, 천장도 1장. 실내투시도 1장)

    (4) 시험 중 시설·장비의 조작 또는 재료의 취급이 미숙하여 위해를 일으킬 경우

2. 각각의 도면명은 아래 예시와 같이 도면의 중앙하단에 기입하고 매 장(3장 각각)마다 기입한다.

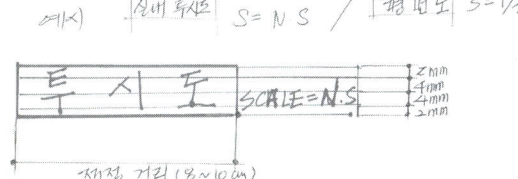

3. 수험번호, 성명은 도면 좌측 상단에 고무인 도장으로 표시한 표에 매 장마다 기입한다.
    ※ 종목 및 등급, 수검번호, 성명을 흑색볼펜이나 흑색 싸인펜을 사용하여 매 장마다 기입한다. 절대 연필로 기입해서는 안된다.

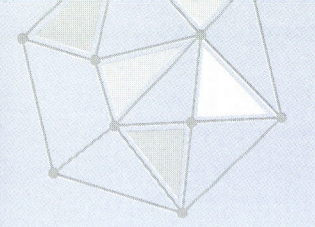

5. 실내투시도의 채색작업은 채색도구를 이용하여 채색한다.
   ※ 채색작업은 필수이며 채색도구의 제한은 없다.(일반적으로 마카(marker)를 사용한다.)

지참준비물 목록

번호	재료명	규격	단위	수량	비고
1	마카(Marker)	12색이상	SET	1	기타 채색용구도 가능함
2	T자또는I자	A2 (420×594)작업용	EA	1	도면작성용
3	삼각자	제도용	조	1	
4	삼각스케일	1/100-1/600	EA	1	
5	제도기	12품이상	조	1	
6	원템플릿	제도용	SET	1	
7	위생템플릿	1/10-1/30	SET	1	
8	볼펜	흑색	EA	1	
9	연필	H,HB,B	EA	1	각 1
10	양면테이프	폭 10m-19mm	ROLL	1	
11	칼	연필깍기용	EA	1	
12	지우개	제도용	EA	1	
13	지우개판	제도용	EA	1	
14	털이비	제도용	EA	1	

※ 기타 투시도 작성용 및 제도에 필요한 용구 일체
※ 시험 진행중에는 중식시간이 별도로 주어지지 않으므로 간단한 식사와 음료를 준비하여 시험실에 입실하여야 합니다.
※ 시험실 입실시에는 참고도서나 도면 등을 지참할 수 없습니다.

ps. 마커(Marker)는 신한 또는 알파 제품으로 60색 정도 구비하면 좋다.
   12색 원색으로만 사용하면 좋은 컬러배색이 나오기 어려우므로 흑백(CG. WG) 포함해 다양한 색을 사용하는 것이 좋다.

과년도 출제분석

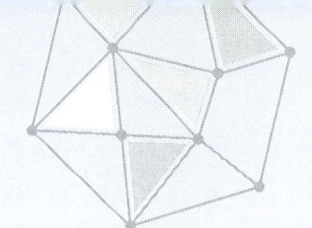

최근 7개년 합격률

연도	필 기			실 기		
	응시	합격	합격률(%)	응시	합격	합격률(%)
15	1,956	808	41.3	783	311	39.7
14	2,298	746	32.5	727	427	58.7
13	2,253	874	38.8	785	465	59.2
12	2,279	787	28.2	754	302	40.1
11	2,697	840	31.1	859	416	48.4
10	3,135	1,018	32.5	1,314	357	27.2
09	3,596	1,352	37.5	1,421	456	32.1

년도별 출제유형(실내건축산업기사)

회차	시험일자	출제문제	출제공간	비고
1회	1992.09.27	TWIN BED ROOM (호텔객실 I)	상업	
2회	1993.07.12	독신자 아파트 I	주거	
3회	1993.10.31	부부 침대	주거	
4회	1994.05.15	스포츠 의류 매장	상업	
5회	1994.07.17	TWIN BED ROOM (호텔객실 II)	상업	
6회	1994.10.16	자녀방	주거	
7회	1995.05.07	독신자 아파트 I	주거	
8회	1995.07.09	구두 및 패션 액세서리점	상업	
9회	1995.10.15	자녀방	주거	
10회	1996.05.12	TWIN BED ROOM (호텔객실 II)	상업	
11회	1996.07.14	패스트푸드점	상업	
12회	1996.09.01	(재택 근무자를 위한) 원룸	주거	
13회	1996.11.17	스포츠 의류 매장	상업	
14회	1997.04.27	보석점	상업	
15회	1997.06.30	독신자 아파트 I	주거	
16회	1997.08.24	패스트푸드점	주거	
17회	1997.11.16	자녀방	주거	

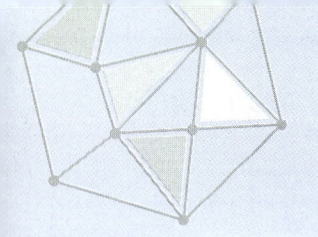

회차	시험일자	출제문제	출제공간	비고
18회	1998.05.10	스포츠 의류 매장	상업	
19회	1998.07.06	독신자 아파트 I	주거	
20회	1998.10.15	패스트푸드점	상업	
21회	1999.03.08	보석점	상업	
22회	1999.05.30	TWIN BED ROOM(호텔객실 II)	상업	
23회	1999.07.25	(재택 근무자를 위한) 원룸	주거	
24회	1999.09.18	스포츠 의류 매장	상업	
25회	1999.12.21	독신자 아파트 I	주거	
26회	2000.02.20	패스트푸드점	상업	
27회	2000.04.23	독신자 아파트 II	주거	
28회	2000.06.20	아동복매장 I	상업(NEW)	
29회	2000.09.03	스포츠 의류 매장	상업	
30회	2000.11.12	유스호스텔	상업(NEW)	
31회	2001.04.22	아이스크림 전문점	상업(NEW)	
32회	2001.07.15	아동복매장 I	상업	
33회	2001.11.04	오피스텔 I	주거(NEW)	
34회	2002.04.23	패스트푸트점	상업	
35회	2002.07.07	이동통신기기 매장	상업(NEW)	
36회	2002.09.29	오피스텔 I	주거	
37회	2003.04.26	주거형 오피스텔	주거(NEW)	
38회	2003.07.13	아이스크림 전문점	상업	
39회	2003.10.25	아동복 매장 I	상업	
40회	2004.04.25	대형 할인마트 매장 내 커피숍	상업(NEW)	
41회	2004.07.04	이동통신기기 매장	상업	
42회	2004.09.18	아동복 매장 II	상업(NEW)	
43회	2005.04.30	오피스텔 I	주거	
44회	2005.07.09	빌딩 내 벤처 사무실	업무(NEW)	
45회	2005.09.24	패스트푸드점	상업	
46회	2006.04.26	아동복 매장 I	상업	
47회	2006.07.08	이동통신기기 매장	상업	

회 차	시험일자	출 제 문 제	출제공간	비 고
48회	2006.09.16	대형 할인마트 매장 내 커피숍	상업	
49회	2007.04.21	오피스텔	주거	
50회	2007.07.07	아이스크림 전문점	상업	
51회	2007.10.17	패스트푸드점	상업	
52회	2008.04.19	이동통신기기 매장	상업	
53회	2008.07.05	커피숍	상업	
54회	2008.09.27	아동복 매장 I	상업	
55회	2009.04.19	오피스텔	주거	
56회	2009.07.05	아이스크림 전문점	상업	
57회	2009.09.13	주거용 오피스텔	주거	
58회	2010.04.18	무선통신 매장	상업	
59회	2010.07.04	커피숍	상업	
60회	2010.09.11	아동복의류 매장 I	상업	
61회	2011.04.30	아이스크림 전문점	상업	
62회	2011.07.24	주거 오피스텔	주거	
63회	2011.10.15	유스호스텔	주거	
64회	2012.04.21	무선통신기기 매장	상업	
65회	2012.07.07	아이스크림 판매점	상업	
66회	2012.10.13	안경점	상업(NEW)	
67회	2013.04.20	북카페	상업(NEW)	
68회	2013.07.13	도심내 커피 전문점	상업(NEW)	
69회	2013.10.18	오피스텔	주거	
70회	2014.04.19	미용실	상업	
71회	2014.07.06	통신기기 판매점	상업	
72회	2014.11.10	헤어숍	상업	
73회	2015.04.18	커피숍	상업	
74회	2015.07.12	아이스크림 매장	상업	
75회	2015.10.04	커피숍	상업	
76회	2016.04.17	안경점	상업	
77회	2016.06.25	아동의류 전문점	상업	

실내건축산업기사 디자인 실기 출제빈도

구 분	출 제 문 제	빈 도
1	TWIN BED ROOM (호텔객실) I	1회
2	독신자 아파트 I	5회
3	독신자 아파트 II	1회
4	부부 침실	1회
5	스포츠 의류 매장	5회
6	TWIN BED ROOM (호텔객실) II	3회
7	자녀방	3회
8	구두 및 패션 액세서리점	1회
9	패스트푸드점	7회
10	(재택 근무자를 위한) 원룸	2회
11	보석점	2회
12	아동복 매장 I	7회
13	유스호스텔	2회
14	아이스크림 전문점	7회
15	오피스텔 I	6회
16	이동통신기기 매장	7회
17	주거형 오피스텔	4회
18	대형 할인마트 매장 내 커피숍	5회
19	아동복 매장 II	4회
20	빌딩 내 벤처 사무실	1회
21	안경점	2회
22	북카페	1회
23	미용실	1회
24	커피전문점	3회

년도별 출제유형(실내건축기사)

회차	시험일자	출제문제	출제공간	비고
1회	1992.09.27	인테리어 사무실	업무	
2회	1993.07.12	컴퓨터회사 안내홀	전시	
3회	1993.10.31	SUITE ROOM(호텔 객실)	상업	
4회	1994.05.15	커피숍 I	상업	
5회	1994.07.17	록카페	상업	
6회	1994.10.16	인테리어 사무실	업무	
7회	1995.05.07	패션숍 I	상업	
8회	1996.07.09	패션숍 II	상업	
9회	1996.10.15	커피숍 I	상업	
10회	1996.05.12	약국	상업	
11회	1996.07.14	(재택 근무자를 위한)원룸	주거	
12회	1996.09.01	빌딩 내 사장실 및 비서실	업무	
13회	1996.11.17	록카페	상업	
14회	1997.04.27	패션숍 I	상업	
15회	1997.06.30	패션숍 II	상업	
16회	1997.08.24	(재택 근무자를 위한)원룸	주거	
17회	1997.11.16	빌딩 내 사장실 및 비서실	업무	
18회	1998.05.10	약국	상업	
19회	1998.07.06	패션숍 I	상업	
20회	1998.10.15	패션숍 II	상업	
21회	1999.03.08	록카페	상업	
22회	1999.05.30	SUITE ROOM(호텔 객실)	상업	
23회	1999.07.25	(재택 근무자를 위한)원룸	주거	
24회	1999.09.18	빌딩 내 사장실 및 비서실	업무	
25회	1999.11.21	약국	상업	
26회	2000.02.20	패션숍 I	상업	
27회	2000.04.23	전시장 내 컴퓨터 홍보용 부스	전시(NEW)	
28회	2000.06.20	CD & VIDEO 판매점	상업(NEW)	

회 차	시험일자	출 제 문 제	출제공간	비 고
29회	2000.09.03	PC방	상업(NEW)	
30회	2000.11.12	빌딩 내 사장실 및 비서실	업무	
31회	2001.04.22	커피숍 Ⅱ	상업(NEW)	
32회	2001.07.15	전시장 내 컴퓨터 홍보용 부스	전시	
33회	2001.11.04	치과 Ⅰ	상업(NEW)	
34회	2002.04.23	PC방	상업	
35회	2002.07.07	CD & VIDEO 판매점	상업	
36회	2002.09.09	커피숍 Ⅱ	상업	
37회	2003.04.26	치과 Ⅰ	상업	
38회	2003.07.13	전시장 내 컴퓨터 홍보용 부스	전시	
39회	2003.10.25	귀금속 전시 판매장	상업(NEW)	
40회	2004.04.25	치과 Ⅱ	상업(NEW)	
41회	2004.07.04	PC방	상업	
42회	2004.10.30	화장품 전문점	상업(NEW)	
43회	2005.05.01	Take out이 가능한 Coff & cake 전문점	상업	
44회	2005.07.10	웨딩숍	상업	
45회	2005.10.23	CD 비디오숍	상업	
46회	2006.04.23	컴퓨터 전시장 부스	상업	
47회	2006.07.09	치과의원(B)	상업	
48회	2006.11.04	치과의원	상업	
49회	2007.04.22	Take out이 가능한 Coff & cake 전문점	상업	
50회	2007.07.14	CD 비디오숍	상업	
51회	2007.11.03	PC방	상업	
52회	2008.04.20	전시장내 컴퓨터 홍보용 부스	상업	
53회	2008.07.12	치과의원	상업	
54회	2008.11.02	최저가 화장품 판매점	상업	
55회	2009.04.18	Take out이 가능한 Coff & cake 전문점	상업	
56회	2009.07.05	CD 비디오 판매점	상업	
57회	2009.10.25	치과의원	상업	

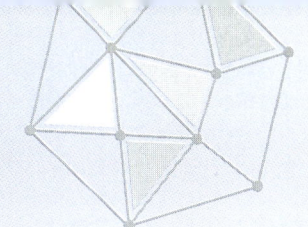

회차	시험일자	출 제 문 제	출제공간	비 고
58회	2010.04.18	Take out이 가능한 Coff & cake 전문점	상업	
59회	2010.07.04	PC방	상업	
60회	2010.10.31	CD, 비디오테이프 판매점	상업	
61회	2011.05.01	한의원	상업	
62회	2011.07.23	유기농 식료품 판매점	상업	
63회	2011.11.13	커피숍	상업	
64회	2012.04.22	약국	상업	
65회	2012.07.07	패스트푸드점	상업	
66회	2012.11.03	PC방	상업	
67회	2013.04.21	자동파 판매점	상업	
68회	2013.07.13	제과전문점	상업	
69회	2013.11.10	아웃도어매장	상업	
70회	2014.04.20	커피숍	상업	
71회	2014.07.05	참치전문점	상업	
72회	2014.11.01	중저가 화장품 매장	상업	
73회	2015.04.18	동물병원	상업	
74회	2015.07.11	헤어숍	상업	
75회	2015.11.07	정형외과	상업	
76회	2016.04.16	귀금속 전문점	상업	
77회	2016.06.26	한의원	상업	

실내건축기사 디자인 실기출제빈도

구 분	출 제 문 제	빈 도
1	인테리어 사무실	2회
2	컴퓨터회사 안내홀	1회
3	SUITE ROOM(호텔 객실)	2회
4	커피숍 Ⅰ · Ⅱ	7회
5	록카페	3회
6	패션숍 Ⅰ	4회
7	패션숍 Ⅱ	3회
8	약국	4회
9	(재택 근무자를 위한)원룸	2회
10	빌딩 내 사장실 및 비서실	4회
11	전시장 내 컴퓨터 홍보용 부스	4회
12	PC방	6회
13	CD & VIDEO 판매점	5회
14	치과 Ⅰ · Ⅱ	7회
15	귀금속 전시 판매장	2회
16	화장품 전문점	3회
17	참치 전문점	1회
18	아웃도어매장	1회
19	제과전문점	1회
20	패스트푸드점	1회
21	유기농식료품판매점	1회
22	한의원	2회
23	COFFEE & CAKE 전문점	3회
24	웨딩숍	1회
26	동물병원	1회
27	헤어숍	1회
28	정형외과	1회
29	자동차 판매점	1회

1 설계의 기본

Industrial Engineer Interior Architecture

실내디자인의 개념과 역할　01
제도용구의 사용법　02
선　03
제도글씨　04
도면내의 표시기호　05
도면내 설계약어 및 용어　■

1장 설계의 기본

01 실내디자인의 개념과 역할

1 실내디자인의 개념과 역할

(1) 실내디자인의 개념(concepts of interior design)

실내디자인(interior design)은 건축디자인(architecture design)과 상호 연관성을 갖고 있으며, 일반적으로 건축디자인이 전체적인 형태구성의 기본이라 한다면 실내디자인은 이를 더욱 세부적으로 형태구성을 조성하는 것이라 할 수 있다.

1980년대 이전만 하더라도 실내디자인은 건축디자인의 하부 개념으로 인식되었다. 그러나 이러한 개념이 경제의 지속적인 성장과 더불어 생활의 패턴이 변화되고 실내건축이라는 의미적 요소가 강해지면서 실내디자인에 대한 전문적인 교육과정에 의하여 건축디자인과 더불어 전문화 된 교육이 이루어지고 있으며, 실무부분에 있어서도 차별화된 분야로 발전되고 있다. 그에 따라 더욱 전문화된 교육과정이 요구되고 있으며, 실내디자인에 관한 다양한 연구가 진행되고 있다.

① 주거하는 실내공간을 미적 공간으로 아름답게 꾸미고 능률적이며 쾌적한 환경으로 창조해 내는 계획이자 실행과정이며 결과이다.
② 건축의 내부공간을 중심으로 쾌적한 인간생활환경을 창조하는 작업이며 건축행위의 결과로서 특정공간에 담겨질 내용의 가치를 극대화시키는 일련의 행위이다.

- 인간생활의 쾌적성을 추구하는 디자인 활동이다.
- 미적, 기능적 공간을 창출하는 디자인 행위이다.
- 다양한 요소를 반영하여 인간환경을 구축하는 작업이다.
- 실내디자인은 실내공간의 사용효율을 증대시킨다.
- 실내디자인은 인간활동을 도와주며, 동시에 미적인 만족을 주는 환경을 창조한다.
- 실내디자인은 건축 및 환경과의 상호성을 고려하여 계획하여야 한다.
- 실내 디자인은 실내건축이라고도 표현할 수 있다.
- 기능적인면과 심미적, 심리적인 면이 충족되어야 한다.
- 기능별 요구가 먼저 계획된 후 실내 디자인 요소에 의한 설계가 이루어져야 한다.

(2) 실내디자인의 목표

실내디자인의 목표는 인간에게 적합한 환경, 즉 인간생활의 쾌적성 추구이다. 실내공간의 쾌적성은 다음의 두 가지 요소가 충족되었을 때 이루어진다. 하나는 기능의 해결이며 다른 하나는 감성적 요소의 부여이다. 실내공간에서 인간생활을 기능적으로 분류할 때 크게 네 가지로 구분할 수 있는데 작업기능, 휴식기능, 취침기능, 취식기능이 그것이다. 이 네 가지 기능은 각각의 공간적 조건들에 의하여 인간생활을 보다 편리하고 풍부하게 해 줄 수 있다.

감성적 요소는 시청각법칙에 의해 창조되는 데, 정서적 환경의 조성은 인간성의 존중, 인간생활환경의 질을 향상시키기 위해 필요한 요건이다.

(3) 실내디자인의 영역

실내건축 디자인은 영리유무에 따라 영리공간과 비영리공간으로 주거유무에 따라 주거공간과 비주거공간으로 대별되며, 공간상에 따라 주거공간, 상업공간, 업무공간, 전시공간, 특수공간으로 구분된다.

1) 영리 유무에 따른 분류

① 영리공간

수입을 직접적인 주목적으로 운영하는 공간으로 상업공간이 대표적이다. 상점, 백화점, 소매점, 전문점, 호텔, 그 장, 임대 오피스, 임대 아파트 등이 이에 속한다. 또한 영리를 목적으로 임대하는 오피스(office)나 오피스텔(officetel) 등도 영리공간이다.

② 비영리공간

수입을 직접적인 주목적으로 운영하지 않는 공간으로 주거공간이 대표적이다. 독립주택, 공동주택, 별장 및 순수한 홍보 교육 등을 주목적으로 하는 기념관, 박물관, 전시관, 쇼룸(show room) 등이 이에 속한다. 그러나 홍보나 교육보다는 판매를 주목적으로 개최하는 전시관이나 쇼룸은 영리공간에 속한다고 하겠다.

2) 주거 유무에 따른 분류

① 주거공간(residential space)

주거공간은 순수한 의식주 생활만을 위한 공간이다.

② 비주거공간(non-residential)

비주거공간은 주거공간을 제외한 모든 공간이다.

3) 공간 대상에 따른 분류

① 주거공간((residential space)

주거공간은 비영리의 순수한 의식주 생활이 실내의 주목적인 생활공간이다. 사용기간의 장단은 별 문제가 되지 않는다. 이에는 단독주택, 공동주택, 다세대주택, 별장 등이 이에 속한다.

② 상업공간(commercial space)

상업공간은 영리나 수익이 주목적으로 지속적인 매매행위가 이루어지는 공간이다. 이에는 상점, 소매점, 백화점, 할인점, 쇼핑센터, 레스토랑, 호텔, 커피숍, 사우나 등이 있다.

③ 업무공간(office space)

업무공간에서의 업무는 정신적인 업무와 육체적인 업무 양자를 포함하는 작업공간을 의미한다. 따라서 전문적인 지식을 요하며 화이트 컬러가 사무실에서 두뇌를 주로 사용 하는 책상에서의 페이퍼 작업이 행해지는 사무작업공간과 공장에서 배관공의 용접 등 블루 컬러가 주로 근육을 사용하여 행해지는 단순한 기능의 작업공간이 포함된다.

④ 전시공간(exhibition space)

전시공간은 다수인의 집회나 관람 및 홍보, 교육 등 비영리를 목적으로 이용되는 공간 영역으로 각종 기념관, 미술관, 박물관, 집회장, 공연장, 전시관, 쇼룸 등이 이에 속한다. 기념이나 전시 기간의 장단은 별문제가 되지 않는다.

⑤ 특수공간

특수공간은 상기 공간 이외의 특수한 용도에 사용되는 공간 영역으로 병원, 공장 이외에 자동차, 캬라반(caravan), 기차, 비행기, 우주선, 우주 정거장 등이 이에 속한다.

2 실내디자이너

(1) 실내디자이너의 정의

실내디자이너는 인간에게 적절한 환경이 갖는 기능과 특징에 관계된 문제들을 파악 연구하고 창조적으로 해결하기 위한 교육과 경험에 의해 자격이 갖추어진 자를 말하며, 실내공간의 사용 목적에 적합하도록 보다 기술적이고 감각적인 안목으로 자기만의 재창조 및 재구성에 있어 부단한 연구와 더불어 창의적인 작품으로 구성할 수 있으며, 책임감을 가질 수 있는 자를 말한다.

(2) 실내디자이너의 역할

실내 디자이너는 우선 건축물과 주변환경에 대한 기본적인 제반사항을 이행하여 실내에 영향을 주는 환경적 요소를 충분히 고려하고 보다 합리적이면서도 체계적인 조화가 이루어 지도록 해야 하며, 다양한 전문가 특히 실내디자인에 관계된 모든 전문분야의 디자이너들과 협력하여 보다 체계적이면서 기술적인 방안들을 모색하여야 할 것이다. 다시 말해 모든 인간환경에 포함되는 기능적 요구, 개인적 습관, 취향을 고려하여 프로젝트를 요구사항에 맞게 디자인할 수 있어야 하며, 미래의 실내디자이너들은 사회가 갖는 복잡한 환경적 요구에 대하여 창조적인 디자인으로 해결방안을 모색 제시하며, 또한 다른 관련분야들과 상호협동작업을 통하여 사회문제를 혁신적이고 체계적으로 접근하는 역할을 한다.

(3) 실내디자이너와 고객

실내디자이너와 고객은 항상 믿음으로서 관계가 유지되어야 하며, 디자이너는 책임있는 노력과 연구로서 노력을 하며, 고객은 자신만이 갖고 있는 디자인에 대한 의견을 디자이너에게 충분히 전달하고 디자이너에 의하여 구성된 작품에 대한 신뢰감을 더해야 할 것이다. 그리하여 보다 생활의 활기를 찾을 수 있는 공간으로 재창조 될 수 있도록 하여야 할 것이다. 다시 말해 실내디자이너와 고객은 서로의 의견에 대한 고집을 버리고, 고객은 디자이너에 대한 작품구성에 대한 이해를 고려하고 디자이너는 고객의 마음에 들 수 있는 작품구성에 대한 꾸준한 연구와 결과로서 책임을 질 수 있도록 해야 한다.

(4) 실내디자이너의 작업범위에 따른 분류

① 생활공간을 설계하는 디자이너(interior designer)
② 실내공간에 필요한 생활설비, 즉 가구와 주방용품 장식물과 같은 각종 실내요소를 설계하는 디자이너 (furniture designer, lighting designer)
③ 실내공간을 보다 밀도있게 구성하기 위해 치장, 장식작업을 담당 하는 디자이너(interior decorator)

(5) 실내디자이너의 자질과 주요 역할

① 생활 공간의 쾌적성을 추구한다.
② 건물 내부와 가구의 디자인과 배치를 계획한다.
③ 이용 가능한 공간을 최대로 활용한다.
④ 디자인의 기초 원리와 재료들에 대한 폭넓은 지식을 필요로 한다.
⑤ 예술적, 서정인 욕구를 만족시킨다.
⑥ 독자적인 개성을 포현한다.
⑦ 기능을 확대하고 건축 공간의 내실화를 추구한다.
⑧ 기획 단계에서 모든 가능한 문제점을 해결한다.
⑨ 건축의 내밀화(기능확대, 건축의 질 향상)를 추구한다.
⑩ 건축의 공정 및 구조에 대한 이해를 필요로 하고 전달하고 지시한다.
⑪ 대인 관계의 기술과 자질을 겸비한다.

02. 제도 용구의 사용법

1 제도

(1) 제도의 목적

제도는 설계자의 요구 사항을 제작자에게 전달하기 위하여 선·문자·기호 등을 사용하여 구조·크기·재료 등을 제도 규격에 맞추어 정확하고 간단, 명료하게 도면을 작성하는 과정을 말한다. 따라서 제도는 누구든지 보면 공통적으로 이해할 수 있도록 쉽고 정확하게 해야 하며 우수한 설계·건축을 위해서는 도면을 정확히 판독할 수 있는 능력을 가져야 한다.

제도 규격에 따라 작성된 도면은 각 분야의 기술자와 제작자들에게 통용되는 공통어 역할을 하게 된다.

(2) 제도의 규격

도면을 작성하는데 적용되는 규약을 제도 규격이라 한다. 이와 같은 규약은 건축법, 건축구조 및 건축제도 원칙에 따르며 세계 각 국에서 제정한 국제표준규격으로 통일해 가고 있다.

① 도면이 정확하고 간결하며 능률적이다.
② 작업자는 설계자가 직접 설명하지 않더라도 도면을 통하여 설계자의 의도하는 바를 정확히 이해할 수 있다.
③ 생산능률을 향상시키고 제품의 호환성을 확보할 수 있다.
④ 원가절감 및 품질향상에 기여할 수 있다.

2 제도용 필기구

(1) 연필(pencil)

연필심의 농도에 따라 심이 연한 것부터 차례로 6B·5B·4B·3B·2B·B·HB·F·H·2H·3H·4H·5H·6H·7H·8H·9H의 17종이 있다.

HB나 F는 중간 정도이고, 6B로 갈수록 연하며, 9H로 갈수록 단단한 것이다.(표 참조)
제도용 샤프심은 굵기에 따라 0.9, 0.7, 0.5(가구, 입면, 치수 등의 표현), 0.3(마감 및 재료 등의 표현) 등이 있다.
*B-Black(농도 : 진하게), H-Hard(경도 : 굳기), F-Firm(HB와 H의 중간 굳기)

〈표 연필의 종류와 용도〉

종 류	연한 심		견고한 심		
질	6B~2B, B	HB~H	2H~4H	2H, 6H	7H~9H
용 도	스케치 용	숫자·문자용	제도용	상세도용	트레이싱용

※ 시험용 샤프와 샤프심은 0.5 굵기의 HB이다.(굵은선, 중간선, 가는선 모두 표현 가능)

3 제도용 자

(1) T자(T-square)

T자는 평행선을 긋거나 삼각자로 수직선 및 사선을 그을 때 안내하는 T모양의 자로 머리 부분과 작업 면은 직각 및 일정각도를 이루고 있다.

T자의 길이는 600mm, 750mm, 900mm, 1,050mm, 1,200mm 등이 있다.

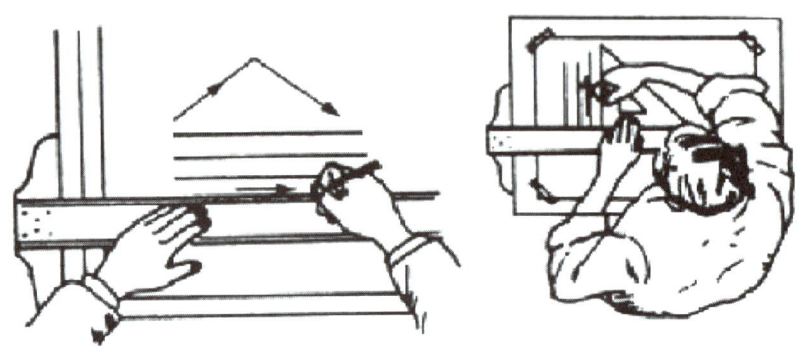

〈T자를 이용한 선긋기〉

※ T자를 사용해서 선 긋는 방법

① 제도 용지를 제도판에 부착한다.
② 기준선을 연하게 긋는다.(중심선 포함)
③ 직선을 긋는다.
④ 수평선은 왼쪽에서 오른쪽으로 긋는다.
⑤ 수직선은 아래로부터 위쪽으로 긋는다.
⑥ 오른쪽으로 올라가는 경사선은 T자에 삼각자를 대고 아래에서 오른쪽 위로, 오른쪽 아래로 향하는 경사 선은 왼쪽 위에서 오른쪽 아래로 긋는다.

(2) 삼각자(triangles)

삼각자는 세 각이 45°, 45°, 90°인 직각이등변 삼각형인 것과 30°, 60°, 90°인 직각삼각형인 것 두 개를 한 세트로 하며, 각도를 자유자재로 조정 할 수 있는 물매자가 있다. 물매자는 이등변 삼각형의 직각 이외의 두각이 자유롭게 움직이고 그 합이 항상 90도가 되므로 모든 각도와 기울기를 구할 수 있다. 눈금길이가 300mm인 것이 제도용으로 사용된다. 이러한 삼각자는 T자와 함께 사용하여 수직선과 사선을 그을 뿐만 아니라 2개를 포함하여 여러 가지 각도의 선을 그을 수도 있다.

※ 시험용은 45° 자가 450mm인 것을 사용한다.(반복적인 벽체 그리기에 수월하다.)

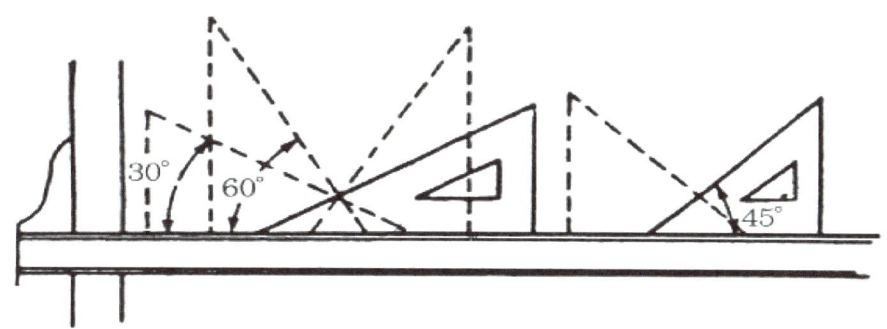

〈삼각자 사용법〉

〈세노봉 삼각사〉

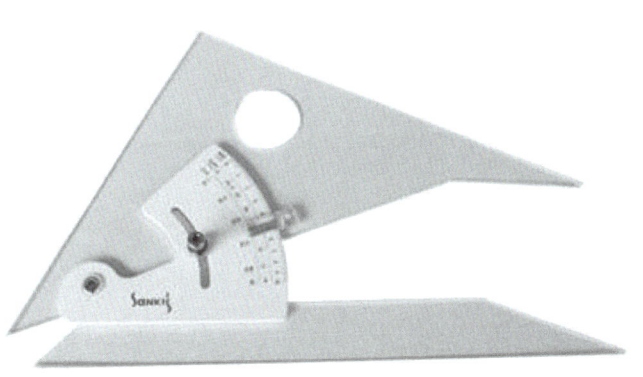

〈제도용 각도 삼각자(물매자)〉

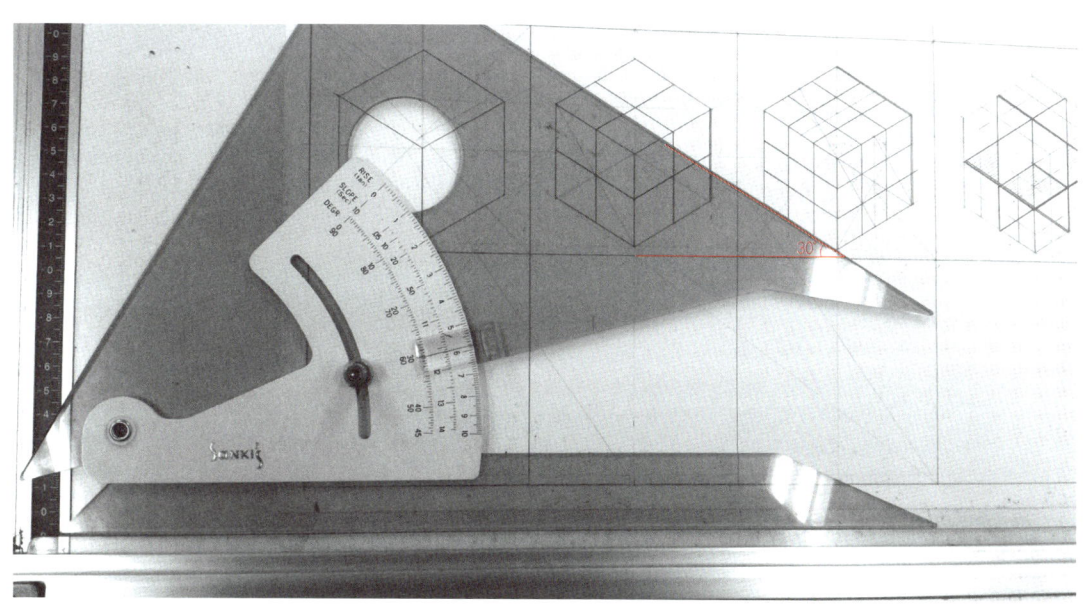

〈각도자 사용법(ex 30° 각도일 경우)〉

(3) 축척자(scale)

스케일은 길이를 계측하기 위한 길이 눈금을 가진 자로 실공간의 치수를 도면의 비례, 비율에 맞게 축소, 확대하여 작도할 때 사용하며 평 스케일, 양면스케일, 3각 스케일 등이 있다.

① 평 스케일(fat bevel scale) : 한쪽 면에 1 또는 2 종류의 척도 눈금을 가진 스케일.
② 양면 스케일(double bevel scale) : 양면에 4종류의 척도 눈금을 가진 스케일
③ 3각 스케일(triangular scale) : 단면이 3각형이며 6종류의 척도 눈금을 가진 스케일로 가장 많이 사용되고 있다.(1/100, 1/200, 1/300, 1/400, 1/500, 1/600)

※ 시험에는 3각 스케일로 30cm 자, 1/300, 1/500을 주로 사용한다.

■ 스케일자의 단위

스케일자의 단위는 m이다.(1m=100cm=1,000mm) 기본 1/100일때 숫자 1은 1m, 즉 1,000mm를 의미한다. 예를 들어 2,400이면 2.4눈금을 그리면 된다. 따라서 1/300일 때 숫자 10은 10m라는 뜻이다. 시험시 평면도 1/30 축척으로 그릴시에는 10의 눈금이 1m(1,000mm)가 되는 것이다.

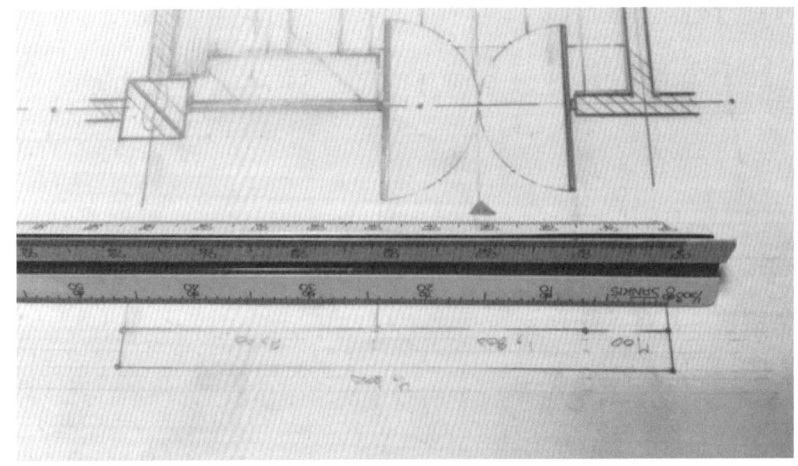

〈1/30 scale 사용의 예〉

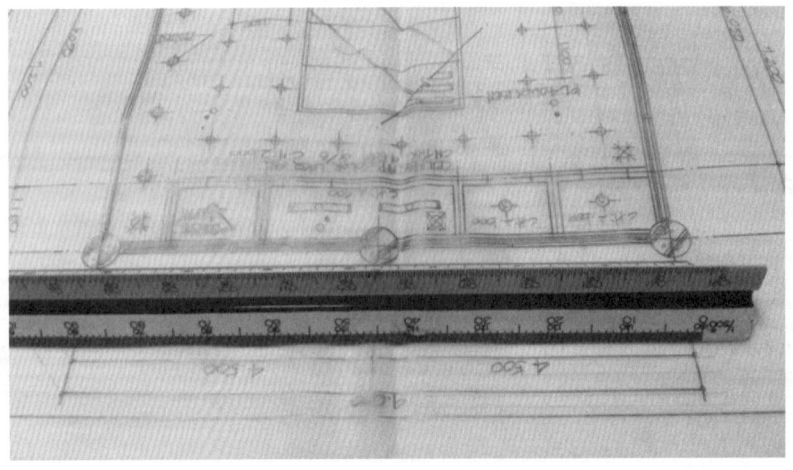

〈1/50 scale 사용의 예〉

(4) 제도판(drawing board)

제도할 때 용지의 받침이 되는 판이며 제도용지를 올려놓고 설계작업을 할때 쓰는 평평한 표면으로 된 판이다.

제도판의 크기는 450×600×20(mm), 600×900×30(mm), 750×1,050×30(mm), 900×1,200×30(mm), 900×1,800×30(mm), 1,200×2,400×45(mm) 등이 있다.

작업하기 편하도록 약간 경사져 있으며 제품에 따라 경사도를 바꿀 수 있다.

T자를 사용할 수 있게 기준면이 직각으로 되어있고 직사각형 모양인데 제도 작업이나 건축도면처럼 큰 도면을 작성하기 쉽게 만들어져 있다.

※ 시험에는 600×900×30(mm)판을 사용한다.

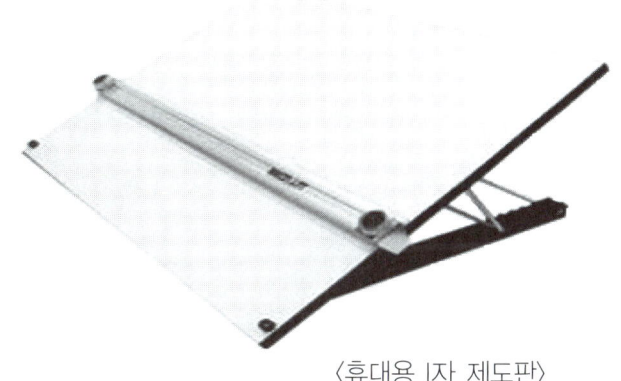

〈휴대용 I자 제도판〉

요즘의 제도판은 T자의 역할을 하는 I자가 달린 제도판으로 위, 아래로 움직여 매우 편리한 기능을 가지고 있다.

I자 휴대용 제도판은 600×900×30(mm)가 있다.

시험장에 제도판이 구비되어 있어 개인용 제도판은 지참하지 않아도 된다.

(5) 템프레이터(templates)

플라스틱 판으로 원, 타원, 사각, 삼각 등을 그릴 수 있는데, 화장실 기구와 설비 등을 그릴 수 있는 위생 템플렛도 있다.

작은 원형의 것은 NO.101(1~36), 큰것은 N0.106(40~90)이 있다.

※ 시험시 문과 테이블, 의자, 변기 등을 그릴 때 사용한다.

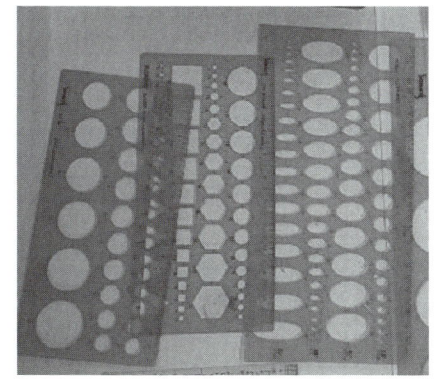

〈원, 타원, 사각, 삼각 템플릿〉

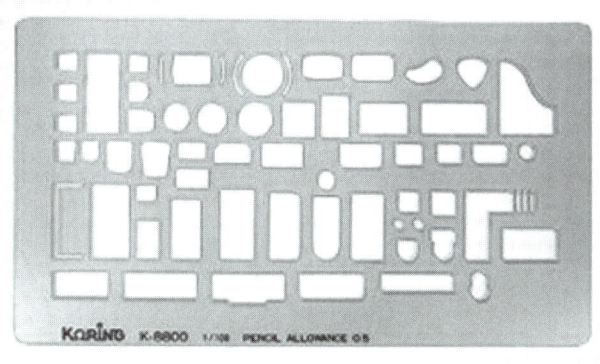

〈위생템플릿〉

기타

- 마커(채색도구) : 투시도의 채색을 하는 것으로 무채색(WG, CG)을 포함하여 64색 정도가 좋다.
- 지우개 판 : 제도 용구에는 그림의 일부만을 지우개로 지울 때에 사용하는 지우개판이 있다.
- 마스킹테이프(masking tape) : 후에 벗겨내기 쉬운 접착제를 칠한 롤(Roll) 형태의 테이프로 제도판에 도면을 고정할 때 쓰인다.
- 이 밖에도 연필가루 지우개 가루를 터는 제도용 브러시와 플러스펜(검정), 지우개 등이 있다.

※ 시험장에 갈때는 수검자 지참도구를 확인하고 가야한다. (수험자 유의사항 / 지참도구 참조)

(6) 제도용지

도면용도로 사용되는 용지는 트레이싱지로 얇고 반 투명한 제도 용지인데, 여기에는 미농지와 기름종이 및 고운 옥양목에 납가루를 칠한 트레이싱 클로스 등이 있다. 제도 용지에는 A열과 B열의 두 가지가 있는데, 한국 공업 규격의 제도 통칙에는 A열의 A0~A6 의 것을 쓰도록 규정하고 있다. 종이의 크기는 번호(A0~A6)가 커짐에 따라 작아진다.

① 제도용지의 규격

제도용지는 mm를 기본 단위로 하여 A 단위로 구분하여 사용된다.

A4(210×297)
A3(297×420)
A2(420×594) - 기본설계
A1(594×841) - 실시설계
A0(841×1,189) - 실시설계

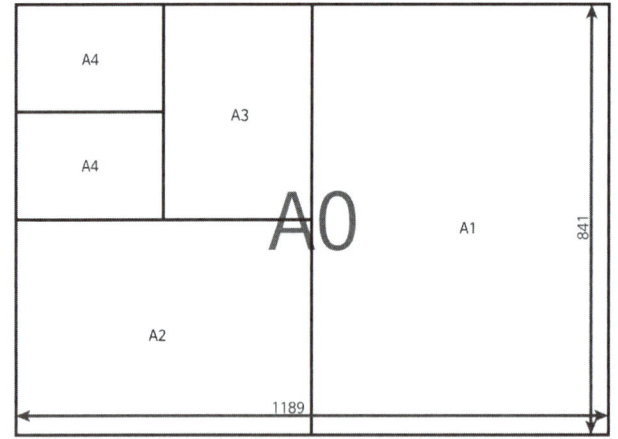

② 제도용지 붙이는 방법

지급되는 켄트지(받침용)를 제도판에 마스킹테이프(제도용 테이프를 2~3cm로 네 개 잘라서)로 부착시킨다.
켄트지(받침용)위에 다시 제도 용지(트레싱지)를 마스킹테이프로 붙이는데 제도 용지를 제도판에 붙일 때에는 제도판의 위아래를 기준으로 왼쪽에서 10~15 cm(대략 중앙위치) 떨어지게 용지를 놓는다. 또 한번 테이프를 2~3cm로 네 개 잘라서 용지의 네 모서리에 시계 방향으로 붙여 나간다. 이 때, I자의 윗날과 용지의 아래끝면이 일직선이 되도록 맞추어야 한다.

※ 시험장에서 사용되는 용지(트레이싱지)의 규격은 A2 사이즈이다.

(7) 도면의 종류

1) **평면도** : 도면들 중에서 가장 중요하고 기본이 되는 것으로 바닥에서 약 2.1m 높이에서 아래로 내려다 본 상태를 그린 도면
2) **천장도** : 천장의 형태를 천장에서 약 30cm 정도 떨어져 올려 본 상태를 나타낸 도면
3) **입면도** : 건물 내부의 사방의 벽면을 앞에서 보았을 때, 그 면의 깊이, 방향, 거리에 관계없이 면에 투영한 도면
4) **단면도** : 건축물을 가로 방향이나 세로 방향으로 절단하여 절단된 면(천장, 벽체, 바닥의 중요 부위, 재료의 취부 상태)에 보이는 대로 투영한 도면
5) **상세도** : 시공상 중요부분을 디테일하게 표현하여 시공의 정밀성을 높이기 위해 그리는 도면
6) **투시도** : 평면도, 천장도, 입면도 등을 기초로 실내나 실외의 형태를 눈으로 보는 것과 같은 느낌으로 입체적으로 표현한 도면
7) **창호도** : 건축물 내에 적용되는 문과 창문의 위치, 규격, 재료, 개폐방법, 철물 등을 표시하기 위해 입면으로 작도한 도면

(8) 도면의 척도

1) **척도의 종류**

척도는 도면에 그려진 도형의 크기와 실물의 크기에 대한 비율로, 다음과 같이 분류 한다.(표 참조)

① 실척(full scale, full size) : 도형을 실물과 같은 크기로 그리는 경우에 사용하며, 도형을 그리기 쉬우므로 가장 보편적으로 사용된다.
② 축척(contraction scale, reduction scale) : 도형을 실물보다 작게 그리는 경우에 사용하며, 치수기입은 실물의 실제 치수를 기입한다.
③ 배척(enlarged scale, enlargement scale) : 도형을 실물보다 크게 그리는 경우에 사용하며, 치수 기입은 실물의 실제 치수를 기입한다.

구 분	비 율
축 척	1:2 1:5 1:10 1:20 1:50 1:100 1:200
실 척	1:1
배 척	2:1 5:1 10:1 20:1 50:1

〈척도의 종류와 비율〉

2) **척도의 표시방법**

척도는 도면하단에 표시하며 축척의 경우에는 1/30, 1/40, 1/50 등으로 나타낸다.
투시도는 'N.S (NONE SCALE)'라고 제작하며 그림 하단에 기입한다.

※ 시험시 축척은 도면 매장마다 기입한다.

(9) 도면의 약자

A : 면적, L : 길이, H : 높이, W : 폭, THK : 두께, V : 용적, WT : 무게, D : 지름, R : 반지름

(10) 도면 번호 붙이기

A : 건축도면 (Architectural Drawing)
S : 구조도면(Structural Drawing)
E : 전기도면(Electric Drawing)
M : 설비도면(위생, 난방 Mechanical)실습

03 선

선의 종류에 의한 용도(KS B 00001)

용도에 의한 명칭	선의 종류		선의 용도	비고
외형선	굵은 실선	———	대상물의 보이는 부분의 모양을 표시하는데 쓰인다.	
치수선	가는 실선		치수를 기입하기 위하여 쓰인다.	
치수 보조선			치수를 기입하기 위하여 도면(도형)으로부터 끌어내는데 쓰인다.	
지시선			기술 기호 등을 표시하기 위하여 끌어내는데 쓰인다.	
회전 단면선			도면(도형)내에 그 부분의 끊은 곳을 90° 회전하여 표시하는데 쓰인다.	
중심선			도면(도형)의 중심선을 간략하게 표시하는데 쓰인다.	2.6
수준면선			수면, 유면 등의 위치를 표시하는데 쓰인다.	
숨은선	가는 파선 또는 굵은 파선	– – – – –	대상물의 보이지 않는 부분의 모양을 표시하는데 쓰인다.	4.1 4.2
중심선	가는1점 쇄선	–·–·–·–	(1) 도면(도형)의 중심을 표시하는데 쓰인다. (2) 중심이 이동한 중심궤적을 표시하는데 쓰인다.	4.3
기준선			특히 위치 결정의 근거가 된다는 것을 명시할 때 쓰인다.	4.4
피치선			되풀이하는 도면(도형)의 피치를 취하는 기준을 표시하는데 쓰인다.	5.1
특수 지정선	굵은1점 쇄선	—·—·—·	특수한 가공을 하는 부분 등 특별한 요구사항을 적용할 수 있는 범위를 표시하는데 사용한다.	6.1 6.2
가상선	가는2점 쇄선	–··–··–	(1) 인접부분을 참고로 표시하는데 사용한다. (2) 공구, 지그 등의 위치를 참고로 나타내는데 사용한다. (3) 가동부분을 이동 중의 특정한 위치 또는 이동한계의 위치로 표시하는데 사용한다. (4) 가공 전 또는 가공 후의 모양을 표시하는데 사용한다. (5) 되풀이하는 것을 나타내는데 사용한다. (6) 도시된 단면의 앞쪽에 있는 선을 표시하는데 사용한다.	6.3 6.4 6.5 6.6 6.7
무게중심선			단면의 무게중심을 연결한 선을 표시하는데 사용한다.	7.1
파단선	불규칙한 파형의 가는 실선 또는 지그재그선		대상물의 일부를 파단한 경계 또는 일부를 떼어낸 경계를 표시하는데 사용한다.	8.1
절단선	가는1점 쇄선으로 끝부분 및 방향이 변하는 부분을 굵게 한 것.		단면도를 그리는 경우, 그 절단 위치를 대응하는 그림에 표시하는데 사용한다.	

해칭	가는실선으로 규칙적으로 줄을 늘어놓은 것.		도면(도형)의 한정된 특정 부분을 다른 부분과 구별하는데 사용 한다. 예를 들면 단면도의 절단된 부분을 나타낸다.	
특수한 용도의 선	가는 실선		1) 외형선 및 숨은선의 연장을 표시하는데 사용한다. 2) 평면이란 것을 나타내는데 사용한다. 3) 위치를 명시하는데사용한다.	10.1 10.2 10.3
	아주 굵은 실선		얇은 부분의 단면도시를 명시하는데 사용한다.	11.1

1 선의 종류와 굵기에 따른 용도

선은 도면 작도의 가장 기본적이며 중요 요소로 선의 굵기 및 용도에 따라 알맞게 사용해야 한다.

선은 도면의 종류 및 크기에 따라 적당히 선택한다.(동일 도면에서는 동일한 비율의 선을 적용해야 함)

선의 종류	1호(큰 도면)		2호(보통 단면)		3호(작은 도면)	
	굵기		굵기		굵기	
	길이		길이		길이	
외형선	0.8		0.6		0.4	
파선	0.5 (5, 1)		0.4 (4, 1)		0.3 (3, 1)	
중심선	0.3 (25, 1)		0.2 (20, 1)		0.1 (15, 1)	
치수선 치수보조선	0.3 (4)		0.2 (3)		0.1 (2.5)	

〈선의 비율과 간격〉

(1) 굵은선(실선)

물체의 보이는 부분을 나타내는 선으로 굵기와 선명도를 가지고 여러번 긋는다.
- 굵기 (mm) : 0.5~0.8
- 용도 : 벽체, 기둥, 창호(개구부)의 단면선
  도면 BOX, 글씨 BOX

(2) 중간선(실선)

물체의 보이는 입면이나 치수선등을 표시하는 것으로 한번만 긋는다.

- 굵기 (mm) : 0.3~0.4
- 용도 : 창호의 단면선, 테이블BOX, 가구 입면선, 벽체 해치, 글씨, 입면선(문지방, 현관과 거실 경계선, 창문지방)

(3) 가는선(실선)

마감재료, 물체의 재질, 무늬 등을 표현하는데 쓰이는 것으로 강약을 조절하여 사용한다.

- 굵기 (mm) : 0.1~0.2
- 용도 : 마감재료, 마감선, 치수선, 입면선, 중심선, 인출선, 가구선, 지시선, 기호(콘크리트 표시기호, 덕트 표시 등), 무늬

(4) 기타

- 쇄선 ① 일점쇄선 ┌ 가는선 : 구조체나 벽체의 중심축, 대칭축
　　　　　　　　└ 굵은선 : 구조체나 벽체의 지름, 단면표시, 경계면표시
　　　　② 이점쇄선 (중간선) : 가상선 표시
- 파선 (중간선) : 물체의 보이지 않는 부분 표시
- 점선 : 유동성이 있는 부분의 움직이는 영역을 표시

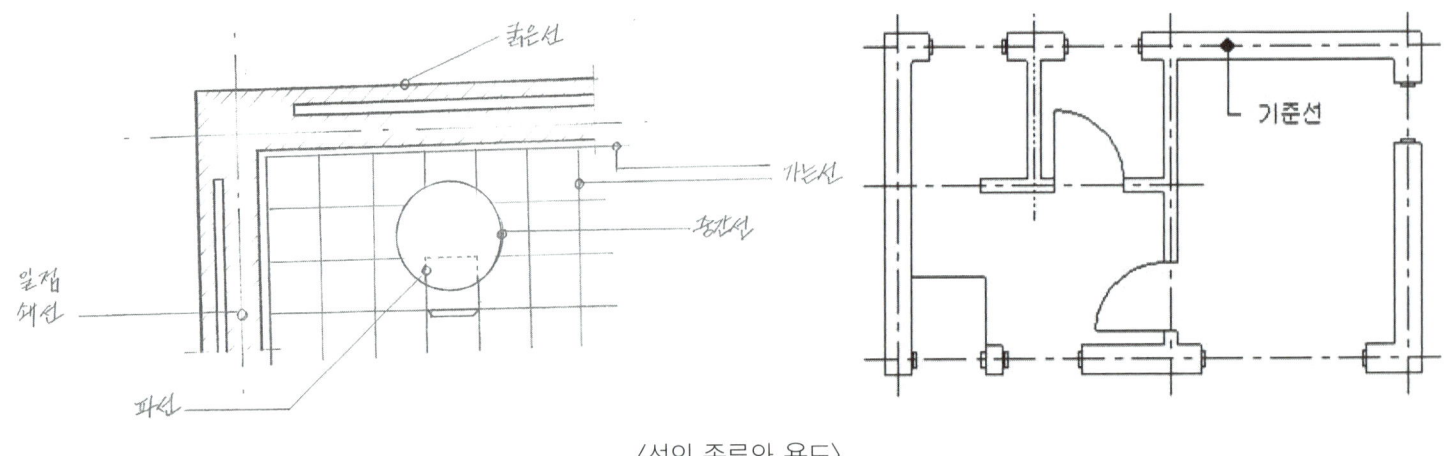

〈선의 종류와 용도〉

2 선 긋기 방법

1. 도면상의 목적과 용도에 따라 선의 굵기를 구분하여 정확한 선을 그린다.
2. 시작부터 끝까지 일정한 힘과 속도로 일정한 굵기가 나오게 고르게 긋는다.
3. 긴 선을 그릴 때는 끊지 않고 한 번에 긋는다.
4. 샤프(제도용)는 75° 각도로 잡고 샤프심이 한 쪽 면만 닳지 않도록 돌려가며 긋는다.
5. 모든 선은 처음과 끝이 확실하도록 표현한다.
6. 수평선은 좌에서 우로, 수직선은 아래에서 위로 긋는다.
7. 선의 교차 부분은 엇나가지 않도록 정확하게 닿도록 긋는다.(±1이상의 교차 및 끊어질 때 감점)
8. 제도선이 입체적인 효과를 갖기 위해 처음부분과 끝부분을 힘주어 그린다.

3 선연습 - 굵은선, 중간선, 가는선

일점쇄선

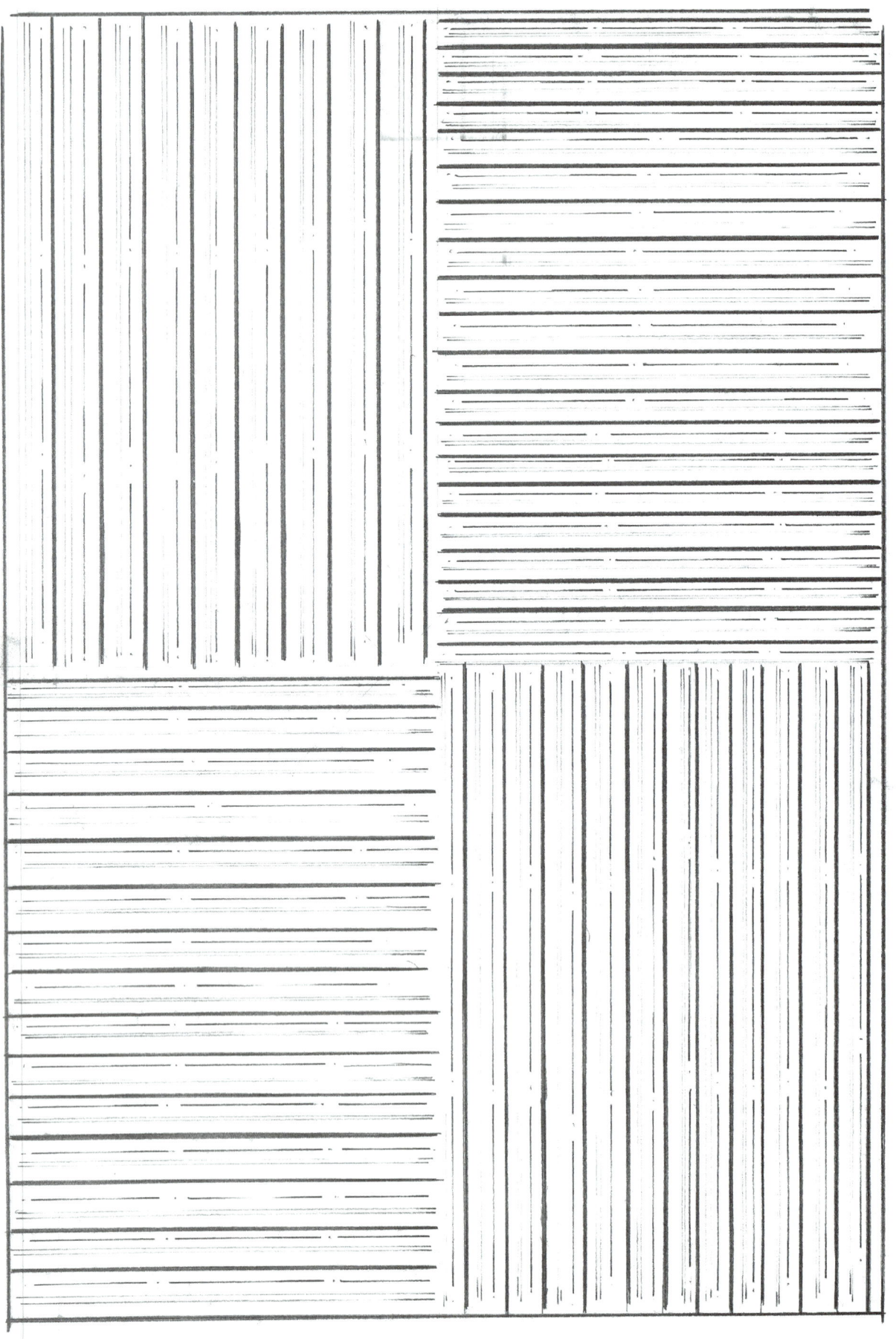

04 제도글씨(문자)

1 도면 내 문자 기입

① 제도에 사용되는 문자는 한글·숫자·영문자(로마자)이다.
② 글자는 명확하게 쓰고 일정한 크기로 알아보기 쉽고 명료해야 한다.
③ 글자는 치수 문자를 제외하고 도면을 보는 방향으로 가로쓰기를 원칙으로 한다.
④ 글자체는 고딕체로 하며 수직 또는 15° 경사로 기입한다.
⑤ 도면은 같은 형식의 글자체로 완성한다.
⑥ 도면 내 문자의 크기는 스케일에 따라 조절하나 도면명-실명-재료 및 가구·집기명 순이다.
⑦ 도면 내 문자는 국문, 영문 혼용사용 가능하다. 단, 도면명(평면도, 입면도, 천장도, 실내투시도)은 국문명으로 기입한다.
⑧ 보조선 2~3줄을 긋고 문자를 기입해야 정리된 느낌을 줄 수 있다.
⑨ 부분적으론 문자가 보조선을 넘어가도 된다.
⑩ 아라비아 숫자 기입은 5mm 이상은 안내선(보조선) 3번을 긋고, 4mm 이하의 숫자는 상하 2줄의 안내선(보조선)을 긋고 숫자를 쓴다.
⑪ 치수 크기는 1000단위마다 점(.)을 찍는다. ex) 4.250
⑫ 모든 문자는 도면을 보는 방향으로 기입한다.

2 도면 내 문자의 종류

(1) 한글 쓰기

① 고딕체로 한자씩 또박또박 명료하게 기입한다.
② 선과 선의 이음매는 끊기지 않도록 한다.
③ 폭(W)은 높이(H)의 80~100(%)로 한다.(세로 방향으로 긴 형태)
④ 폭(W)은 높이(H)의 120%로 한다.(가로방향으로 긴 형태)
⑤ 가로선은 수평, 세로선은 수직으로 쓴다.

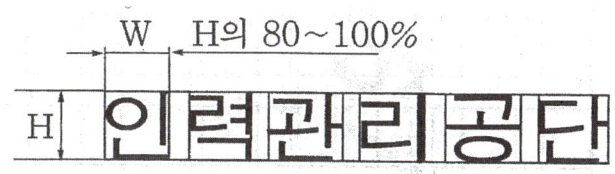

〈세로방향으로 긴 형태〉

〈가로방향으로 긴 형태〉

(2) 아라비아 숫자 쓰기

① 높이 5(mm)이상의 숫자는 2:3의 비율로 나누어 상·중·하 3줄의 안내선(보조선)을 긋는다. 4(mm)이하의 숫자는 상하 2줄의 안내선(보조선)을 긋는다.

② 나비는 높이의 약 1/2로 한다.

③ 15° 경사진 안내선(보조선)을 긋는다.(기사시험시 도면에서의 숫자는 수직으로 구사한다.)

④ 분수의 분모, 분자 높이는 정수 높이의 2/3로 한다.

〈아라비아숫자 쓰는 법〉

(3) 로마자 쓰기

① 본인에게 맞는 글씨를 선택한다.

② 대문자는 3줄의 안내선(보조선)을 긋고 소문자는 5줄의 안내선(보조선)을 긋는다.(도면은 대문자로 표시한다.)

③ 문자의 나비는 대문자가 1/2, 소문자는 2/5가 되게 한다.

④ 15°의 경사 안내선(보조선)을 긋는다.(기사시험시 도면에서의 영문은 수직으로 구사한다.)

⑤ 부분적으로 영문자가 안내선(보조선)을 넘어가도 무방하다.

〈로마자쓰는법〉

(4) 숫자와 로마자

숫자는 아라비아 숫자를 사용하고, 숫자의 크기는 7종의 호칭 중 2.24mm, 3.15mm, 4.5mm, 6.3mm 및 9mm의 5종으로 한다.

로마자는 주로 대문자를 사용하고 특별히 필요한 경우에는 소문자를 사용한다. 로마자의 크기는 호칭 2.24mm, 3.15mm, 4.5mm, 6.3mm, 9mm, 12.5mm 및 18mm의 7종으로 한다.

숫자와 로마자의 글자체는 원칙적으로 수직에 대하여 오른쪽으로 15° 경사진 J형 경사체, B형 경사체 중 어느 것을 사용하여도 좋으나 혼용해서는 안 된다.

① 크기 9mm

1234567890

① 크기 9mm

1234567890

② 크기 4.5mm

1234567890

② 크기 4.5mm

1234567890

③ 크기 6.3mm

ABCDEFGHIJ
KLMNOPQR
STUVWXYZ
abcdefghijklm
nopqrstuvwxyz

③ 크기 6.3mm

ABCDEFGHIJ
KLMNOPQR
STUVWXYZ
abcdefghijklm
nopqrstuvwxyz

(a) J형 경사체

(b) B형 경사체

〈숫자 및 영자의 사체〉

3 글씨연습

※ 도면명 글자크기

- 축적 1/50에서 12.5mm
- 축적 1/30에서 16mm

※ 실명 글자크기

- 축적 1/50에서 6.3mm
- 축적 1/30에서 8mm

※ 재료명 글자크기

- 축적 1/50에서 3.2mm
- 축적 1/30에서 3.2mm

글씨연습 1

실내건축기사 & 산업기사실기

가나다라마바사아자차카타파하 / 가나다라마바사아
자차카타파하 / 가나다라마바사아자차카타파하 /
ABCDEFGHIJKLMNOPQRSTUVWXYZ / ABCD
EFGHIJKLMNOPQRSTUVWXYZ / ABCDEFGHIJ
KLMNOPQRSTUVWXYZ / ABCDEFGH
1234567890 / 1234567890 / 1234567

1. 도면명(대략 0.8cm~1cm)

평면도 / 평면도 / 평면도 / 평면도
입면도 / 입면도 / 천장도 / 천장도
투시도 / 투시도 / 단면도 / 단면도
FLOOR PLAN. / ELEVATION.
CEILING PLAN. / PERSPECTIVE.

2. 실명(대략 0.5cm~0.6cm)

슈트룸 SUITE ROOM / 원룸 ONE ROOM / 약국
DRUG STORE / 패션샵 FASHION SHOP / 커피샵
COFFEE SHOP / 락카페 ROCK CAFE / 인테리어 사무실
INTERIOR STUDIO / 빌딩 내 업무공간 / 사장& 비서실 /

컴퓨터 회사 안내툴 / 전시장내 컴퓨터 통보용 부스 / P.C방 / CD & VIDEO 판매점 / 치과 DENTAL CLINIC / 자녀방 / 부부침실 / 독신자 A.P.T / 재택근무자를 위한 ONE ROOM SYSTEM / 호텔 트윈 베드룸 HOTEL TWIN BED ROOM / 보석점 JEWEL SHOP / 구두 및 패션 악세서리점 / 스포츠 의류매장 / 패스트 푸드점 FAST FOOD RESTAURANT / 아동복 의류매장 / 유스호스텔 YOUTH HOSTEL / 아이스크림 전문점 ICE CREAM STORE / 오피스텔 OFFISETEL / 이동통신매장 / 미용실 / 은행

3. 소실명(대략 0.4cm)

침실 BED ROOM / 거실 LIVING ROOM / 주방 KITCHEN / 욕실 BATH ROOM / 다용도실 UTILITY ROOM / 현관 ENTRY / 발코니 BALCONY / 식당 DINING ROOM / 파우더룸 POWDER ROOM / 피팅룸 FITTING ROOM / 화장실 TOILET / 쇼윈도 SHOW WINDOW / 휴게실 REST ROOM / 접대공간 RECEPTION AREA / 종업원실 STAFF ROOM / 대기공간 WAITING AREA

4. 가구 및 집기명(대략 0.3cm)

침대 : SINGLE BED, DOUBLE BED, SEMI DOUBLE BED, KING BED / 옷장 DRESSING CHEST / 화장대 DRESSING TABLE / 스툴 STOOL / 거울 MIRROR / 책상 DESK / 바퀴달린 움직이는 의자 MOVABLE CHAIR / 책꽂이 BOOK SHELF CHEST / 나이트 테이블 NIGHT TABLE / 소파세트 SOFA SET / 사이드 테이블 SIDE TABLE / 싱크대 SINK SET / 찬장 CUP BOARD / 냉장고 REF / 식탁 DINING TABLE / 신발장 SHOES BOX / 세탁기 WASHING MACHINE /

5. 조명 및 설비

직부등 CEILING LIGHT / 매입등 DOWN LIGHT / 벽등 BRACKET / 펜던트 PENDANT / 형광등 FLUORESCENT LIGHT / 스포트 라이트 SPOT LIGHT / 샹데리에 CHANDELIER / 네온등 NEON LIGHT / 팬 라이트 FAN LIGHT / 방습등 DAMPPROOF LIGHT / 비상등 EXIT LIGHT / 할로겐 램프 HALOGEN LAMP / 감지기 FIRE SENSOR / 스프링쿨러 SPRINKLER / 환기구 VENTILATOR / 점검구 ACCESS DOOR / 덕트 DUCT / 스피커 SPEAKER / 후드 HOOD

6. 마감재료

바닥 : 지정 고급장판지 마감 F.F : APP VINYL SHEET FIN. / 카펫 CARPET / 러그 RUG / 우드플로링 WOOD FLOORING / 타일 : TILE, MOSIC TILE, DECO TILE, DELUX TILE, AS TILE, P-TILE, STONE TILE, POLISHED TILE / 대리석 MARBLE

벽 : 두께 9mm 석고보드 2장 위 지정 고급 벽지 마감 W.F : THK 9 G.B ON APP WALL PAPER FIN. / 수성 페인트 WATER PAINT / 유성 페인트 OIL PAINT / 라커 LACQUER (LACQ.) / 졸라톤 ZOLATON SPRAY / 무늬목 SKIN WOOD / 시트 SHEET

천장 : 경량 철골 천장틀 + 석고보드 위 지정 천장지 마감. C.F : L.G.S SYSTEM + G.B ON APP CEILING PAPER FIN. / 텍스 TEX / 플라스틱 보드 PLASTIC BOARD (목질 천장)

우드몰딩 WOOD MOULDING / 걸레받이 BASE BOARD / 커튼 박스 CURTAIN BOX / 블라인드 BLIND / 버티칼 VERTICAL / 논슬립 NONE SLIP / 스틸 STEEL (ST'L) / 스테인리스 STAINLESS (SS T'L) / 유리 GLASS / 강화유리 TEMPERED GLASS / 유리 블럭 GLASS BLOCK / 고정창 FIXED GLASS / 칼라 유리 COLOR GLASS / 투명 유리 CLEAR GLASS / 불투명 유리 FROST GLASS / 나왕 LAUAN / 각재 BATTEN / 합판 PLY WOOD / 금속 METAL / 황동 BRASS

범례 LEGEND / 축척 SCALE / 자유 축척 NONE SCALE / 개구부 OPENING / 문 DOOR / 자동문 AUTO DOOR / 창문 WINDOW / 커튼월 CURTAIN WALL / 틀 FRAME / 금속 틀 METAL FRAME / 로고 LOGO / 메인 MAIN / 두께 THICKNESS (THK) / 지정하다 APPOINTED (APP) / 수량 EACH (EA) / 출입구 ENTRANCE (E.N.T) / 마감 FINISH (FIN.)

글씨연습 2

FREEHAND 제도용 글씨

※ 영자 및 숫자

AFEHLTI 3BPRK CGD MWNU SXYJ OQVI
FLOOR PLAN CEILING PLAN APP. WOOD FLOORING FIN.
TEA TABLE EASY CHAIR FLOOR STAND TV.TABLE DRESSING REF.
CHEST DESK BAGGAGE LOCK CASE TILE FIN. NIGHT CH PAINT
DOWN LIGHT SPOT LIGHT SPRINKLER FIRE SENSOR CURTAIN BOX
THK.12MM COMPUTER VINYL SHET BOOK SHELF PAPER STORAGE
DISPLAY STAGE DECORATION SHELF SOFA SHOW WINDOW FRAME
PARAPET BRACKET PENDENT RAIL SIGN & LOGE NEON COUNTER
HALLOGEN MOULDING LACQ. BASE BOARD CASHIER PARTITION
HANGER RECEPTION AREA FITTING ROOM SCALE=1/50 GLASS
1234567890 4.500 3.900 6.000 8.200 7.700 70
100 ±0 +100 CH=2.400 FL.40W×2 IL.30W 5EA 12MM

※ 한글

평면도 천정도 입면도 전개도 투시도 지정벽지 마감 도배지 몰딩
걸레받이 바닥 책상 컴퓨터 옷장 선반 수납장 식탁 쇼파 싱글침대
더블침대 싱크대 상부선반 타일 현관 주방 식당 테이블 카페트
냉장고 에어콘 신발장 화장대 서랍장 나이트 테이블 디스플레이 스테이지
행거 쇼파 방습등 점검구 매입등 다운라이트 커튼박스 감지기 배기구
송기구 무늬목 석고보드 위 지정실크벽지 마감 도기질 타일 자기질 타일
중앙부 우물천정 진열대 전신거울 재료분리선 매장 비닐시트 창고 홀
플로링 유백색 아크릴위 컬러시트 래커 손잡이 투명유리 반납구
세면대 세탁기 다림대 양변기 범례표 온돌마루깔기 쇼윈도우 운영
금고실 마네킹 트렌치 공중전화 연속매입 수성페인트 아크릴 조명박스
월넛무늬목 금속판 데코타일 파티션 간막이 카페트 실내건축산업기사
종목 및 등급 수검번호 성명 연장시간 분 감독확인 도면번호 현관
배기디퓨저 스프링클러 가스오븐 식기세척기 작업대 트렌치 피팅룸

실습 I

연습 123456789·10
한글 제도 ABCDEFGHIJKLMNOPQRSTUVWXYZ LIVING ROOM

실습 II

실습III(글씨응용)

05 도면내의 표시기호

설계도면에서의 치수 기입은 mm 단위로 기입하고 단위는 생략한다. 우리나라에서는 m(미터법)을 사용하므로 기본단위를 mm로 표시하고 있다.

1 도면의 기능

① 정보 창출의 기능 : 설계자의 아이디어를 구체적으로 표현한다.
② 정보 전달의 기능 : 설계자의 의도를 제작자나 소비자에게 전달한다.
③ 정보 보존의 기능 : 설계된 것을 보존하고 증축, 리모델링, 수리 등에 참조한다.

2 도면치수 기입법(30page 참조)

(1) 치수의 형태

① 치수는 치수선(a)와 치수보조선(b)으로 구성되고 가는 실선(0.3mm)을 사용한다.
② 치수선의 양쪽 끝에 화살표(←) 또는 사선(─), 도트(·)(c)를 붙인다.

(2) 치수 기입법

① 가로 치수(숫자)는 치수선 위에(a) 세로치수는 치수선의 왼쪽에(e) 기입하며 선의 중앙에 2mm 정도 띄어서 아라비아 숫자로 기입한다.
② 치수(숫자)는 1000단위마다 (·)을 찍어준다.(ex 4.500)
③ 지시선은 수평선에 60도 정도 기울여 직선으로 긋는다.
④ 치수선과 치수선의 간격은 10mm 정도 잡아준다.(스케일에 따라 조정)(f)
⑤ 치수기입은 상·좌·우 3면 2줄을 기입한다.
⑥ 보조선 2줄을 긋고 치수를 입력한다.(g)
⑦ 치수 보조선은 치수를 나타내는 부분의 양끝에서 치수선과 직각이 되도록 긋는다.

■ 표준 규격기호

ISO(국제 표준화기구)	KS(한국산업규격)
BS(영국규격)	DIN(독일규격)
ANS(미국규격)	SNS(스위스규격)
NF(프랑스규격)	JIS(일본공업규격)

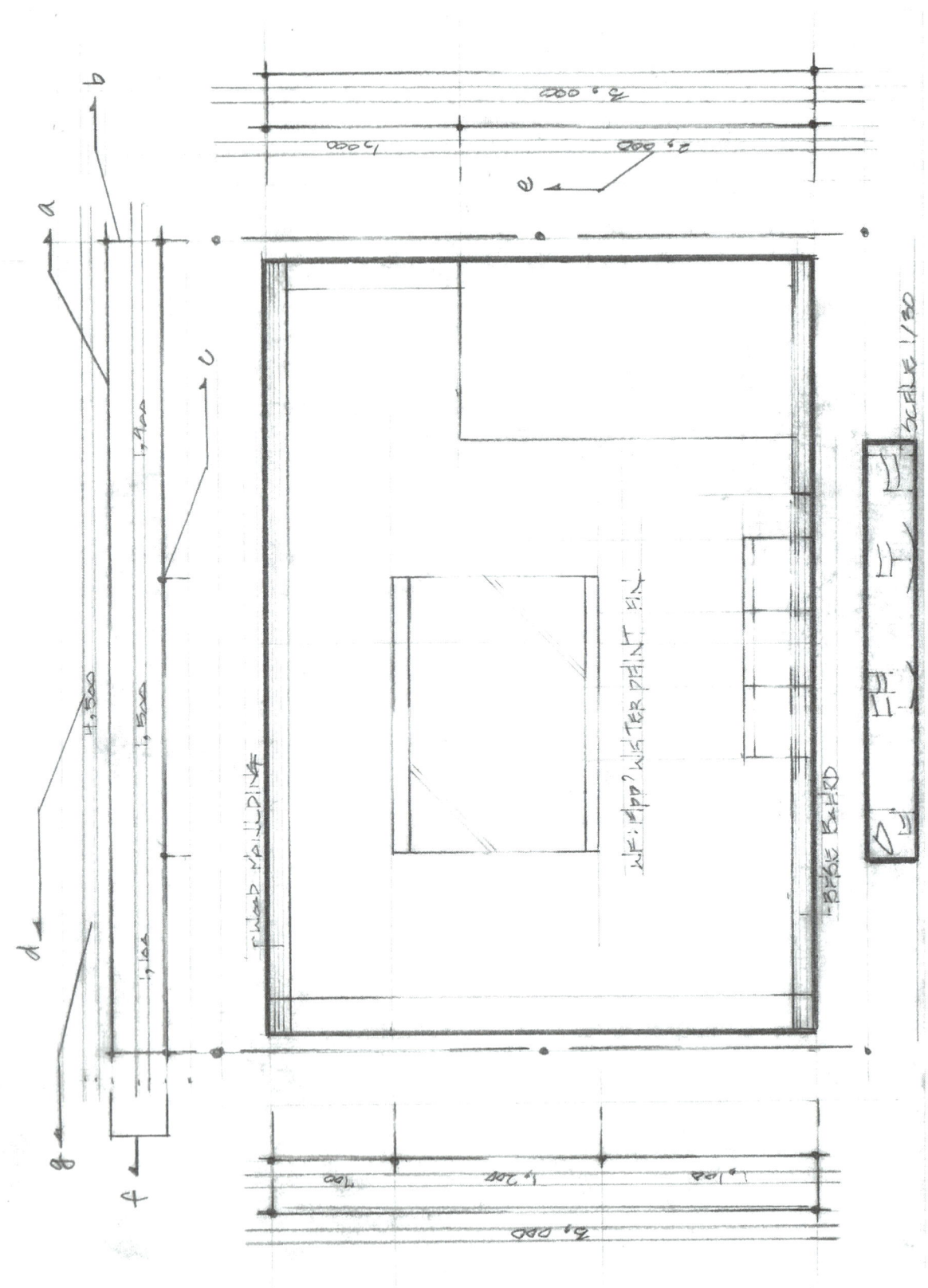

3 도면의 기호

(1) 절단선

평면이나 단면 등에서 연속된 부위를 절단하여 일부 생략하거나 끊어서 특정한 부분을 위주로 보여주고자 할 때 사용한다.

넓은 면의 재료를 표시하거나 반복적인 형태가 나올때 일부만 표시하기 위해 사용한다.

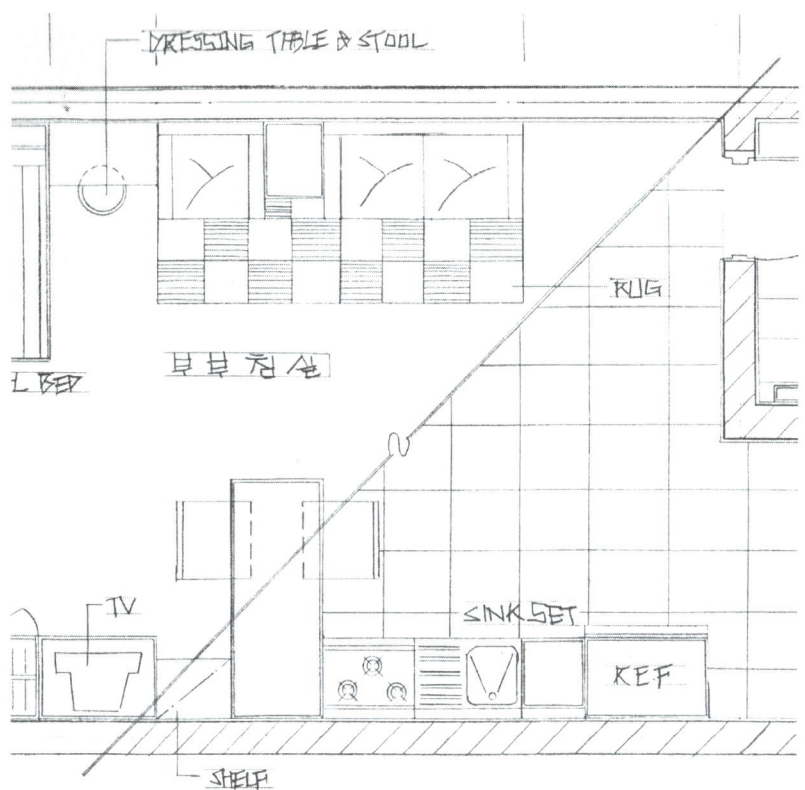

(2) 출입구 표시

평면도의 출입구 부분에 표시한다.

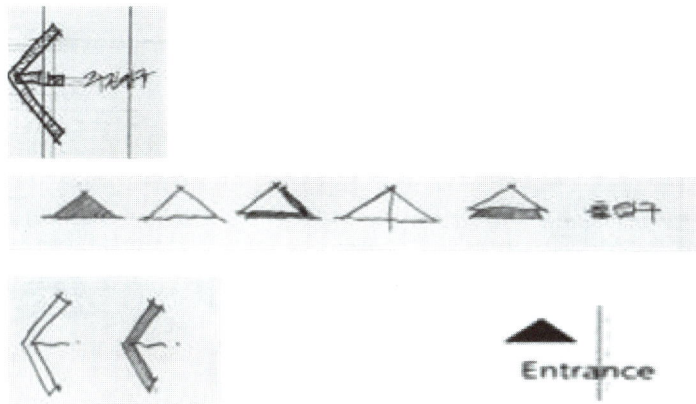

(3) 입면도 방향, 단면도 기호

① 입면도 방향표시 기호와 단면도 기호를 평면도에 표기한다.

※ 입면도 방향 표시 방법

- 평면도 내에 각각 4면을 표기하는 방법
- 2면 혹은 4면을 한번에 표기하는 방법

② 입면도 방향표시 기호는 평면도 중앙 빈공간에 표시한다.

③ 단면도 기호는 평면도 중앙 빈공간에 표시한다.

④ A, B, C, D 면의 기입은 윗부분에서 시계방향으로 표기한다.

⑤ 표시기호(원의 크기)

- 1시방향시 지름 10~12mm 정도
- 4시방향시 지름 16~18mm 정도
- 단면방향시 원지름 10mm 정도

※ 템프레이터 원형 14번 사용하여 원을 그린다.

⑥ 전개에 해당하는 면에만 아래와 같이 검게 칠하여 준다.

■ 전개도 표시

① 평면도에서 전개방향 기입방법은 기호 윗부분에서 시계방향으로 표기한다.

② 전개에 해당하는 면에만 아래와 같이 검게 칠하여 구분해 준다.

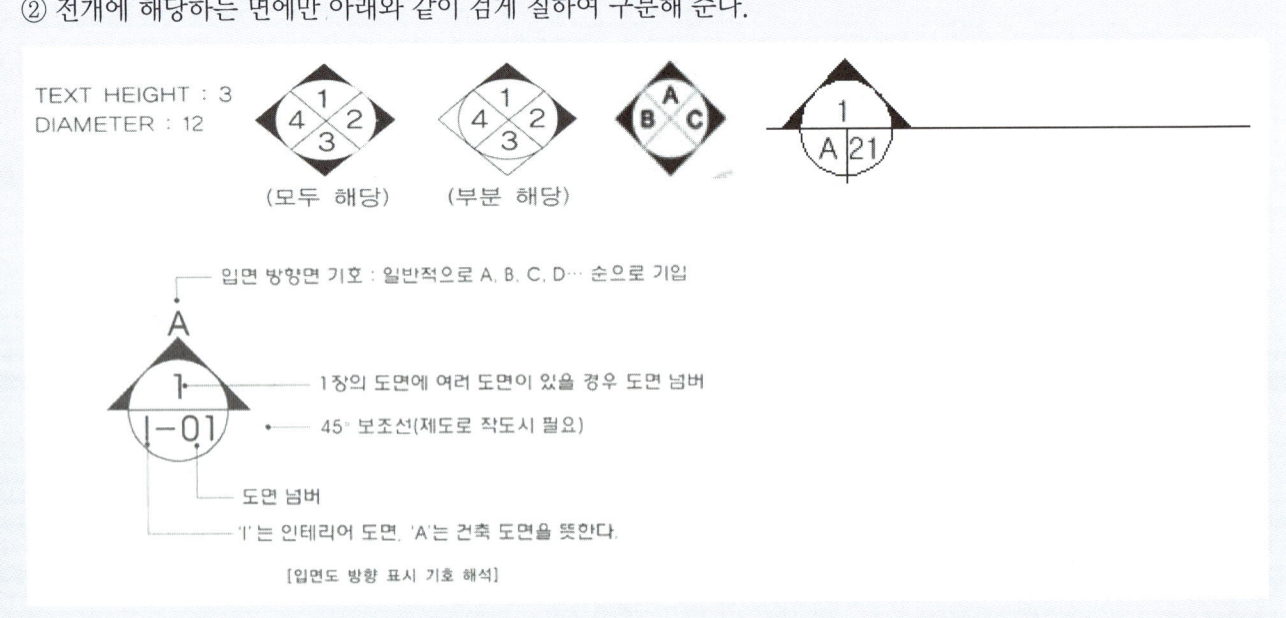

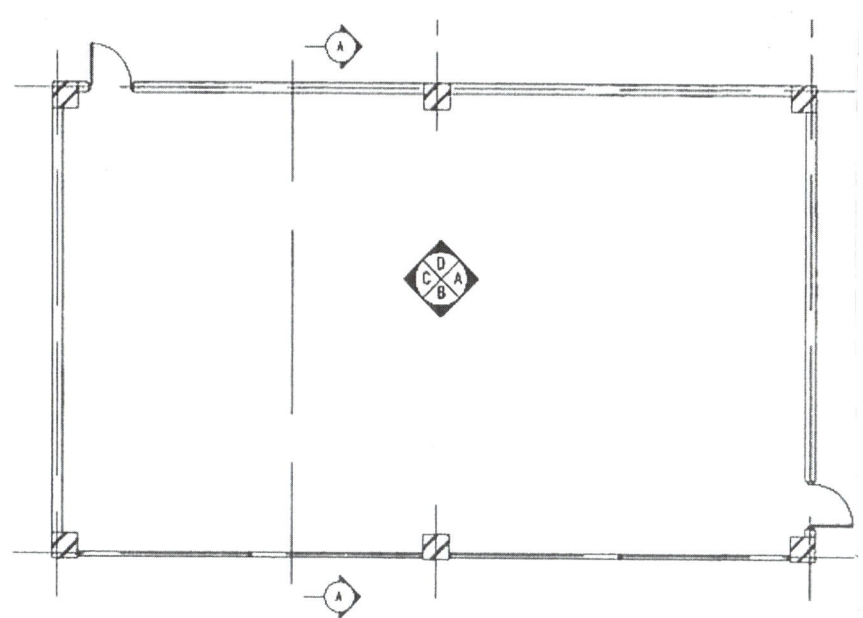

〈단면도 방향 표시 기호〉

■ **입면표시(전개)**

① 입면으로 전개하고자 하는 방향으로 꼭지점을 향하게 하여 기입한다.

② 가리키는 방향에 따라 꼭지점의 방향을 변경시켜 사용할 수 있다.

```
TEXT HEIGHT : 3
DIAMETER : 12
WIDTH FACTOR : 0.6
```

(4) 방위표시

도면의 좌측 상단에 표시한다.

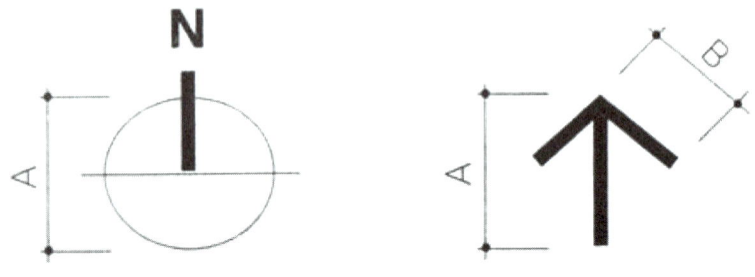

(5) 실 단차이 표시

입면도에서 층간 높이를 나타낼 때나 단면도에서 층간을 보여줄 때 사용하는 표시기호와 동일하다.
E.L(지상고)의 경우 필요시 기호의 아래쪽에 작성한다.

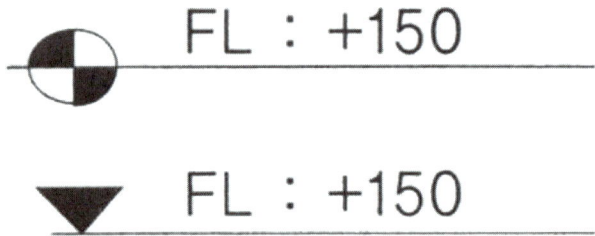

F.L(FLOOR LINE) : 바닥선의 단차이표시

① F.L(FLOOR LEIN) : 바닥선, 지상고
② C.L(CEILING LEIN) : 천장선
③ C.H(CEINING HEIGHT) : 천장

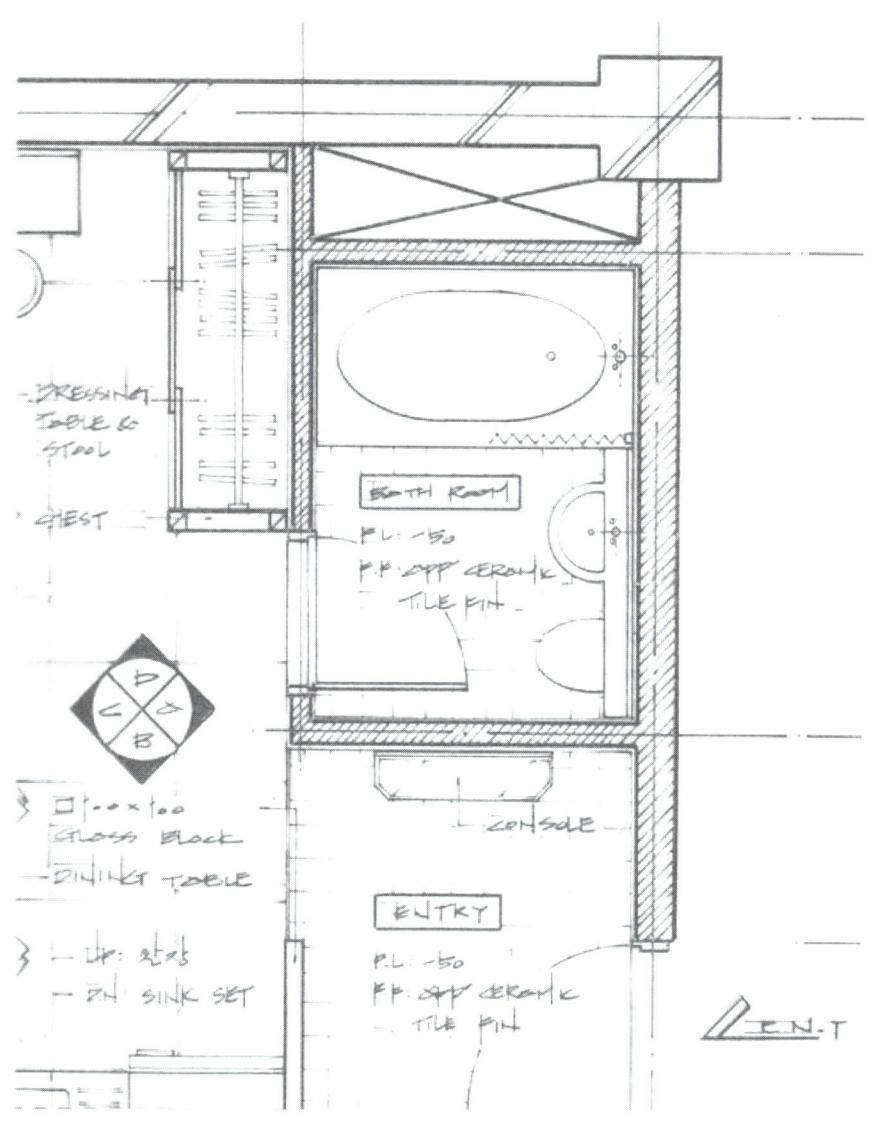

〈욕실 단차이(F.L) 숫자 표시의 예(기준바닥선에서 단차이 −50을 표현)〉

조명 · 전기 · 설비 기호[조명표시 기호]

⊕	**– DOWN LIGHT** • 백열등, PL, 램프 등의 천장 매입 형태의 등표시에 사용한다. • 조명기구의 형태 및 규격에 맞게 도면에 표시한다.	⊕	**– PENDANT LIGHT** • 천장에서 떨어져서 WIRE 같은 것으로 매달려 있는 형태의 조명기구를 표시할 때 사용된다. • 팬던트 조명의 형태는 다양하기 때문에 조명기구의 형태와 규격에 맞추어 도면에 표현을 한다.
⊕ (원)	**– CEILING LIGHT** • 천장에 부착되는 샹들리에, 형광등 등의 조명기구 형태의 표시에 사용한다. • 조명기구의 형태나 크기에 맞추어 천장도에 표시를 한다.	⊕⊣	**– BRACKET LIGHT** • 벽 등을 표현할 때 사용된다. • 벽 등의 형태와 규격은 매우 다양함으로 설계도면에서는 기호와 같이 단순하게 표현을 한다.

─○─	**– 형광등**
	• 도면에서는 FL.이라고 표시를 한다.
	• 형광등에는 20W, 30W, 40W의 3가지 종류가 주로 사용되며, 와트수에 따라 형광등의 길이는 달라지므로 도면에서의 표현도 규격에 맞게 하여야 한다.
	• 20W (L : 600mm)
	  30W (L : 900mm)
	  40W (L : 1,200mm)
	• 40W 형광등 2개일 경우에는 "FL. 40W×2EA"라고 도면에 표시를 한다.
	• 통상적으로 많이 사용되는 "FL. 40W×2EA"의 등기구 규격은 약 1,200mm×300mm이다.
		⊕	**– SPOT LIGHT**
			• 집중 조명용 기구를 표현할 때 사용되는 기호이다.
			• 매입 스포트, 노출 스포트, WALL WASHER 등의 조명기구 표현에 이 기호를 사용한다.

═○═		▦	**– 파라보릭 형광등** • 등기구의 형태가 주로 정사각형이며, 사각 반사용 루버가 있어 빛의 현휘를 방지하는 기능성을 갖고 있다. • 규격은 600mm×600mm, 900mm×900mm, 1,200mm×1,200mm의 등기구가 많이 사용된다.
═○═		⊗ (흑백)	**– 유도등** • 정전이 되었을 시에 자동적으로 켜지는 등의 표시에 사용된다. • 소방법에 의하여 설치기준에 맞게 표시를 하여야 한다.
═○═		⊗	**– 벽체 비상등** • 비상시에 자동으로 점등이 되도록 된 조명기구를 표시할 때 사용된다.

바닥마감재 접속선(Floor Finish Match Line)		조명·전기·설비 기호[전기표시 기호]			
(카페트 타일 마감 ─ 대리석 패턴깔기 마감)	• 성격이 다른 재료와 재료가 서로 만날 때 사용되는 기호로써 화살표의 양 끝단에 각각의 마감재료를 표시하면 된다.	⊙	– 콘센트	⊙₃	– 3구 콘센트 • 3구 이상일 경우엔 콘센트의 개수에 맞는 수를 표시한다.
창호표시 기호					
(창호 일련번호 / 창호 분류기호)	• 창호나 일련번호는 같은 성격(WOOD, AL, ST'L 등)의 창호에 디자인이나 규격이 틀릴 경우에 일련번호를 매긴다. 또한 창호분류기호는 창호의 성격을 표시한다. 예) WW : Wood Window WD : Wood Door SD : Steel Door AW : Aluminium Window	⊙	– 3상 220V 콘센트	⊙	– 바닥 콘센트
설비표시 기호		⊙_WP	– 방수 콘센트	⊙	– 벽·1바닥 이외의 콘센트
☒	– DIFFUSER(사각) • 300mm×300mm 규격을 주로 사용한다.				
▭	– LINE DIFFUSER • 라인 디퓨져의 길이는 600mm, 900mm, 1,200mm 등이 있다.	●	– 스위치	●_A	– 자동 스위치
▽	– 스피커 • 천장 매입형 스피커로 설계도면에서는 규격에 맞게 표기한다.	●_WP	– 방수 스위치	●_R	– 리모컨 스위치
□	– 감지기 • 열기와 연기를 감지하는 기능을 갖고 있다.	TV	– TV 안테나 단자	PH	– 전화기 단자
○	– DIFFUSER(원형) • ∅300mm 규격을 주로 사용한다.				
───	– AIR BER • 자유롭게 길이를 조절할 수 있다.	◨	– 분전반(조명)	☒	– 분전반(동력)
⊲○	– 경보기 • 소방법의 설치규정을 확인한 후 도면에 표시한다.	⧗	– 분전반(전력 및 전열)		

■ 조명기구 및 설비기호

형 상	명 칭	비 고
	FLUORESCENT LAMP	형광등(1EA)
	FLUORESCENT LAMP	형광등(2EA)
	DOWN LIGHT	매입등
	INDUCTION LAMP	비상등
	CHANDELIR	샹들리에(장식등)
	BRACKET	벽부착등(벽부등)
	PENDANT	내림등(천장에서 달아내린 국부조명)
	CEILING LIGHT	천장직부등(외부형상을 도면에 표시)
	SPOT LIGHT	강조조명
	CEILING LIGHT	천장직부등(외부형상을 도면에 표시)
	NIGHT LAMP or FLOOR STAND	외부형상을 도면에 표시
	ACCESS DOOR	점검구
	VENTILATOR	환기구
	SUPPLY DIFFUSER	벽부착형 급기구
	RETURN DIFFUSER	벽부착형 배기구
	SPEAKER	스피커
	SPRINKLER	스프링쿨러
	SMOKE DETECTOR	연기감지기

4 도면내 설계약어 및 용어

A

• ACCENT COLOR	강조색	
• ACCENT LIGHTING	악센트조명	
• ACCESS CEILING	천장점검구	
• ACCESS DOOR	점검구	
• ACCESS FLOOR	바닥점검구	
• ACCESSORY	액세서리	
• ACCORDION DOOR	접이문	
• ACOUSTIC MATERIAL	흡음재(텍스)	TEX
• ACRYLIC	아크릴	
• ACRYLIC PAINT	아크릴 도료	
• ACTUAL MEASURMENT DRAWING	실측도	
• AIR BRICK	통풍벽돌	
• AIR CONDITIONER	에어컨디셔너	A/C
• AIR CURTAIN	에어커튼	
• AIR DIFFUSER	공기확산장치	
• AIR DUCT	공기통	
• AIR TRAP	에어트랩	
• ALUMINUM	알루미늄	AL.
• ALIGN	일직선으로 면 및 열 맞추기	
• ANCHOR BOLT	앵커볼트	AB.
• ANGLE	앵글	
• APPOINTED	지정한	APP.
• APPEARANCE LUMBER	치장재	
• ARCADE	아케이드	
• ARCHITECTURAL AREA	연면적	
• AREA	영역, 범위	
• AREA RUG	부분카펫	
• ARM CHAIR	팔걸이 의자	
• ASBESTOS BOARD	석면판	
• ASPHALT SHINGLE	아스팔트싱글	
• ASPHALT TILE	아스팔트 타일	
• @	일정한간격의 표시	AT
• ATRIUM	아트리움	
• ATTIC	다락방	
• AUDITORIUM	오디토리움	
• AXONOMETRIC	엑소노메트릭(축측 투상도)	AXO
• AWNING WINDOW	어닝 창	

B

• BM1 FLOOR	지하중 1층	
• BACK-UP	보완재	
• BAGGAGE LACK	수화물대	
• BAGGAGE LOCK	호텔 객실 전용 수납장	
• BAKED FINISH	소부도장	
• BALCONY	발코니	
• BALLOON CURTAIN	풍선형 커튼	
• BALLOON FRAME CONSTRUCTION	경골구조	
• BANGUET RM.A	연회실 A	
• BAR	카운터 형식의 식음료 테이블	
• BAR COUNTER	바 카운터	
• BAR STOOL	바 스툴	
• BASE or BASE BOARD	걸레받이	
• BASEMENT	지하층	
• BATH ROOM	욕실	BATH RM.
• BAY WINDOW	돌출창	
• BEAM	보	
• BEARING WALL	내력벽	
• BED	침대	
• BED ROOM	침실	
• BLDG WALL TO REMAIN	건축기존벽체유지	
• BLDG(BUILDING)	건물	
• BLIND	차양막	
• BOARD	판재, 널판	
• BOLT	볼트	BT.
• BOND	벽돌쌓기	
• BOOTH	일정구역	
• BOOKS SHELF	책상	
• BOTTOM BOARD	밑창널	
• BRACKET	브라켓(벽부등)	
• BRASS	황동	
• BRICK	벽돌	B
• BRONZE	청동	
• BUDGET	예산	
• BUILDING CODE	건축법규	
• BUILDING PAPER	방수지	
• BUILDING PERMIT	건축허가	
• BUILT-IN	붙박이	
• BUILT-UP BEAM	조립보, 겹보	
• BUTT HINGE	경첩	
• BUTT JOINT	맞대기 이음	
• BUTTRESS	지지대, 부벽	

C

• CABINET	캐비닛	
• CAITY WALL	중공벽	
• CANOPY	천개, 채양	
• CARACOLE	나선형계단	
• CARPET	카펫	
• CARPET TILE	카펫타일	
• CARRING CHANNEL	캐링채널	
• CASEMENT WINDOW	여닫이창	
• CASHIER COUNTER	계산대	
• CAST IRON	주철	
• CASTER	캐스터	
• CAULKING	코킹	
• CEILING HEIGHT	천장	C C.H
• CEILING	천장	
• CEILING AND LIGHTING PLAN	천정, 조명도	
• CEILING HIGH	천장고	C.H
• CEILING LEVEL	천정면선	CL
• CENTER LINE	중심선	CL
• CEILING PLAN	천정도	
• CEILING HEIGHT	천정높이	C.H
• CEILING JOIST	반자틀	
• CEILING LIGHT	천장 직부등등	

• CEMENT	시멘트		• DECK	데크	
• CENTRAL CONDITIONING SYSTEM	중앙공기조절기		• DECORATIVE PLYWOOD	치장합판	
• CENTRAL HEATING	중앙난방		• DETAIL	상세	
• CERAMIC TILE	세라믹(도자기) 타일		• DETAIL DRAWING	상세도	
• COLOR CHART	색상표		• DIFFUSER	확산판	
• COLOR PLANNING	색상계획		• DIMENSION	치수선	
• COLOR HARMONIC PLANNING	배색계획		• DINING	식당	
• COLUMN NUMBER	기둥번호		• DINING TABLE	식탁	
• CHAIR	의자		• DISPLAY	전시	
• CHANDELIER	샹들리에		• DISPLAY SHELF	전시선반	
• CHECKED BY	검토란		• DISPLAY STAGE	전시 스테이지	
• CHEST	수납가구		• DISPLAY TABLE	전시테이블	
• CHROME PLATED	크롬도금		• DOCUMENT	서류/문서	
• CLEAR GLASS	맑은 유리, 투명 유리		• DOCUMENT CHEST	문갑	
• CLEAR LACQUER	투명 락카		• DOOR	문	DR.
• CLEARSTORY	채광창		• DOOR CHECK/CLOSER	도어클로저	
• CLIENT	의뢰인/고객		• DOOR FRAME	문틀	
• CLINKER TILE	클링커 타일		• DOORPULL	문손잡이	
• CLOSET	옷장	CL.	• DOUBLE BED	2인용 침대	
• COLUMN	기둥	COL.	• DOWN	내려감(주로 계단부분에 표기)	DN.
• COMPOSITE PANEL	복합패널		• DOWN LIGHT	매입등	
• COMPUTER TABLE	컴퓨터 책상		• DRAIN	배수관	
• CONCRETE	콘크리트	CONC.	• DRAWER CHEST	서랍장	
• CONC.BLOCK	콘크리트 블록		• DRAWING BY	작성란	
• CONCENT	콘센트		• DRAWING NO.	도면번호	
• CONSOLE	벽에 붙여 설치하는 장식테이블		• DRAWING TABLE	제도판	
• CONSTRUCTION	건설/구조/건축		• DRESS FURNITURE	옷장	
• CONTACT	계약		• DRESSER/DRESSING TABLE	화장대	
• CONTOUR	등고선		• DRIP	빗물받이	
• CORRIDOR	복도	CORR.	• DRY WALL	건식벽	
• COVE LIGHTING	코브조명		• DUCT	덕트	
• CREDENZA	크레덴자(가로로긴창)		**E**		
• CURTAIN	커튼		• EA	각각	
• CURTAIN BOX	커튼 박스		• EACH LAYER	각층	E.L
• CURTAIN WALL	커튼월		• EAST	동쪽	E
D			• EASY CHAIR	안락의자	
• DEPTH	깊이	D	• EAVES	처마	
• DESK	책상		• ELELTRICAL DRAWING	전기도면	
• DETAIL	상세도	DET	• ELEVATION	입면도	ELEV
• DETAIL OF DOOR	문상세도		• FRONT ELEVATION	정면도	
• DIMENSION	치수	DIM	• REAR ELEVATION	배면도	
• DIAMETER	직경	Ø	• SIDE ELEVATION	측면도	
• DEVELOPMENT	전개도		• ELEVATOR	엘리베이터	E/V
• DOOR AND WINDOW SCHEDULE	창호도		• EQUAL	같음	EQ
• DRAWING	도면	DR)(DWG	• ESCALATOR	에스컬레이터	E/C
• DRAWING NUMBER	도면번호		• EXTENDING	전개도	
• DRAWING AND SPECIFICATION	설계 & 도서		• EFFLORESCENCE	백화현상	
• DRAWING FOR DRAFT	초안도		• ELEMENT OF DESIGN	디자인요소	
• DRIPMOLD	빗물받이		• EMULSION PAINT	수성페인트	E.P
• DOWN	아래로, 다운	DN	• ENAMEL	에나멜	
• DAMP COURSE	방습층		• ENGLISH BOND	영국식벽돌쌓기	
• DAMPER	공기조절판		• ENTRANCE/ENTRY	현관	ENT.
• DAMPPROOF LAMP	방습등		• EQ	동일치수	
• DEADENING	방음장치		• ERGONOMICS	인간공학	

• ESCAPE	비상구	
• ESTIMATION EXISTING	견적	
• ETCHING GLASS	엣칭 유리	
• EXAPANEL	욕실에 사용하는 P.V.C.계열의 마감재	
• EXIT	비상구, 출구	
• EXIT LIGHT	비상구 표시등	
• EXPOSED-GRID CEILING	노출골조천장	

F

• FABRIC	직물	
• FACADE	정면	
• FACE BRICK	치장벽돌	
• FACILITY	설비	
• FINSH FLOOR	바닥마감	F.F
• FINISHING LIST	실내 마감표	
• FINISHING SCHEDULE	실내 마감계획표	
• FLOOR	바닥.층	FL
• FOOR LEVEL	바닥면선	F.L
• FOOR PLAN	평면도	
• B(BASEMENT)1 FLOOR PLAN	지하1층 평면도	
• 1ST FLOOR PLAN	1층 평면도	
• 2ND FLOOR PLAN	2층 평면도	
• 3RD FLOOR PLAN	3층 평면도	
• 4TH FLOOR PLAN	4층 평면도	
• FLOW PLANNING	동선계획	
• FUNCTIONAL PLANNING	기능계획	
• FURNITURE ARRANGEMENT	가구배치도	
• FLOOR DETAIL	바닥상세도	
• FRAME DETAIL	뼈대상세도	
• FILE BOX	화일박스	
• FILE NAME	서류명	
• FINISH	마감	FIN.
• FIRE BRICK	내화벽돌	
• FIRE ESCAPE STAIR	비상계단	
• FIRE SENSOR	열 감지기	
• FIRE STOP	방화칸막이	
• FIRE WALL	방화벽	
• FITTING ROOM	탈의실	
• FIXED GLASS	고정 유리	
• FIXTURE FURNITURE	붙박이가구	
• FL(FLOOR LEVEL)	바닥기준선	
• FL(FLUORESCENT LAMP)	형광등	
• FLAGSTONE	판석	
• FLAT ROOF	평지붕	
• FLOOR	바닥	FL.
• FLOOR HINGE	바닥 고정축 (문짝에 사용)	
• FLOOR JOIST	장선	
• FLOOR PLAN	평면도	
• FLOOR LEVEL	바닥의 높이	F.L
• FLOOR STAND	바닥에 놓여지는 조명	
• FLOORING	바닥재	
• FLOW CHART	일정표	
• FLUORESCENCE LAMP	형광등	
• FLUSH DOOR	양판문	
• FLUSH PANEL	양판(각재로 틀을 짜고 양면에 합판을 붙여 만든것)	

• FOLDING CASEMENT	접이창	
• FOLDING FURNITURE	접이가구	
• FR(FITTING ROOM)	피팅룸	
• FRAME	골조	FR.
• FULL SPACE	전체척도	

G

• GALLERY	갤러리	
• GENERAL DRAWING	실시설계도	
• GROSS AREA	연면적	
• GROUND LEVEL	지반선	G.L
• GALVANIZED IRON	양철	
• GAS TABLE	가열대	
• GAS RANGE	가스레인즈	
• GENERAL LIGHTING	전체조명	
• GLASS	유리	
• GOLDEN SECTION	황금분할	
• GRANITE	화강암/화강석	
• GYPSUM	석고	
• GYPSUM BOARD	석고보드	G/B

H

• H.Q.I	투광기, 고광도(고용량)의 등기구	
• HEIGHT	높이	H
• HORIZONTAL LINE	수평선	H.L
• HALL	홀	
• HALOGEN LAMP	할로겐등	
• HANGER	행거(걸이)	
• HANGER BOLT	행거볼트	
• HEART WOOD 심재		
• HEAT ABSORBING GLASS	단열유리	
• HINGE	경첩	

I

• ISOMETRIC	아이소메트릭	IOS
• ITEM INITIAL	아이템 이니셜(품목머릿글자)	
• IL(INCANDESCENT LAMP)	백열등	
• ILLUMINATION	조도	
• INDIRECT LIGHTING	간접조명	
• INFORMATION COUNTER	안내카운터	
• INFORMATION DESK	안내데스크	
• INSULATION	절연/단열재	
• INTERIOR ARCH	실내건축	
• INTERIOR DESIGN	실내설계	

J

• JOB NO.	작업고유번호	
• JOINT	맞춤	

K

• KEY PLAN	키 플랜	
• KEYSTONE	종석	
• KICK PLATE	챌판	
• KING BED	킹베드	
• KITCHEN	부엌	
• KNOCK-DOWN FURNITURE	조립식가구	

L

• LEG DETAIL	기둥상세도	
• LENGTH	길이	L.I

• LIST OF ABBREVIATIONS	약호일람표
• LIST OF DRAWINGS	도면일람표
• LOCATION MAP	안내도
• LOCATION PLAN	배치도
• LOT AREA	대지면적
• LACQUER	락카
• LAMINATE	얇게 붙이도록 만든 플라스틱판
• LAMINATE PLASTIC	라미네이트판
• LAMINATED GLASS	접합유리
• LAUAN	라왕
• LAYER	결
• LAYOUT	레이아웃
• LGS(LIGHT WIGHT STEEL CONSTRUCTION)	경량철골구조
• LIFT/ELEVATOR	엘리베이터
• LIGHTING BOLLARDS	볼라드 타입의 조명기구
• LIGHTING BOX	조명박스
• LIGHTING DESIGN	조명디자인
• LIGHTING FIXTURE	조명기구
• LIMESTONE	석회석
• LINING PAPER	초배지
• LINOLEUM	리놀륨
• LIVING ROOM	거실
• LOCK SET	자물쇠
• LOGGIA	로지아
• LOOSE FURNITURE	이동형가구
• LOUVER	루버
• LUMBER	각재
• LUX	럭스
M	
• MASTER PLAN	전체적 기본 계획
• MATCH LINE	접속선
• MATERIAL LIST	재료표
• METER	미터　　　　　　M.m
• M2 FLOOR	중2층
• M.D.F	섬유판의 일종
• MAHOGANY	마호가니
• MANNEQUIN	마네킹
• MAP BOARD	걸레받이
• MAPLE	단풍나무
• MARBLE	대리석
• MARKING	먹줄치기
• MASONRY	조적공사
• MASS	매스
• MASTER LEGEND	범례
• MATT PAINT	무광페인트
• M-BAR	경량 철골 천장공사 시 마감재료가 부착되는 부재
• MDF	중밀도섬유판
• METAL	금속
• MEZZANINE	메자닌
• MIRROR	거울
• MOCK-UP	목업
• MODEL	모델
• MODULE	모듈
• MONITOR BOX	모니터 박스
• MOULDING	몰딩
• MOVABLE CHAIR	이동 가능한 의자
• MULLION	중간선틀
N	
• NORTH	북쪽　　　　　　N
• NEON	네온
• N NEW BLOCK WALL TO BE BUILT	새구조 벽체세우기
• NIGHT LAMP	나이트 램프
• NIGHT TABLE	나이트 테이블(침대옆)
• NON BEARING WALL	비내력벽
• NOTE	기록/주
O	
• OAK	참나무
• OAK GRAIN	참나무 무늬목
• OBJECT	물건/목표
• OBSCURE GLASS	반투명유리
• OIL PAINT	유성페인트
• ONE ROOM SYSTEM	원룸시스템
• OPEN PLAN	개방평면계획
• OPENING	개구부
• ORDER	주문
• OUTLET	배출구/배수
P	
• PART PLAN	부분평면도
• PERSPECTIVE	투시도　　　　　PERS
• PLATE	판　　　　　　　PL
• PROGRESS SCHEDULE	공정표
• PLOT PLAN	배치도
• PAINT	도료
• PAIR GLASS	복층유리
• PANEL	패널
• PAPER	종이/도면
• PARTICLE BOARD	파티클보드
• PARTITION	칸막이
• PATIO	안뜰
• PATTERN	문양
• PENDANT	팬던트
• PERSPECTIVE(DRAWING)	투시도
• PILOTI	필로티
• PIVOT HINGE	회전경첩
• PIVOT WINDOW	회전창
• PLAN	평면도
• PLANING	평면계획
• PLASTER	회반죽
• PLASTIC	플라스틱
• PLASTIC BOARD	플라스틱 보드
• PLATE GLASS	판유리
• PLYWOOD	합판
• PORCELAIN TILE	자기타일
• POST&LINTEL CONSTRUCTION	가구식구조
• POWDER ROOM	전실
• PREGROUTED TILE	모자이크타일
• PRESENTATION	발표
• PRESSED GLASS	압착유리

• PROPORTION	비례		• SLEEPER	멍에	
• PUTTY	퍼티		• SLIDING DOOR	미닫이문	
Q			• SLIDING WONDOW	미서기창	
• QUARTERING	사등분취재		• SOFA	쇼파	
R			• SOLARIUM	솔라리움(일광욕실)	
• RADIUS	반지름	R,r	• SPACE PROGRAM	공간계획	
• REFLECTED CEILING PLAN	천정도		• SPANDREL	스팬드럴/아치공복	
• RAMP	경사로/램프		• SPECIFICATION	시방서	
• RECEPTION	응접		• SPOT LIGHT	강조 조명	
• RECEPTION SET	응접 세트(쇼파와 테이블)		• SPRAY	뿜칠	
• RECESSED LIGHT	매립등		• SPRAY COAT	뿜칠	
• REFLECTED CEILING	천장도		• SPRINKLER	스프링클러	
• REINFORCED CONCRETE	철근콘크리트		• STAIN	착색	
• RENDERING	표현/연출		• STEEL	강철	
• RESILIENT FLOORING	탄성바닥재		• STEEL FRAME CONSTRUCTION	철골구조	
• RETURN AIR	순환공기		• STEEL FRAME REINFORCED	철골콘크리트구조	
• RUBBER	고무		• STEEL PIPE	강관	
• RUG	바닥에 까는 부분 카펫		• STEEL PLATE	철판	
• RUNNER	반자틀 받이		• STOCK SHELF	창고에 설치하는 선반	
• REVISION	개정/교정/수정		• STONE 석재		
• REVOLVING DOOR	회전문		• STOOL	등받이 없는 보조용 의자	
• ROOF LIGHTING	지붕창		• STORAGE	창고	
• ROUGH SKETCH	러프 스케치		• STORAGE WALL	수납벽	
S			• STRAP	달대	
• SCALE	축척	S	• STRAP HINGE	띠형경첩	
• SCHEMATIC	배선도		• SUGI	삼나무	
• SECTION	단면도	SECT	• SUIT ROOM	호화객실	
• CROSS SECTION	횡단면도		• SUN ROOM	선룸	
• LONGITUDINAL SECTION	종단면도		• SUNSHADE	차양	
• SIDE SECTION	측단면도		• SUS	스테인레스	
• SLAB SECTION	슬라브단면도		• SYMBOL	상징/기호	
• SECTIONAL DETAIL	단면상세도		**T**		
• SHEET NUMBER	종이번호		• THICKNESS	두께	THK,
• SHEET LAYOUT	도면배치		• TABLE LAMP	테이블 위에 놓이는 조명	
• SHOP DRAWING	시공도		• TEA TABLE	티 테이블	
• SKIRTING DETAIL	걸레받이 디테일		• TELEPHONE BOOTH	전화부스	
• STRUCTURAL DRAWING	구조도		• TELEPHONE OUTLET	전화기선 인입구	
• SOUTH	남쪽	S	• TEMPERED GLASS	강화유리	
• SCHEMATIC DESIGN	기본설계		• TERRA COTTA	테라코타	
• SCHEMATIC DIAGRAM	구성도		• TERRAZZO	인조석/테라조	
• SCRUB BOARD	걸레받이		• THK(THICKNESS)	두께	
• SEALANT	실런트(방수제)		• TILE	타일	
• SECTION	단면도		• TIMBER FRAMING	목재구조	
• SEMI DOUBLE BED	2인용 침대보다 폭이 작은 침대(1200~1300)		• TINTED GLASS	착색유리	
• SHAFT	주신(기둥몸체)		• TITLE	제목/표지	
• SHEET GLASS	판유리		• TRUSS	트러스	
• SHELF	선반		• TV TABLE	TV를 올려놓을 수 있는 테이블	
• SHELL STRUCTURE	셸구조		• TWIN BED ROOM	1인용 침대가 있는 2인용 객실	
• SHOP DRAWING	작업도		• TYPICAL DETAIL DRAWING	규준도	
• SHOWER	샤워		• TYPICAL WALL ELEVATION	기준벽 입면도	
• SIDE TABLE	사이드 테이블		**U**		
• SINGLE BED	1인용 침대		• UNIT PLAN	단위평면	
• SINK	싱크		• UP	오름	UP
• SIZE	크기		• UNIT CONSTRUCTION	단위구조	

• UNIT FURNITURE	단위가구	
• URETHANE	우레탄	
• URETHANE LACQUER	우레탄 락카	
• UTILITY ROOM	다용도실	
V		
• VERANDA	베란다	
• VERTICAL LINE	수직선	V.L
• VERTICAL BLIND	수직 블라인드	
• VIEW	모습	
• TOP VIEW	위에서 내려다 본 모습의 도면	
• FRONT VIEW	정면도	
• SIDE VIEW	측면도	
• REAR VIEW	배면도	
• VARIES DIM	현장확인(변화)치수	
• VARNISH	바니쉬(니스)	
• VARNISH PAINT	바니쉬 페인트	
• VAULT	볼트	
• VENEER	베니어(고압 합판)	
• VENTILATION	환기	
• VENTILATOR	환기구	
• VENTILATOR-IN	송기구	
• VENTILATOR-OUT	배기구	
• VERIFY DIM	절대치수	
• VINYL	비닐	
• VINYL SHEET	비닐장판	
• VINYL TILE	비닐타일	
• VOID	보이드	
• VOUSSOIR	홍예/홍예석	
W		
• WALL LEVEL	벽면선	W.L
• WEST	서쪽	W
• WIDTH	폭	W
• WIRING DIAGRAM	배선도	
• WORKING DRAWINGS	실시설계도	
• WAINSCOT	중간 돌림대 (징두리)	
• WAITING AREA	대기공간	
• WAITING ROOM	대기실(ANTEROOM)	
• WALL	벽	
• WALL COVERING	도배	
• WALL PAPER	벽지	
• WALNUT	호도나무	
• WATER PAINT	수성페인트	
• WELDING	용접	
• WINDOW	창	
• WINDOW	창문	
• WIRE GLASS	망입유리	
• WIRING DIAGRAM	배선도	
• WOOD	목재	
• WOOD BRICK	목벽돌	
• WOOD FLOORING	목재 마루판	
• WOOD GRAIN	무늬 목	
• WORKING DRAWING	실시설계	
Y		
• YARD LUMBER	제재목	

Z	
• ZONNING	공간구획

■ 각 공간별 마감재(도면표기)

※ 아래 마감표는 실내건축기사, 산업기사, 기능사 시험에서 표기할 수 있는 정도의 재료표기임

주거공간	
천정	APP. CEILING PAPER FIN. 〈지정 천정지 마감〉
	APP. FABRIC FIN. 〈지정 천정지 마감〉
	※ 화장실 APP. EXAPANEL FIN. 〈지정 엑사판넬 마감〉
벽	APP. WALL PAPER FIN. 〈지정 벽지 마감〉
	APP. FABRIC FIN. 〈지정 천 벽지 마감〉
바닥	APP. VINYL SHEET FIN. 〈지정 장판지 마감〉
	APP. WOOD FLOORING FIN. 〈지정 마루널 마감〉
	APP. CARPET FIN 〈지정 카펫 마감〉

상업공간 / 업무공간 / 전시공간 공통적용	
천정	APP. CEILING PAPER FIN. 〈지정 천정지 마감〉
	APP. FABRIC FIN. 〈지정 천 천정지 마감〉
	APP. COLOR LACQ. FIN. 〈지정 칼라래커 마감〉
	APP. V.P FIN. 〈지정 바니쉬 페인트 마감〉
	APP. ICE COAT FIN. 〈지정 아이스코트 마감〉
	APP. ZOLATON SPRAY FIN. 〈지정 졸라톤 마감〉
	※ 화장실 APP. EXAPANEL FIN. 〈지정 엑사판넬 마감〉
벽	APP. WALL PAPER FIN. 〈지정 벽지 마감〉
	APP. FABRIC FIN. 〈지정 천 벽지 마감〉
	APP. COLOR LACQ. FIN. 〈지정 칼라래커 마감〉
	APP. V.P FIN. 〈지정 바니쉬 페인트 마감〉
	APP. ICE COAT FIN. 〈지정 아이스코트 마감〉
	APP. ZOLATON SPRAY FIN. 〈지정 졸라톤 마감〉
	APP. CERAMIC TILE FIN. 〈지정 자기질 타일 마감〉
바닥	APP. P.V.C. TILE FIN. 〈지정 P.V.C. 타일 마감〉
	APP. DECO TILE FIN. 〈지정 데코 타일 마감〉
	APP. MARBLE FIN. 〈지정 대리석 마감〉
	APP. CARPET FIN. 〈지정 카펫 마감〉
	APP. CARPET TILE FIN. 〈지정 카펫 타일 마감〉
	APP. CERAMIC TILE FIN. 〈지정 자기질 타일 마감〉
	APP. TERAZZO FIN. 〈지정 인조석 물갈기 마감〉

■ 마감재 영어표기

번호	한글표기	영문표기
1	강화유리	Tempered Glass
2	컬러백 유리	Color Back Glass
3	서리 유리	Frost Glass
4	투명 유리	Clear Glass
5	유리 블록	Glass Block
6	접합 강화유리	Joint Tempered Glass
7	에칭유리	Etching Glass
8	오팔 글래스	Opal Glass
9	소부도장 유리	Corrision Painting Glass
10	스테인드 유리	Stained Glass
11	유리 파티션	Glass Partition
12	백팬드 글라스	Back Painted Glass
13	부식강화유리	Corrosion Tempered Glass
14	스텐레스 스틸	Stainless Steel
15	스틸 파이프	Steel Pipe
16	서스 파이프	SUS(스텐레스 강) Pipe
17	각파이프	Square Pipe
18	스텐레스 헤어라인	Stainless Hair Line
19	메탈	Metal
20	펀칭 메탈	Punching Metal
21	스틸 빔 플레이트	Steel Beam Plate
22	함석	Zine
23	은경	Silver Mirrer
24	흑경	Black Mirrer
25	동경	Copper Mirrer
26	바리솔	Barrisol
27	알루미늄	Aluminium
28	타공판	Perforated Board
29	와이어 매쉬	Wire Mesh
30	갈바 Galva	
31	칼라 골강판	Color Corrugated Steel Sheet
32	알미늄 패널	Aluminium Panel
33	흡음텍스	Sound Absorbing Tex
34	모노 텍스	Mono Tex
35	노출 천정	Lattic Louver
36	마그나 그리드	Magna Grid
37	광천정	Light Ceiling
38	광섬유	Fiber Optic Lighting
39	유백색아크릴	Milky Acrylic
40	노출 콘크리트	Exposed Concrete
41	엑사판	Exapan
42	등박스	Lighting Box
43	간접조명	Lndirect Lighting
44	대나무 등박스	Bamboo Lamp Box
45	외부	Exterior
46	커튼 월	Curtain Wall
47	샌드위치 패널	Sandwich Panel
48	적삼목	Red Cedar
49	방부목	Preserved
50	라인징크	Line Zink
51	새틴 페니자	Satin Penija
52	쇠흙손	Laying Trowrl
53	깐자갈갈기	Broken Gravel
54	콘크리트 블록	Concrete Block
55	모르타르 스프레이	Mortar Spray

2 설계의 기초

Industrial Engineer Interior Architecture

실내건축의 요소 01
벽체의 구조 및 특징 02
개구부 03
실내공간의 가구 및 마감재료 표현 04

2장 설계의 기초

01 실내건축의 요소

실내공간을 도면화하는데 필요한 여러가지 제도규칙과 기호를 학습한다.
도면의 각 부분을 제도하고 표현한다.

1 실내공간의 요소

(1) 건축물의 구성 부분

① 기초 : 상부의 구조를 안전하게 지탱하는 최하부의 구조물(기초판과 지정)
② 기둥: 바닥, 보 등의 가로재의 하중을 받아 기초에 전달하는 수직재
③ 벽 : 외부 또는 스팬(Span)을 구획한 구조 (내력벽, 비 내력벽)
④ 바닥 : 상부와 하부를 구획하는 수평 구조체
⑤ 지붕 : 건축물 최상부로 외기를 막고 기울기(물매)는 재료적 특성과 지역적 특성에 따라 다르다.
⑥ 계단 : 높이가 다른 바닥의 상호간에 단을 만들어 연결하는 구조체로 수직방향의 통로
⑦ 창호 : 채광,출입,환기 및 조망의 목적,벽,지붕,천장 등에 낸 개구부

(2) 구성 부분과 특징

① 바닥
- 바닥의 특성 : 사람들의 행위를 결정하는 가장 중요한 요소
* 단차이가 있는 바닥 / 단 차이가 없는 바닥 / 경사진 바닥
- 바닥의 마감재
* 목재 / 석재 / 타일 / 탄성 바닥재 / 카페트 / 콘크리트 / 벽돌 / 페인트

② 벽
- 수직적인 요소이며, 천장의 수평성을 차단하여 공간을 형성하고, 외부상황에 대해 방어기능을 갖는다.
* 내력벽(bearing wall) : 연직하중 및 수평하중을 부담시킬 수 있는 구조의 벽
* 전단벽(shear wall) : 수평하중에 저항할 수 있는 벽체

상징적 경계	60cm 이하	시선이 통과하는 높이로서 영역의 경계 표시에 불과하므로, 공간전체를 감싸는 효과는 없다.
시각적 개방	1.2m	낮은 칸막이의 벽으로서 시각적인 연속성을 주면선, 공간을 감싸는 효과가 있다.
시각적 차단	1.5m	공간 분할이 시작된다.
	1.8m	공간의 성격을 규정하며, 프라이버시 보호의 효과가 있다.

- 벽 마감재
* 목재, 무늬목, 쉬트지 / 페인트 / 타일 / 유리 / 거울 / 플라스틱 / 패브릭 / 벽지

③ 천장
- 천장의 특성 : 공간을 풍부하게 표현할 수 있다. (다양한 형태를 연출할 수 있다.)
- 천장 마감재
* 콘크리트 / 플라스터(Plaster) / 보드 / 유리

④ 기둥과 보
- 공간 속에 위치한 하나의 기둥
- 공간 속에 위치한 두 개의 기둥
- 공간 속에 위치한 세 개 이상의 기둥

⑤ 계단
- 계단의 역할 : 상하층을 연결하는 수직적인 이동수단이다.(바닥의 높낮이가 다른 공간을 연결하는 요소임)
* 기능적, 실용적 역할
* 심미적, 장식적 역할

⑥ 문과 창
- 문의 종류 : 통행을 위주로 하기 때문에, 위치를 결정할 때에 동선과 문의 개폐시 동선을 고려해야 한다.
* 자재문 / 미세기문 / 미닫이문 / 들문 / 여닫이문 / 접이문
- 창의 종류 : 출입의 목적이 아니라 채광 및 환기 등을 목적으로 한다.
* 창의 위치에 따른 분류
  • 정광창(Top light) : 지붕 또는 천장면에 낸 천장을 통한 채광방식
  • 측광창(Side light) : 벽면에 수직으로 낸 측창을 통한 채광방식
  • 고측광(Clerestory) : 천장에 가까운 측면에 채광하는 방식
  • 정측광(Top side light) : 지붕면에 있는 수직창에 의한 채광방식
* 중복여부에 따른 분류 : 홑창과 겹창
* 개폐방식에 의한 창의 분류 : 고정식창, 이동식창(미세기창, 오르내리기창, 여닫이창, 빗살창)
- 문과 창의 재료 : 목재 / 철재 / 알루미늄 / 유리 / 종이

⑦ 가구
- 가구의 종류
* 인체계 가구(침대/쇼파/의자) / 준인체계 가구(식탁/책상/협탁) / 수납가구 / 붙박이 가구 / 칸막이 가구 / 어린 이용 가구
- 가구의 재료
* 목재 / 합판 / 플라스틱 / 금속재 / 가죽소재와 패브릭

⑧ 조명
- 조명의 4요소 - 밝기, 눈부심, 대비, 노출 시간
* 배광 방식에 의한 분류
  • 직접 조명 - 상향(0-10%), 하향(90-100%)

- 반직접 조명 – 상향(10-40%), 하향(60-90%)
- 간접 조명 – 상향(90-100%), 하향(0-10%)
- 반간접 조명 – 상향(60-90%), 하향(10-40%)
- 직간접 조명 – 상향(40-60%), 하향(40-60%)

2 실내 각 요소의 특징

① 1차적 요소(고정적 요소) : 천장, 벽, 바닥, 기둥, 개구부, 통로, 실내환경시스템
② 2차적 요소(가동적 요소) : 가구, 조명, 액세서리
③ 3차적 요소(심리적 요소) : 색채, 질감, 직물, 문양, 형태, 전시

벽과 천장
- 각 객실마다 사용될 재료를 결정한다 (거실및 욕실은 벽재와 천장재가 다르나 방의 경우는 같은 때가 많다.)
- 벽과 천장의 접속부의 처리 및 방법을 고려한다.
- 각 개실의 용도 및 기능을 고려하여 배색계획을 세운다.
- 천장의 경우 사용할 조명 기구에 따라 건축화 조명 기구에 따로 분류하여 천장의 조건과 맞춘다.

창과 커튼
- 필요한 채광 양 및 벽과의 비율에 따른 창의 위치와 크기를 고려한다.
- 사용 빈도 목적에 따른 창문의 개폐 방법을 결정한다.
- 미적인 면을 고려한 창문의 모양을 결정한다.
- 기능에 따른 창틀의 재질과 유리창의 종류를 선택한다.
- 그 창문이 설치된 공간의 기능에 따른 커튼을 결정한다.
- 창을 통해 들어오는 빛의 양과 방향을 고려하여 커튼의 종류를 결정한다.
- 천창, 고창 등 특수창에 필요한 커튼 이외의 빛 조절 기구를 고려한다.

동선
- 동선의 빈도를 점검하고 특히 빈도가 높은 곳에서 동선의 단축화를 꾀한다.
- 동선의 패턴을 점검하는데 이때에는 동선의 교차하는 곳, 기울어진 동선 등은 효율화, 단순화 시킨다.
- 추가 되는 동선과 부수적인 동선을 분류해낸다.
- 평상시의 동선 외에 비상시의 동선을 점검한다.
- 정상인 외에 고령자, 장애자가 있을 경우의 동선을 고려한다.

스케일
- 각 개실의 행동 및 행위에 대한 검토, 기거 양식 및 인원, 행위에 사용되는 도구의 크기 등을 점검한다.
- 사람의 신체 치수, 동작의 크기, 동작공간 등의 물리적 스케일을 점검한다.
- 자기 고유의 라이프사이클, 생활양식에 따른 가구계획을 세운다.
- 부지조건 및 예산 등의 공간적 조건은 경제적 측면에서 점검한다.

바닥재 및 카펫
- 그 개실 고유의 기능에 따른 재료를 선택한다.(거실, 방, 욕실에 사용되는 바닥재는 모두 다르다)
- 주어진 공간의 크기와 채광, 용도 등을 고려한 배색을 생각한다.
- 사용되는 재질의 마무리 방법을 고려한다.
- 카펫을 깔경우 그 사용 목적에 따라 적합한 종류를 선택한다.
- 그 창문이 설치된 공간의 기능에 따른 커튼을 결정한다.
- 바닥재 카펫의 마무림(카펫전체 깔기의 경우), 바닥과 벽과의 접속 방법을 고려한다.
- 위 모든 조건을 감안한 공법적 처리, 시각적 처리, 안정성, 기능성을 점검한다.

장식품, 소품
- 각 개실의 특성에 따른 장식품의 디자인, 색상, 크기, 위치를 결정한다.
- 벽장식(액자, 벽걸이, 족자)과 탁상장식(인형, 화병, 조각품등)으로 나누어 동선 및 시선의 장애 여부를 고려한 설치계획을 세운다.
- 각 장식품의 미적인 수납 방법을 연구한다.

문과 문 손잡이
- 개폐에 필요한 스페이스를 고려한다.
- 사람의 출입 이외에도 가구의 반입이나 휠체어의 출입도 감안하여 치수를 결정한다.
- 인접 공간과의 관계 및 재해시의 행동을 고려하여 개폐 방법을 결정한다.
- 기타 강도, 기밀성, 수밀성, 차음성, 개폐력 등을 고려한다.
- 노약자, 장애자, 연소자 등을 감안한 손잡이를 선택한다.
- 그 문이 사용되는 공간 특성에 따라 단순형 손잡이식, 노브식, 핸들 레버식, 자물쇠붙이 손잡이식 등을 선택한다.
- 기타 도어클로저(door coloser)나 문고리가 필요한 문을 점검한다.

실내원예
- 각 공간(거실, 부엌 및 식당, 욕실, 현관, 창가, 코너)별로 배치할 식물의 종류, 크기를 결정하고 관리의 용이성을 점검한다.
- 각 방의 양지, 온도, 습도 등 재배환경을 고려하여 적합한 식물을 선택한다.
- 가장 좋은 각도에서 관상할 수 있게 높이 및 위치를 결정한다.
- 계절에 따른 개화 시기를 점검하여 그 종류를 선택한다.

조명
- 각 개실의 기능에 알맞는 조명의 재조건(빛의 양, 질, 방향, 위치)과 조명기구의 크기, 모양, 재질, 색, 수량, 설치법 등을 검토한다.
- 전원 개폐기(스위치)의 위치와 사용되는 전력량, 기타를 점검한다.

가구와 수납
- 공간의 기능에 적합한 가구의 배치, 모양, 크기, 재질, 색을 결정한다.
- 사람의 동선, 시선, 동작, 치수 등과의 관련성을 점검한다.
- 자기 고유의 라이프사이클, 생활양식에 따른 가구계획을 세운다.
- 수납물의 양, 수납 방법 등 수납할 물건들의 양과 내용을 검토한다.
- 인체 크기에 따른 수납가구의 사이즈를 결정한다.

색채 및 배색
- 추가 되는 색과 부수적인 색, 색에 의한 엑센트 등의 컬러 벨런스를 맞추고 각 실의 기능에 맞는 배색을 생각한다.
- 방 전체 배색의 면적비 비율과 사용되는 재료의 색감을 고려한다.
- 설치되는 조명의 빛 성질과 색과의 관련, 방향, 각도 등을 고려한다.

02 벽체의 구조 및 특징

1 벽체의 구조 재료

(1) 조적식구조

조적공사는 건축물의 내력벽이나 칸막이벽 축조 등 주로 공간을 구성하는 것이 주 공정을 이루며 인테리어 공사에서는 주로 칸막이벽(별도 마감재가 필요)과 치장벽 쌓기가 쓰인다.

모르타르를 교착제로 하여 벽체와 기둥 등을 구성. 벽돌공사의 적산사항은 설계도면에 의하여 벽돌의 종류, 쌓기법, 벽돌벽 두께별로 구분하여 소요수량을 산출하고, 1,000매 단위로 재료와 품을 계산한다.

1) 공간쌓기 (이중벽)

방습, 방음, 단열을 목적으로 공간을 띄워서 쌓는 벽 공간쌓기를 한다
- 내부는 1.5B로 쌓고 외부는 0.5B로 쌓는 방법과 내부는 1.0B로 쌓고 외부는 0.5B로 쌓는 방법, 내·외부를 각각 0.5B쌓기 방법이 있다.

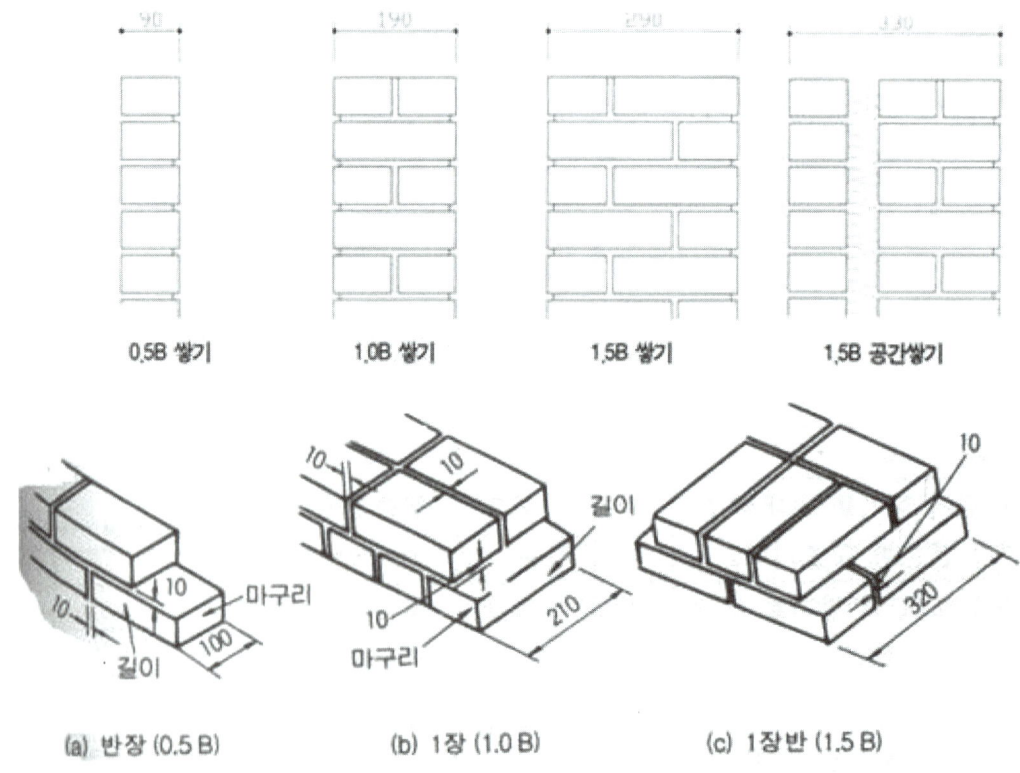

〈벽돌의 두께〉

2) 줄눈 (joint)

① 벽돌과 벽돌 사이의 모르타르 부분을 말한다.

② 줄눈의 크기는 가로 세로 10mm로 한다.

③ 제물치장으로 할때는 벽돌 쌓기가 끝난후 벽돌에서 10mm 정도 줄눈파기로 한다.

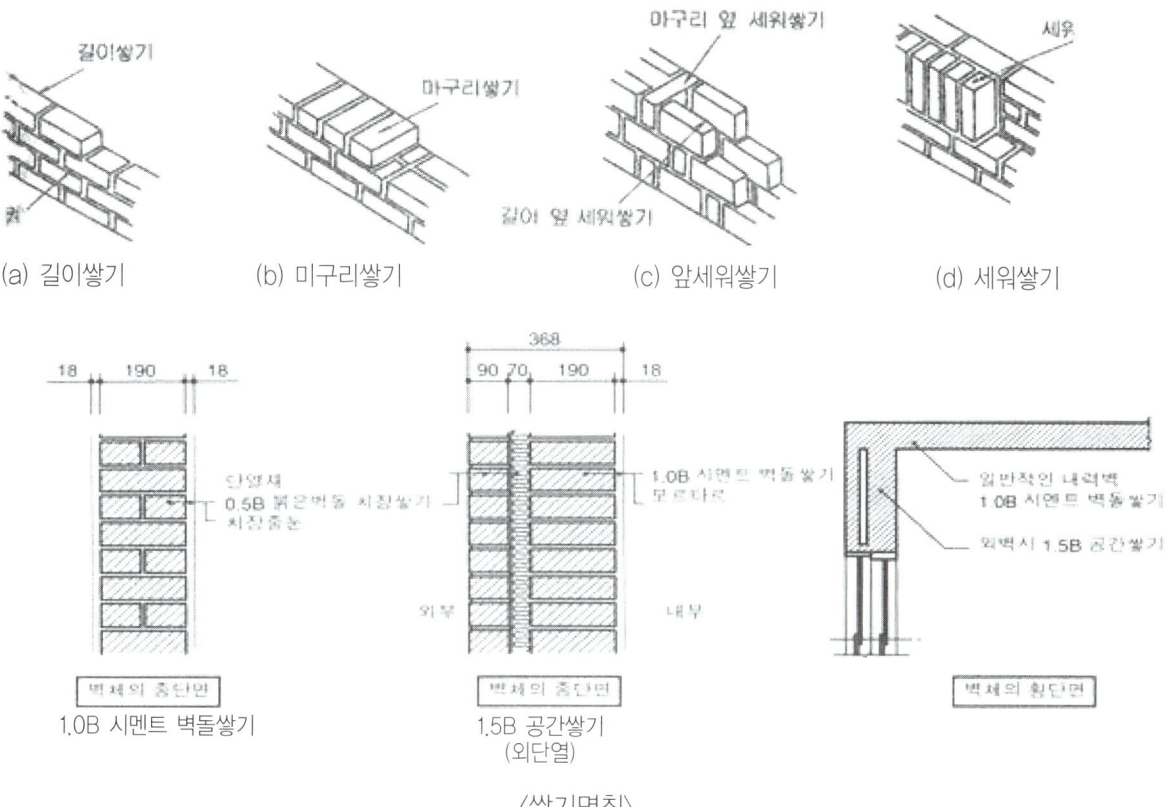

〈쌓기명칭〉

〈시공장면〉

3) 조적식 구조와 표현

조적식 구조란 벽돌, 콘크리트 블록 등을 쌓아올려 벽체를 구성하는 구조를 말한다. 일반적으로 벽돌은 붉은 벽돌과 시멘트 벽돌이 있다. 붉은 벽돌은 치장쌓기용으로 주로 쓰이고, 시멘트 벽돌은 칸막이벽 또는 내력벽으로 쓰인다. 벽돌의 치수는 190mm×90mm×57mm, 벽돌의 길이면 190mm을 1.0B라 한다. 이때 B는 벽돌 Brick의 머리글자이다.

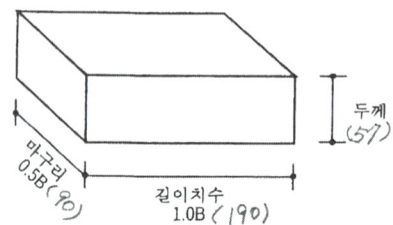

(단위 : mm)

구 분	0.5B	1.0B	1.5B	2.0B	2.5B	3.0B	3.5B	4.0B
길 이	90	190	290	390	490	590	690	790

※ 작도시에는 10mm를 더해 그려준다. (ex 0.5B=100. 1.0B=200, 1.5B=300)

① 0.5B 쌓기

벽돌을 90mm 방향으로 쌓아 벽체를 만들 경우 벽두께는 90mm이다. 이것을 반장 두께 쌓기라 한다. 실제 작도시에는 100mm로 작도한다.

② 1.0B 내력벽

내력벽이라 함은 상부의 하중을 받는 벽체이다. 따라서 문제 조건에 벽에 대한 조건이 주어지지 않았다면 문제의 기본 외벽은 1.0B로 작도한다. 이때 1.0B 벽두께는 190mm이지만, 작도시에는 200mm로 작도한다. 또한, 도면 작도시 벽두께에 대한 조건이 주어지지 않을 경우 일반적인 내력벽은 1.0B로 작도한다.

1.0B 공간벽체의 평면상 표현

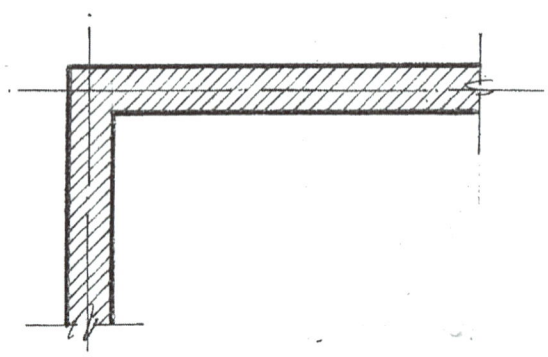

③ 1.5B 공간벽 쌓기

벽돌을 쌓을 때, 벽돌과 벽돌 사이에 공간을 띄어 공간 내에 단열재를 시공, 실내의 방한, 방서, 방습, 결로 방지 등을 목적으로 사용한 벽체이다. 보통 공간을 띄우는 폭은 50mm~60mm 정도이며, 1.5B 공간벽 쌓기의 벽두께는 외단열시 0.5B+50mm+1.0B, 중단열시 0.5B+50mm+0.5B, 내단열시 1.0B+50mm+0.5B로 작도하며, 외·내 단열시에는 350mm 두께를 갖고 중단열시에는 250mm의 벽두께를 갖는다. 일반적으로 시공시에는 외단열로 많이 한다. 실제는 190+50+90=330mm이나 작도시 200+50+100=350mm로 한다.

1.0B, 1.5B 공간벽체의 평면상 표현

(1)   (2)

※ 중심선의 위치확인

위 (1)과 (2)는 똑같은 외단열 1.5B 공간벽체이지만 중심선의 위치가 다르다.

과거 설계지침서에는 "벽체 중심선은 일반적인 내력벽을 기준을 잡는다."라고 되어 있고, 현재는 "벽체 중심선은 그냥 벽의 중앙에 넣어도 무방하다"라고 되어 있다.

〈실습〉

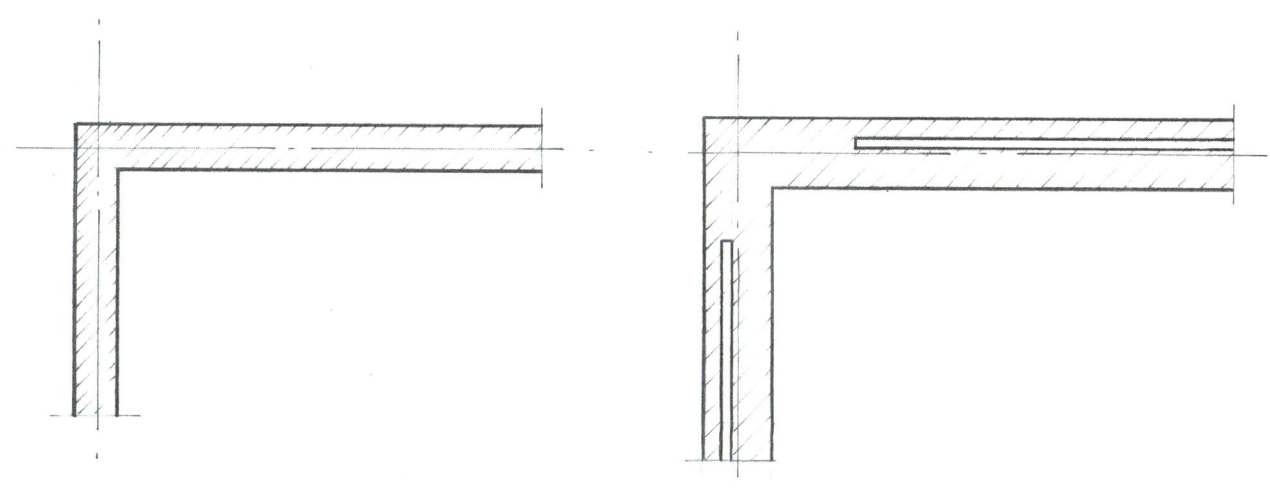

① 벽체절단면은 굵은선으로 긋는다.
② 벽체의 중심선은 일점쇄선으로 긋는다.
③ 벽체 해치선은 굵은선으로 45° 방향으로 일정하게 표현하며 간격은 1mm로 한다.

(2) 철근콘크리트 구조

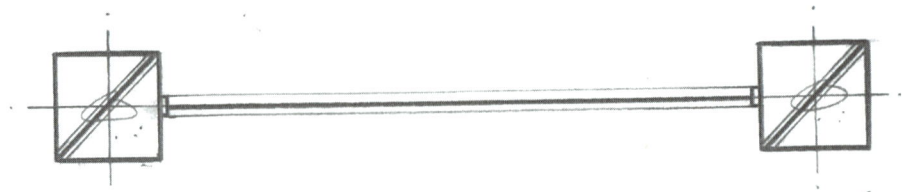

1) 철근콘크리트 개요

 ① 철근으로 보강한 콘크리트(모래,자갈을 시멘트와 물을 섞어 제작) 이다.

 ② 콘크리트는 압축력에 상당한 저항력을 가지나 인장력에 극히 약하다.

 ③ 약점을 인장에 강한 철근을 배근한 합성 구조재를 말한다.

2) 철근콘크리트의 구조 및 원리

 ① 콘크리트는 압축력에는 강하나 인장력에는 약하므로 인장부에는 철근으로 보강한다.

 ② 콘크리트는 녹스는 것을 방지한다.

 ③ 철근과 콘크리트는 선팽창계수가 거의 같다.

 ④ 철근은 콘크리트와 결합에서 부착력이 크다

 ⑤ 콘크리트는 내구 내화성이 있어 철근을 피복하여 구조체는 내구.내화적이 된다.

3) 칸막이벽

 ① 조적식 구조 : 0.5B 으로 한다. 단, 욕실의 경우에는 1.0B로 한다.

 ② 경량 칸막이 : 합판, 석고보드, 밤라이트, 규피클 등의 재료로 시공이 간편하고 경제적인 면에서 많이 쓰인다.
  경량칸막이벽은 주위의 단단한 부분에 고정(슬리트나 철근을 앵커)함으로써 그 안정성을 확보한다.
  피팅룸(숍에서 옷을 갈아입는 공간), 화장실 칸막이, 창고 등 굳이 벽돌로 시공할 필요가 없는 공간에 사용한다.
  규격은 900, 1,200, 1,500, 1,800(mm)×1,800, 2,100, 2,400, 2,700, 3,000(mm)에 두께는 20~50mm까지 있다. 평면도상 재료 표현은 없으며, 두께 50에 굵은선으로 작도한다.

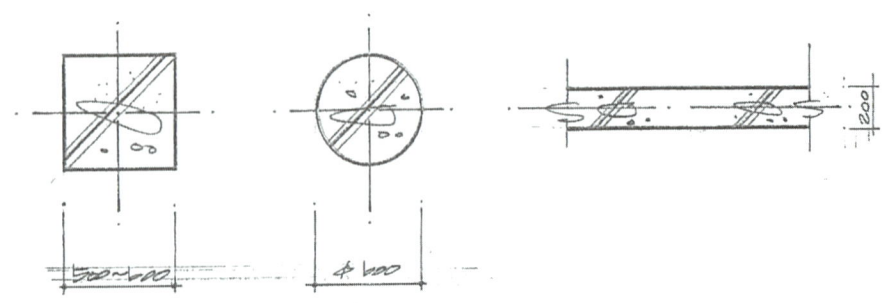

※ 도면 작도시 벽두께는 200mm 이상으로 작도하며 조적식 구조와 같이 1.0B, 1.5B 개념으로 작도한다.

 장방형 기둥은 500~600mm, 원형기둥은 ∅600으로 작도한다.

 (중간선으로 45° 방향으로 세줄 긋고 콘크리트 재질을 표현한다.)

(3) 조적식 + 철근콘크리트 구조

〈문제예시〉

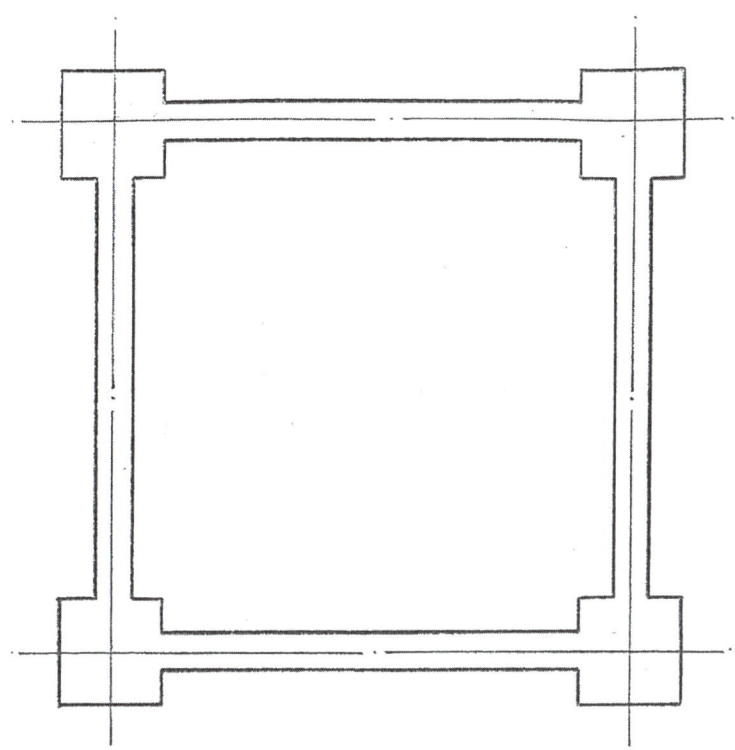

① 기둥은 철근 콘크리트 500~600mm로 작도한다.

② 벽체는 기본 200mm로 작도하고 조적식 or 철근콘크리트로 한다.

■ 공간안에 욕실과 창고를 설계하라는 지시가 있을 경우

① 주어진 벽체의 재료는 조적식 or 철근콘크리트 두가지 모두 가능하다.

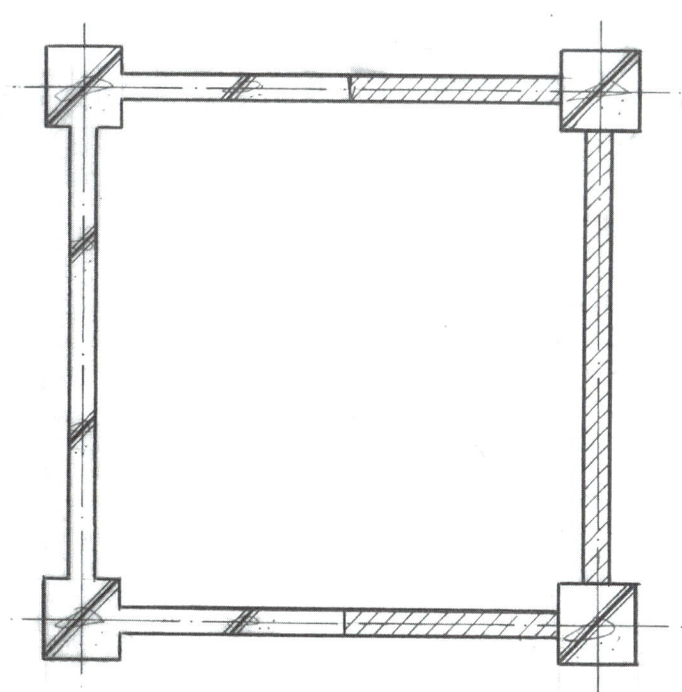

② 새로 만드는 벽체는 조적식 or 경량 칸막이로 작도해야 한다.

대부분 욕실벽체는 200mm의 조적식으로 한다.

〈실습〉

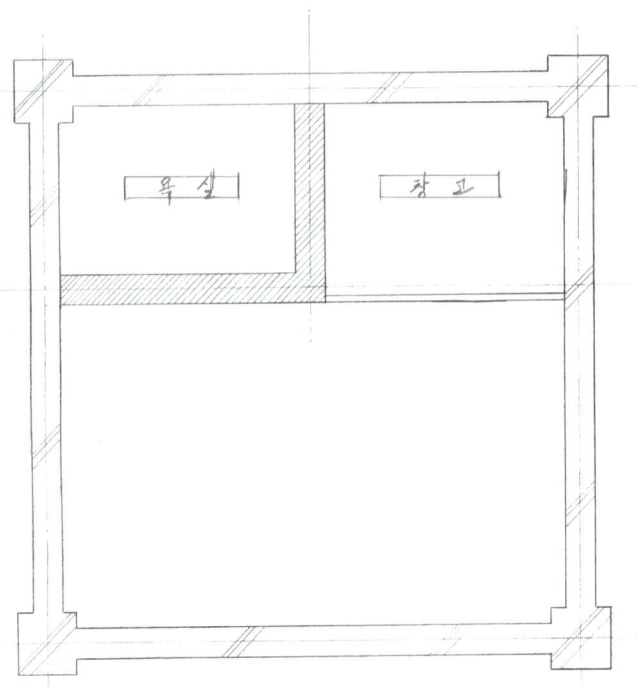

■ 외부벽

① 철근콘크리트벽 : 두께 200을 주로 사용하며 그 이상도 사용한다.

② 벽돌벽(공간벽) : 열, 습기, 소음의 차단을 목적으로 공간벽이 필수적이다.

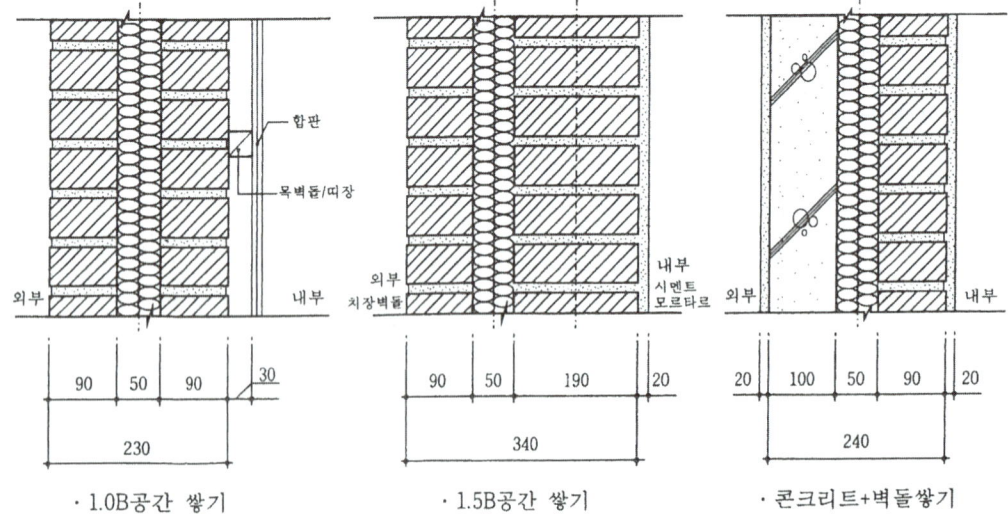

· 1.0B공간 쌓기   · 1.5B공간 쌓기   · 콘크리트+벽돌쌓기

〈실습〉

그리는 방법

① 철근 콘크리트 기둥과 철근 콘크리트 벽
- 벽체 선의 굵기 : 0.7mm
- 중심선(일점쇄선)의 굵기 : 0.2mm

철근콘크리트 기둥 + 철근콘크리트 벽   철근콘크리트 기둥 + 철근콘크리트 벽

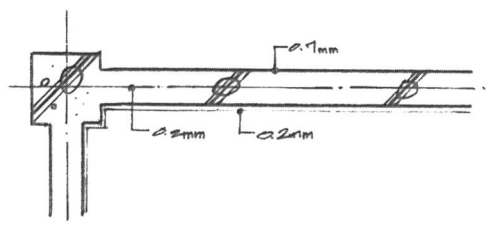 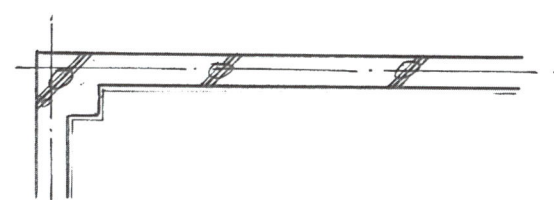

② 철근 콘크리트 기둥과 조적벽
- 조적벽 선의 굵기 : 0.7mm

철근콘크리트 기둥 + 벽돌벽(외벽)   철근콘크리트 기둥 + 벽돌벽(내벽)

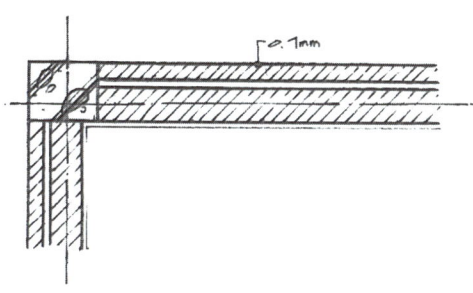 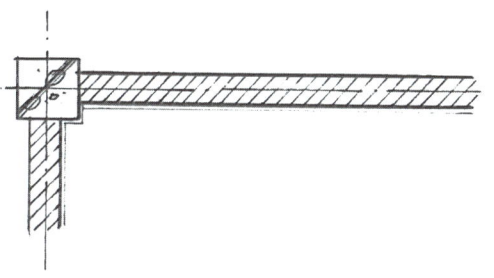

③ 철근 콘크리트 기둥과 칸막이벽
- 칸막이벽 선의 굵기 : 0.4mm

철근콘크리트 기둥 + 칸막이벽(0.4mm)

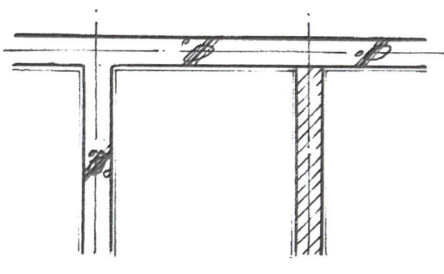 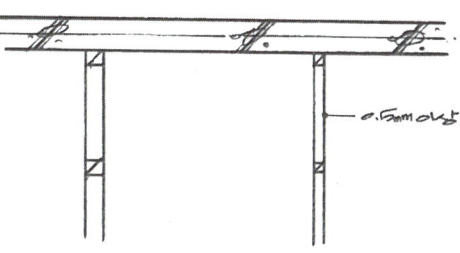

㉠ 철근콘크리트벽   ㉡ 벽돌벽   ㉢ 드라이 월 (드라이 월→마감선)   ㉣ 드라이 월 (마감선→드라이 월)

※ 벽체 작도시 같은 재료일 경우 벽체를 터주고 재료가 다를 경우벽체를 막아준다.

① 같은 재료시　　　　　　　　　　　　② 다른 재료시

〈실습〉

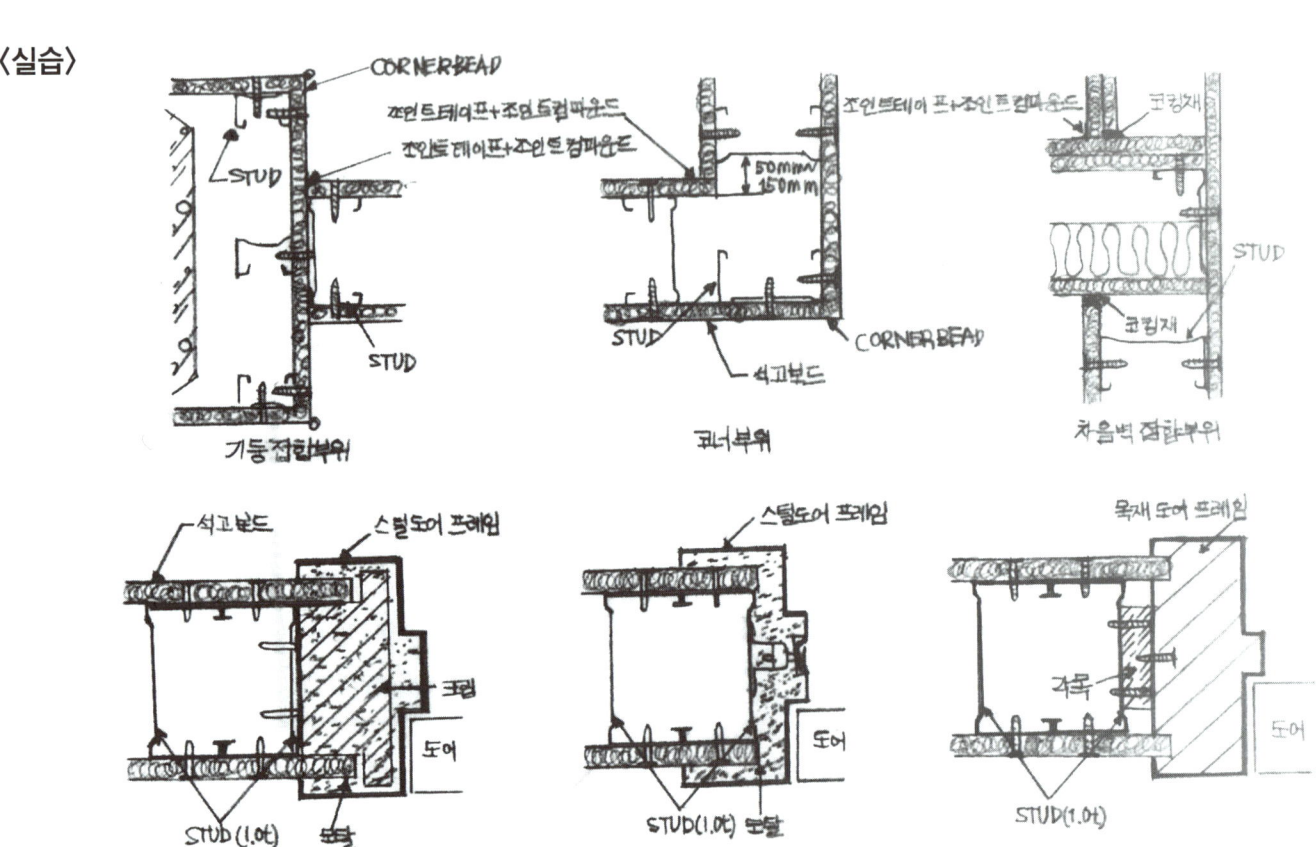

〈경량건식벽체 시공 상세도〉

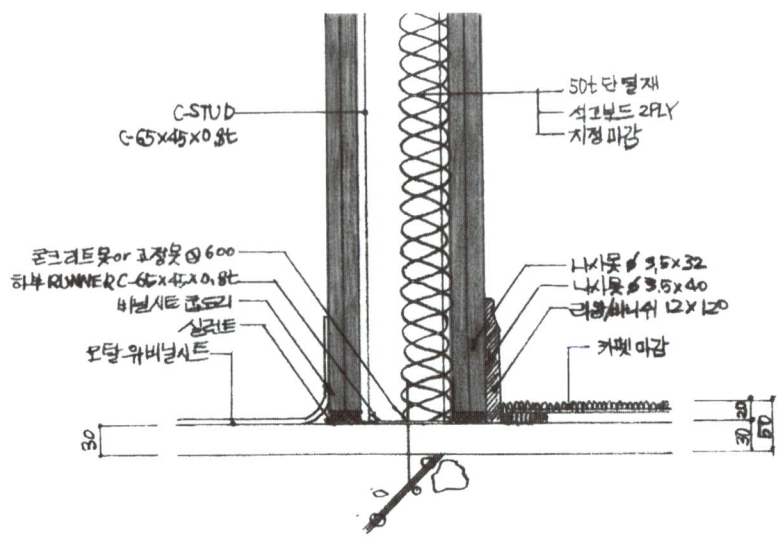

〈건식벽체 걸레받이 상세도(비닐시트+카펫)〉

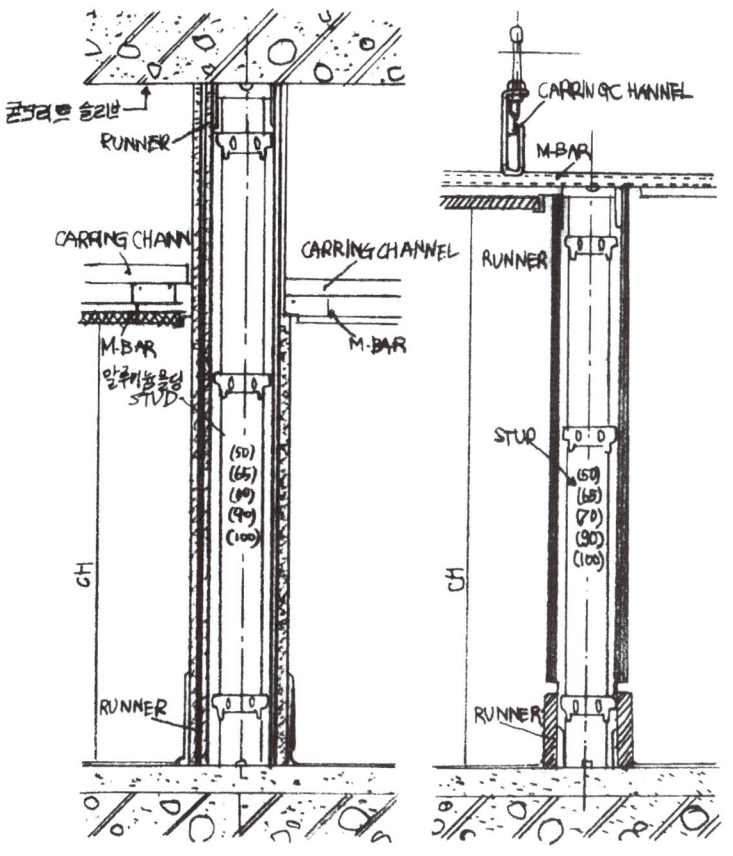

〈건식 석고보드 벽체 단면 상세도〉

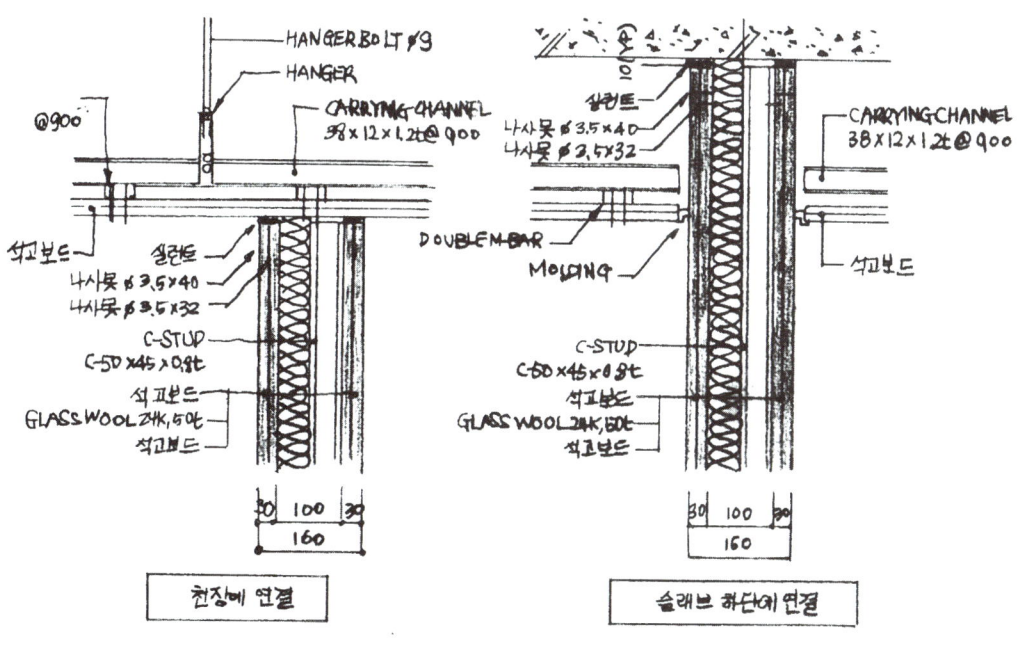

〈경량 석고보드 건식벽체연결 상세도〉

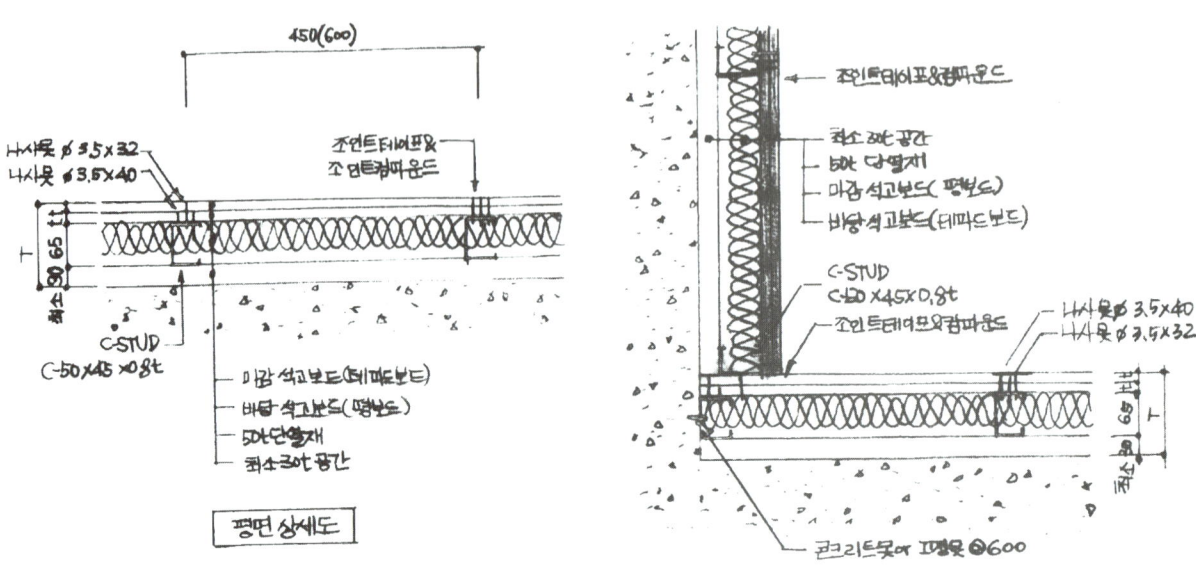

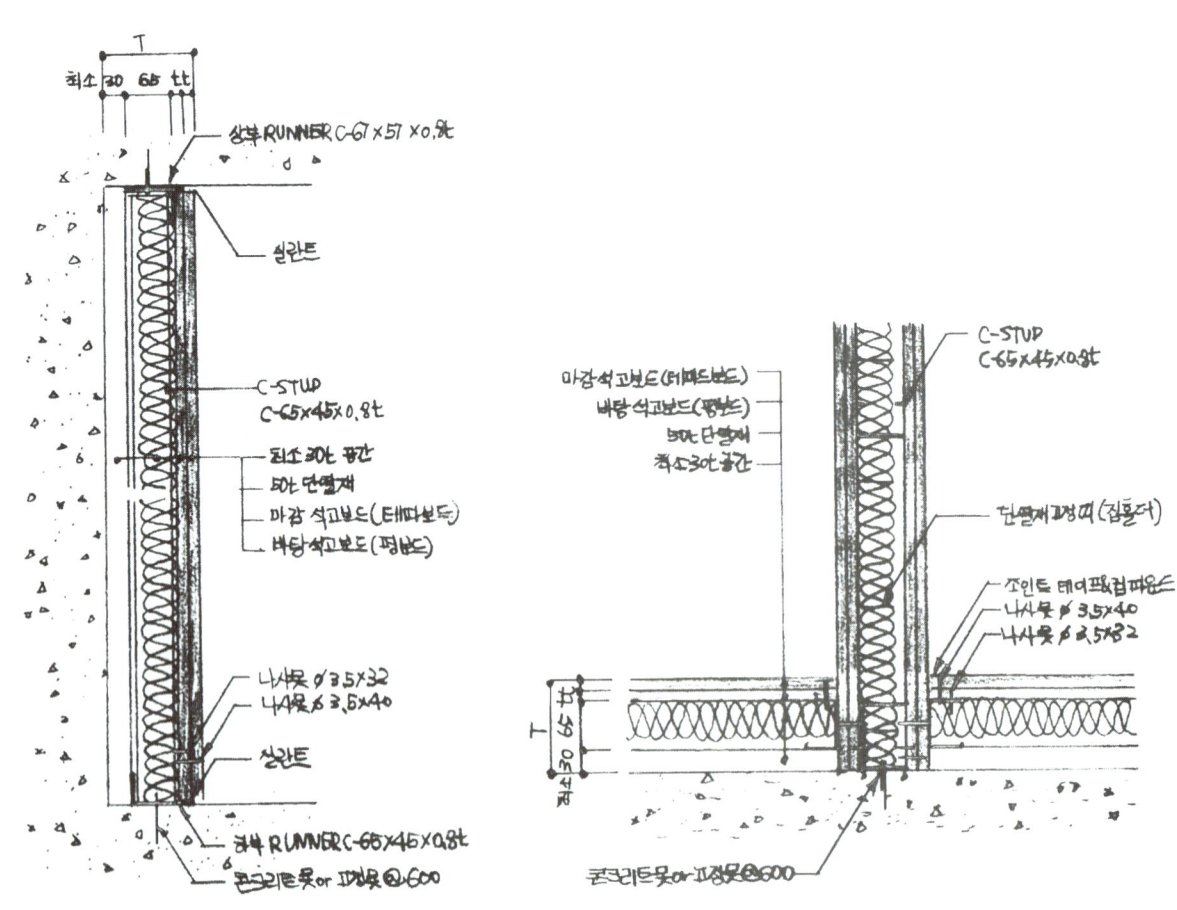

〈경량석고보드 단열벽체 상세도〉

2 각종 재료의 설계기호

재료의 건축구조 표시기호(단면용)

표시사항 구분	원칙으로 사용한다	준용사용	비 고
지 반			
잡석다짐			
자갈, 모래		자갈, 모래 섞기	타재와 혼용될 우려가 있을 때에는 반드시 재료명을 기입한다.
석 재			
인조석 (모 조 석)			
콘크리트	a b c		a는 강 자갈 b는 깬 자갈 c는 철근 배근일 때
벽 돌			

표시사항 구분		원칙으로 사용한다	준용사용	비 고
블 록				
목 재	치장재		단면 / 직사각형 방향단면	
	구조재			유심재 거심재를 구별할 때 유심재 거심재
철 재				준용란은 축척이 실척에 가까울 때 쓰인다.
차단재 (보온, 흡음, 방수, 기타)		재료명 기입		
얇은재 (유리)				a는 실척에 가까울 때 사용한다.
망 사				a는 실척에 가까울 때 사용한다.
기 타		윤곽을 그리고 재료명을 기입한다.	재 료 명	실척에 가까울수록 윤곽 또는 실형을 그리고 재료명을 기입한다.

〈실습〉

■ 건축재료구조 표시기호(단면용)

표시사항 구분	원칙으로 사용한다	준용사용	비 고
지 반			
잡석다짐			
자갈, 모래			타재와 혼용될 우려가 있을 때에는 반드시 재료명을 기입한다.
석 재			
인조석 (모 조 석)			
콘크리트			a는 강 자갈 b는 깬 자갈 c는 철근 배근일 때
벽 돌			
블 록			

표시사항 구분		원칙으로 사용한다	준용사용	비고
목재	치장재		단면　길이방향단면	
	구조재	보조 구조재	합판	
철재				준용란은 축척이 실척에 가까울 때 쓰인다.
차단재 (보온, 흡음, 방수, 기타)		재료명 기입		
얇은재 (유리)				a는 실척에 가까울 때 사용한다.
망사				a는 실척에 가까울 때 사용한다.
기타		윤곽을 그리고 재료명을 기입한다.	재 료 명	실척에 가까울수록 윤곽 또는 실형을 그리고 재료명을 기입한다.

■ 건축재료 구조 표시기호(평면용)

축척 정도별 구분표시		축척 1/100 또는 1/200	축척 1/20~1/50)
벽일반			
철골 철근 콘크리트 기둥 및 철근콘크리트 벽			
철근콘크리트 기둥 및 장막벽			
철골기둥 및 방막벽			
블록벽			
벽돌벽			
안심벽	양쪽심벽		
	안심벽, 밖평벽		
	안팎평벽		

제2장 설계의 기초

〈실습〉
■ 재료구조 표시기호(평면용)

축척 정도별 구분 표시사항	축척 1/100 또는 1/200일때	축척 1/20 또는 1/50일때
벽 일반		
철골철근 콘크리트 기둥 및 철근 콘크리트 벽		
철근 콘크리트 기둥 및 장막벽	재료표시	재료표시
철골 기둥 및 장막벽		
블록벽		1/20 1/50
벽돌벽		
목조벽 — 양쪽 심벽		반쪽기둥
목조벽 — 안심벽 및 밖평면		1/50
목조벽 — 안팎평면		들재기둥

03 개구부

■ **개구부(Opening)**

벽을 구성하지 않는 부분의 총칭으로 실내공간의 성격을 규정지으며, 가구배치와 동선계획에 중요한 영향을 미친다.

■ **창호란** 건물 내부와 외부를 차단시키기 위해 창 또는 출입구에 설치되는 창(window)이나 호(dloor)를 뜻한다.

창호의 필요한 기능

- 단열성 : 창을 통한 열손실을 방지하는 기능
- 기밀성 : 외부에서 유입되는 공기를 차단할 수 있는 기능
- 수밀성 : 빗물이 창문 내부로 침투하는 것을 차단하는 기능
- 내 풍압성 : 외부 풍압을 창호 및 유리가 견디는 기능
- 차음성능 : 소음차단이 잘 되는 기능

1 문(Door)

(1) 문의 정의

① 공간 사이를 연결하며, 사람의 통행이나 물건의 운반을 위해 사용된다.
② 내부 공간의 동선을 결정하며, 가구배치에 중요한 영향을 준다.
③ 문의 치수는 사람이나 물건의 동선의 양, 빈도, 유형에 따라 결정된다.

(2) 문의 유형

구 분	문의 유형
미서기문	• 두 짝, 세 짝, 네 짝 등으로 만들어지며, 여닫는 데 여분의 공간을 필요로 하지 않으므로 공간이 좁을 때나 여닫이로 하는 것이 부적합 할 때에 적합하고, 문의 크기나 중량이 무거워 원활한 개폐를 위하여 도르레나 레일을 설치한다. • 종류 - 서피스문 : 벽체 안쪽보다는 벽 표면 바깥쪽에 놓여진 트랙으로 지지되는 문이다. - 포켓문 : 상인방 트랙으로 지지되며 열릴 때 벽 내부로 움푹 파여진 포켓 속으로 밀려 들어간다.

여닫이문	• 가장 일반적인 형식으로 문짝과 문틀에 설치한 경첩을 이용해 개폐한다. • 개폐시 회전을 위한 호와 문 개폐시 허용공간이 필요하다.	
미닫이문	• 벽체의 내부로 문이 겹쳐지지 않게 이동하며 개폐되는 문이다. • 여닫이와 달리 문의 호를 위한 바닥공간이 필요없다.	
회전문	• 4장의 유리문을 기밀하게 한 원통형의 중심축에 서로 직교하게 달아 회전시켜 출입하는 문이다. • 통풍 및 기류를 방지하고, 출입인원을 조절할 목적으로 사용한다.	

접문 (주름문)	• 칸막이의 역할을 하는 간이문으로 사용된다. • 아코디언 도어(Accordian Door), 폴딩 도어(Folding Door)라고도 한다.	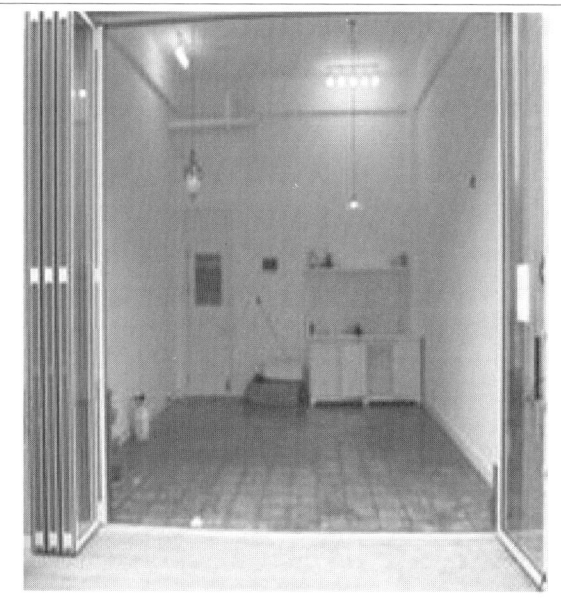
자유문 (자재문)	• 문틀 옆에 자유경첩을 달아 안팎으로 자유롭게 여닫은 문이다. • 스윙도어(Swing Door)라고도한다. 호텔, 백화점, 은행, 관공서 등의 대형 건물의 현관문	

(3) 문의 크기

① 외여닫이문(가로×높이) : 900~1,000mm×1,900mm~2,100mm

② 쌍여닫이문(가로×높이) : 1,800~2,100mm×2,100mm

③ 욕실문(가로×높이) : 700~800mm×1,900mm~2,100mm

④ 칸막이벽의 문(피팅룸, 화장실 칸막이)(가로×높이) : 600mm 이상×1,700mm~2,100mm

⑤ 자재문(180° 열리는 문) : 폭 900

(4) 문의 입면 작도법

문의 입면은 중간선으로 작도한다.

문선, 문틀을 먼저 작도하고, 문이 열리는 방향을 표시하는 쇄선을 긋는다. 이 쇄선은 문을 잡고 있는 경첩을 축으로 문이 열리고 닫히는 것을 뜻한다. 손잡이와 반대 맞은편이 축이다.

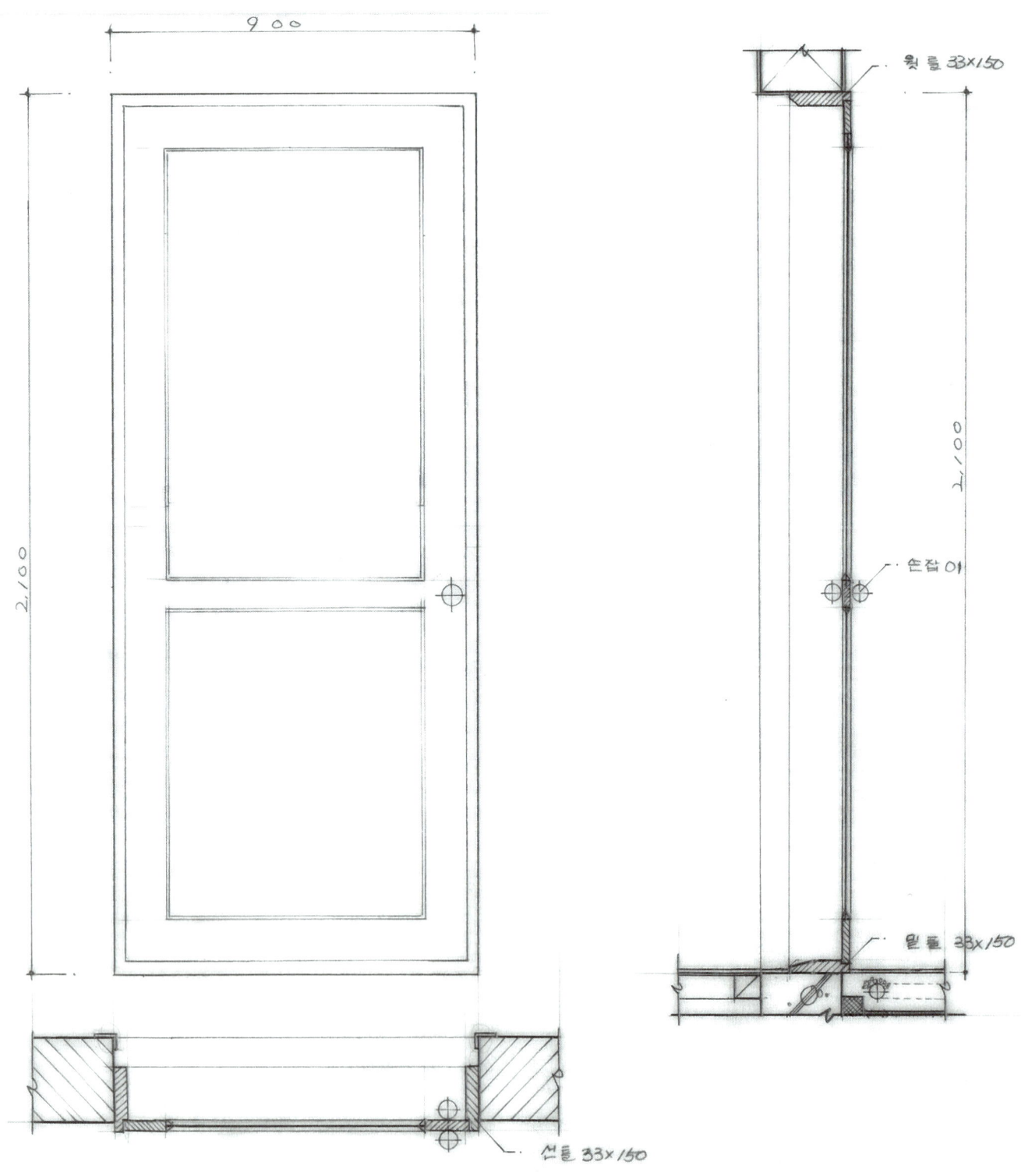

〈외여닫이문 입면상세도〉

〈실습〉 여러가지 문의 입면 디자인

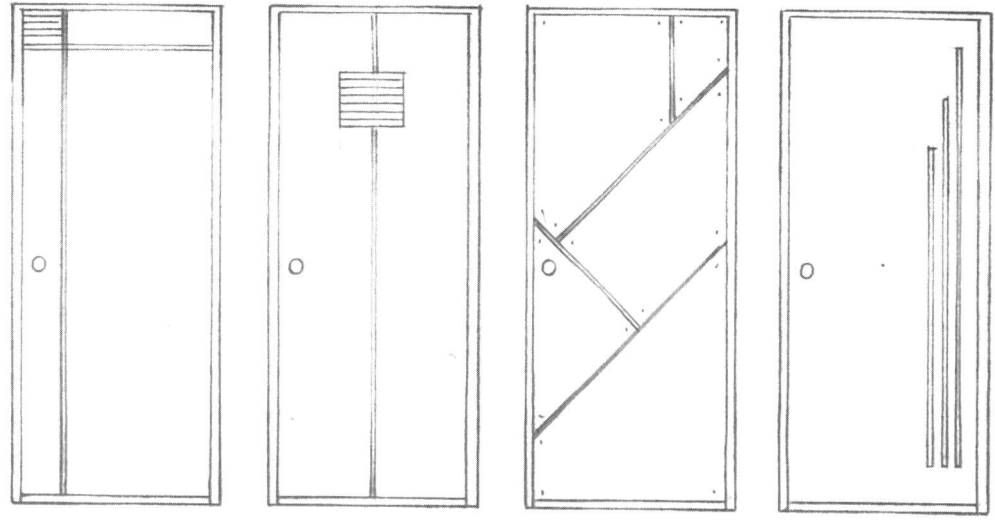

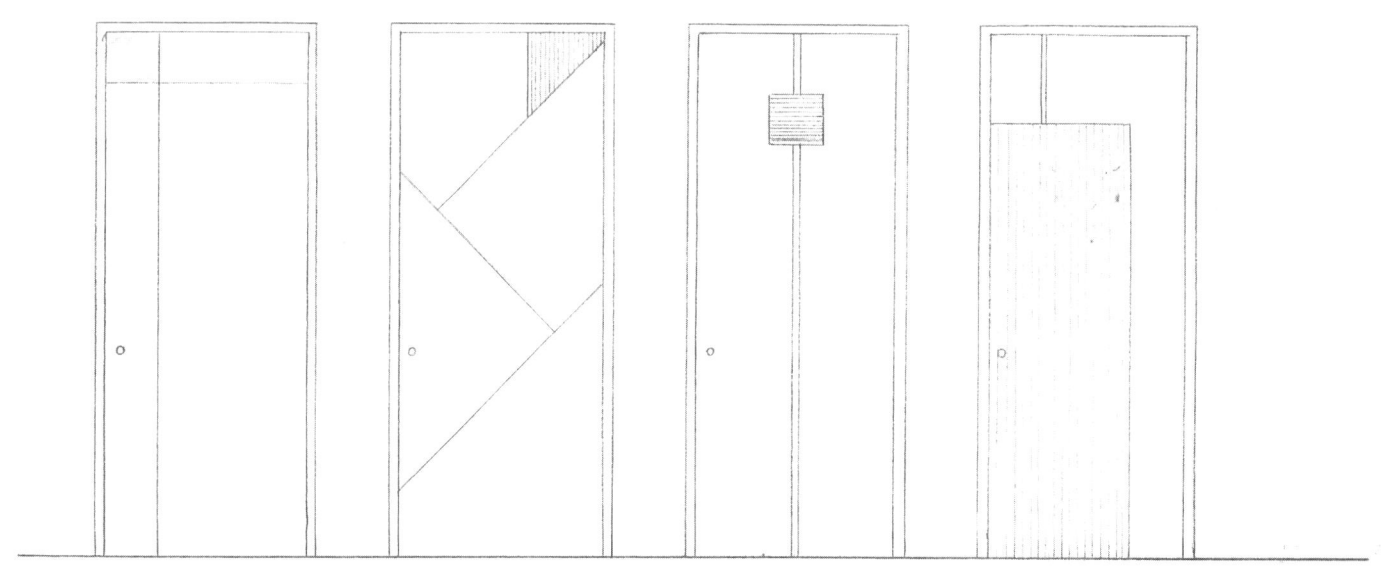

창 호 도 (1)   SCALE 1:60

도면명	창호도(1)
도면번호	A – 12

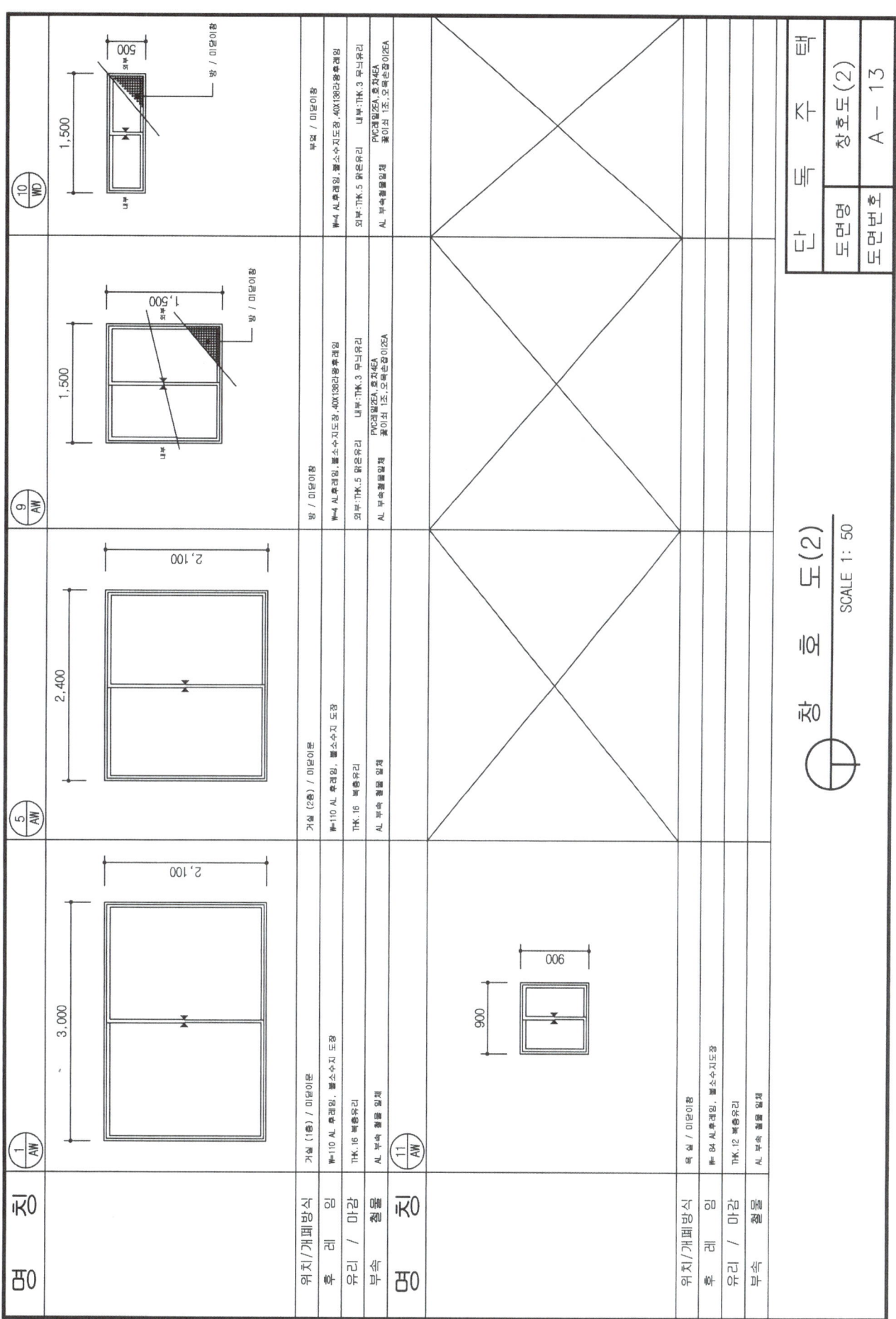

(5) 외여닫이문 단면(평면) 작도법

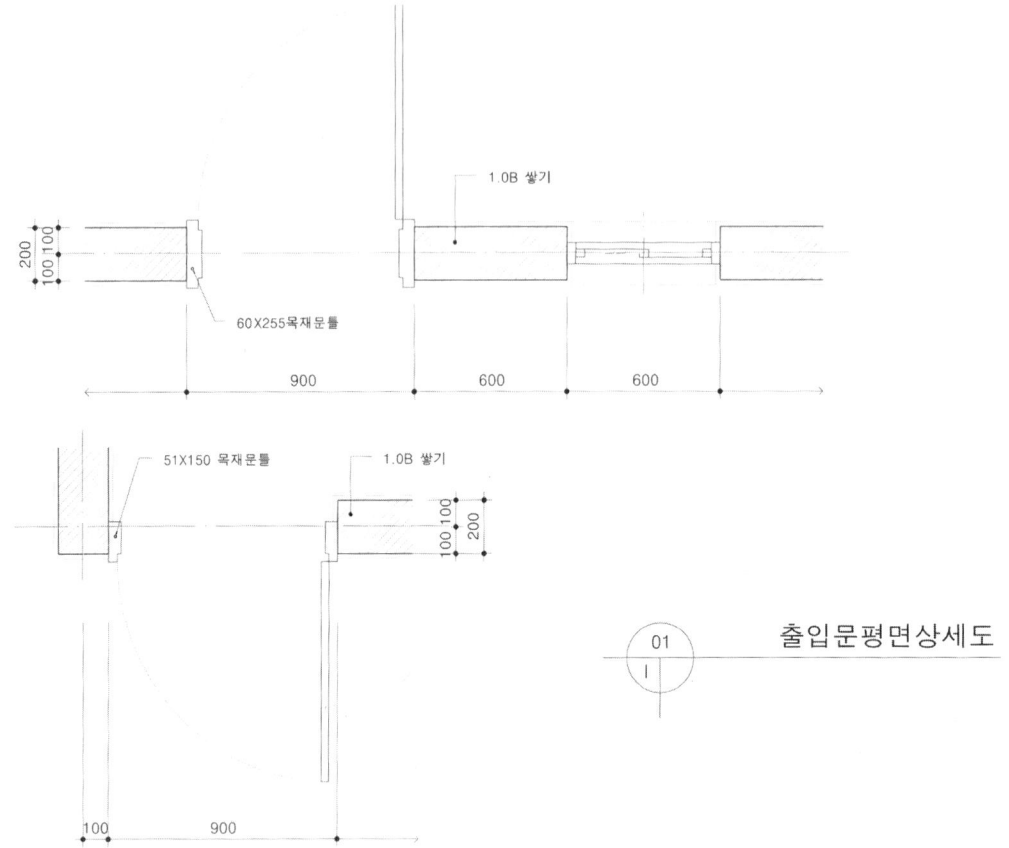

① 벽체와 틀의 단면은 굵은선으로 작도한다.

② 틀은 벽체를 감싸고 나온다.

③ 목재문틀은 51×150(일반 45×150)으로 작도한다.

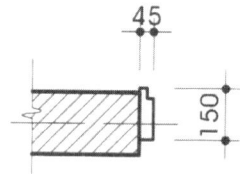

④ 문틀의 일반적 유형은 아래 그림과 같다.

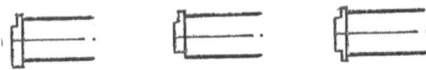

⑤ 문틀 A에서 수직보조선을 긋는다.

⑥ 문은 열어 놓은 상태로 작도한다.

⑦ 1/4원을 쇄선(굵은선)으로 작도한다.(문의 반경을 표시)

⑧ B지점에서 1/4원을 작도한다.

⑨ 문이 달릴 틀(프레임)의 두께를 포함한 치수가 900mm이다.

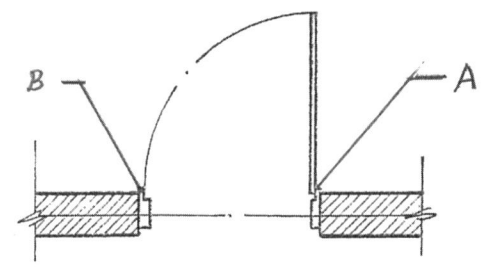

여러가지 문

① 외여닫이문   ② 쌍여닫이문   ③ 자재문

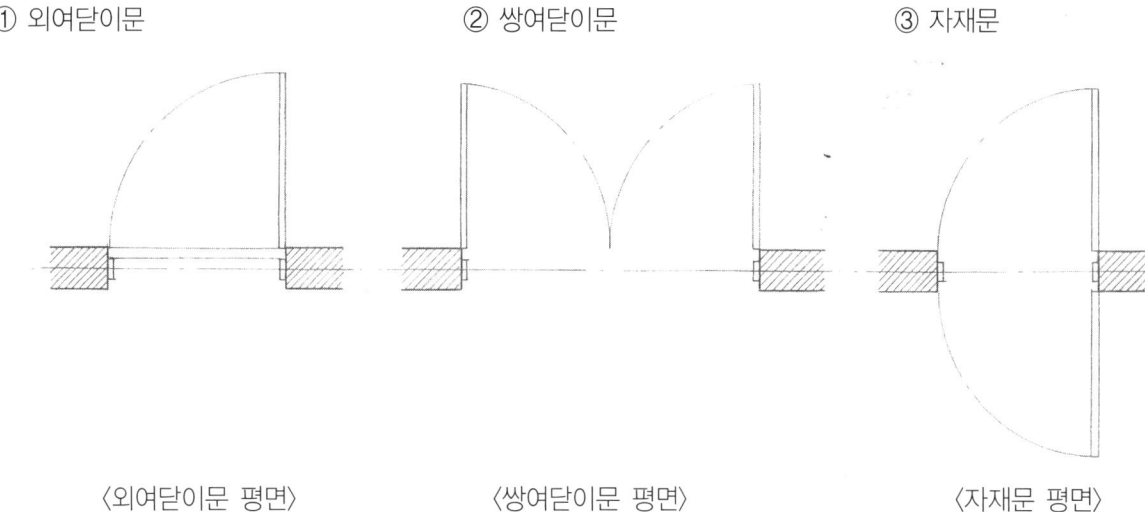

〈외여닫이문 평면〉   〈쌍여닫이문 평면〉   〈자재문 평면〉

④ 자동문

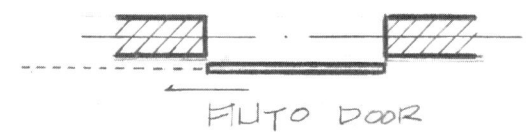

〈AUTO DOOR 평면〉

〈AUTO DOOR 천장〉

⑤ 미닫이문

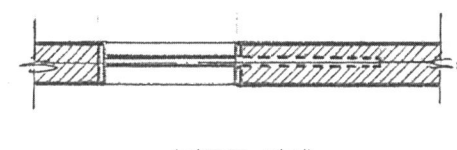

〈미닫이문 평면〉

⑥ CROSS WALL

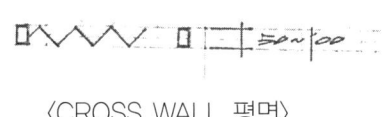

〈CROSS WALL 평면〉

■ 개구부의 설계 기호

구 분	평면상 표현	입체적 표현
출입구		
아치		
외여닫이문		
쌍여닫이문		
미서기문		
미닫이문		

구 분	평면상 표현	입체적 표현
회전문		
자재문		
접이문		
아코디언문		
셔터		
창		

구 분	평면상 표현	입체적 표현

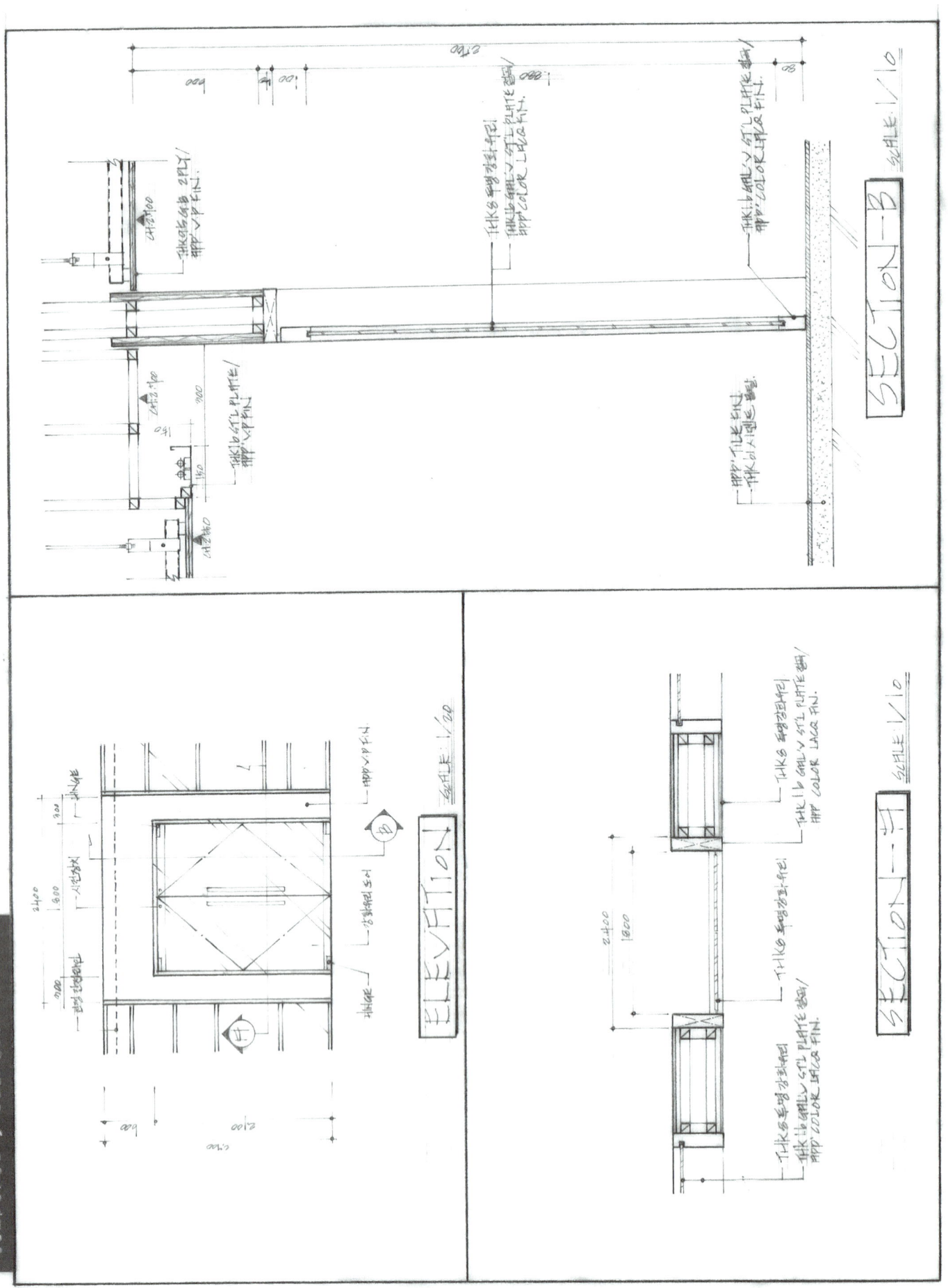

2 창문

(1) 정의

① 채광, 통풍, 환기, 전망의 역할을 하며, 공간 사이를 시각적으로 연결한다.
② 창의 형태는 기능적이고 개성적이며 감각적인 패턴으로 실내외의 효과를 상승시키는 연출을 한다.

(2) 창의 개폐 여부에 따른 분류

① 이동창 : 창이 좌우, 상하로 개폐가 가능한 창으로 환기, 채광, 조망이 가능하다.(미서기창, 미닫이창, 여닫이창, 오르내림창 등)

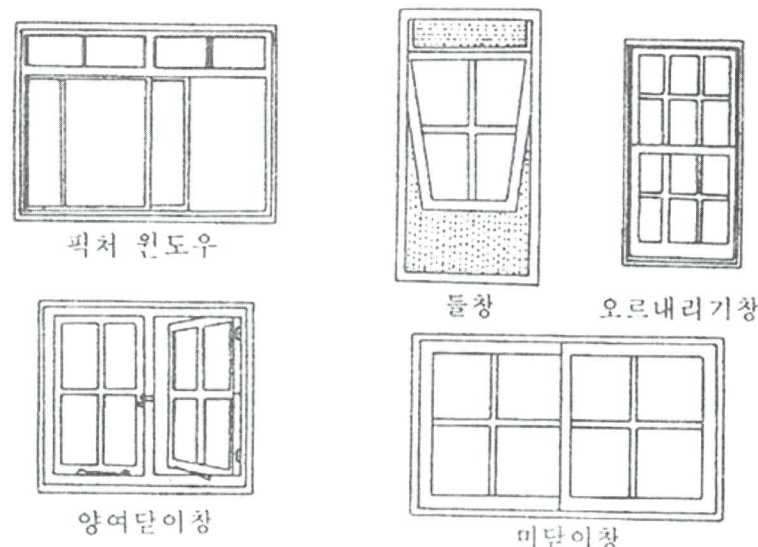

② 고정창 : 창의 개폐가 불가능한 창을 붙박이 창이라고도 하며 채광이나 조망은 가능하나 환기나 온도조절이 어려운 결점이 있다.

픽처 윈도(Picture Window)	바닥에서 천장까지 이어지는 창이다.
윈도 월(Window Wall)	벽면 전체를 창으로 처리한 개방감이 좋은 창이다.
고창 (Clearstory Window)	벽체 상부의 천장 가까이에 설치한 창이다.
베이 윈도(Bay Window)	벽면보다 돌출된 창문이다.(Bow Window)

(3) 창의 위치에 따른 분류

정광창(Top light)	측창(Side light)	고창(Clearstory)	정측광(Top side light)
지붕 또는 천장면에 낸 천장을 통한 채광방식이다. 채광량은 많으나 유지, 관리 등이 힘들며 단열에 불리하다.	벽면에 수직으로 낸 측창을 통한 채광방식이며 일반적으로 많이 사용한다. 눈부심이 적고 개방감이 있으며 관리가 용이하다.	천장에 가까운 측면에 채광하는 방식이다.(창의 위치가 시선보다 위에 있다.) 통풍 기능은 약하나 균일한 조도를 얻을 수 있다.	지붕면에 수직창을 만든 것으로 눈높이보다 창턱이 높게 설치한다. 미술관, 박물관 등에 설치한다.

(4) 창의 크기

- 미서기창
  ① 입면 상 바닥에서 창틀 밑까지 높이 900mm~1,100mm
  ② 창 높이 : 1,000mm~1,500mm
- 이중창 : 폭 1,200mm
- 4짝 미서기창 : 2,000mm×2,200mm
- 고정창, 유리절단면(굵은선), 유리 길이는 3M가 넘지않게 한다.
- 고정창 + 미서기창 : 1800mm×600mm×2,000mm (H)

1) 미서기 창문 입면 작도법

① 창선, 창틀을 문짝과 마찬가지로 중간선과 중간선 테크닉으로 작도한다.
② 보조선 3줄을 긋는다. 1줄은 창 크기의 CENTER에, 다른 2줄은 가로로 긋는다. 가로 보조선의 크기는 60mm~150mm이고, 작도시에는 임의로 작도한다.

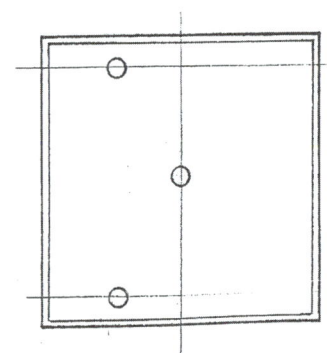

③ CENTER에서 좌, 우로 중간 창선 틀을 작도한다. 창선 틀의 크기는 60mm~150mm 이고, 작도시에는 임의로 작도한다. 좌의 선틀의 선은 길게, 우의 선틀의 선은 가로 보조선까지 긋는다.
④ 작도된 중간 창선 틀과 동일한 크기로 좌, 우측 선틀을 작도한다.

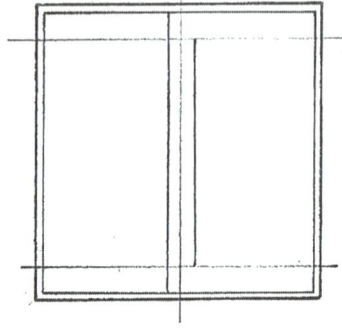
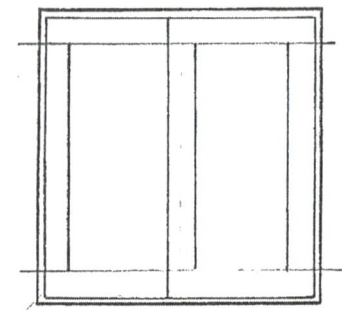

⑤ 밑 선틀을 작도하면 창문의 입면이 완성된다.

완성된 창문의 입면을 보면 오른쪽 창이 왼쪽 창의 위에 있다.

2) 미서기 창문 단면(평면) 작도법

① 벽체와 창틀의 단면, 창 밑틀의 입면을 작도한다.

문짝 작도시에는 밑틀을 맨 마지막에 작도하지만, 창문 작도시에는 밑틀을 맨 먼저 작도한다.

② 창틀 단면의 CENTER에 굵은선을 긋는다.

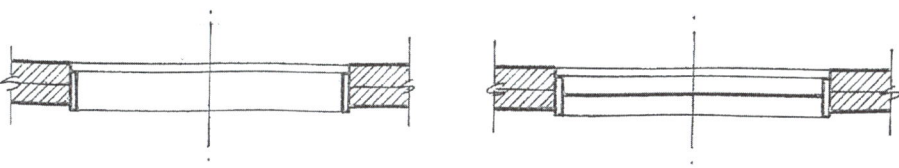

③ CENTER에서 굵은선을 기준으로 왼쪽 위로 굵은선, 오른쪽 아래로 굵은선을 긋는다.

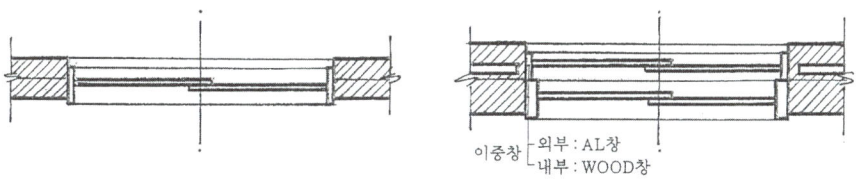

※ 일반적으로 창의 작도는 내부는 목재창, 외부는 알루미늄창 구조인 이중창으로 설계한다.

■ 창문주변 평면 상세도

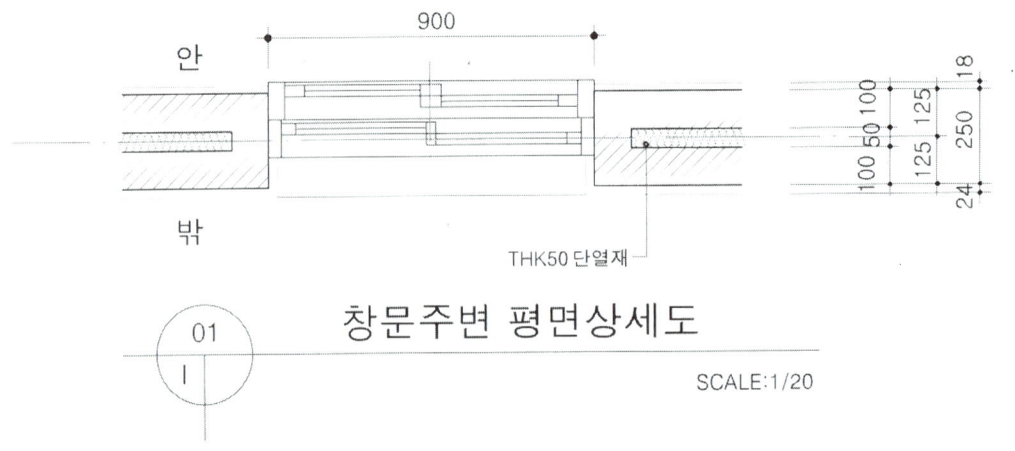

■ 창문주변 외벽 평면 상세도

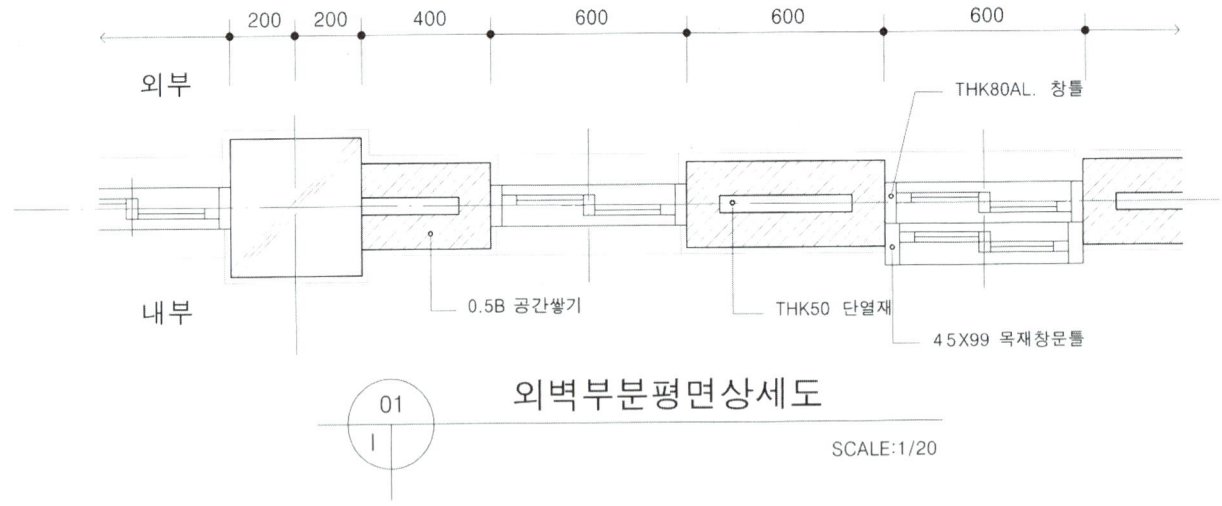

3) 시험에 사용하는 여러 가지 창의 입면과 평면

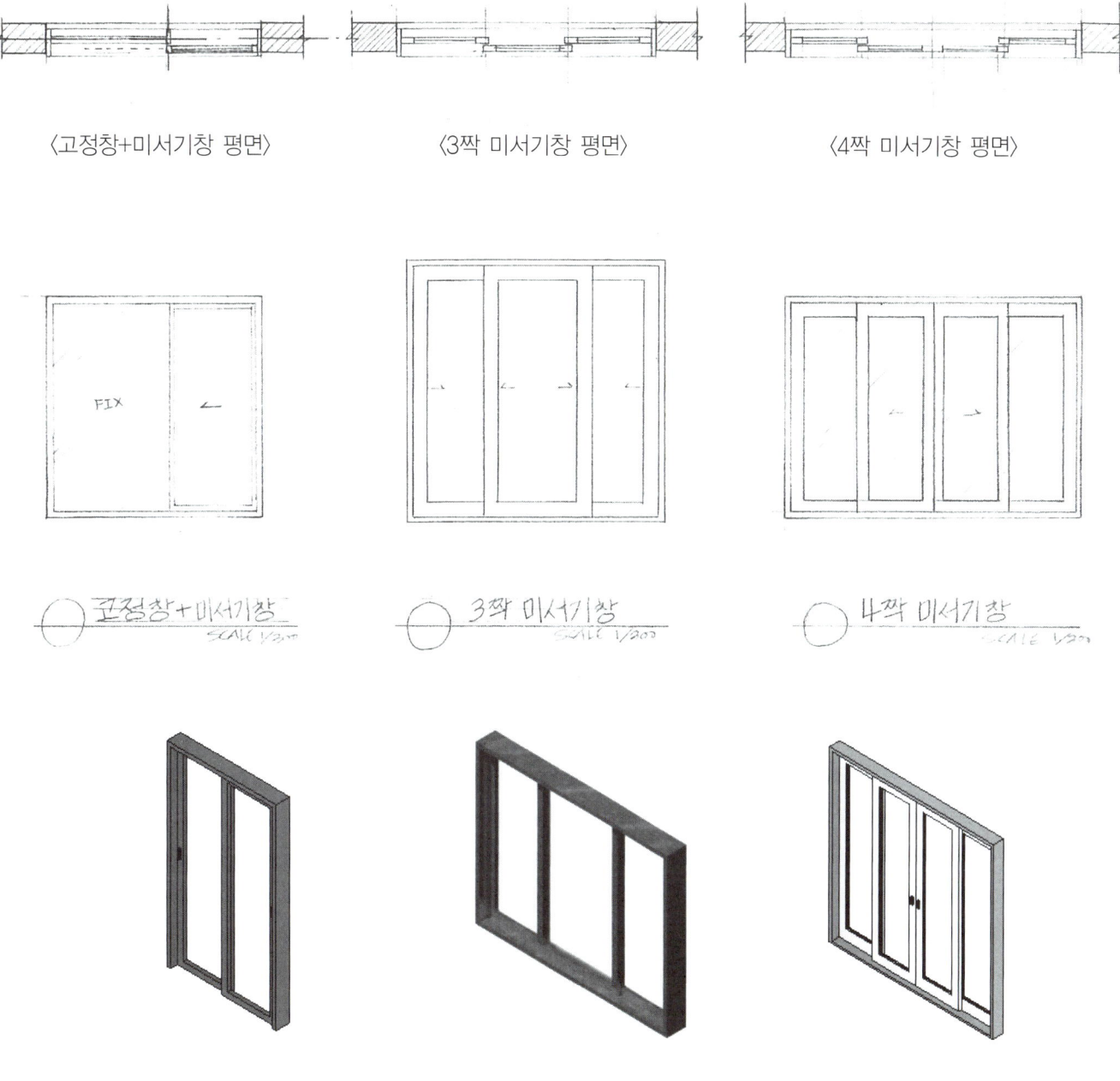

■ 창 작도 순서

① 중심선을 긋는다.

② 중심선으로부터 (·)점으로 표시한다.

③ 점으로 표시된 곳에 보조선을 긋는다.

④ 창문을 수치를 확인하여 중심선과 함께 세로 보조선을 긋는다.

⑤ 벽체를 작도할 수 있도록 세로 보조선을 긋는다.

⑥ 세로 보조선을 활용하여 가로 벽체선을 긋는다.

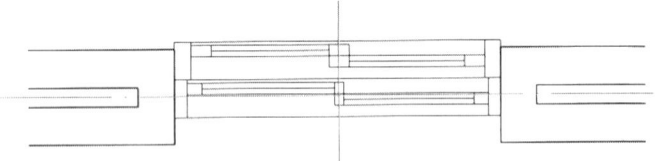

⑦ 벽체 사이에 창문을 완성한다.

⑧ 45도 각도자를 이용하여 일정간격 해치선을 긋는다.

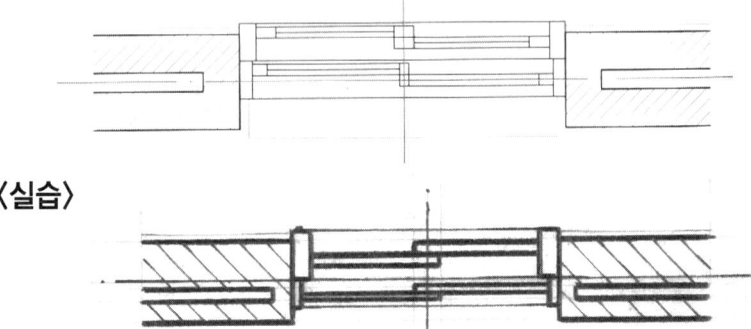

〈실습〉

■ 도면에서의 창 (이중창) 작도의 예

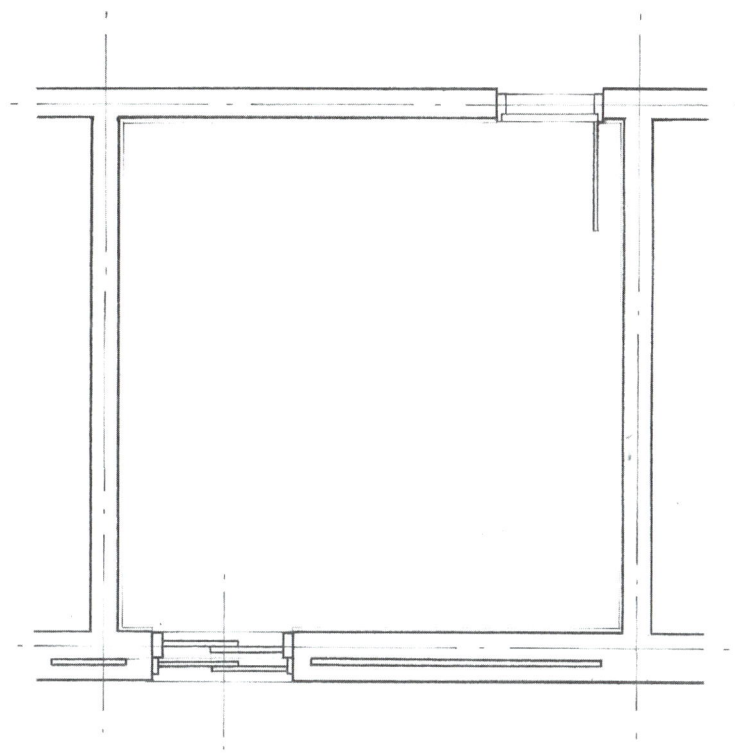

■ 스케일 변화에 따른 개구부 표현의 예

	S=1/50 정도의 경우	S=1/100의 경우	S=1/200이상의 축소도면의 경우
문			
창문			

■ 건축 평면 표시기호(문과 창의 비교)

문		창	
출입구 일반	일반, 바닥차 있을때, 문턱있을때	창 일반	
여닫이문	외여닫이문, 쌍여닫이문, 쌍여닫이 방화문, 자재 여닫이문	여닫이창	외여닫이창, 쌍여닫이창
미닫이문	외미닫이문, 쌍미닫이문	미닫이창	외미닫이창, 쌍미닫이창
미서기문	두짝미서기문, 네짝미서기문	미서기창	두짝미서기창, 네짝미서기창
회전문		회전창	
붙박이문		붙박이창	
망사문		망사창	
셔터 달린문		셔터달린창	
접이문		오르내리창	
주름문		창살댄창	
연속문		연속창	
계단오름표시	오름(UP) 내림(DN)	미들창	

〈실습〉
■ 평면 표시기호

	문		창	
출입구일반	일반, 문턱 있을 때	바닥차 있을 때	창일반	일반
여닫이문	외여닫이문, 쌍여닫이 방화문	쌍여닫이문, 자재 여닫이문	여닫이창	외여닫이창, 쌍여닫이창
미닫이문	외미닫이문, 쌍미닫이문		미닫이창	외미닫이창, 쌍미닫이창
미서기문	두짝 미서기문, 네짝 미서기문		미서기창	두짝 미서기창, 네짝 미서기창
회전문	회전문		회전창	회전창
붙박이문	붙박이문		붙박이창	붙박이창
망사문	망사문		망사창	망사창
새시 달린 문	새시 달린 문		새시 달린 창	새시 달린 창
접이문	접이문		오르내리창	오르내리창
주름문	주름문		창살 댄 창	창살 댄 창
연속문	연속문		연속창	연속창
	계단오름표시	오름(UP) 내림(DN)	미들창	미들창

04 실내공간의 가구 및 마감재료 표현

1 가구(Furniture)

가구는 인체를 지지하여 휴식, 작업등의 행위를 보다 안락하고 능률적으로 행하게 하는 인간생활행위의 수단으로 사용하며, 생활에 필요한 물품 등을 보관, 정리, 진열하는 수납의 기능도 가지며, 실내 장식적 요소로도 작용하여 미적 효과를 증대시켜 준다.

가장 적합한 재료를 선택, 사용하는 것과 동선계획에 맞도록 하는 것이 중요하며 가구와 설치물의 배치 결정시 가장 먼저 고려되어야 할 사항은 기능이다.

(1) 가구의 분류

1) 인체를 기준으로 한(인체공학적) 분류

인체계 가구 (아고노미계 가구)	• 인체와 밀접하게 관계되는 가구로서 직접 인체를 지지한다. • 작업의자, 휴식의자, 침대, 쇼파, 벤취 등이 이에 속한다.
준인체계 기구 (세미아고노미계 가구)	• 간접적으로 인간에 관계하고, 인간동작에 보조가 되는 가구이다. • 테이블, 주방작업대, 책상 등이 이에 속한다.
건축계가구 (셀터계 가구)	• 수납의 크기, 수량, 중량등과 관계하며 실내 기둥간의 치수, 벽의 길이, 천장의 높이 등의 조건에 지배되는 것이다. • 벽장, 서랍, 선반, 옷장, 칸막이 등이 이에 속한다.

2) 가구의 이동에 따른 분류

이동가구	• 이동식 단일 가구로서 현대가구의 대부분이 이에 속한다. • 대형인 경우 이동이 불편하고 공간을 많이 차지하는 단점이 있다.
붙박이가구	• 건물과 가구가 일체화된 것으로 공간 절약면에서 가장 유리한 가구의 종류이다. • 고려해야 할 사항 - 크기와 비례의 조화 / 기능의 편리성 / 실내마감 재료로서의 조화
모듈러가구	• 이동식이면서 시스템화 되어 공간의 낭비없이 가동성, 적용성의 편리함이 있다. • 공간에 따라 크게도 작게도 조립할 수 있는 장점이 있다.

(2) 가구의 유형

1) 의자

① 정확히 바닥에서 300-450mm 높이로 반드시 발이 바닥에 닿아야 한다.

② 허벅지 아래로 압박감이 없어야 하고, 좌판은 편안해야 하므로 너무 깊지 않아야 한다.

③ 등받이가 너무 푹신하거나 부드러우면 등이 굽을 수 있다.

④ 팔걸이는 충분히 길어서 팔과 손을 받쳐주어야 한다.

스툴(stool)	• 등받이는 없고 좌판과 다리만 있는 형태의 의자이다. • 오토만(ottoman) - 스툴에 발을 올려놓은 장치를 설치한 것이다. (발걸이가 있는 의자)
라운지 체어(lounge chair)	가장 편하게 앉을 수 있는 휴식용 안락의자이다. 보통 팔걸이, 발걸이, 머리받침대가 있다.
이지 체어(easy chair)	가볍게 휴식을 취할 수 있는 것으로서, 대체로 라운지체어 보다 작으며 심플한 안락의자이다.
풀업 체어(pull-up chair)	이동하기 쉽고 잡기 편하고 들기 쉬운 간이 의자이다. (벤취라고도 한다)

2) 소파

세티(settee)	동일한 두개의 의자를 나란히 합해 2인이 앉을 수 있도록 한 의자이다.
라운지 소파(lounge sofa)	안락감이 좋고 신체의 상부를 받칠 수 있도록 한쪽 부분이 경사진 소파이다.
카우치(couch)	침대와 소파의 기능을 겸한 것으로 몸을 기댈 수 있도록 좌면의 한쪽 끝이 올라간 형태이다.
체스터 필드(chester field)	안락성을 위하여 솜, 스펀지 등을 채워서 쿠션이 좋게 만든 소파이다.

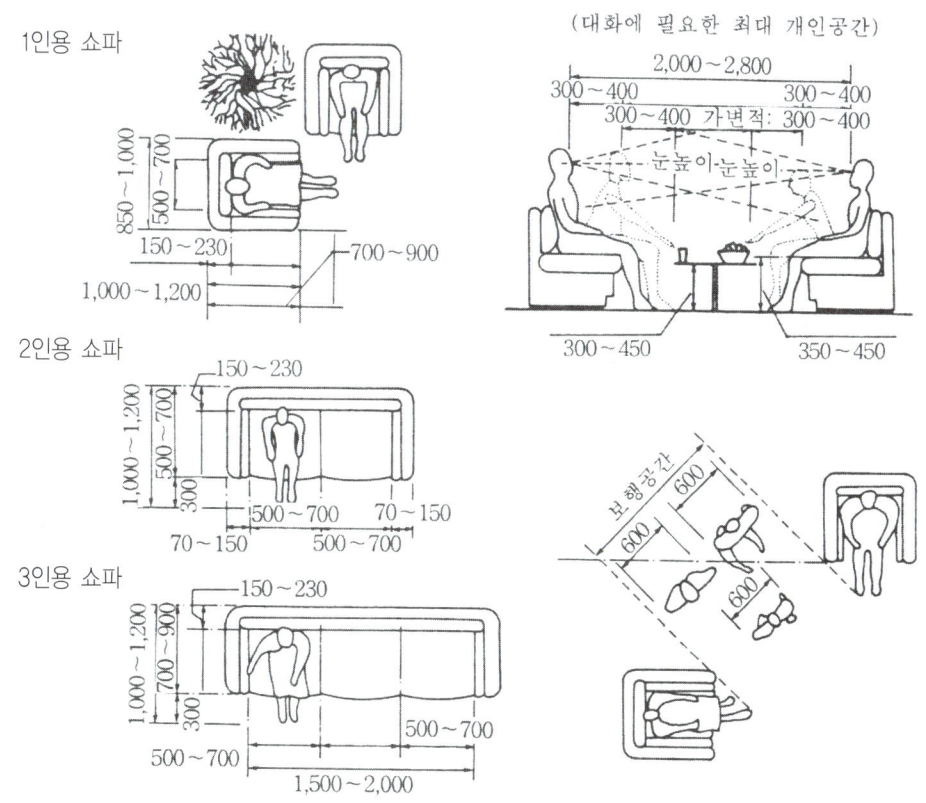

3) 침대

① 안락성이 가장 요구되는 휴식용 가구로서, 편안한 잠이 이루어지도록 인체공학적으로 과학적인 구조를 요한다.

② 침대의 크기는 1인용(싱글), 2인용(더블)이 있으며 1인용 두 개의 배치를 트윈(Twin)이라 한다.

③ 싱글 배드 : 1,000×2,000mm / 더블 배드 : 1,400×2,000mm / 퀸 배드 : 1,500×2,000mm

하우스 베드(house bed)	사용 후 벽체에 수납하여 공간의 활용도를 높인 침대로 좁은 공간에 유리하다.
푸시 백 소파(push back sofa)	낮에는 소파로 사용하다가 밤에 등받이를 펴서 침대로 사용하는 소파 겸용의 침대이다.
하이 라이저(high riser)	하나의 침대 밑에 저장된 또 하나의 침대이다.
스튜디어 카우치(studio couch)	천으로 씌운 윗부분의 매트가 젖혀지며 트윈베드로 전환된다.
데이 베드(day bed)	낮에 소파나 간단한 낮잠을 자는 것으로 사용하다가 밤에 침대로 사용한다.

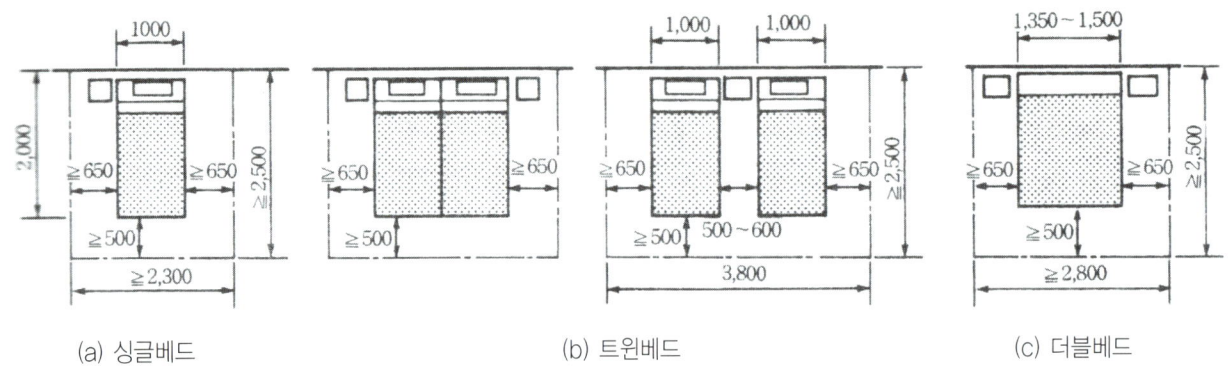

(a) 싱글베드   (b) 트윈베드   (c) 더블베드

(3) 각공간의 가구배치계획

1) 주거공간(거실)가구배치 유형

가구의 배치 결정시 가장 먼저 고려해야 할 사항은 기능이다.

대면형	좌석이 서로 마주보게 배치하는 형태로 시선이 마주쳐 다소 딱딱하고 어색한 분위기를 만들 우려가 있으며, 동선이 길어지는 단점이 있다.
코너형	가구를 실내의 벽면 한 코너에 배치하는 형태로 시선이 마주치지 않아 안정감이 있으며, 공간 활용이 높고 동선이 자유롭게 이루어진다.
U자형	탁자를 중심으로 소파를 정원, 벽난로, TV등과 한 방향으로 배치하는 형식이다.
직선형	좌석을 일렬로 배치하는 형식으로 서로 대화를 나누기에는 적합하지 않으나 소규모 주거공간의 거실에서 주로 채택된다.
복합형	넓은 거실에서 여러 용도로 거실을 사용할 경우 채용되는 형태로 여러 유형을 복합적으로 사용할 수 있다.
자유형	어떤 유형에도 구애 없이 자유롭게 배치하는 형식으로 개성적인 실내연출이 가능하다.
원형	탁자를 중심으로 시선의 중심을 향해 모이도록 배치한 형태이다.

〈주거공간(거실) 가구배치 유형〉

2) 상업공간(음식점)의 가구계획

음식을 서비스하기에 좋으며 창에 기대는 것보다 시선이 자연스럽게 밖을 향하는 것이 좋다.

① 의자와 테이블

- 배치유형 : 세로배치형, 가로배치형, 가로와 세로배치의 조화형, 점재형, 부스형, 큰테이블 배치형 등이 있다.
- 필요치수 : 공간의 규모, 형태 및 업종, 객층, 입지 등에 따라 차이가 있다.

4인용 테이블	· 정사각형인 경우 한 변의 길이가 850-960mm 정도가 적당하다. · 직사각형의 경우 (1,000-1,200mm)×(700-800mm) 정도가 표준이다.
2인용 테이블	4인용의 반이 아닌 600-750mm 정도의 치수가 필요하다.
6인용 테이블	(1,350-1,800mm)×(650-800mm) 정도의 크기가 적당하다.

② 카운터

- 배치유형 : 직선배치형, 코너배치형, 대면배치형, 자유배치형, 큰 테이블 등.
- 입면계획 : 서서 작업하기 쉬운 높이는 800-850mm 정도이다. 작업대를 보이지 않게 하기 위한 높이는 1,000~1,050mm 정도이다.
- 치수계획

〈유형별 카운터의 단면치수〉

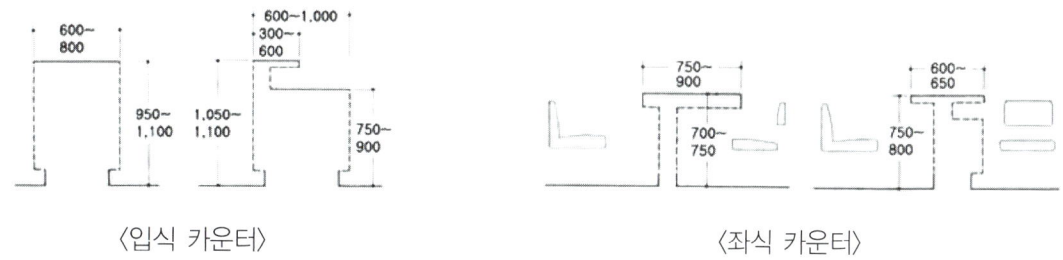

〈입식 카운터〉　　　　　　　　〈좌식 카운터〉

3) 업무공간의 가구계획

사무용 가구는 편안하고 능률적인 작업을 위해 인간공학적인 측면이 강조된 기능성이 필요하다.

① 가구배치
- 팀워크의 작업자는 그룹별로 배치하고 가능한 동선이 짧도록 한다.
- 서류보관시스템은 분산시키지 않고 중앙에 수납시스템을 별도로 마련한다.
- 시선이 부딪치는 배치는 피하되 접촉이 유지되도록 배치한다.
- 순환동선은 가하학형태는 피하고 자연스러운 동선체계를 갖는다.
- 같은 부서내의 가구와 비품배치는 평행이 되어 방향을 통일시킨다.
- 작업자의 업무공간이 통로나 입구에서 훤히 보이지 않도록 한다.

② 워크스테이션(Work Station)

한사람이 차지하는 면적을 기준으로 정해지는 사무작업공간으로서 작업을 위해 가장 기본이 되는 개인영역이라 할 수 있다.

③ 작업영역

의자에 앉은 자세에서 신체의 각 부위를 움직여 동작할 때 그것에 의해 만들어내는 입체적 영역이다.

④ O.A(Office Automation) 가구
- O.A는 업무처리 과정의 능률향상을 위해 행해지는 사무자동화기기 도입으로 사람의 가동률을 최대한 높이고 창조성을 최대한 발휘시키는데 목적이 있다.
- O.A 사무기기 사용에 따라 한사람의 작업공간 면적은 책상, 컴퓨터 테이블, 의자로 구성되는데 최소한 $4.8m^2$가 필요하다.

⑤ 시스템 가구

몇 개의 규격화된 단일가구를 원하는 형태로 분해 조립이 용이하며, 공간 배치에 있어 가변성 있는 합리적 가구 구성이다.
- 통일된 치수로 모듈화된 유닛(unit)들이 가구를 형성하므로 질이 높고 생산비가 저렴하며, 공간배치가 자유롭다.
- 다양하게 조합할 수 있는 수직칸막이 패널과 상판, 수납장 등으로 이루어져 있다.

특징	기능	디자인 조건
넓은 공간에 다양한 배치가능. 가구배치 계획에 합리성 부여. 동선흐름에 근거하여 배치함으로써 명확한 공간구분 가능. 색채, 재료, 형태가 통일. 계급의식의 제거.	공간분할기능 수납기능 작업기능	규격화된 디자인. 융통성, 경제성. 견고한 조립, 이동 편리. 설비의 신축성 있는 디자인. 인체치수 및 동작에 적합한 디자인. 개폐, 이동으로 인한 소음을 최소화.

 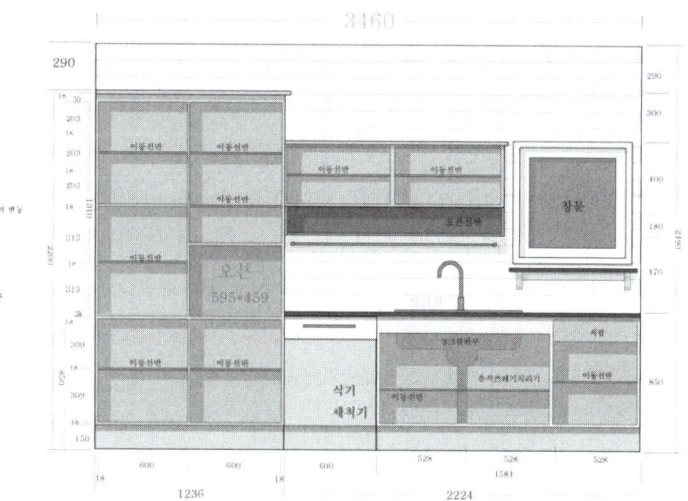

〈시스템 가구〉

⑥ 책상배치의 유형

동향형	• 책상을 같은 방향으로 배치. • 프라이버시 침해 최소화. • 대향형에 비해 면적효율이 떨어짐. • 명확한 통로 구분.
대향형	• 면적효율이 좋고 커뮤니케이션 형성에 유리. • 전기, 전화 등의 배선관리 용이. • 대면시선에 의해 프라이버시 침해. • 공동작업으로 자료 처리하는 영업관리에 적합.
좌우대향형	• 조직의 융합을 꾀하기 쉽고 정보처리나 집무동작의 효율이 좋다. • 면적손실이 크고 커뮤니케이션 형성에 불리. • 생산관리 업무, 독립성 있는 데이터 처리업무에 적합.
십자형	• 4개의 책상이 맞물려 십자를 이루도록 배치. • 그룹작업을 요하는 전문직 업무에 적합하고 커뮤니케이션에 유리.
자유형	• 낮은 칸막이로 한사람의 작업활동을 위한 공간이 주어지는 형태. • 독립성을 요하는 전문직이나 간부급에 적합.

⑦ 부엌가구의 배치유형

- 준비대 – 개수대 – 조리대 – 가열대 – 배선대의 순서이다.
- 냉장고 – 개수대(싱크대) – 가열대(레인지)가 이루는 삼각형을 워크 트라이앵글(Work triangle)이라 해서 주부 동선이 짧게 할 목적으로 이 세 가지가 이루는 삼각형의 길이가 짧을수록 좋다.

직선형(일자형)	• 좁은 면적에서 효율적이며 주로 소규모 부엌에서 채택한다. • 일반적으로 총길이가 2700정도가 적당하다
L자형	부엌과 식당(DK)을 겸할 경우 유리한 형식으로 작업공간을 여유롭게 할 수 있으며 동선을 짧게 처리할 수 있다.
병렬형	양쪽 벽면에 작업대를 마주보도록 배치하는 형식으로 동선을 짧게 처리할 수 있어 높은 효율을 올릴 수 있다.
U자형(ㄷ자형)	• 인접한 3면의 벽에 작업대를 배치하는 유형이며 대규모의 부엌에 많이 사용된다. • 가장 편리하고 능률적인 작업대의 배치이다. • 작업대의 통로 폭은 1,200~1,500mm 정도가 적당하다.
아일랜드형	일자형, L자형, U자형 등의 부엌에 독립적인 작업대를 설치하는 형식이다.

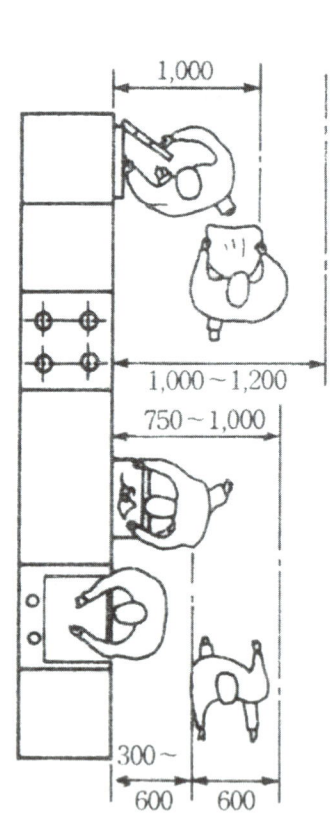

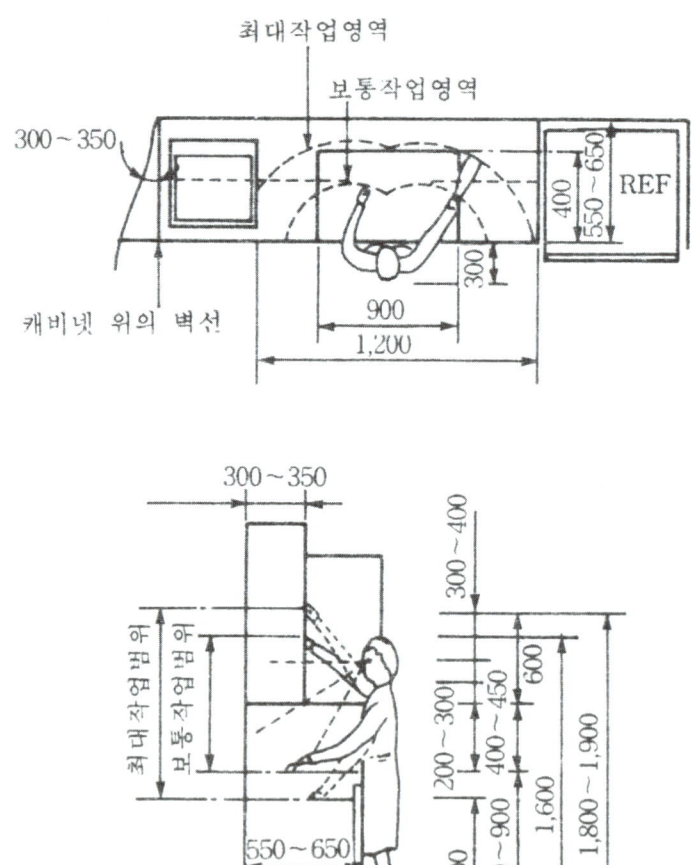

⑧ 상점진열대의 가구의 배치형식

쇼케이스, 행거, 진열장 등을 포함한 진열대는 상점의 평면상태, 규모 등을 고려하여 배치한다.

굴절배열형	• 진열케이스 배치와 고객동선의 굴절 또는 곡선으로 구성된 스타일로 대면판매와 측면판매의 조합형식이다. • 양품코너, 모자코너, 안경코너, 문방구코너 등 상품이 소형이거나 고가를 취급하는 전문점에 사용된다.
직렬배열형	• 진열대가 입구에서 상점안으로 직선적으로 배치되므로 고객의 흐름이 빠르게 되며 동시에 부분별의 상품진열이 용이하고 대량판매형식도 가능한 형태이다. • 침구코너, 전자대리점, 서점, 주방용품점, 의류점 등 측면판매의 업종에 적용된다.
환상배열형	• 매장의 중앙부분에 진열대를 직선 또는 곡선에 의한 고리모양으로 배치하는 형식이다. • 중앙부분의 대면판매부분은 소형상품 또는 고가인 상품을 진열하고 벽면에는 대형상품을 진열한다. • 수예품, 민속용품점 등에서 사용한다.
복합형	여러 형태를 조합시킨 형태로 뒷부분은 대면판매 또는 접객용 카운터 부분이 된다.

- 가구의 재료
- 목재 / 합판 / 플라스틱 / 금속재 / 가죽소재와 패브릭

4) 욕실의 계획

과거에는 습기가 있는 곳과 없는 곳을 분리하지 않고 써오다가 최근에는 분리시켜 사용하는 것이 일반화되었다. 욕실은 청결한 느낌이 들도록 조명을 밝게 하고 타일은 집안 전체의 조화에서 벗어나 액센트 역할을 할 수 있는 개성있는 색채로 디자인한다.

① 욕실의 계획
- 창문은 환기와 습기제거에 효과적이어야 한다.
- 자주 쓰는 물건은 보이는 수납장에 정리한다.
- 욕실의 조명은 빛이 너무 지나치게 밝으면 눈이 부셔 불편하므로 은은하게 해 준다.
- 내장재는 습기에 강하고, 방음이 잘되는 재료를 선택해야 한다.
- 구조자체가 내수, 내습, 내화적이어야 한다.
- 노출된 목부는 방습을 위해서 유성페인트를 표면처리하고, 천장은 경사지게 하거나 보온성 마감재를 사용하여 물방울이 떨어지지 않게 해야 한다.
- 천장의 높이는 2.2~2.3m정도로 하여야 실내온도를 효과적으로 유지 할 수 있다.
- 휴식을 위해서 채광과 미관에도 유의해야 한다.

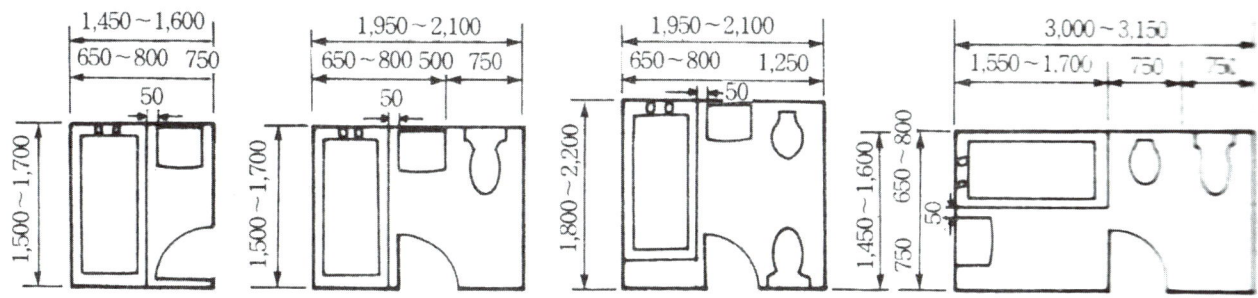

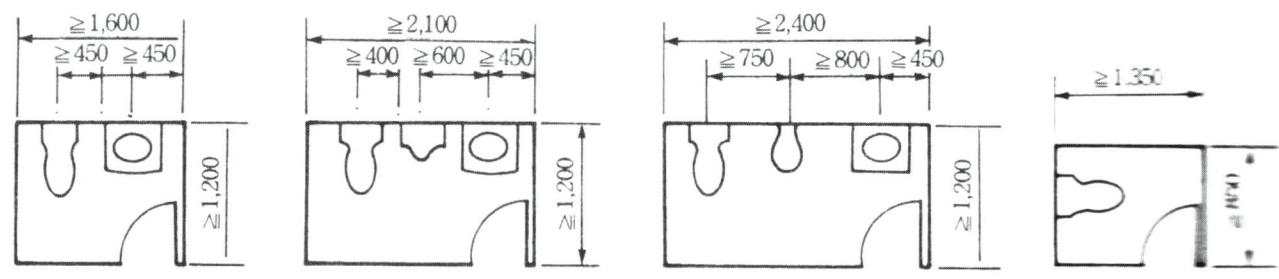

〈욕실의 계획〉

5) 조명계획

조명은 실내의 분위기와 음영을 조절함으로써 공간을 더욱 입체적으로 보이게 하고, 풍부한 표정을 지니게 한다. 또한, 조명은 밝다고만 좋은 것이 아니다. 공간별로 이루어지는 행동이 다른 것처럼 조명도 방의 성격에 따라 설계되어야 한다.

① 조명 계획
- 기능적인 밝기 : 식사, 취사, 독서, 취침 등에 적합한 밝기 유지
- 빛의 연출 : 실내 분위기와 조화, 전체 조명과 부분 조명을 적절히 계획
- 인테리어와 조명의 어울림 : 조명의 토탈 디자인 계획

② 조명 기구의 종류와 특징
- 실링 라이트(ceiling light) - 주택에 많이 쓰이는 것
  천장에 직접 부착시키는 조명 기구(직부등)
- 브래킷(bracket) - 벽면에 부착시키는 조명 기구(벽부등)
  현관, 복도 등에 자주 사용, 거실, 침실 등에도 연출
- 풋 라이트(foot light) - 계단 밑이나 침실의 바닥면 가까이에 주로 야간에 항상 켜 놓는 조명 기구
- 스포라이트(spotlight) - 빛의 방향이 손쉽게 바뀌는 집중 조명(국부등)
  천장, 벽, 트랙에 부착시켜서 조절, 필요한 곳을 기능적으로 밝혀주므로 매력적이고 극적인 효과를 낼 수 있음
  거실, 식당, 어린이 방 등에 다양하게 이용
- 스탠드 - 이동 가능한 조명, 거실, 서재 등에 독서용, 작업용의 국부 조명
- 플로어 스탠드 : 바닥에 직접 세워 놓음
- 테이블 스탠드 : 테이블 위에 놓는 것
- 다운라이트(down light) - 천장에 매립시키는 조명 기구(매입등)
  시야에 거슬리지 않으면서 부드러운 효과
- 펜던트(pendent) - 천장에서 아래로 늘어 뜨리는 조명 기구(달대등)
  전반 조명, 국부 조명의 효과
- 샹들리에(chandelier) - 펜던트의 일종
  전구가 많아 화려하고 장식성이 풍부, 방의 크기와 균형을 고려

③ 조명 방법의 종류와 특징
- 전체 조명 : 실내 전체를 균일하게 밝게 하는 조명
- 부분 조명 : 특정한 부분을 밝게 하는 조명, 국부 조명
- 무드 조명 : 실내 분위기를 높이기 위한 목적으로 사용하는 조명

④ 공간별 조명 계획
- 현관 : 밝은 느낌, 천장이나 벽에 부착되어 아래로 발산되는 스타일
- 거실 : 전반 조명과 국부 조명 병용

  최근에는 전반 조명으로 다운 라이트나 샹들리에를 병용하면서 밝기를 조절할 수 있는 딤머(dimmer)를 설치하여 다양한 분위기 조성

  거실 벽면에 그림장식은 스포트라이트 설치

  장식용 코너나 선반에는 작은 테이블 스탠드 병용

- 식당 : 식탁 위에 펜던트 형태의 국부 조명
- 침실 : 전반 조명으로 다운라이트 이용

  침대 윗부분을 브래킷을 비춰주거나 스탠드를 이용하여 필요에 따라 조절

- 부엌 : 충분한 밝기 요구. 전반 조명 외에 조리대와 개수대 위에 밝은 형광등의 국부 조명 설치
- 욕실 : 전구를 완전히 덮을 수 있는 고정된 유리구의 브래킷과 다운 라이트로 전반 조명
- 복도 : 다운 라이트로 전체적인 조도 유지. 벽에 걸린 그림이나 조각품에 스포트 라이트로 악센트
- 계단 : 천장에서 내려오는 펜던트나 샹들리에 사용, 벽의 브래킷 설치

  스위치는 계단이 시작되는 곳과 끝나는 곳에 달아 기능적으로 사용

- 옥외 조명 : 오랜 시간 켜 두어야 하므로 경제성 고려

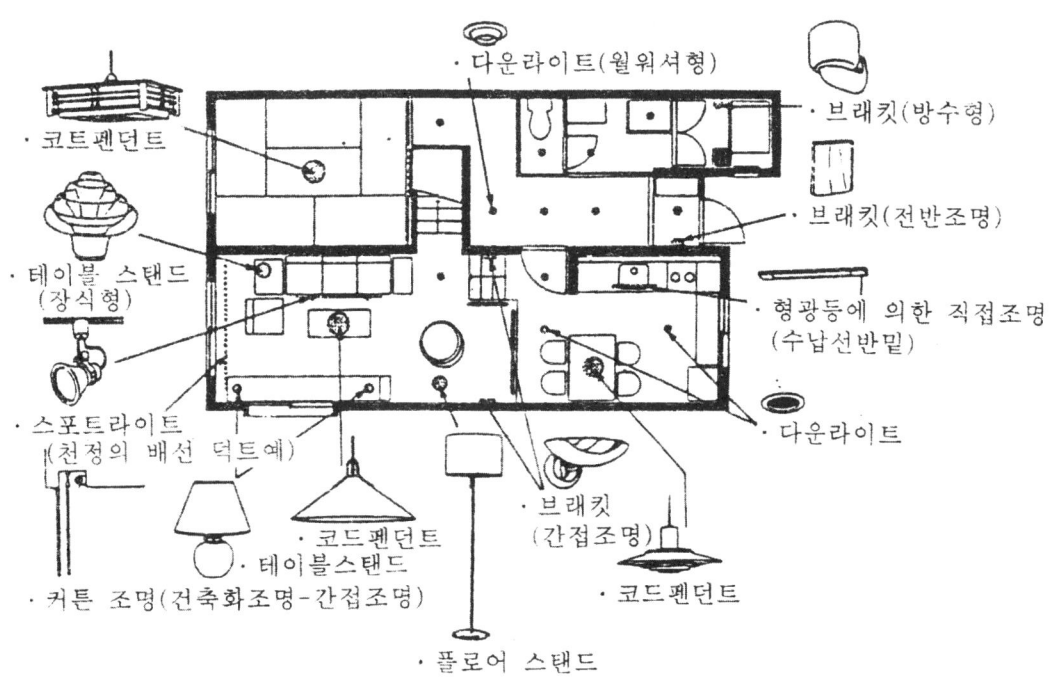

〈조명기구 종류와 배치도〉

■ 가구의 표현과 치수

• SOFA, P.C TABLE, BOOK SHELT CHEST, DESK CHAIR

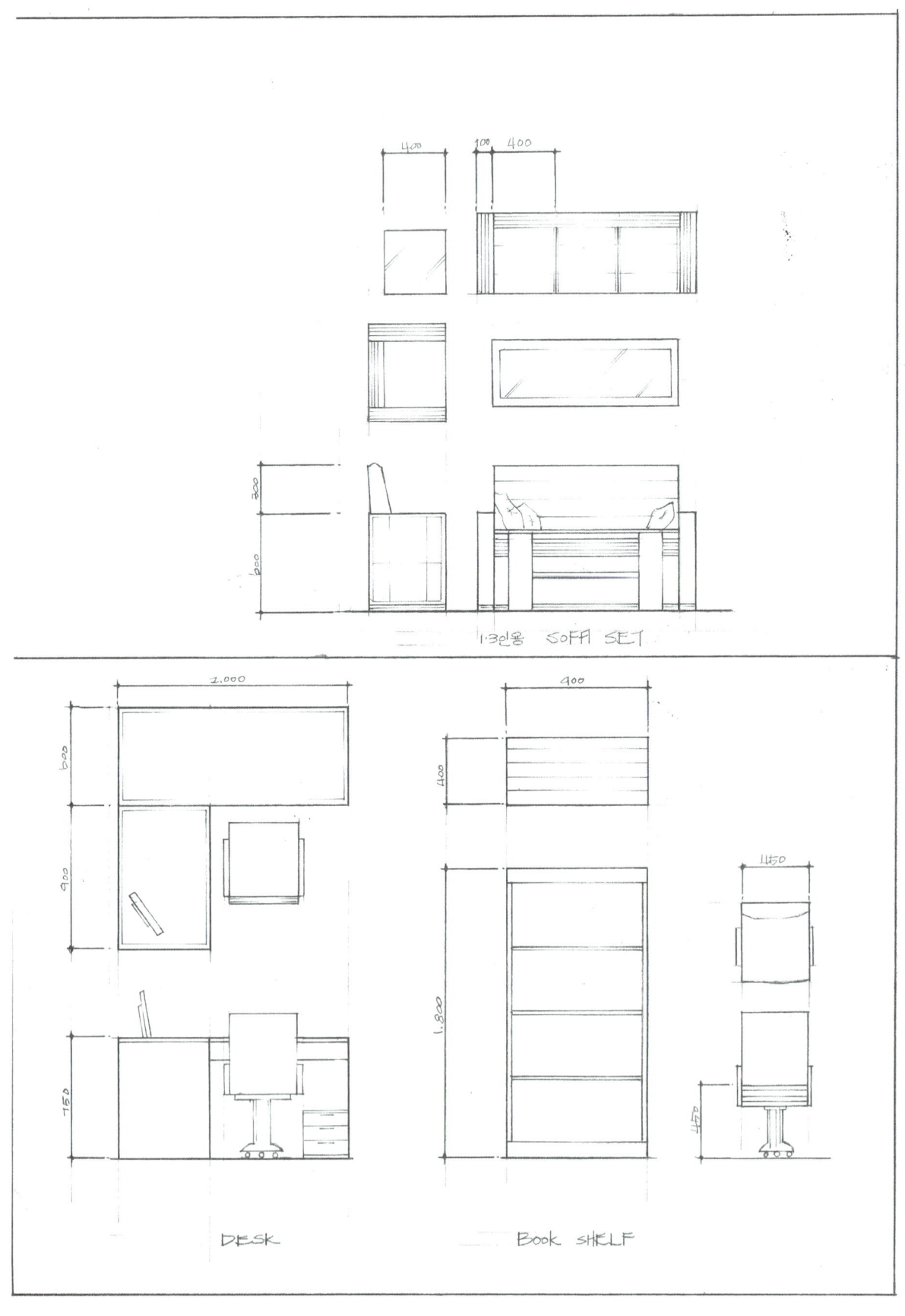

• BED(SINGLE, DOUBLE), NIGHT TABLE

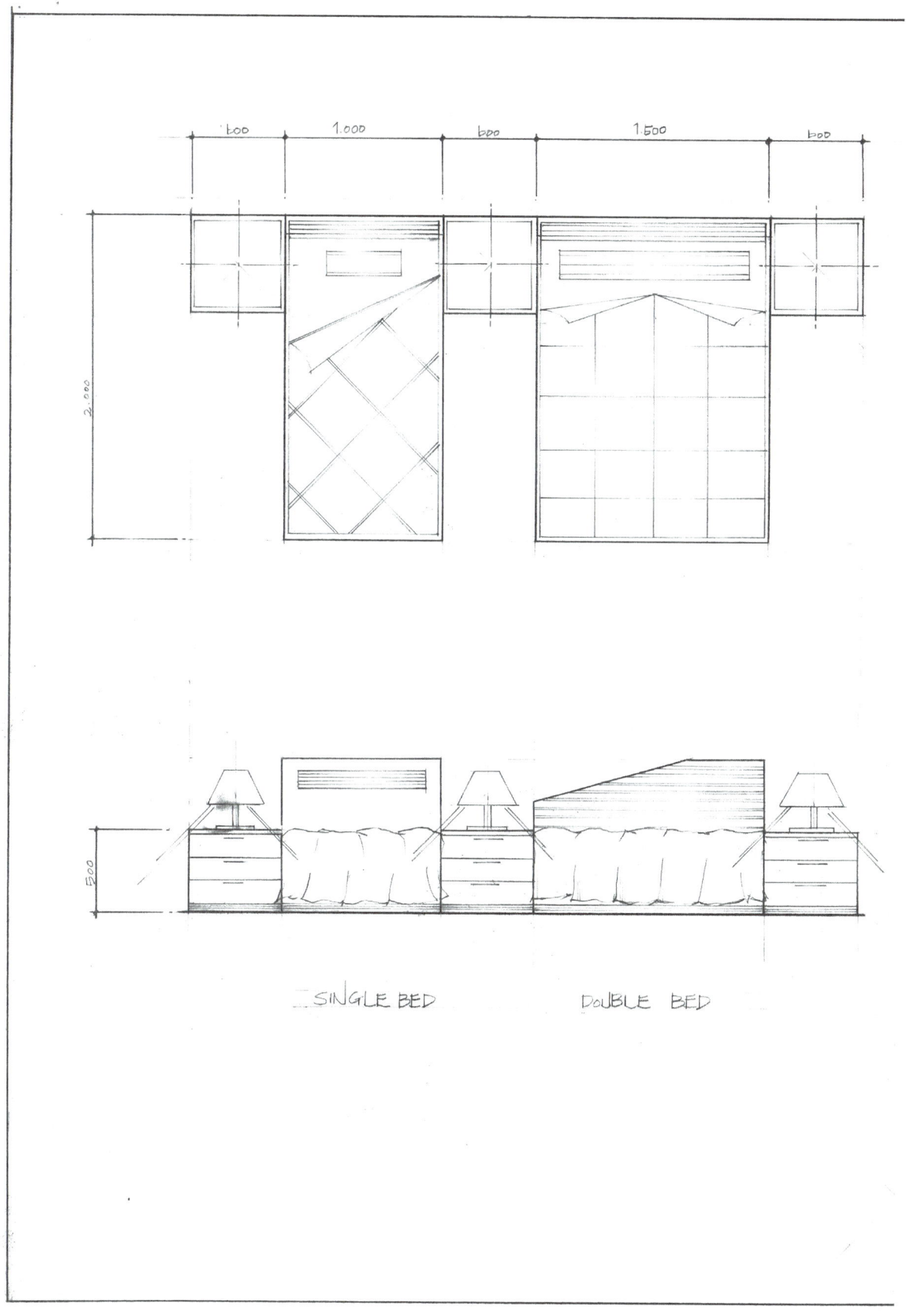

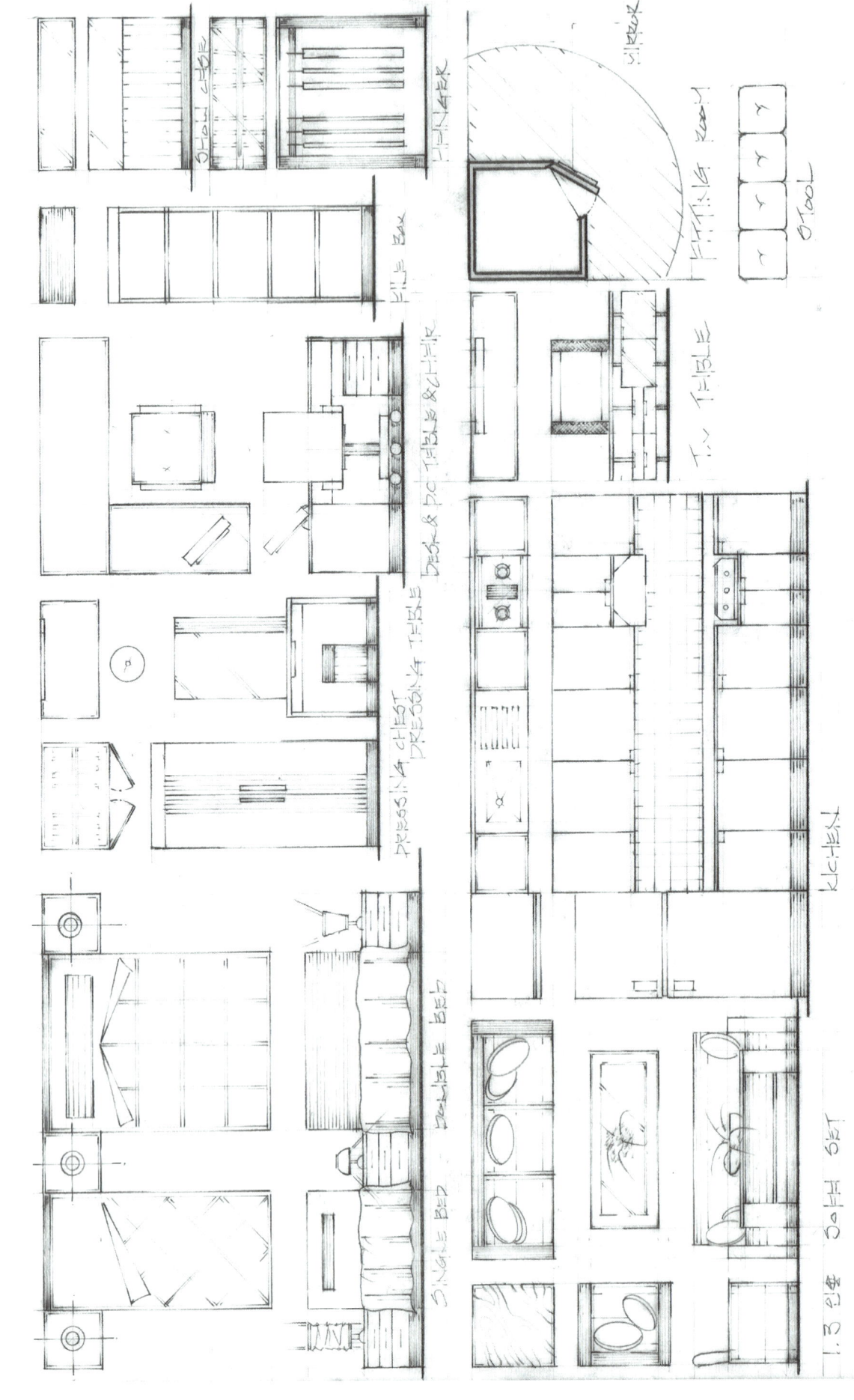

2 벽면 구성

① 걸레받이(base bord) : 바닥과 접하는 벽 하단부 10~20cm의 높이에 대는 가로 부재.

② 징두리벽 : 허리높이의 벽의 하단부에 댄 널.

③ 몰딩(Moulding) : 천장과 만나는 벽 상단부에 대주는 띠돌림(=쇠시리)

걸레받이

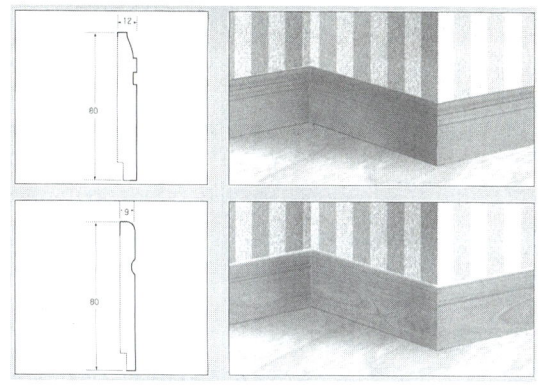

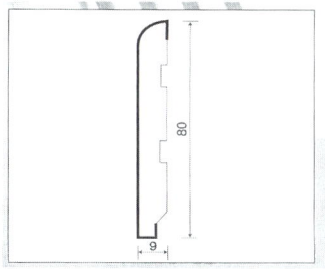 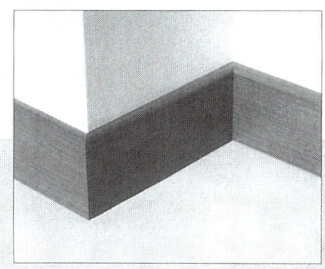

벽의 하부부부에 더럽힘을 방지하기 위해 10~15cm 정도의 목재를 바닥과 벽이 만나는 부분에 부착

문선몰딩

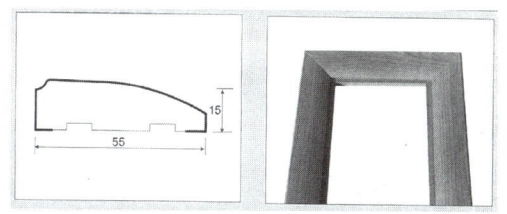

기둥코너 몰딩

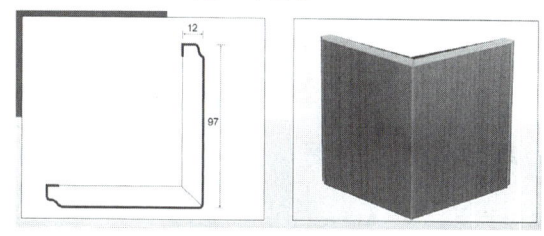

등박스 몰딩

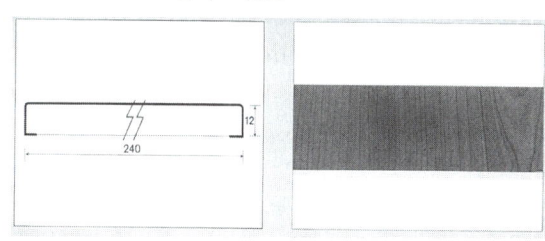

이중천장재(등박스 몰딩)

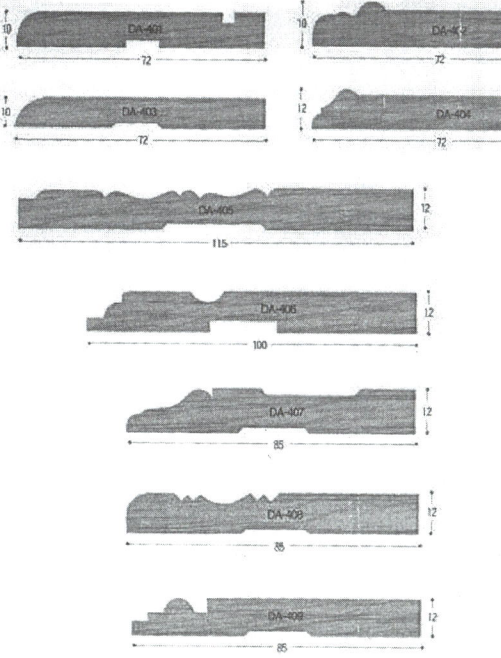

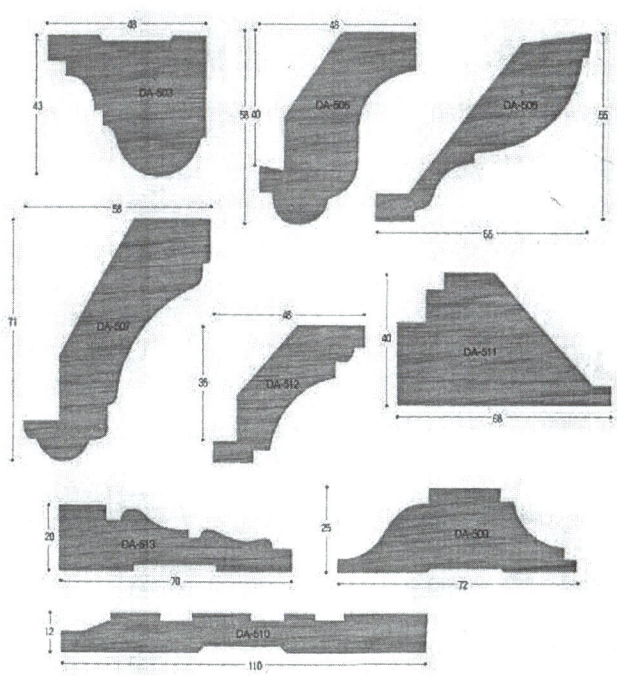

천정몰딩

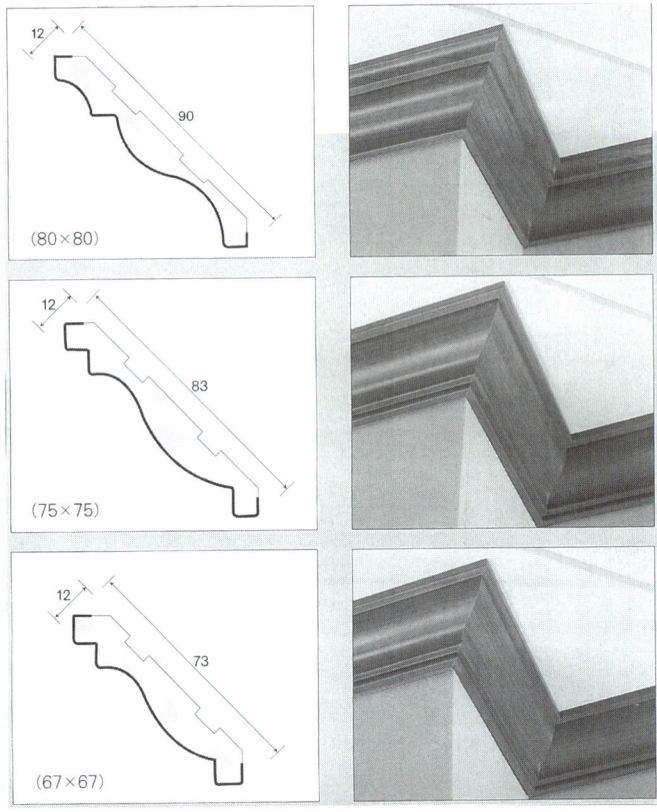

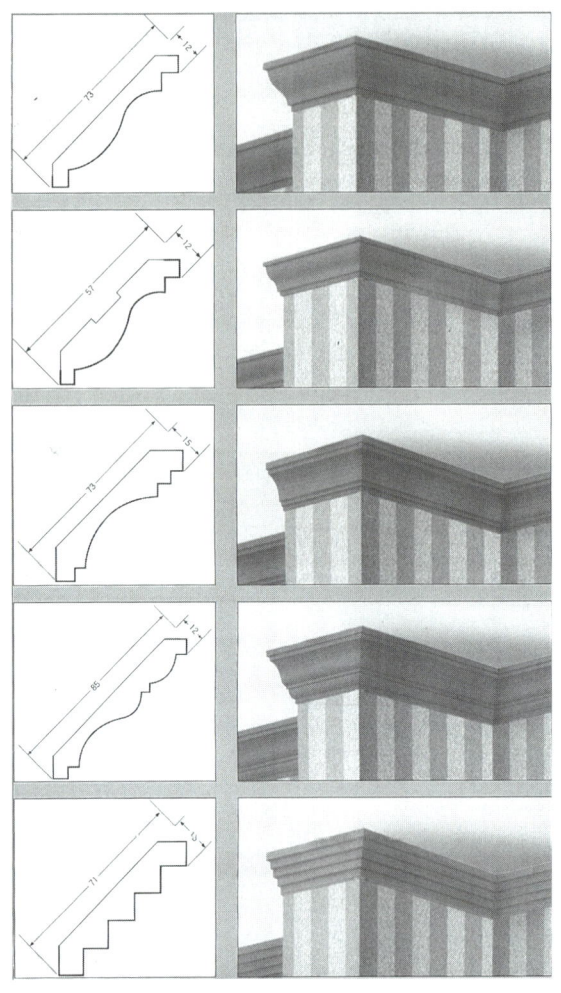

벽과 천정이 만나는 부분을 시각적이나 미관적으로 깔끔하게 처리해 줌으로써 쾌적한 실내 환경 조성

단독형 문선돌림테 및 천정몰딩

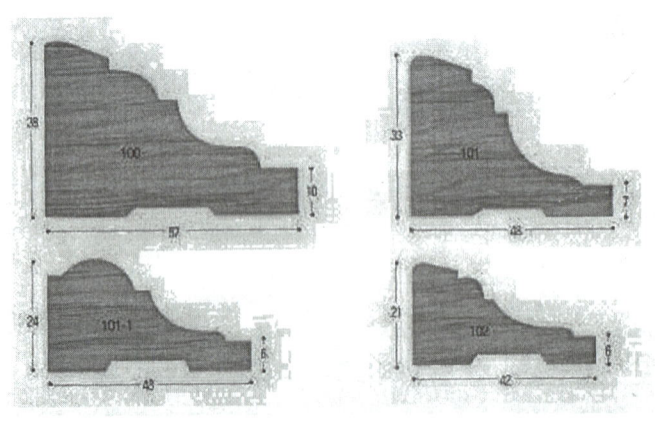

인테리어 몰딩

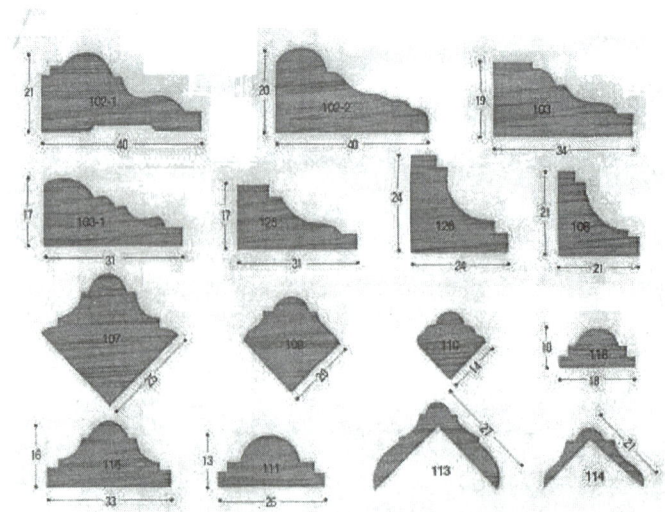

■ 주거공간의 바탕 및 마감재료

공간		바탕	마감재료	비고
침실	천장	모르타르	벽지	• 일반적인 침실마감재 – 천장, 벽 : 벽지 – 바닥 : 비닐시트 　　　　비닐타일, 카페트 • 재료표기 방법 – THK9 석고보드위 지정색 락카 마감 – THK5 합판위 지정벽지 마감 – FLOOR 지정 카페트 마감
		합판, 석고보드	벽지, 무늬목, 컬러락카	
		각재보강(반자틀)	치장합판, 목재가공품	
	벽	모르타르	벽지	
		합판, 석고보드, MDF	벽지, 무늬목, 컬러락카	
		각재보강(가로 및 세로 띠장)	치장합판, 목재가공품	
	바닥	모르타르	비닐타일, 비닐시트, 카페트, 목재가공품	
거실	천장	합판, 석고보드	벽지, 무늬목, 컬러락카	• 일반적인 거실, 주방 마감재 – 천장, 벽 : 벽지 – 바닥 : 비닐시트, 　　　　비닐타일, 카페트 　　　　목재, 가공품 • Sink 작업대와 상부 수납 선반사이의 벽에는 CERAMIC TILE 마감 • 일반적인 욕실마감재 – 천장 : 플라스틱 보드 – 벽, 바닥 : 타일
		각재보강(반자틀)	치장합판, 목재가공품	
	벽	모르타르	벽지, 대리석, 인조석	
		합판, 석고보드, MDF	벽지, 무늬목, 컬러락카	
		각재보강(가로 및 세로 띠장)	치장합판, 목재가공품	
	바닥	모르타르	비닐시트, 비닐타일, 카페트, 목재가공품, 대리석, 인조석, 타일	
욕실	천장, 벽, 바닥	모르타르	타일	
		각재보강(반자틀)	플라스틱 보드	
		모르타르	타일, 인조석, 화강석, 대리석	

■ 상업공간의 바탕 및 마감재료

공간		바탕	마감재료	비고
상업공간 (공통)	천장	노출콘크리트	질석, 퍼라이트, 스고레이, 회반죽	• 일반적인 상업공간 마감재 – 천장 : 컬러락카, 벽지 – 벽 : 컬러락카, 벽지 – 바닥 : 비닐시트, 비닐타일, 타일, 카페트, 인조석, 화강석, 대리석, 목재가공품 • 특별한디자인이 요구 되는 공간(유흥업소, 사우나, 호텔 등)에는 기타 재료(금속, 유리, 테라코타타일 등)도 많이 쓰임
		모르타르	벽지, 합성수지도료, 수성페인트, 회반죽	
		석고보드, 합판. MDF	벽지, 컬러락카, 무늬목	
		각재보강(반자틀)	치장합판, 목재가공품	
	벽	모르타르	벽지, 합성수지도료, 수성페인트, 대리석, 타일, 화강석, 회반죽	
		합판, 석고보드, MDF	벽지, 무늬목, 컬러락카	
		각재보강(가로 및 세로 띠장)	치장합판, 목재가공품	
	바닥	모르타르	비닐타일, 비닐시트, 카페트, 화강암, 타일, 대리석	
		각재보강 (장선 및 멍에)	목재가공품	

3 마감재료 표현(실습)

(1) 각종 집기나 재질 표현하기(스탠드나 의자, 나무결, 침대, 커튼, 우드 플로어링, 벽지나 천정지)

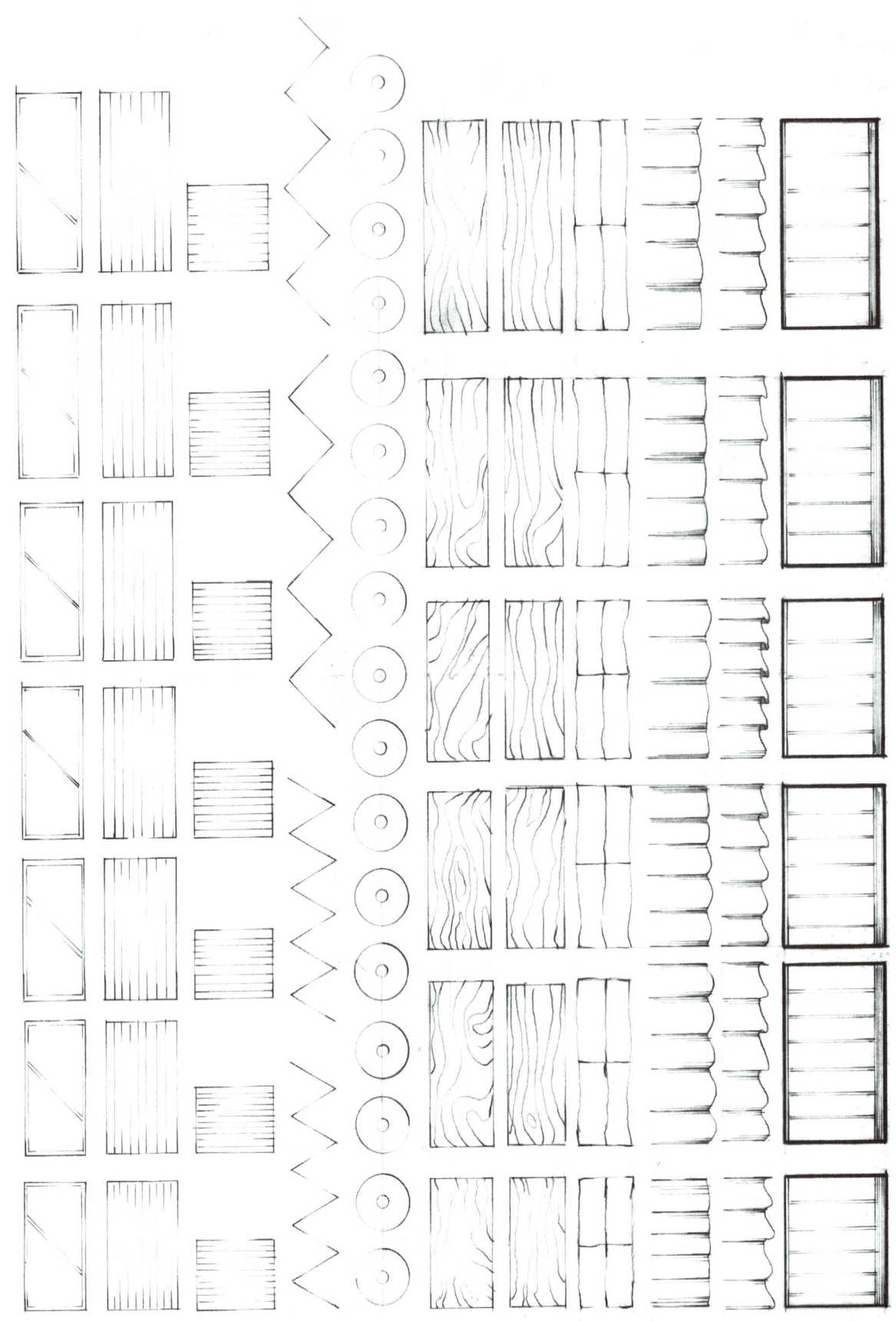

(2) 수목표현하기

① 나무의 높이를 정하여 줄기와 나뭇가지의 크기를 안내선으로 그린다.
② 나뭇가지의 방향성이 나타나도록 선을 그린다.
③ 평면과 입면의 형태가 일치하도록 그린다.
④ 나무의 줄기, 가지, 잔가지 순서로 그린다.

1) 나무의 평면

나무의 종류에 따라서 나무의 가지를 평면으로 표현한다.

2) 나무의 입면

나무의 높이와 너비를 나타낸다.

수목 평면 연습

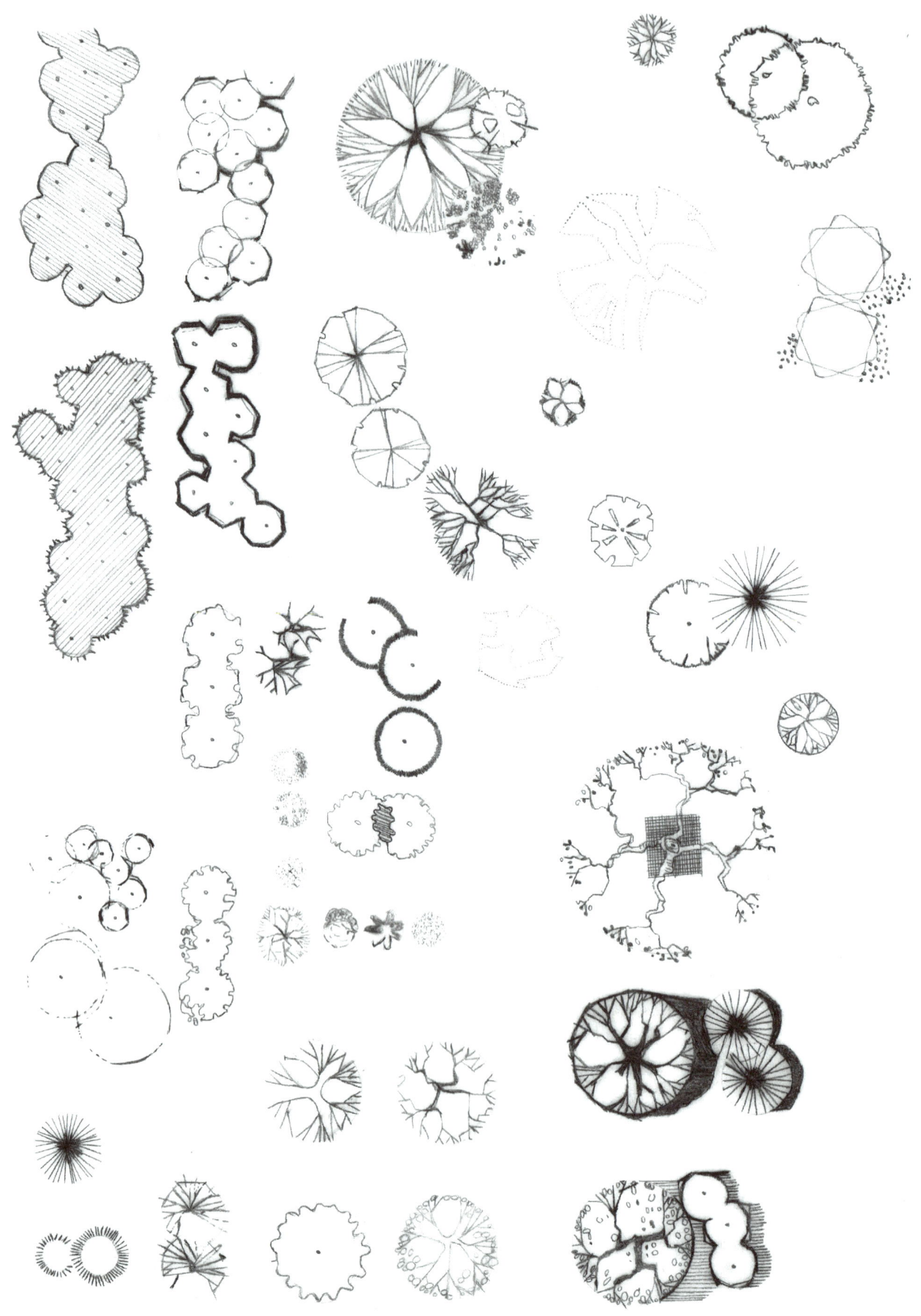

수목 입면 연습

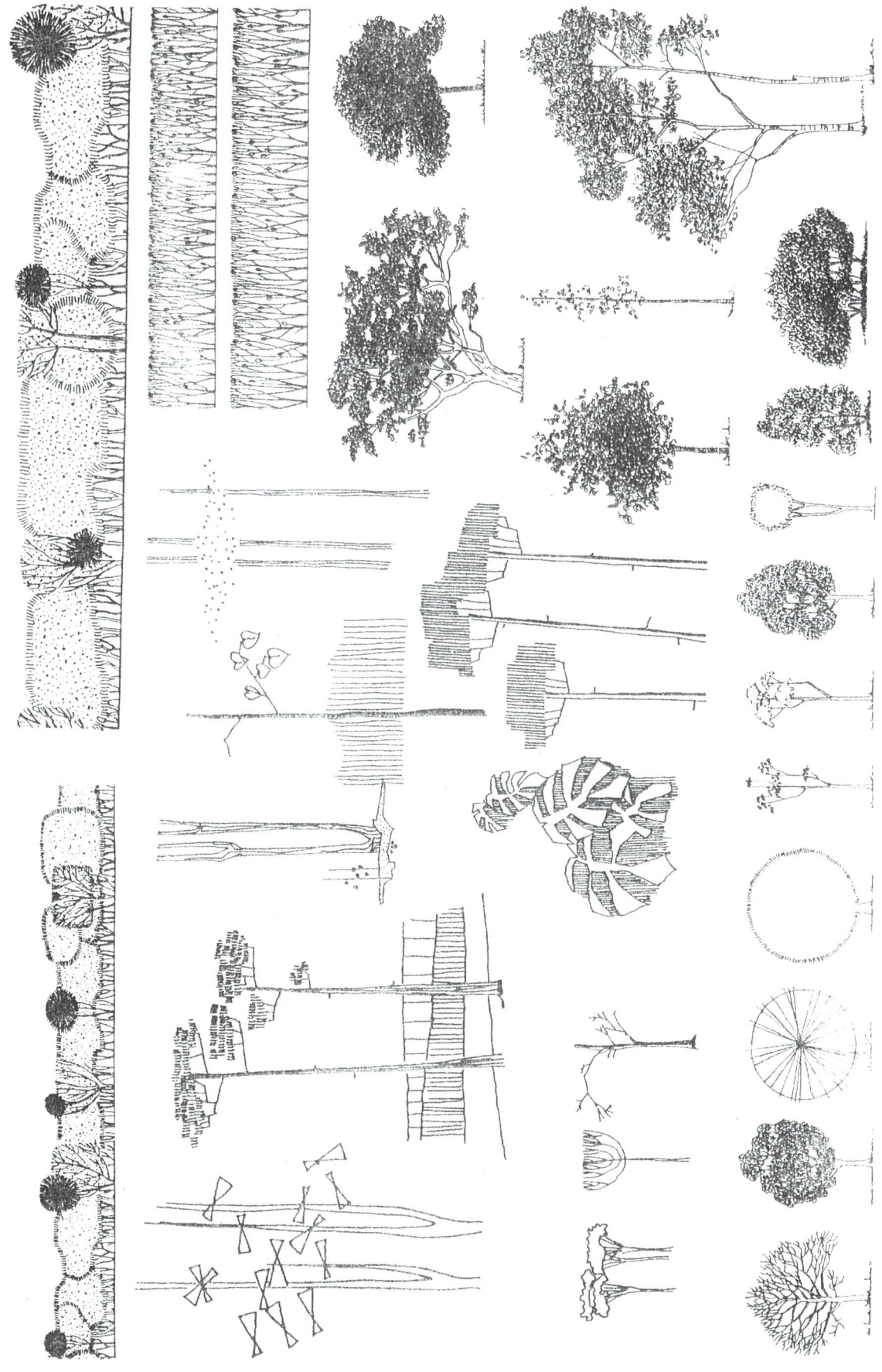

(3) 인물 표현하기

① 인물의 위치로 공간의 깊이와 높이를 알 수 있게 한다.

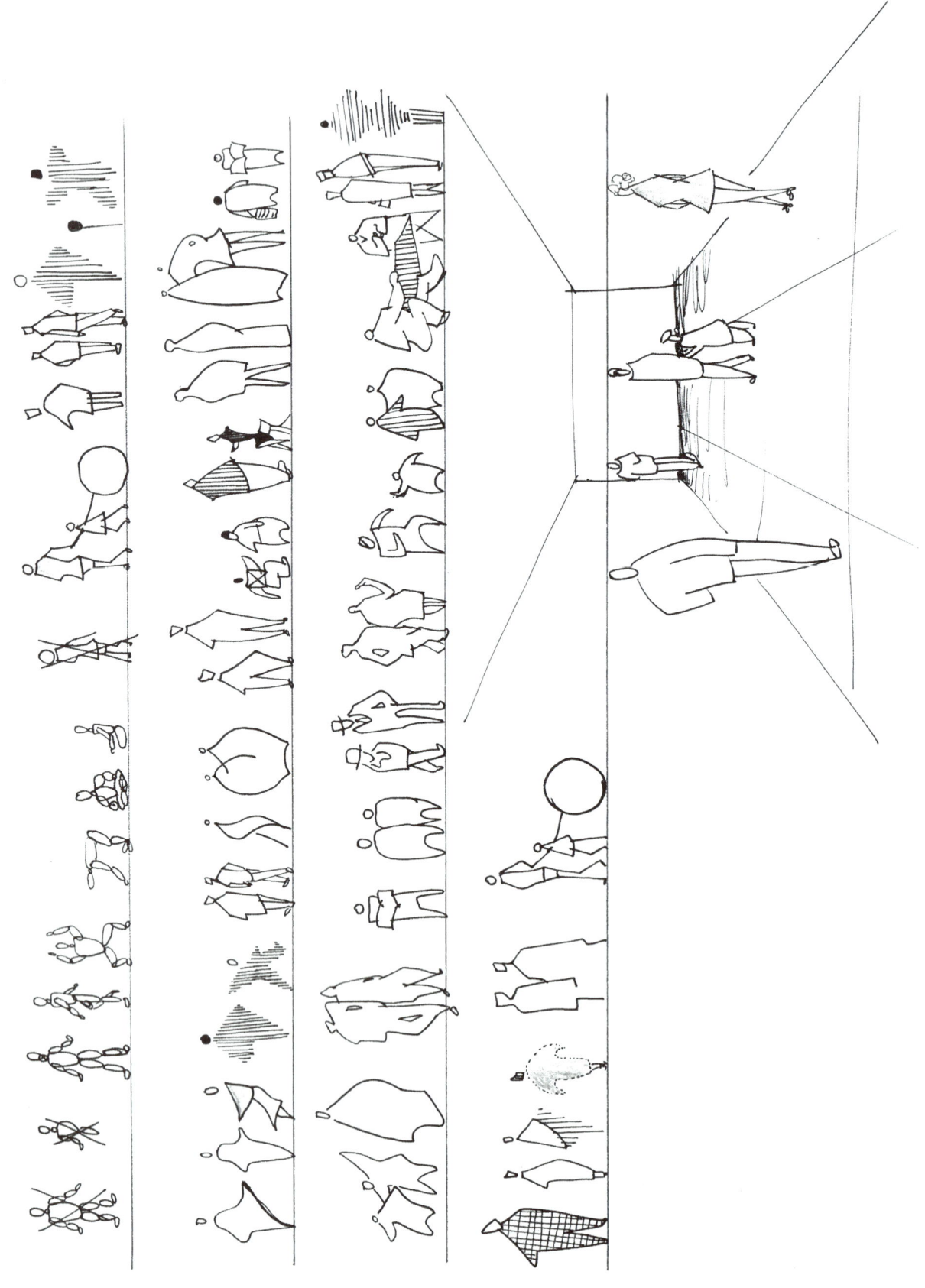

3 실내건축 도면 실기

Industrial Engineer Interior Architecture

실내투시 작도법   01
실내투시 작도법 실습   02

3장 실내건축 도면 실기

3-1 실내투시 작도법

01 입체표현-투시도원리의 이해

사물을 사실적으로 표현하기 위한 가장 좋은 방법 중 하나가 투시도법이다. 투시원리는 모든 공간 표현의 기본이 되며 이러한 입체 표현은 개인의 투시 감각에 의한 표면과 공간해석 능력에 따라 입체의 완성도가 달라진다. 실내건축에서 공간이라 함은 천장, 벽, 바닥 등으로 그의 경계를 정하여 형태를 부여하는 것을 말한다. 우리들은 공간에 있는 형태와 형태끼리의 관계를 관찰하고 파악하고, 읽고, 해석하게 된다. 또 공간의 경계면을 봄으로써 공간을 지각하고 사물의 크기 변화로부터 느껴지는 원근감을 여러 시각적 방법에 의해서 공간 속에 있는 사물의 관계나 입체감을 평평한 표면에 나타내게 된다.

1 투시도(Perspective)

투시도는 투명한 면 앞에서 눈의 위치를 고정시키고 바라본 건물을 유리에 투사시켜 그려보면 알 수 있듯, 물체의 앞 또는 뒤에 화면을 놓고 일정한 위치에서 물체를 본 시선이 화면과 만나는 각점을 연결하여 실제로 우리 눈에 보이는 모양과 같게 물체를 그리는 방법을 투시도법이라 한다.

(1) 투시도의 종류

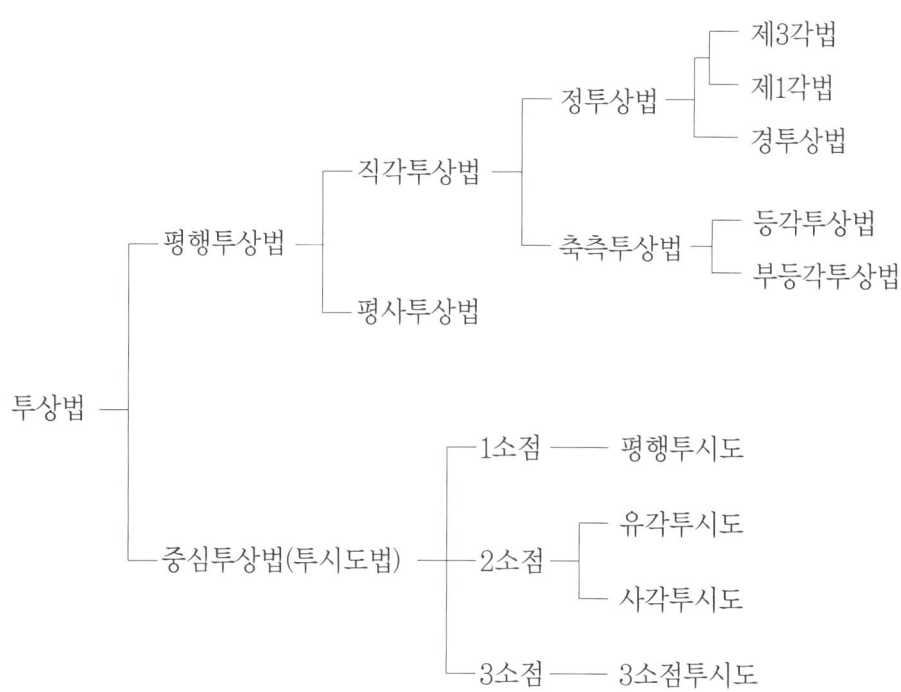

(2) 투시도(perspective)용어

① 화면 P.P(Picture Plane)

대상물과 시점 사이에 설정, 실제 대상물이 그려지는 지면과 수직한 평면.

② 지면 G.P(Ground Plane)

대상물이 주어지고 대상물을 보는 사람이 서 있는 면.

③ 수평선 H.L(Horizontal Line)

눈높이선이라고도 하며, 화면에 대한 시점과 동일한 선상에 있는 수평선 E.L(Eye Level)이라고도 함.

④ 입점 S.P(Standing Point)

대상물을 바라다 보고 있는 관찰자의 위치로 시점의 지면상의 위치.

⑤ 시점 E.P(Eye Point)

대상물을 보는 관찰자의 눈위치로 평면상에서는 입점과 동일하게 됨.

⑥ 소점 V.P(Vanishing Point)

시선이 화면의 수평선상에 모이는 점.

⑦ 측점 M.P(Measuring Point)

화면에 대하여 각도를 갖는 직선의 소점에서 시점과의 같은 거리의 수평선상에 잰 점으로 대상물의 실제 치수를 재는 점.

⑧ 심점 C.P(Cental Point)

시점을 화면에 투영한 점. 평행 투시도에서는 이점이 소점.(시중심)

⑨ 거리점 D.P(Distance Point)

45°법의 소점 또는 거리점. 화면에 대하여 45°방향선의 소점.

2 눈높이에 따른 실내변화

(1) 실습순서

① 실내 내부에서 관찰자의 시점에 해당하는 소점을 정한다.

② 소점을 기준으로 벽체라인(천장라인, 바닥라인)을 그린다.

③ 정중앙을 중심으로 정하(下) 소점, 정상(上) 소점, 좌(左) 소점, 우(佑) 소점을 정하여 실내 공간의 변화를 알아본다.(서 있는 곳(S.P) 위치에 따라 1소점 투시도 형태가 달라진다.)

④ 천장과 바닥을 그리드(분할법-2, 3, 4, 5분할)로 만들어 실내 내부의 공간을 파악하고 가구 등을 그려넣어 연습해 본다.

〈실습〉

정하(下) 소점

정상(上) 소점

좌(左) 소점

우(右) 소점

중앙소점 : 좌우벽면이 동일하게 표현된다.
정하소점 : 위 천장면이 더 많이 보여진다.
정상소점 : 아래 바닥면이 더 많이 보여진다.

좌소점 : 오른쪽 벽면이 넓게 표현되어 더 많이 표현된다.

우소점 : 왼쪽 벽면이 넓게 표현되어 더 많이 표현된다.

02 투시투상법의 종류

1. 1소점 투시도

물체를 눈앞에 똑바로 놓으면 물체의 모든 선들이 수평선 위의 한점에 집중되는데 이것을 1점 투시라 한다.
선로 한가운데 서서 멀리 아득한 한점을 향해 바라보며 사라지는 점을 의미한다.
그림A는 1소점 투시도로 관찰자(V.P)와 화면(P.P), 평면도(plan)와 입면도(elevation)를 이용하여 물체와 화면이 떨어져 있는 경우를 설명한 것이다. 투시도에는 3가지 선(수직선, 수평선, 사선(투시선))으로 이루어져 있는데 수직선은 상하 일직선을 이루며 평행하다.
수평선은 가로로 평행한 선이다. 사선은 수평선상의 한점(V.P)에 집중된다.

(1) 1소점 투시 요약

① 1소점 투시도법 또는 지면에 평행하여 평행 투시도법이라고도 한다.
② 소점(V.P)이 1개이다.
③ 인접하는 두 면이 각자 화면 또는 기면에 평행하다.
④ 육면체의 한 면이 화면과 평행을 이루며, 화면에 표현된 면에는 수평선과 수직선이 모두 표현되어 있다.
⑤ 대칭을 이루는 물체의 표현이 용이하며, 기능사시험 실내 투시에 많이 활용되고 있다.

(2) 1소점 실내 투시도 그리기

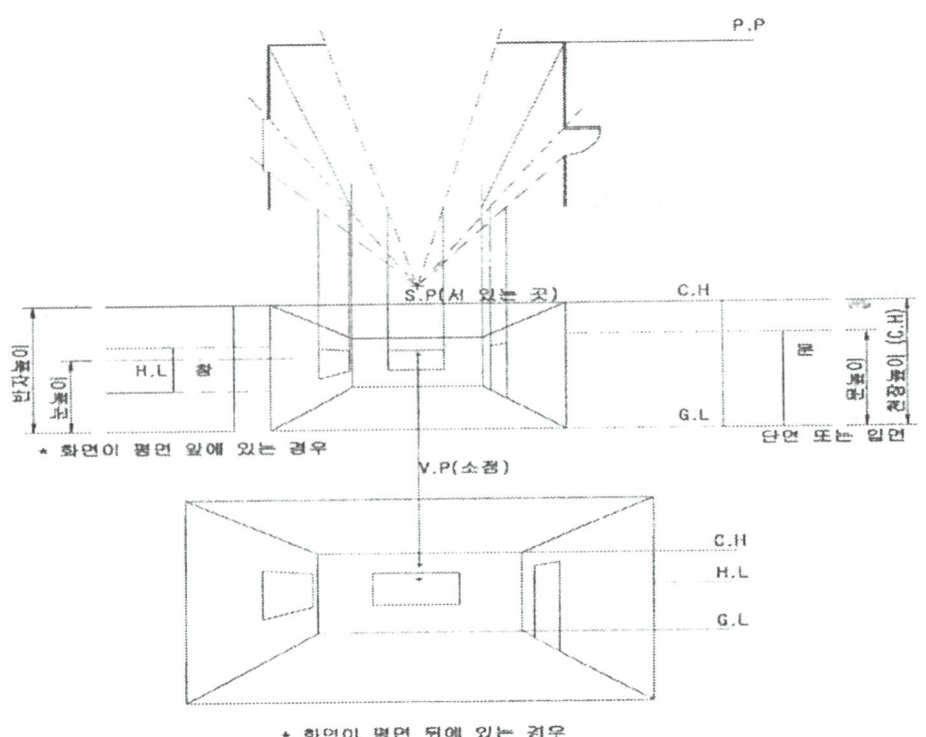

① 평면도를 화면(P.P) 선에 평행하게 그린다.
② S.P에서 평면과 벽, 개구부를 화면선으로 연결한다.
③ 반자높이와 개구부를 그린다. (각부의 높이 결정)
④ 소점을 입점(S.P)위에 수평선, 즉 눈높이에 정한다.
⑤ 각부 위치를 소점에 연결하여 1소점 투시로 내부를 그린다.
⑥ 천장, 바닥선을 완성한다.
⑦ 창, 문의 크기를 결정하고 마감선을 그린다.
⑧ 벽의 마감재를 1소점에 알맞게 그린다.

(3) 1소점실내투시도에서 가구 그리는 법

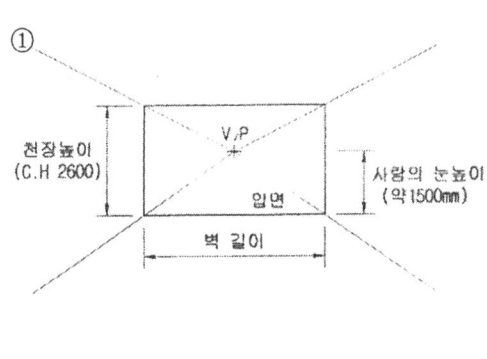
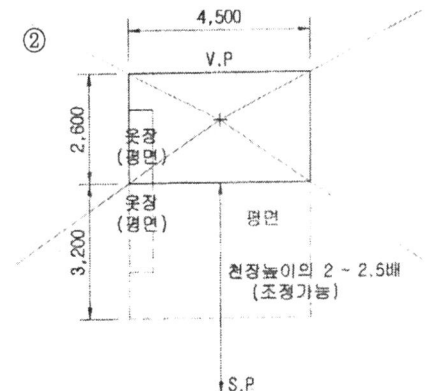
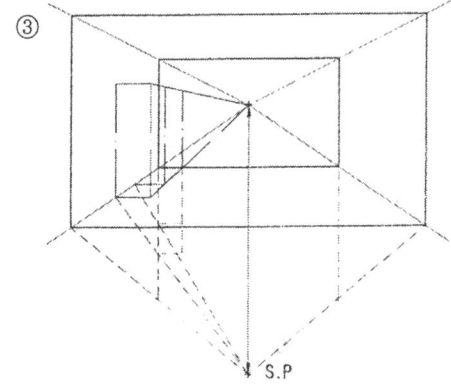
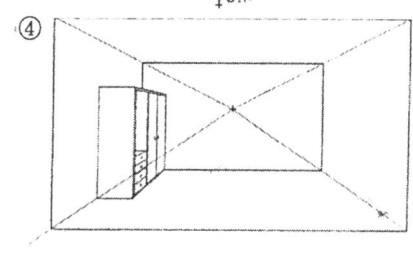

① 벽의 입면을 그린다. (벽길이, 천장높이, 창문)
② 눈높이(H.L)를 정하고 소점(V.P)를 정한다.
③ 입면의 모서리에서 소점을 연결한다.
④ 평면을 입면의 아래에 그린다.
⑤ 화면선에서 천장높이의 2배정도 아래에 입점(S.P)을 정한다.
⑥ 입점에서 평면의 가구와 모서리를 연결한다.
⑦ 소점에서 연결한 입면의 바닥선에서 투시도 위치를 정한다.
⑧ 평면의 가구를 바닥 모서리 선으로 연결한다.
⑨ 바닥에 가구를 수평으로 그리고 소점으로 연결한다.

⑩ 가구의 높이를 입면에서 소점과 연결하여 그린다.
⑪ 평면과 입면의 그림을 정확하게 그린다.
⑫ 실내 투시도를 완성한다.

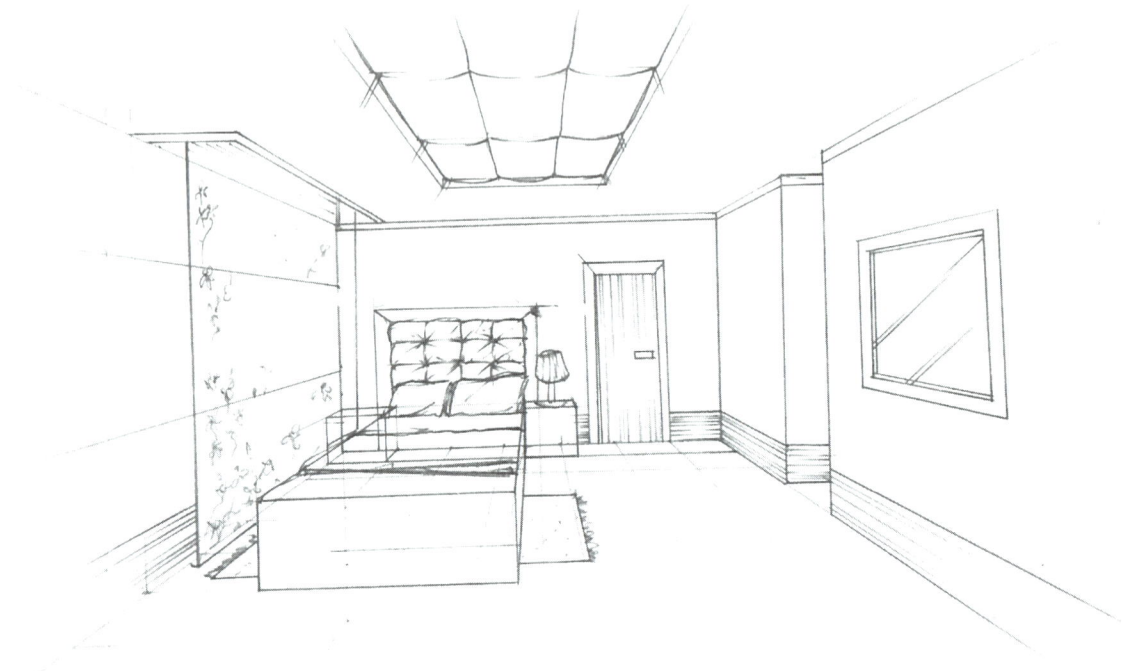

실내투시도(1소점)

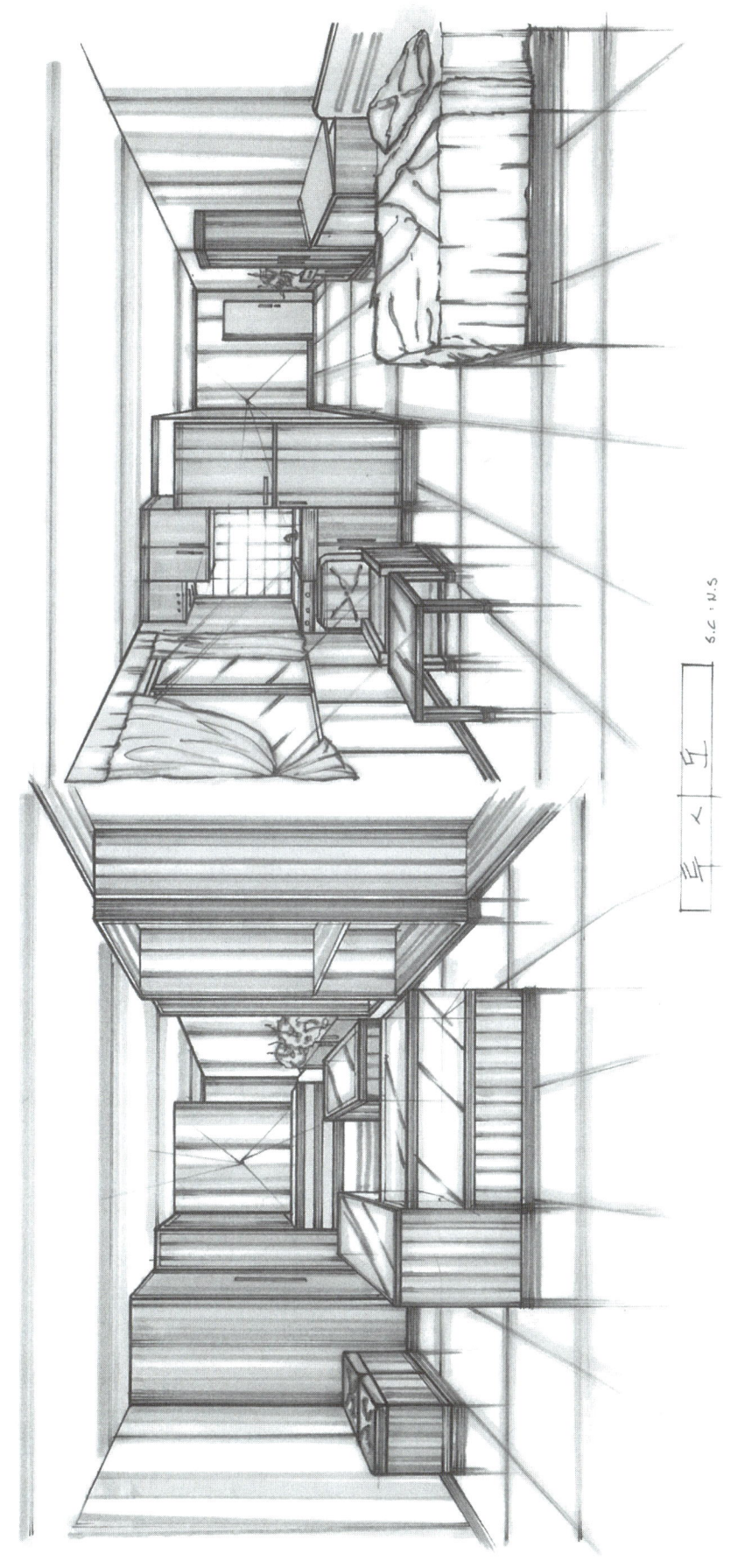

2 2소점 투시도

건물이나 실내의 2방향 수직면에 각도를 주고 표현한 것이다.

대상물을 경사 방향에서 대각선상으로 본 앵글로 그리는 도법으로 건물의 생활 공간에서 가구나 생활비품등을 표현할 때 쓰인다. 즉 수직선은 그대로 수직이 되지만 주요 수평선들(X,Y축)은 화면(P.P)에 대해 경사지게 되며 각 선들은 각각의 소실점을 가진다.

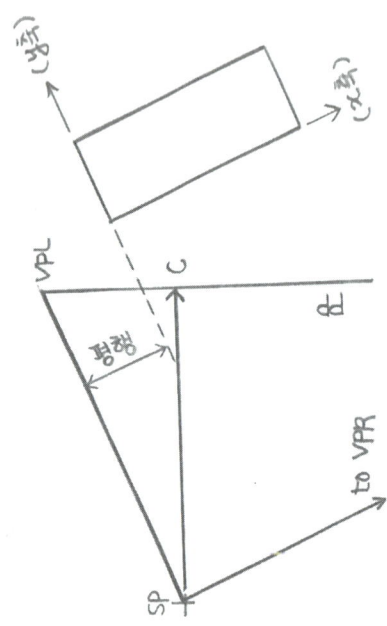

(1) 2소점 투시 요약

① 2소점 투시법 또는 지면에 각을 가지고 있어 유각 투시도법이라고도 한다.
② 건물이나 물체를 비스듬히 볼 때의 투시도로 수직방향의 선은 평행을 이루는 투시도를 말한다.
③ 소점(V.P)이 2개이다.
④ 수평의 선은 모두 좌우 두 개의 소점(V.P1, V.P2)으로 모이게 된다.
⑤ 모서리 선이 수직선으로 나타나고, 나머지 선은 모두 사선으로 2종류의 선이 나타난다.
⑥ 유각 투시도는 화면 경사에 따라서 45° 투시, 30°~60° 투시, 임의의 경사각 투시로 구분된다.
⑦ 단독 거물, 웅장한 건물 투시와 일반적인 투시도와 골목길 등을 제작할 때 많이 사용되고 있으며 산업기사·기사의 실내투시에 많이 활용되고 있다.

(2) 2소점 실내 투시도

2소점 실내 투시도의 작도법
① 표현하고자 하는 평면의 모서리(e)가 P.P(화면)에 접히도록 한다.
② 표현하고자 하는 깊이 b,d를 설정한다.

③ S.P(입점)을 잡고 P.P와 평행하게 G.L(지면), H.L(수평선)을 그린다.

④ S.P에서 수직선을 그어 올려 H.L과의 교점 V.C를 구한다.

⑤ b,d를 수직으로 그어 올려 P.P와의 교점a,c를 구하고 G.L상에서 입면 a′, c′, a″, c″를 그린다.

⑥ S.P에서 b,d를 지나는 선을 그어 P.P와 교점을 구하고 그 교점을 수직으로 그어올려 b′,b″,d′d″의 확대된 도면을 구한다.

⑦ 평면도의 모서리점 e를 수직으로 그어올려 입면도에서 벽모서리e′ e″를 구한다.

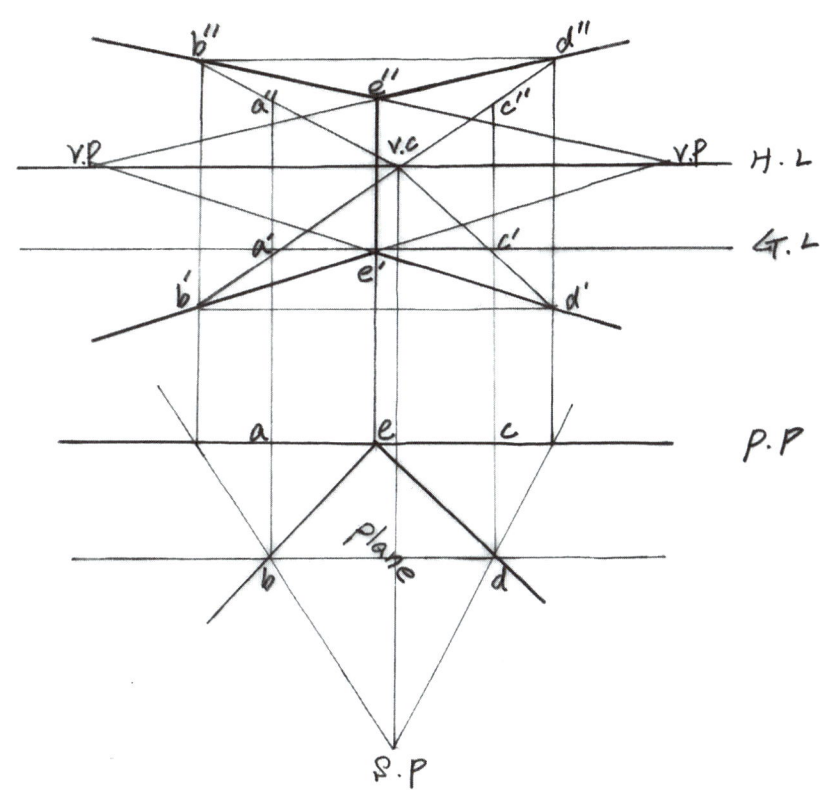

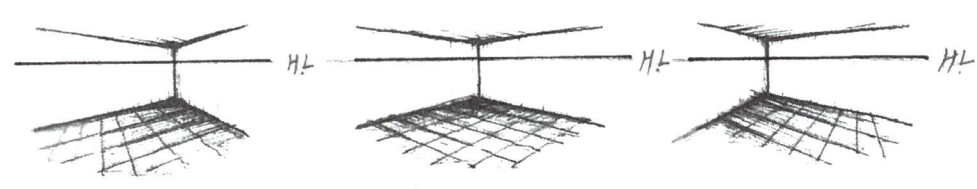

〈실내공간 표현의 여러 형태〉

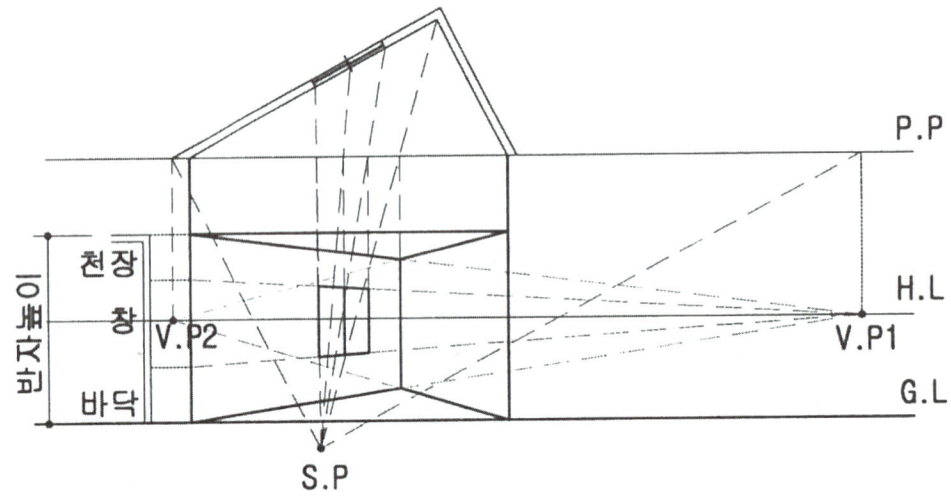

〈실내투시도 그리기(천장, 벽, 창문, 바닥)〉

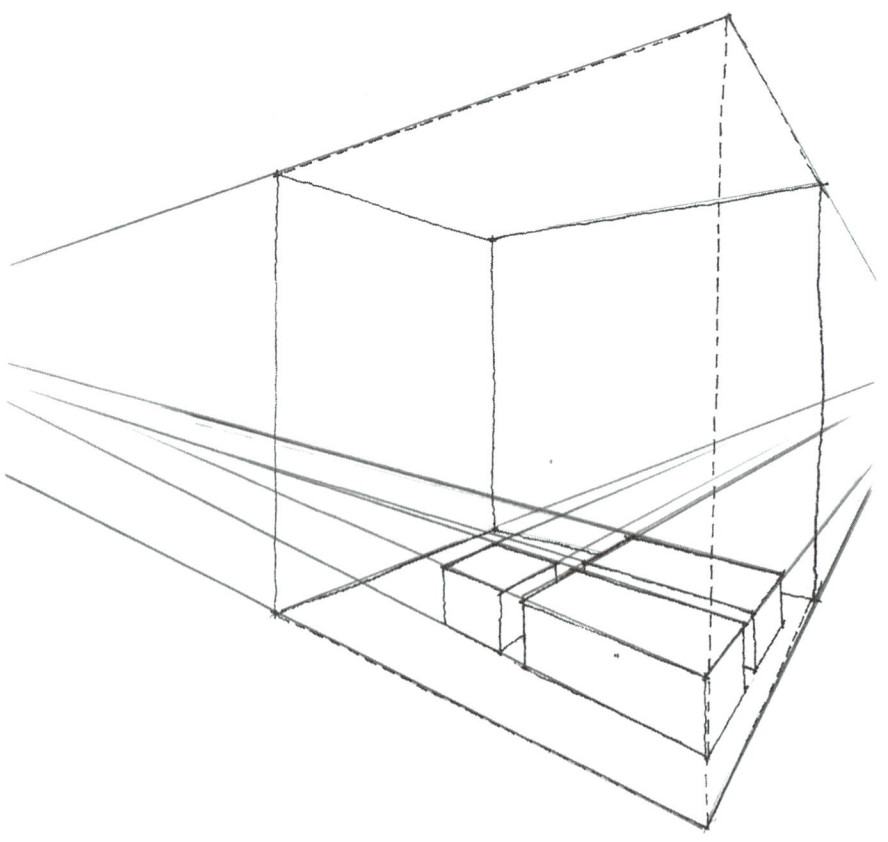

〈2소점 실내투시도에서의 가구 배치 형태〉

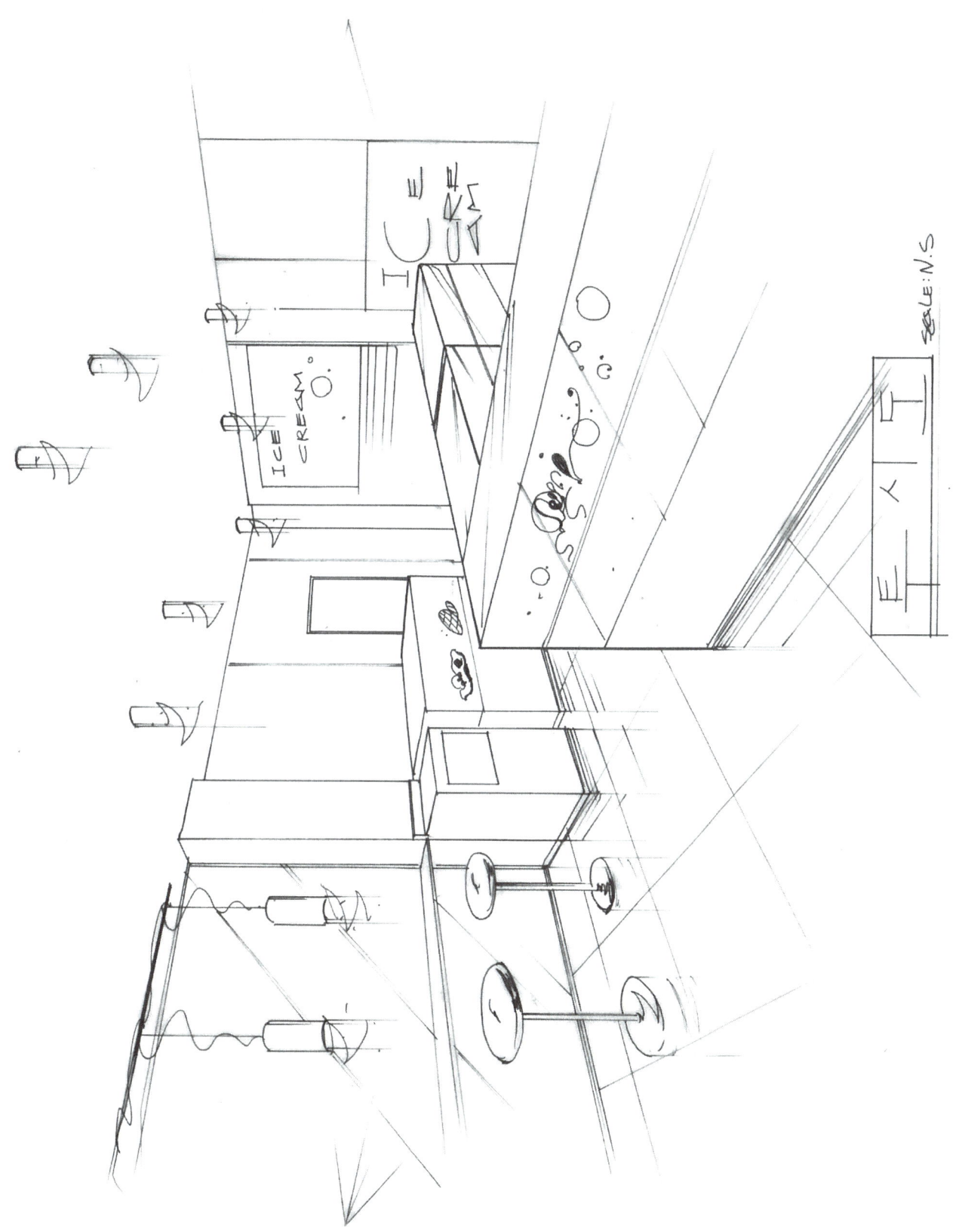

3-2 실내투시 작도법 실습

01 도면실습 I

1 도면작도 시간배분(5시간30분)

(1) 평면도 (Floor Plan) : 2시간

건물 전체를 수평으로 절단하여 건물의 평면구조를 나타낸 도면이다. 도면 중 가장 기본이 되고 중요하며 정확한 상세를 요한다.
① 시간이 가장 많이 소요되며 채점에서는 가장 큰 비중을 차지한다.
② 벽 구조체의 두께와 재료, 개구부 (문,창)의 위치, 종류, 크기, 가구의 종류와 배치 바닥의 재료를 확인하여 주어진 스케일로 작도한다.

(2) 천장도 (Celling Plan) : 40분~50분

천장의 재료와 조명의 종류, 기타 설비를 보기 위한 도면이다.
① 실의 성격에 따라 천장재료와 실내 조명 기구의 종류와 배치를 나타낸다.
② 환기구, 스프링 쿨러, 열감지기 점검구, 비상등과 같은 설비와 그 수의 적합성을 고려해 작도한다.
③ 범례표를 작성하여야 한다.

(3) 입면도 (Elevation) : 30분~40분

실내벽면의 입면을 보는 위치에 맞추어 작도하고 외관의 재료를 기입한 도면이다.
① 내부입면도는 시험 문제에 보는 방향이 제시되므로 방향에 맞추어 작도한다.
② 입면 방향의 벽에 있는 가구나 벽 가까이에 있는 가구를 작도하여 가려지는 앞의 가구는 생략하여 그린다.

(4) 투시도 (Penspective) : 1시간 20분~1시간 30분

실내 공간의 평면, 입면, 천장면을 입체적으로 나타낸 도면이다.
① 계획의 포인트가 좋은 지점에서 1소점 또는 2소점 투시법으로 작성한다.
② 반드시 작성과정의 투시보조선을 남겨야 하는데 남기지 않은 경우 감점대상이다.
③ 채색은 반드시 해야한다.

2 채점기준 세부사항

1	도면의 미관 도면의 배치	-10	1. 도면이 한쪽으로 치우치거나 중심에 들어오지 않을 때 -2점 감점 2. 테두리선을 작도하지 않고 임의로 작도했을 때 -2점 감점 3. 도면의 훼손 정도가 심하고 청결하지 못할 때 -5점 감점 4. 손때가 눈에 보이게 묻어 있을 경우 1개소당 -1점 감점
2	각종 선의 작도와 구분	-10	1. 선의 굵기와 용도에 맞는 선의 표현이 미숙할 때 -5점 감점 2. 선과 선이 만나는 부분이 교차 ±1 이상이 되는 곳 1개소마다 -1점 감점 3. 치수선 및 인출선의 각도 및 구도가 미숙할 때 -2점 감점 4. 중심선의 표시가 1개소 누락 혹은 1점 쇄선이 아닐 경우 -2점 감점
3	평면도	-32	1. 크기 및 간격이 일정치 못할 경우 -1점 감점 2. 꼭 필요한 곳, 설명이 필요한 곳에 문자나 숫자가 누락 시 -2점 감점 3. 재료의 표현이 누락되거나 표현이 미흡할 경우 -2점 감점 4. 출입구 부분 ENT 표시 누락 시 -2점 감점 5. 개구부(창-문)의 작도 시 밑틀의 유무와 선의 종류, 구조적, 표현이 미흡할 경우 -5점 감점 6. 요구된 가구 및 집기에서 누락될 경우 개당 -3점 감점 (주요 가구일 시 -5점 감점) 7. 계획상으로 미흡할 경우 -5점 감점 8. 요구된 문제의 벽체 및 개구부의 위치나 크기가 틀릴 경우 -5점 감점 9. 공간에서 가구 및 집기 등의 비례가 맞지 않을 경우 -3점 감점 10. 디자인컨셉 누락 시 -5점 감점
4	입면도	-5	1. 벽면에 대한 재료 표현 누락 -3점 감점 2. 가구 및 집기 등의 높이가 터무니없을 경우 -2점 감점
5	천장도	-23	1. 범례 기입 누락 -5점 감점 2. 공간 내에 조명의 배치가 일정치 않을 경우 -3점 감점 3. 공간 내에 조명의 배치가 너무 많거나 적을 경우 -5점 감점 4. 일정간격의 조명 치수 미기입 -2점 감점 5. 소방, 설비기구의 누락은 각 -2점 감점 6. 커튼박스 누락 -3점 감점 7. 욕실, 발코니 등의 천장재료 누락 -3점 감점
6	투시도	-16	1. 투시보조선 누락 -5점 감점 2. 가구 및 집기 등의 공간상 비례 -3점 감점 3. 도면이 썰렁할 경우 -3점 감점 4. 표현의 미숙(모든 물체들이 각이 져 있을 경우) -2점 감점 5. 개구부(특히 창호)의 누락 -3점 감점
7	투시도 컬러링	-4	1. 색이 너무 튈 경우(야광색, 원색 사용) -2점 감점 2. 마카 사용시 얼룩이 많이 질 경우 -2점 감점
8	기타	-38	1. 도면명 미기입 -5점 감점 2. 스케일 미기입 -3점 감점 (특히 투시도 S=N. S) 3. 요구된 도면 미작도 -20점 감점 4. 요구된 스케일과 틀리게 작도할 경우 -10점 감점

02 작업형(실기) 예제 실습(원룸형 주택)

다음의 요구조건에 따라 도면을 작성하시오.

(1) 요구조건

① 설계면적 : 6,500×8,700×2,600mm(H)

② 개구부

• 출입문 (2) : 1,000×2,100mm(H), 욕실문 : 700×2,000mm(H)

• 창문 (2중창 또는 복층유리단창) : 2,400×1,500mm(H), 600×1,500mm(H)

• 주방 출입구는 아치형

③ 벽체

• 외벽 - 두께 1.5B 붉은 벽돌 공간 쌓기

• 내벽 - 시멘트 벽돌 두께 1.0B 쌓기

• 기타벽 - 0.5B 쌓기

• 철근 콘크리트 기둥의 크기는 도면 축적에 준함.

④ 인적구성 : 신혼부부

⑤ 요구공간 및 집기

침대, 책장, 신발장, 옷장, 소파세트, 서랍장, TV 및 오디오 테이블, 컴퓨터 및 책상, 장식장, 식탁 및 의자, 주방 설비기구

(이상 제시된 공간과 집기는 필수적이며 이외에 필요한 것이 있다면 수험자가 임의로 추가할 수 있음)

(2) 요구도면

① 평면도 (가구배치 및 바닥마감재 표기 / 창문 쪽은 외벽) S=1/30

② 천정도 (조명가구, 마감재료 표기 및 범례표 작성) S=1/50

③ 내부입면도 (B방향 1면 벽면 마감재 표기) S=1/30

④ 실내투시도 (채색작업은 필수) : S=N.S

A 방향에서 C 방향으로 1소점 투시법으로 작성한다. (작성 과정의 투시 보조선을 남길 것.)

Tip 시험장에서 트레이싱지 3장을 지급받으면

첫째장에 평면도,

둘째장에 내부입면도와 천정도,

셋째장에 실내투시도를 그린다.

〈도면〉

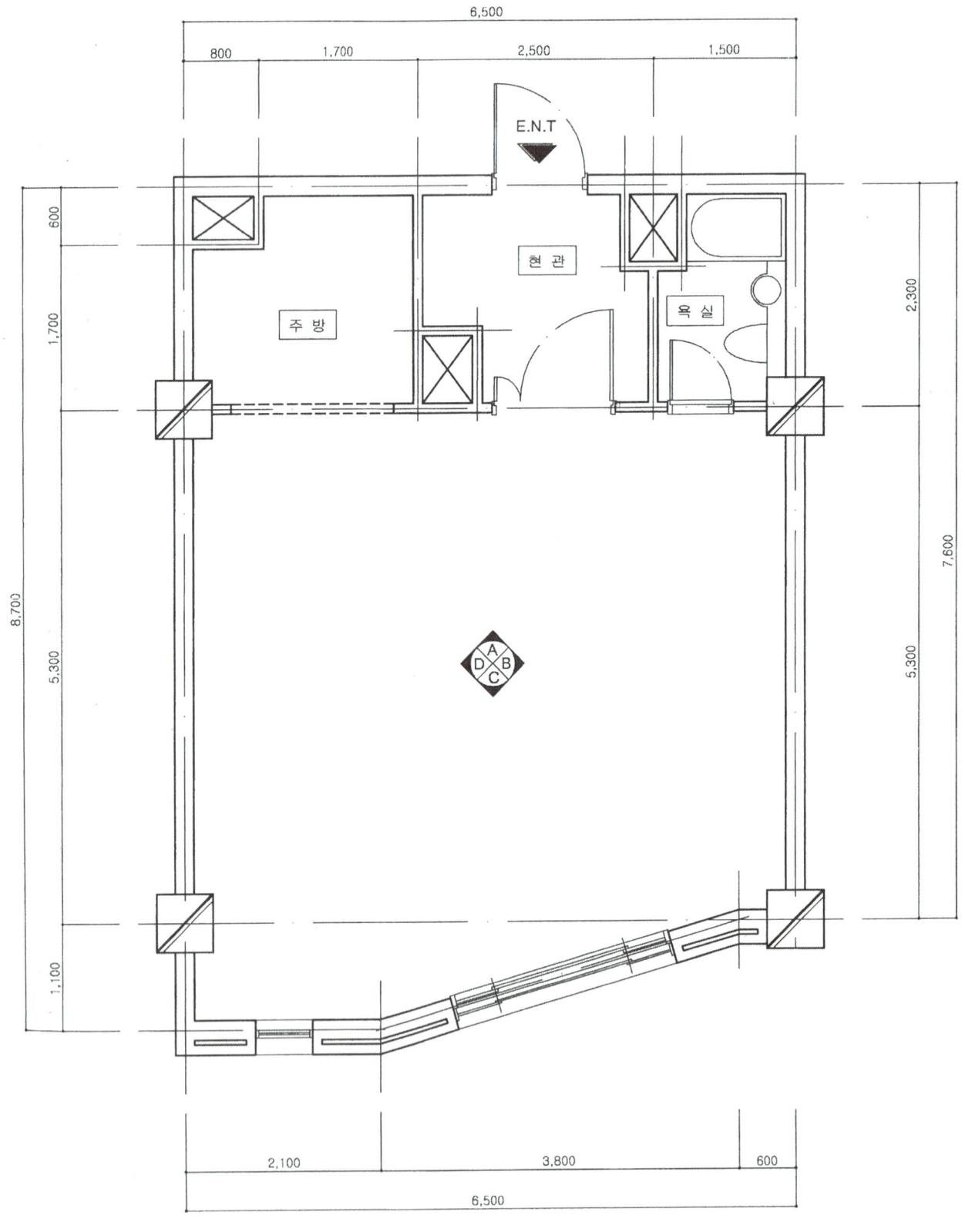

평 면 도

1 평면도(Floor Plan)

실내공간 바닥에서 1.5m 정도 수평절단하여 보여주는 것으로 문제에서 주어진 요구사항 및 조건을 파악하고 실내공간 배치 및 조닝계획을 세워 작도하여 다음과 같은 검토사항을 확인한다.

검토사항

① 기둥과 벽의 구조체
② 개구부의 조건(창호 및 개폐방법)
③ 마감선
④ 가구(가구들의 조건 및 배치)
⑤ 위생기구
⑥ 칸막이 위치
⑦ 바닥 마감재(줄눈이나 재료표현)
⑧ 공간의 용도 명칭, 치수, 재료명
⑨ 부호(단면, 전개면 등)
⑩ 입면도 방향
⑪ 컨셉 Box - 우측 하단에 배치
⑫ 도면제목 및 축척(주어진 Scale 확인)

■ 평면도 작도 순서

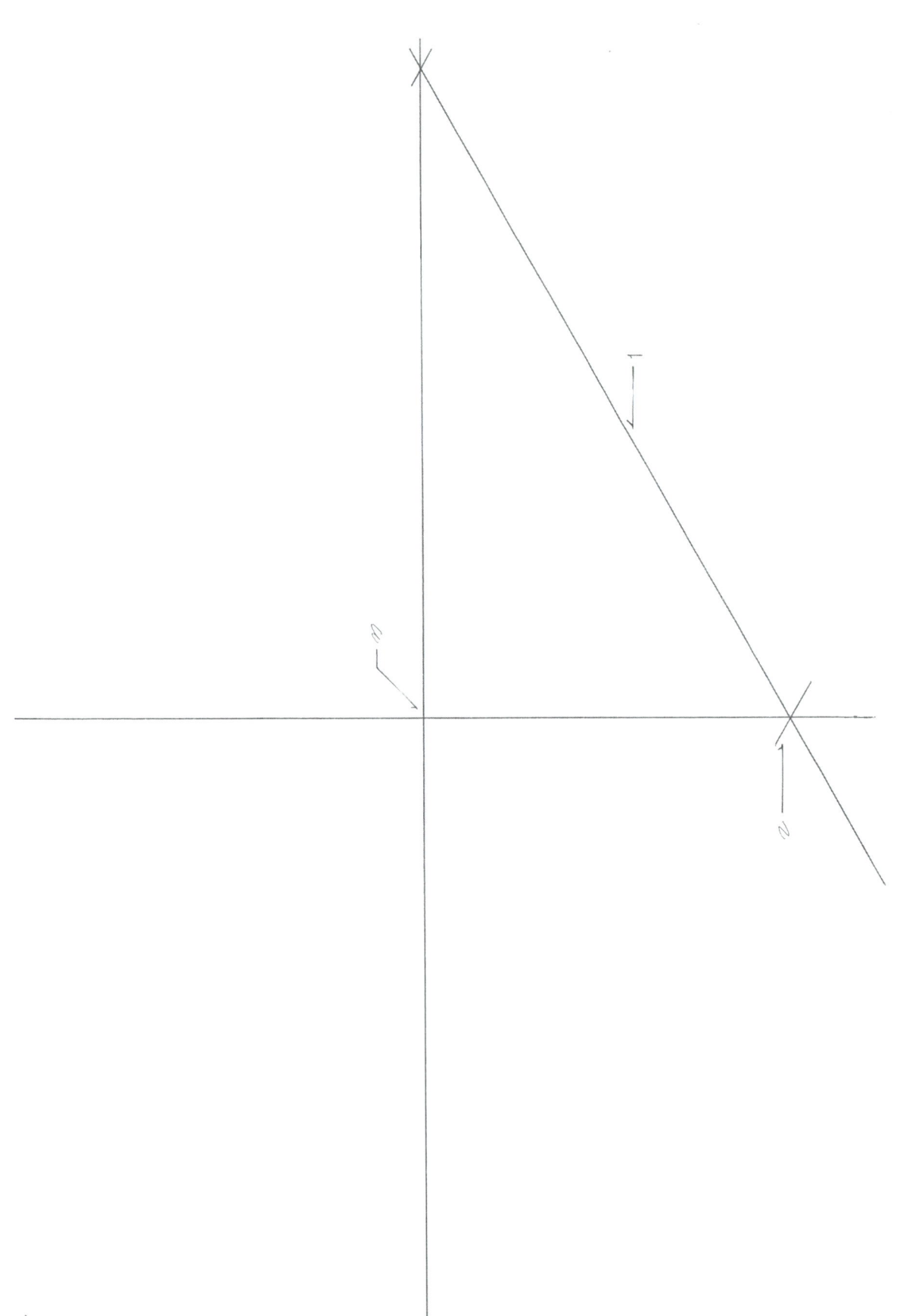

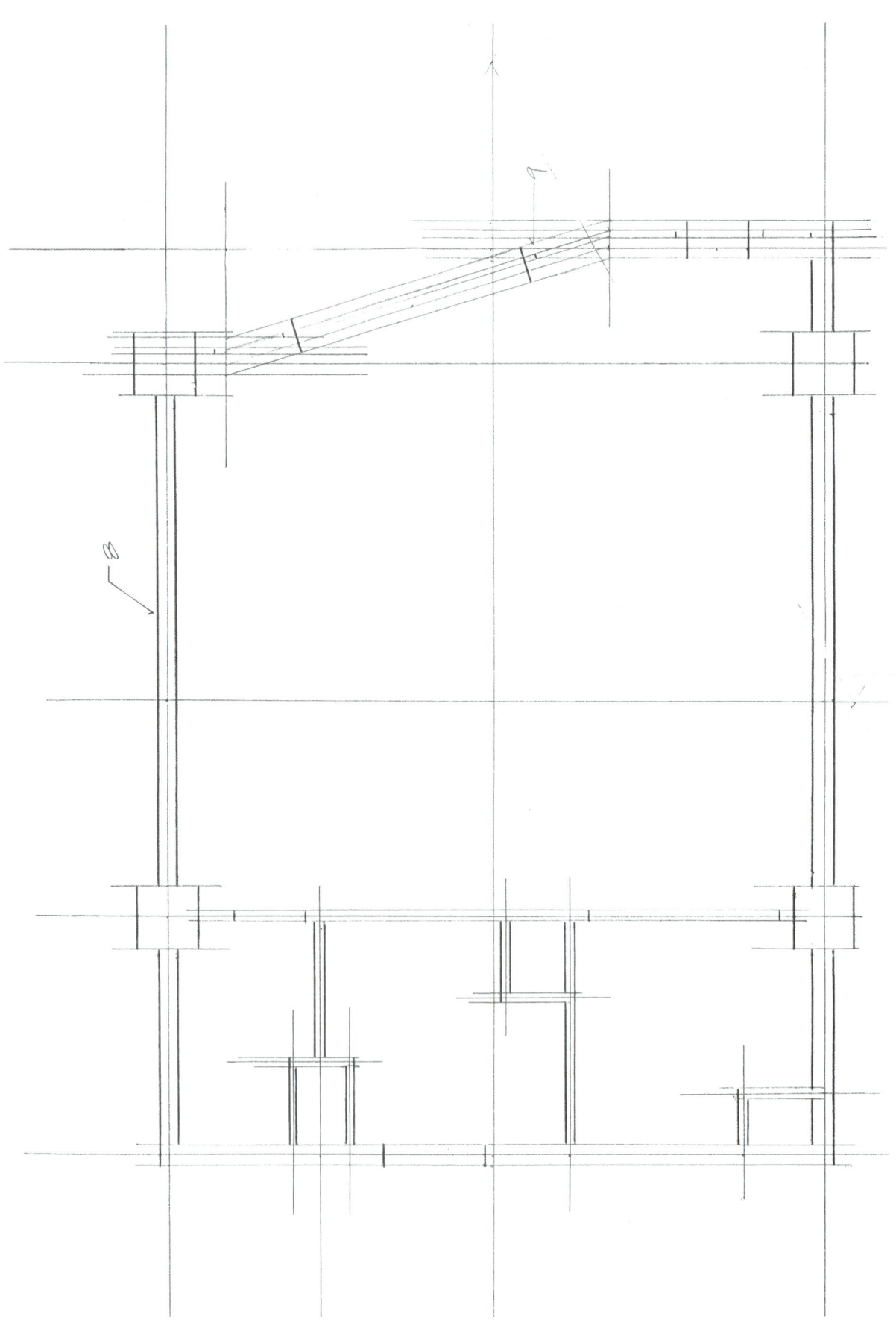

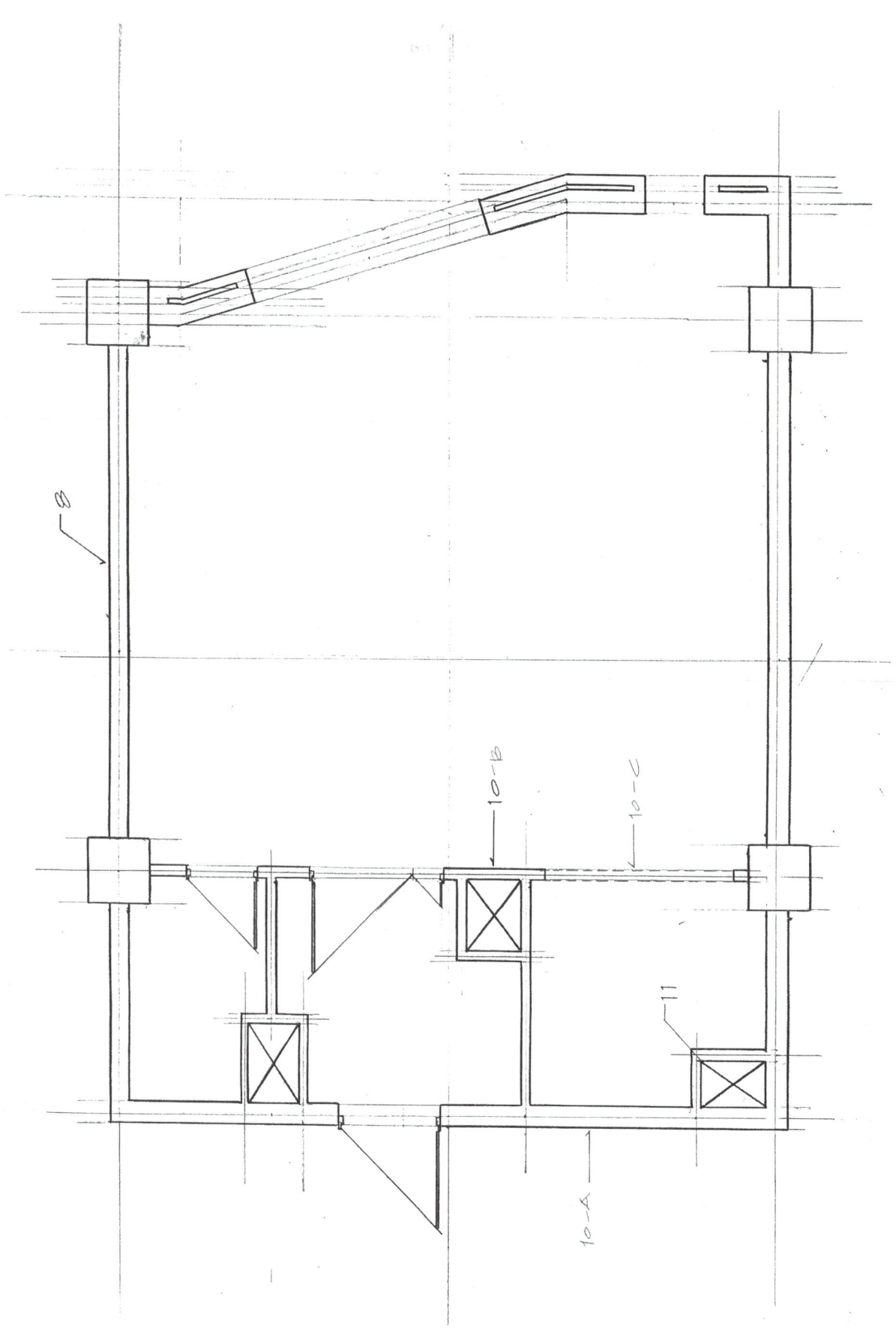

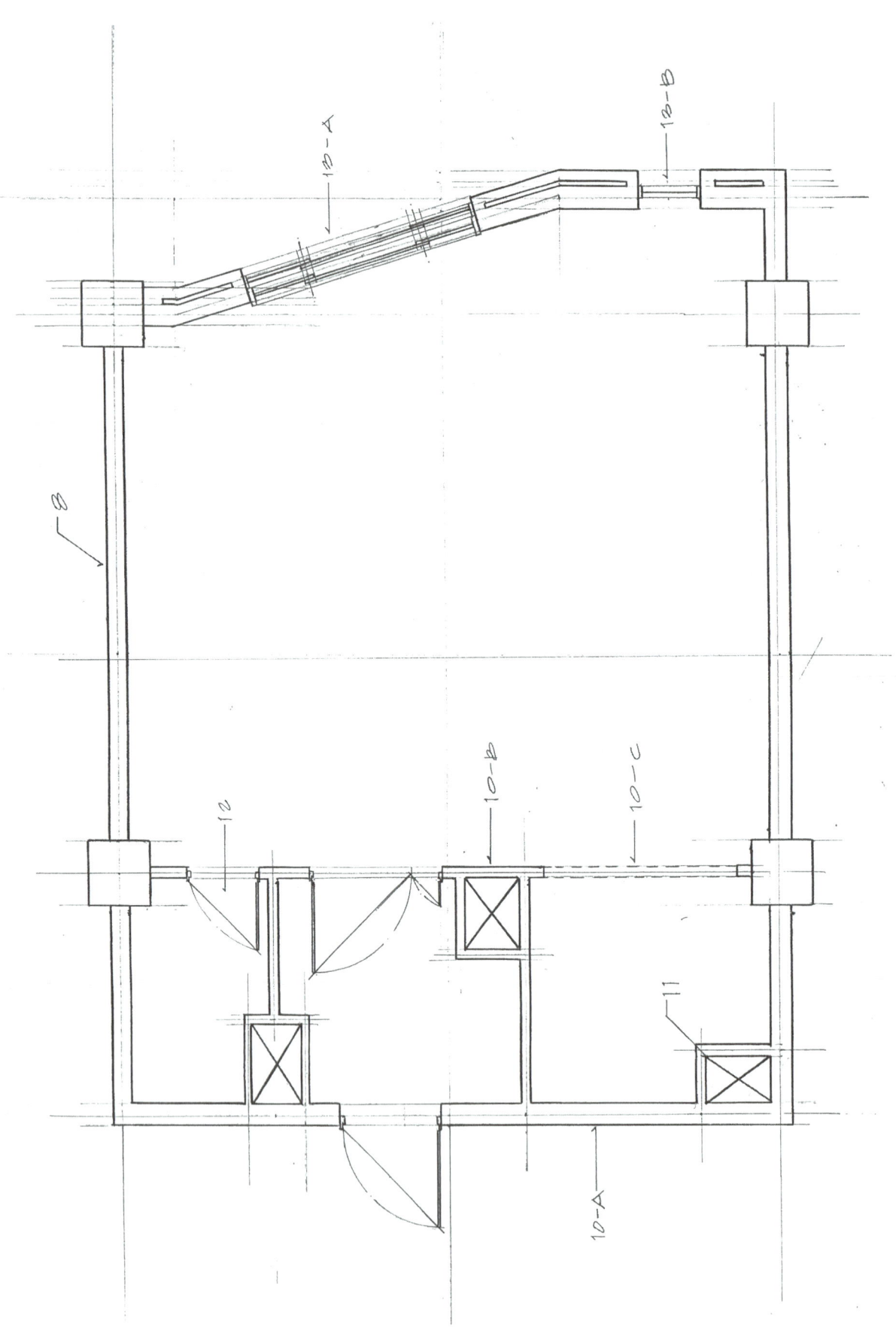

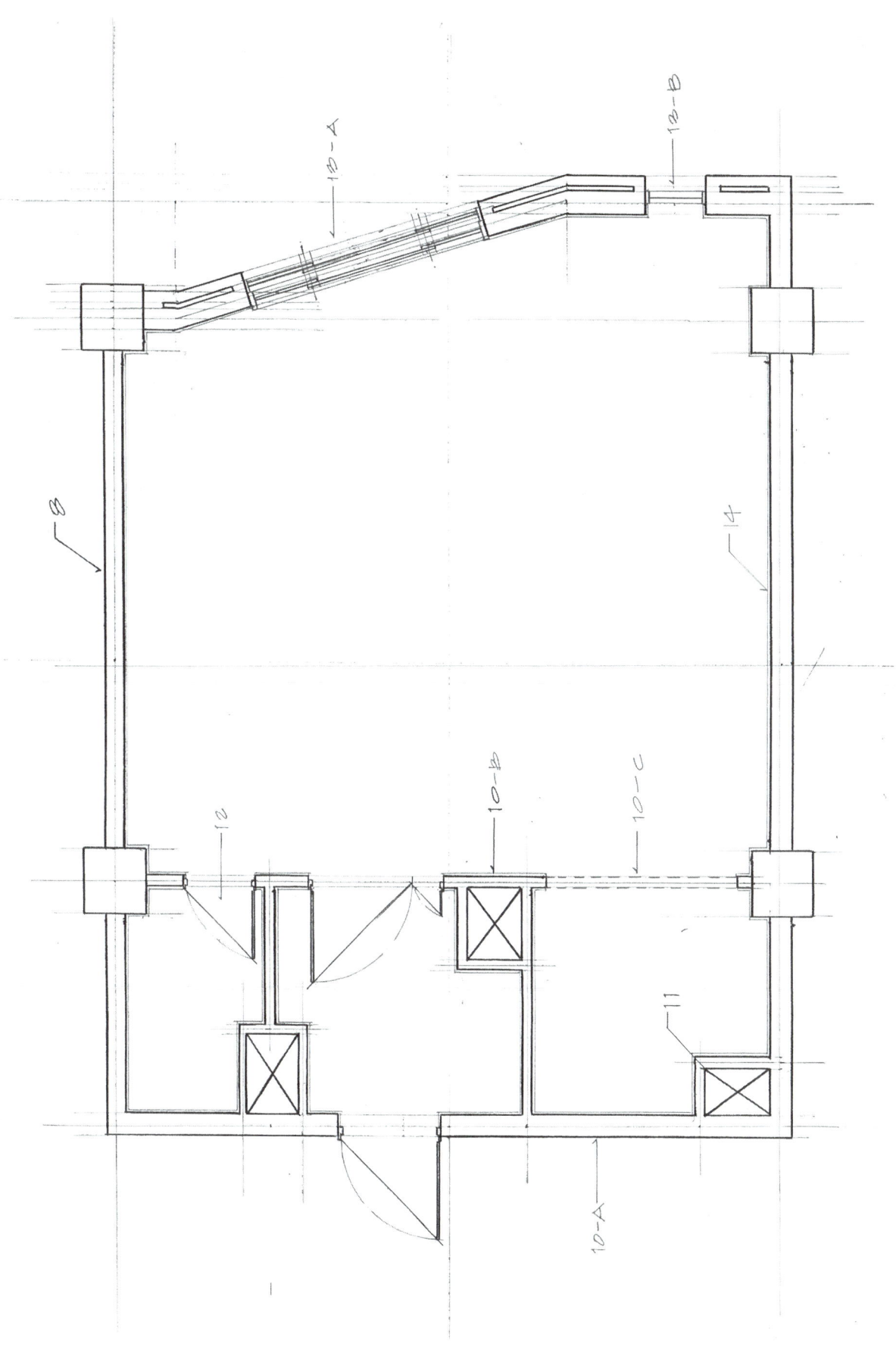

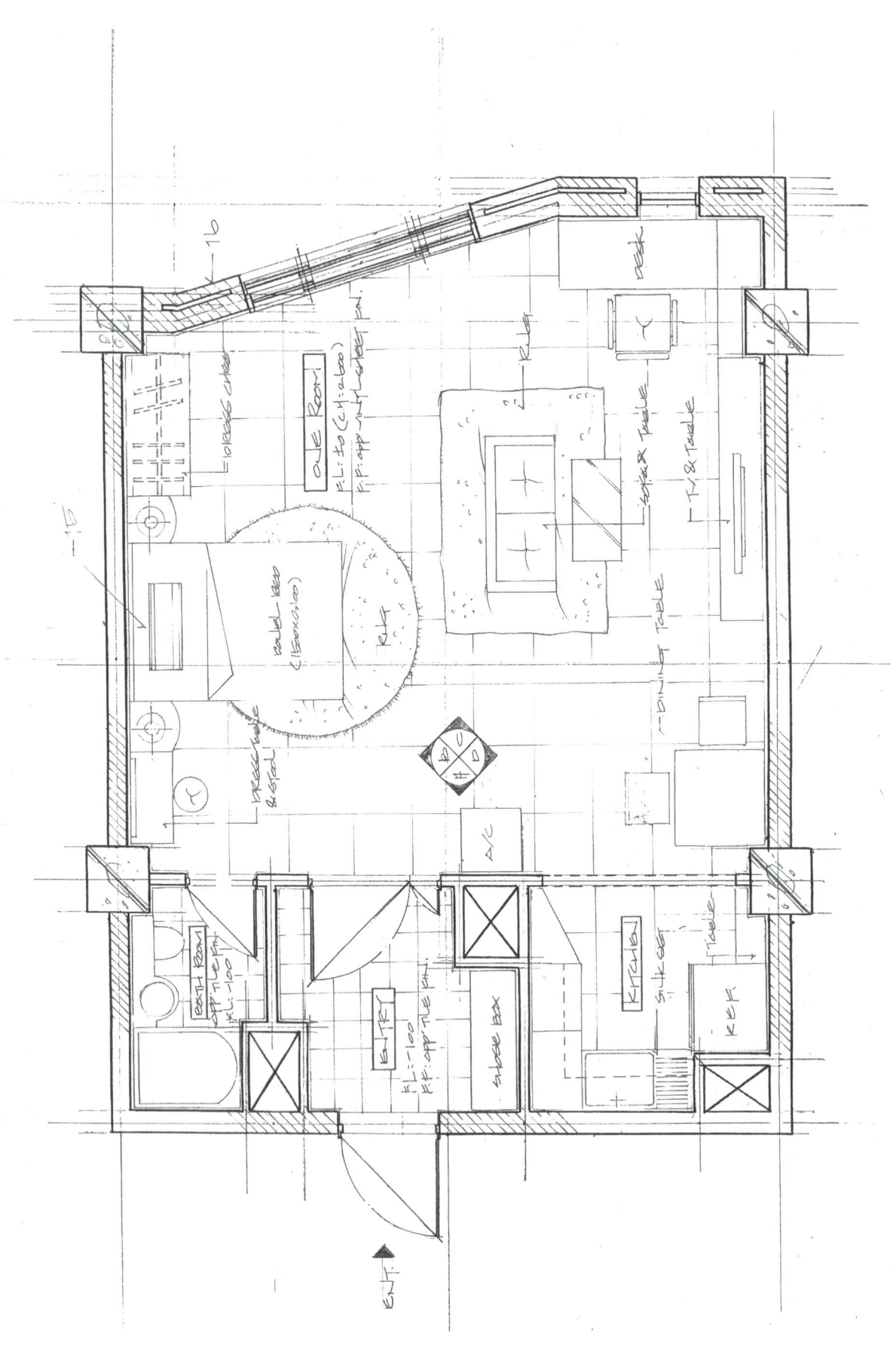

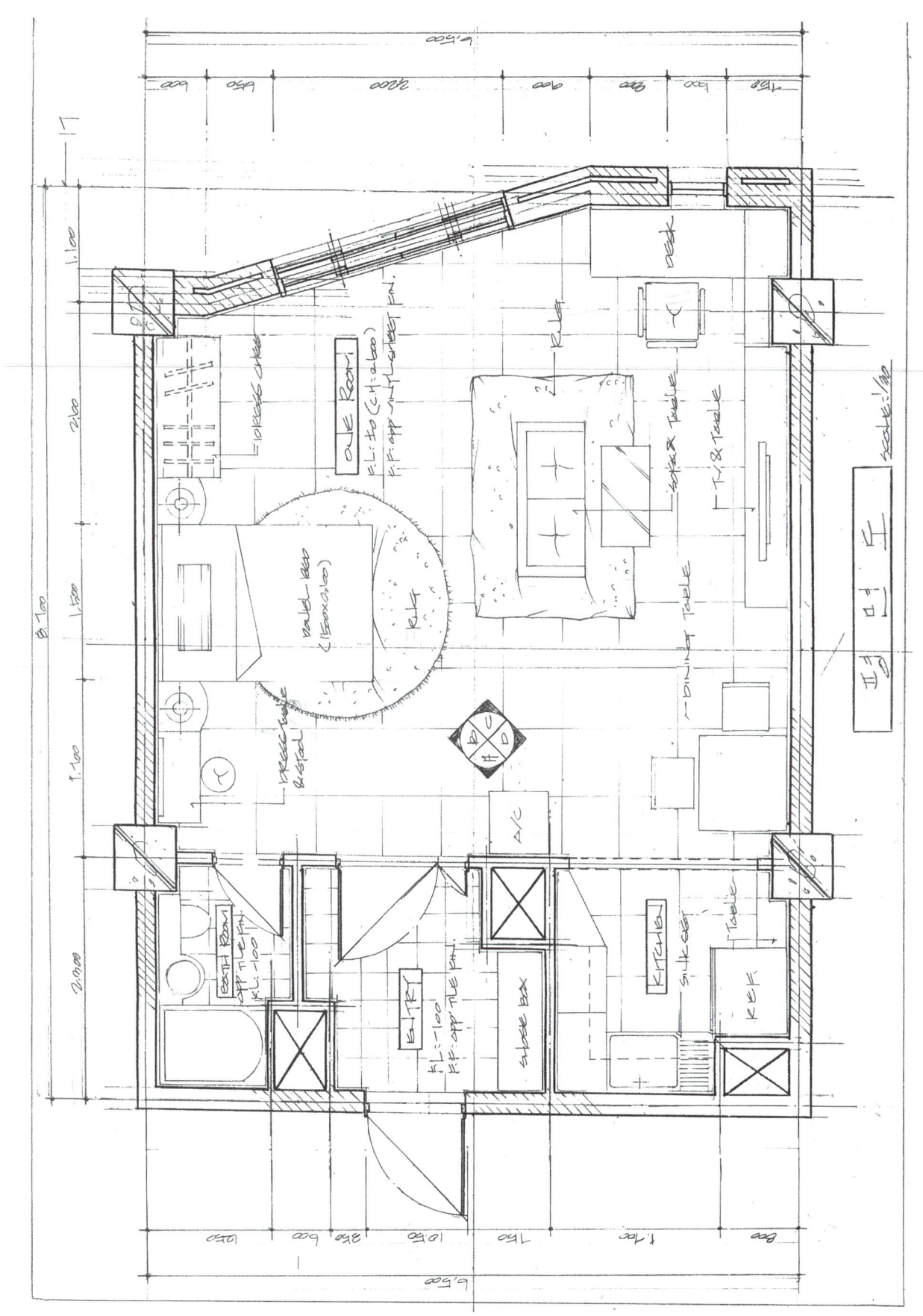

■ 평면도 실습순서

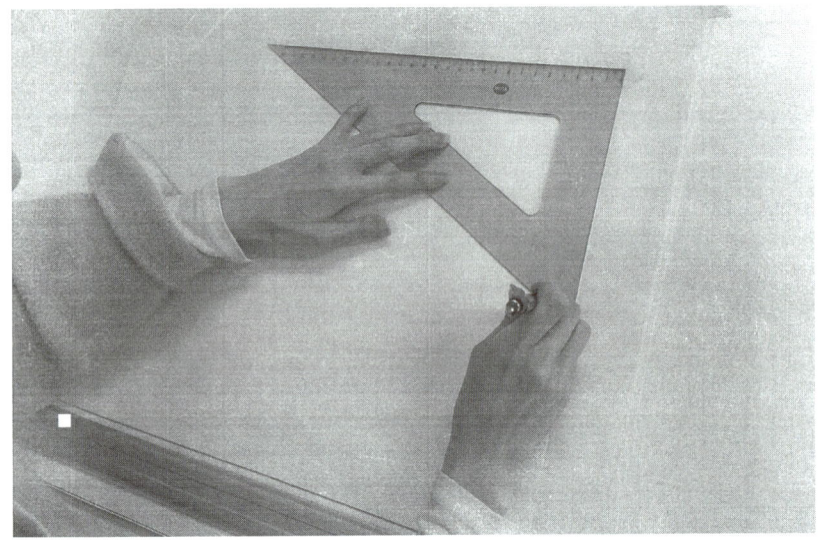

1. 우측면에 삼각자(60도자)를 이용하여 선을 흐리게 긋는다.
   (130P 번호1 참조)

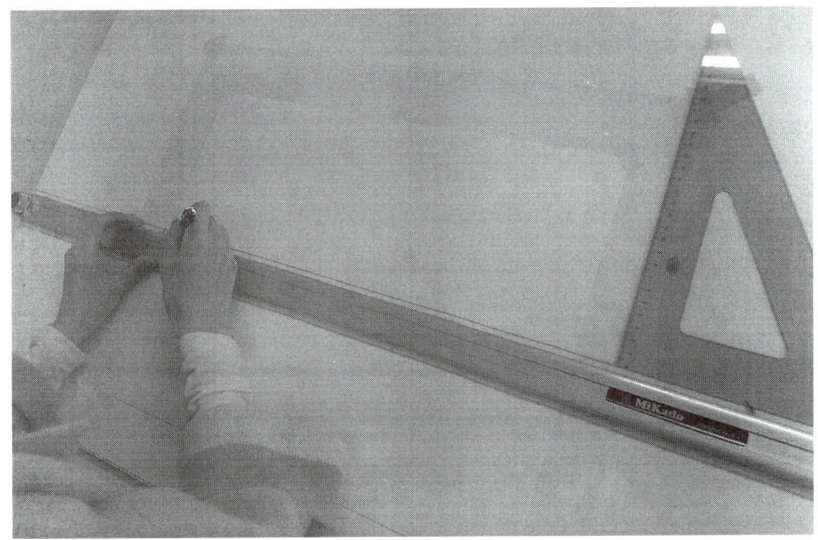

2. 좌측면에 삼각자(60도자)를 이용하여 선을 그어 교차점을 만든다.
   (130P 번호2 참조)

3. 센터 잡기(교차점을 직선으로 그린다.)
   (130P 번호3 참조)

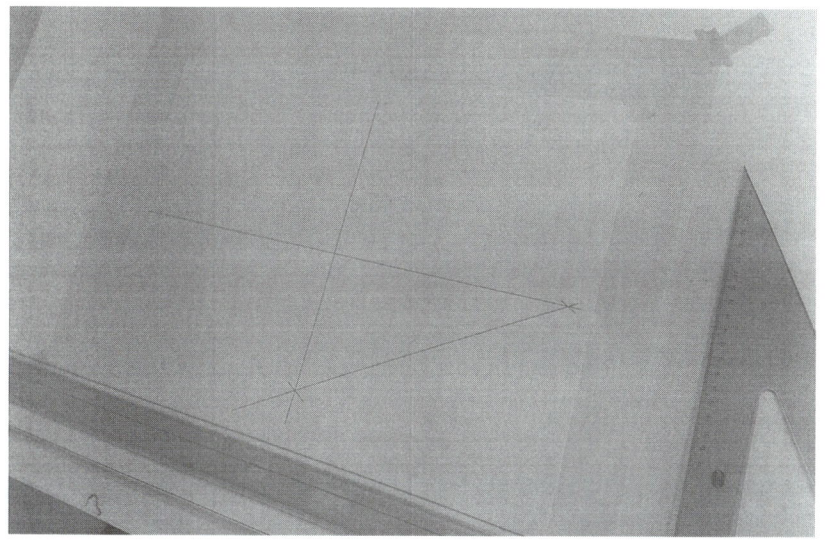

4. 가로 세로를 같은 방법으로 그린다.
   가로 세로 중심선이 완성된다.
   벽체의 중심선을 보조선으로 긋는다.
   (130P 번호3 참조)

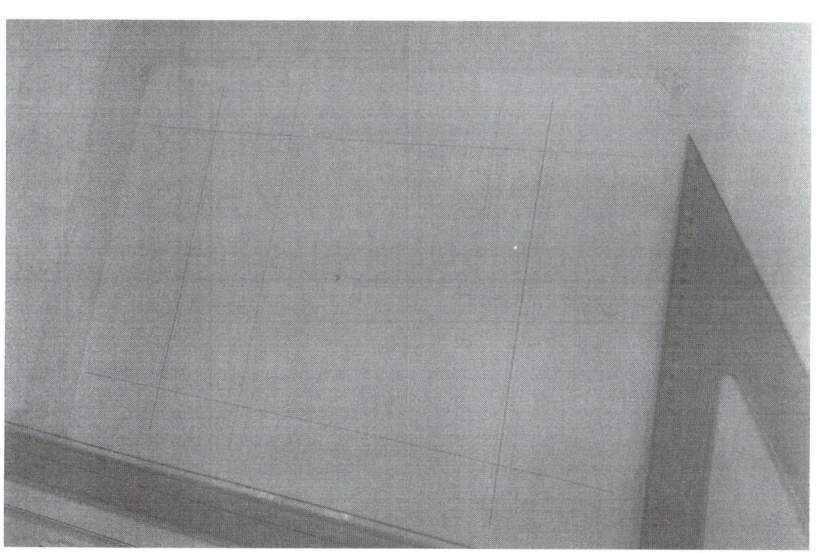

5. 벽체 가로 세로 중심선의 길이를 나중에 치수선 기입을 위해 길게 뽑는다. 문제의 요구도면 축척에 맞추어 1/30 스케일로 그린다.(131P 번호4 참조) 중심선에서 부터 좌우로 각각 벽 두께(1.5B)를 그린다.(131P 번호5 참조) 중심선에서 부터 벽 두께(1.5B)를 중심선에서 좌측 100, 우측 100 / 50 / 100을 그려 넣는다.
   (131P 번호6 참조)

6. 기둥이 있는 경우 보조선으로 중심선에서 부터 좌측 300, 우측 300을 그려 넣는다.
   (일반적으로 기둥의 넓이는 500mm~600mm을 잡는다.)
   (131P 번호7 참조)

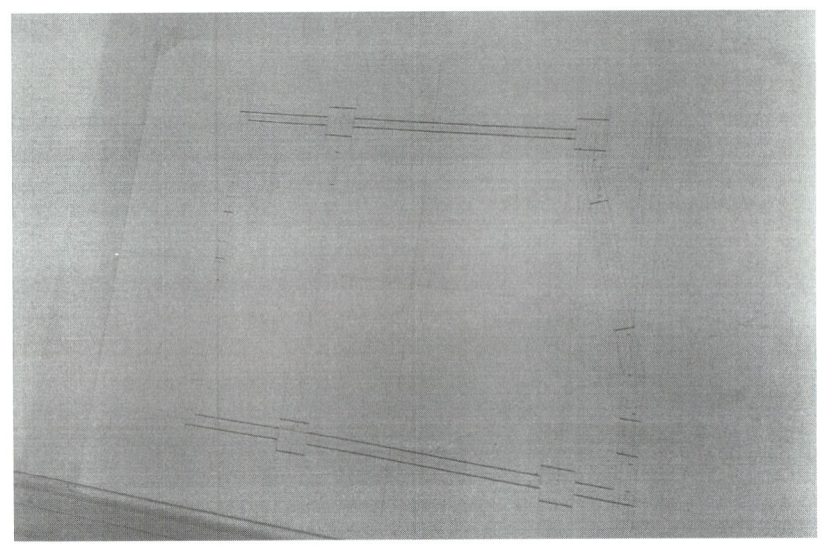

7. 개구부 위치를 먼저 파악하여 선을 긋는다.
 (개구부의 밑틀은 중간선이거나 선의 표시를 하지 않기 때문에 벽체 작도 시 고려해야 할 부분이다.)

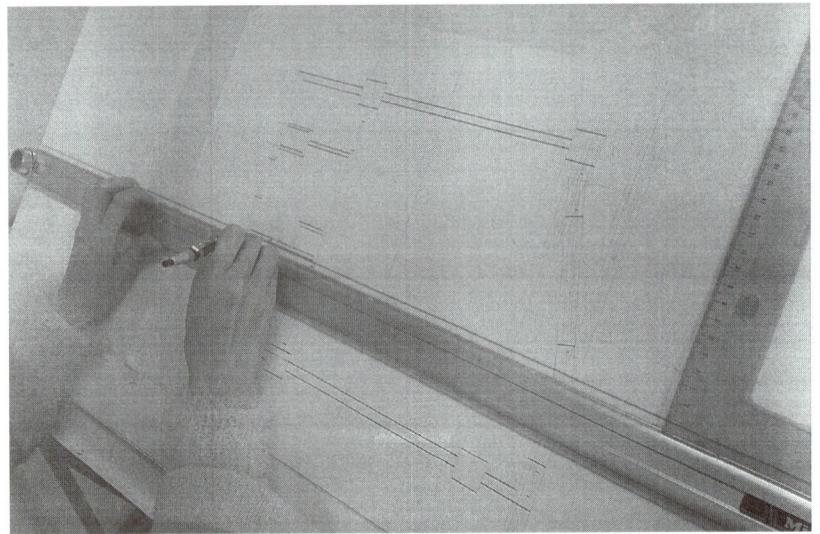

8. 벽체의 재료와 두께를 확인한다.
 벽체 - 굵은선으로 가로선 작업을 한다.
 내벽 - 세로선의 중심선을 기준으로 개구부 크기에 맞추어 가로선을 잡는다.(133P 번호8 참조)

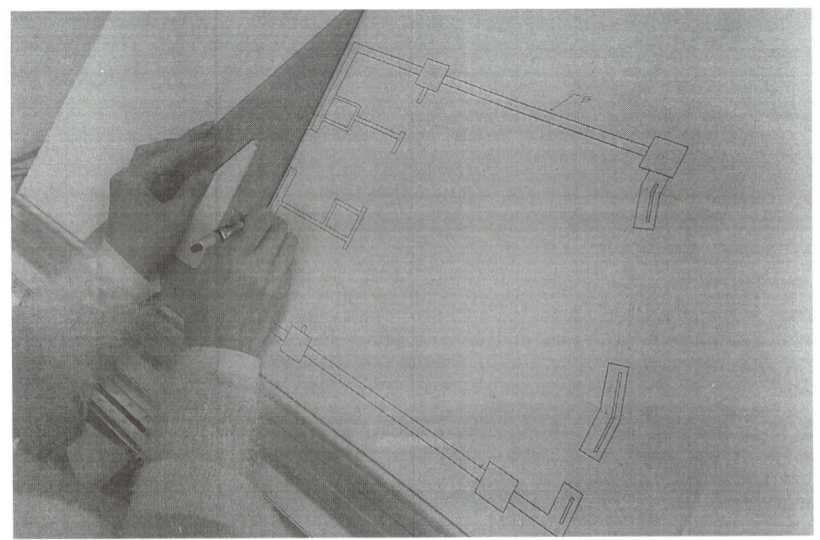

9. 벽체에서부터 외벽을 중심선을 기분으로 좌우 각각 100을 잡아 그려준다.
 벽체 - 세로선 작업을 한다. 가로벽체선에 맞추어 세로벽체선을 긋는다.
 (133P 번호10-A 참조)

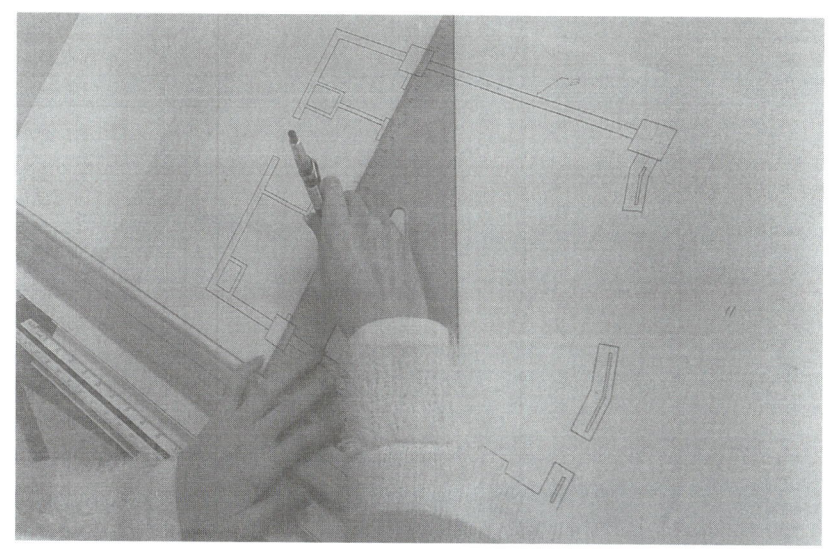

10. 내벽은 중심선을 기준으로 좌우 각 각 50을 잡아 그려준다.
   (133P 번호10-B 참조)

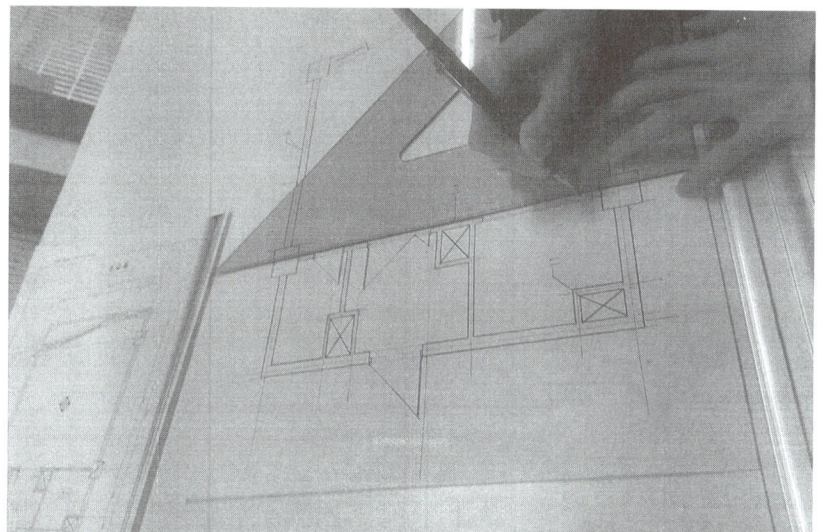

11. 주방출입구 아치형은 굵은 파선으로 표시 작도한다.
   (133P 번호10-C 참조)

12. 덕트 표시를 한다.
   (133P 번호11 참조)

문의 크기

① 외닫이문 : 900mm~1,000mm (가로)×1,900mm~2,100mm(세로)

② 쌍닫이문 : 1,800mm×2,100 mm

③ 욕실문 : 700mm~800mm×1,900mm~2,100mm

④ 칸막이벽문 (피팅룸, 화장실칸막이) : 600mm 이상×1,700mm~2,100mm

13. 개구부(문)의 위치를 파악하여 개구부 여닫이(문)의 위치를 표시한다.
    (선두께 확인)
    ⓐ 가로 보조선을 긋는다. (임의 치수)
    ⓑ 문 프레임(틀)을 그린다.
    ⓒ 문짝표현 - 1/4원을 일점쇄선(굵은선)으로 작도한다.
    ⓓ 문의 기본규격은 폭 900mm 높이 2100(H)로 작도한다.
    (134P 번호12 참조)

14. 개구부(창문)의 위치를 표시한다.
    4짝 미서기창을 그린다.
    외부 - AL, 30×80
    내부 - W, 45×120~150
    (134P 번호13-A 참조)

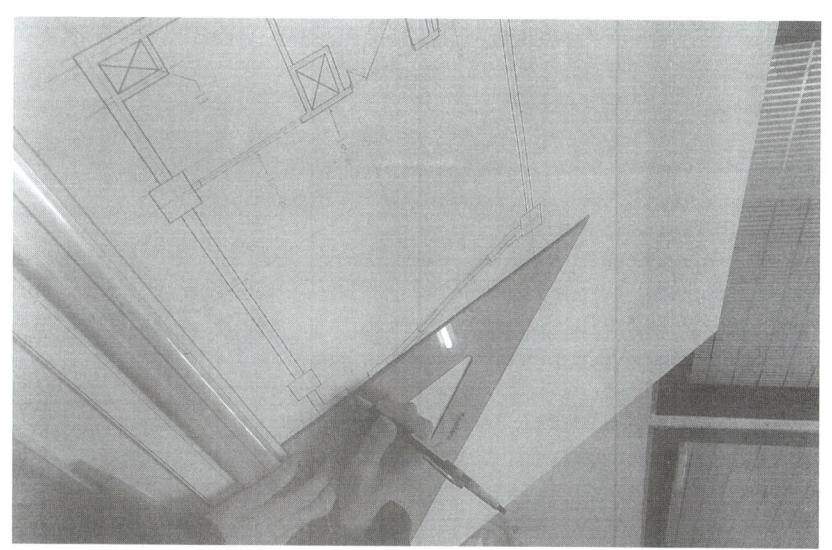

15. 고정창을 그린다.
    센터에서 굵은선으로 600×1,500(H) 긋는다.
    (134P 번호13-B 참조)

16. 마감 선 : 벽지선으로 가는선으로 긋는다.
    (135P 번호14 참조)

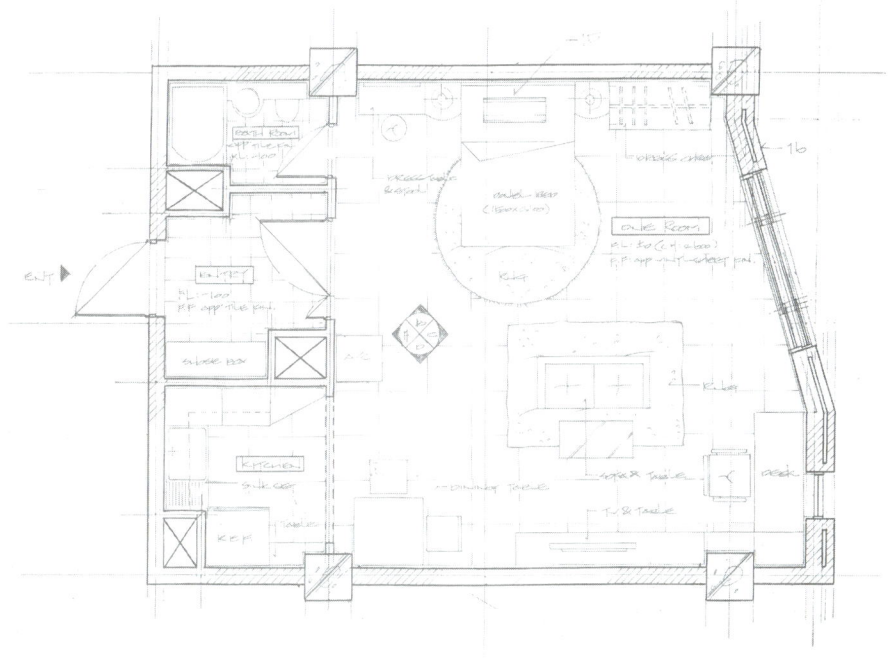

17. 가구배치 - 가구 및 집기 등을 표현한다.
    ① 동선을 고려하여 배치한다. 주거공간과 거실공간을 분리하여 고려해 공간 레이아웃을 잡는다.
    ② 주거공간 가구인 침대의 위치를 잡는다. 창가에 머리를 두지 않고 침대 측면이 벽에 닿지 않는 방향으로 잡는다.
    침대크기 : 1,500mm×2,100mm
    / 장롱크기 : 1,400mm×600mm
    ③ 주방, 욕실등, 가구배치/욕실가구, 싱크대 : 2,000mm×1,250mm

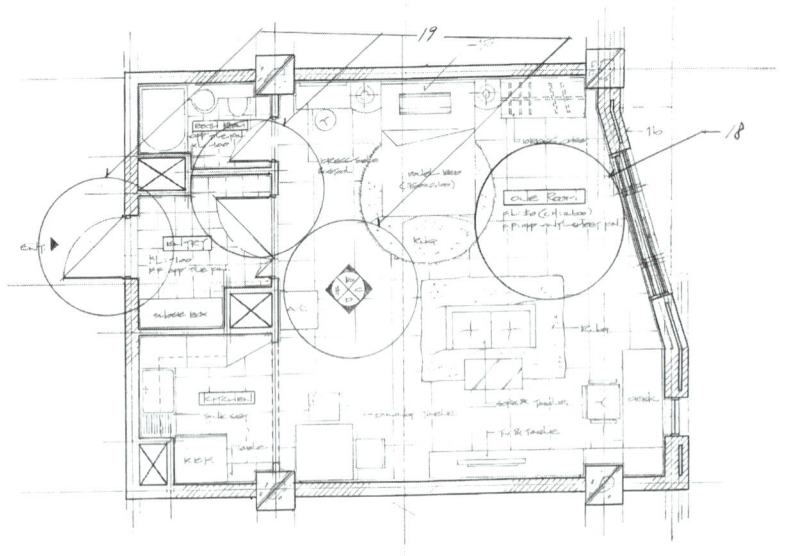

18. 명칭과 글씨 넣기 : 글씨를 쓰기위한 보조선을 흐리게 긋고 글씨를 쓴다. 실명(공간명)과 재료명을 먼저 기입하고 가구명을 기입한다.(실명 박스는 굵은선으로 작도하고 실명외에 소실명과 F.L, F.F도 기입한다.)
    (136P 참조)

19. 입면도, 단면도 방향표시 기입한다. 출입구 방향표시 기입한다.(중앙에 비어 있는 위치, 굵은 선으로 표시)
    (136P 참조)

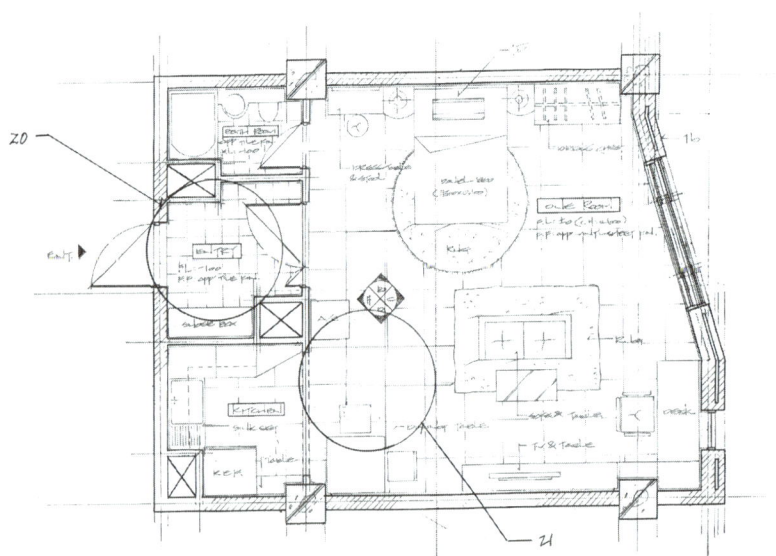

20. 욕실 바닥 타일 깔기를 표시한다. (타일크기 300mm×300mm)
    (136P 참조)

21. 거실바닥에 500 ~ 600 정도 크기의 바닥선을 넣는다. 가구와 개구부 문자를 피해서 기입한다.
    (전체 깔기와 부분깔기 방법 중 선택해 표시한다.)
    (136P 참조)

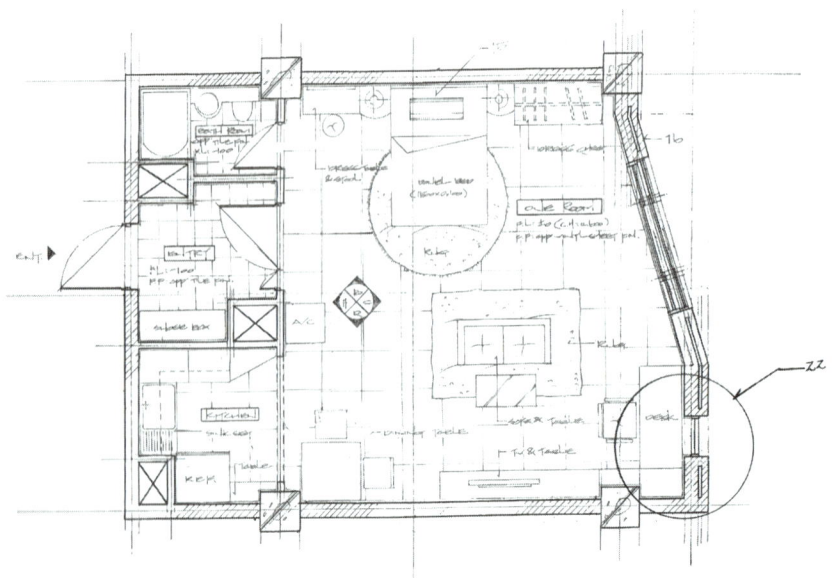

22. 벽체 단면에 해칭선을 긋는다.
    철근 : 전체 해치를 한다.
    조적 : 부분 해치를 한다.(시간관계상 전체 해치를 하면 시간이 많이 걸린다.)
    (136P 참조)

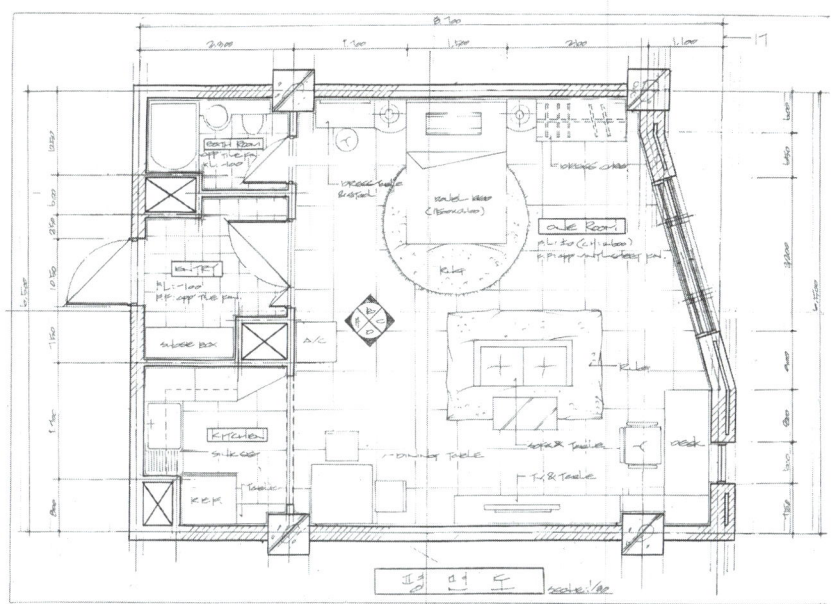

23. 치수선을 기입한다.

    가로치수는 치수선위에 기입한다.

    세로치수는 치수선의 왼쪽에 기입한다.

    3면 2줄을 원칙으로 한다.

    치수선의 교차부에 점(·)을 찍는다.

    (137P 참조)

24. 도면명 및 도면 스케일을 기입한다.

    도면명은 중심 하단에 표시한다.

    ENT. 전개도 방향. 단면도 방향 표시도 기입하였는지 확인한다.

    (137P 참조)

25. 디자인 컨셉 작성

    디자인 컨셉은 평면도 우측 하단부에 박스(Box)를 만들고 180자 내외로 작성한다.

    주어진 도면요구에 맞는 공간 제작 의도, 계획의 포인트, 실내마감구성 및 컬러, 동선관계, 가구배치, 조명계획 등을 서술한다.

2 입면도(Elevation)

실내 벽면의 입면을 요구도면 방향으로 작도하는 것으로 실내의 가구, 벽면 마감재료, 가구 등의 높이를 알 수 있게 작도한다.

검토사항

① 입면도 방향
② 입면도 방향에 위치한 가구의 입면
③ 벽면표시
④ 벽면길이
⑤ 벽면높이(천정고)
⑥ 벽면의 마감재료
⑦ 마감재료
   (문자 기입시 가구명은 기입하지 않는다.)
⑧ 장식물, 소품 등
⑨ 몰딩
⑩ 걸레받이
⑪ 치수표시
⑫ 도면명, 도면의 스케일 기입

■ 내부 입면도 작도 순서

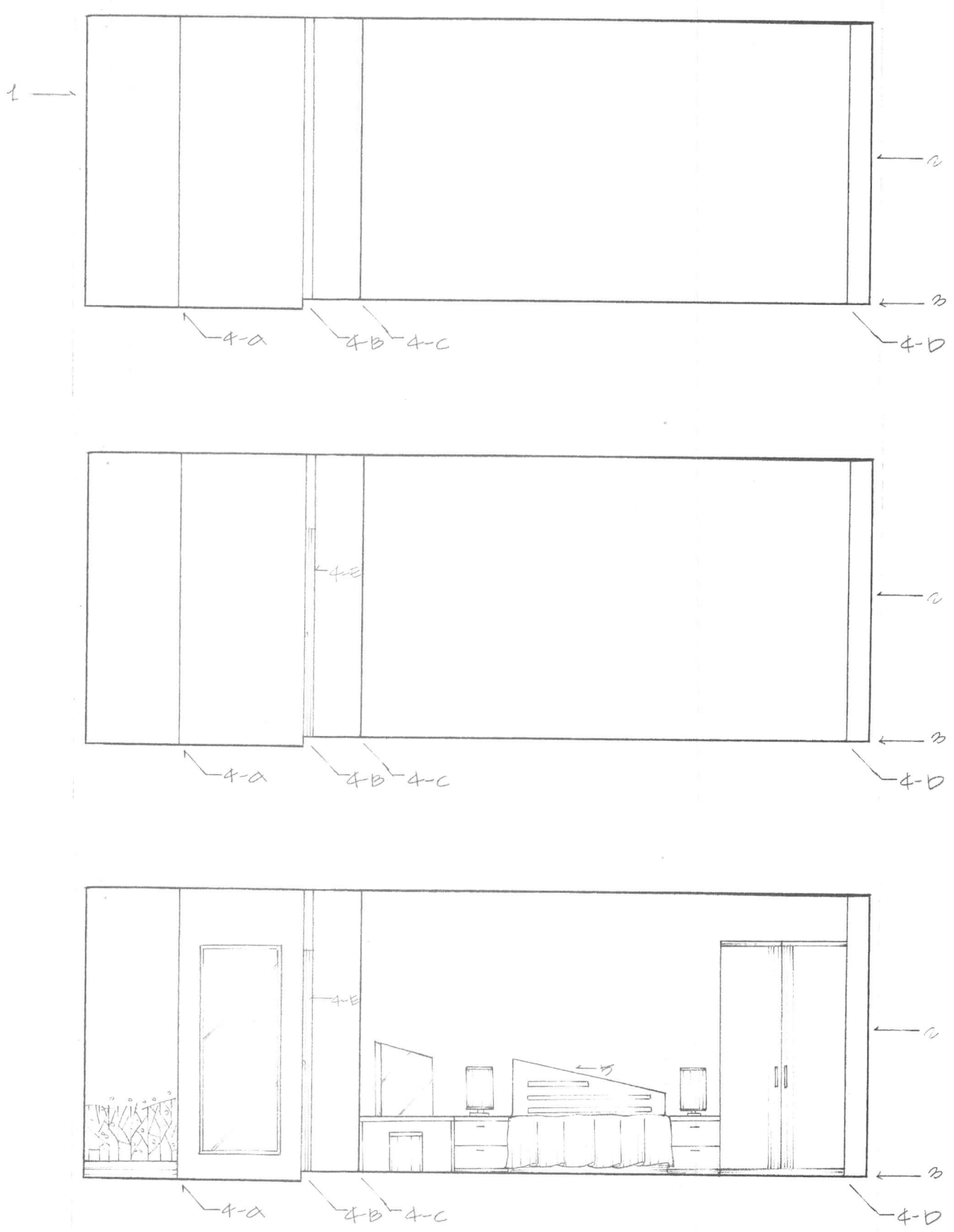

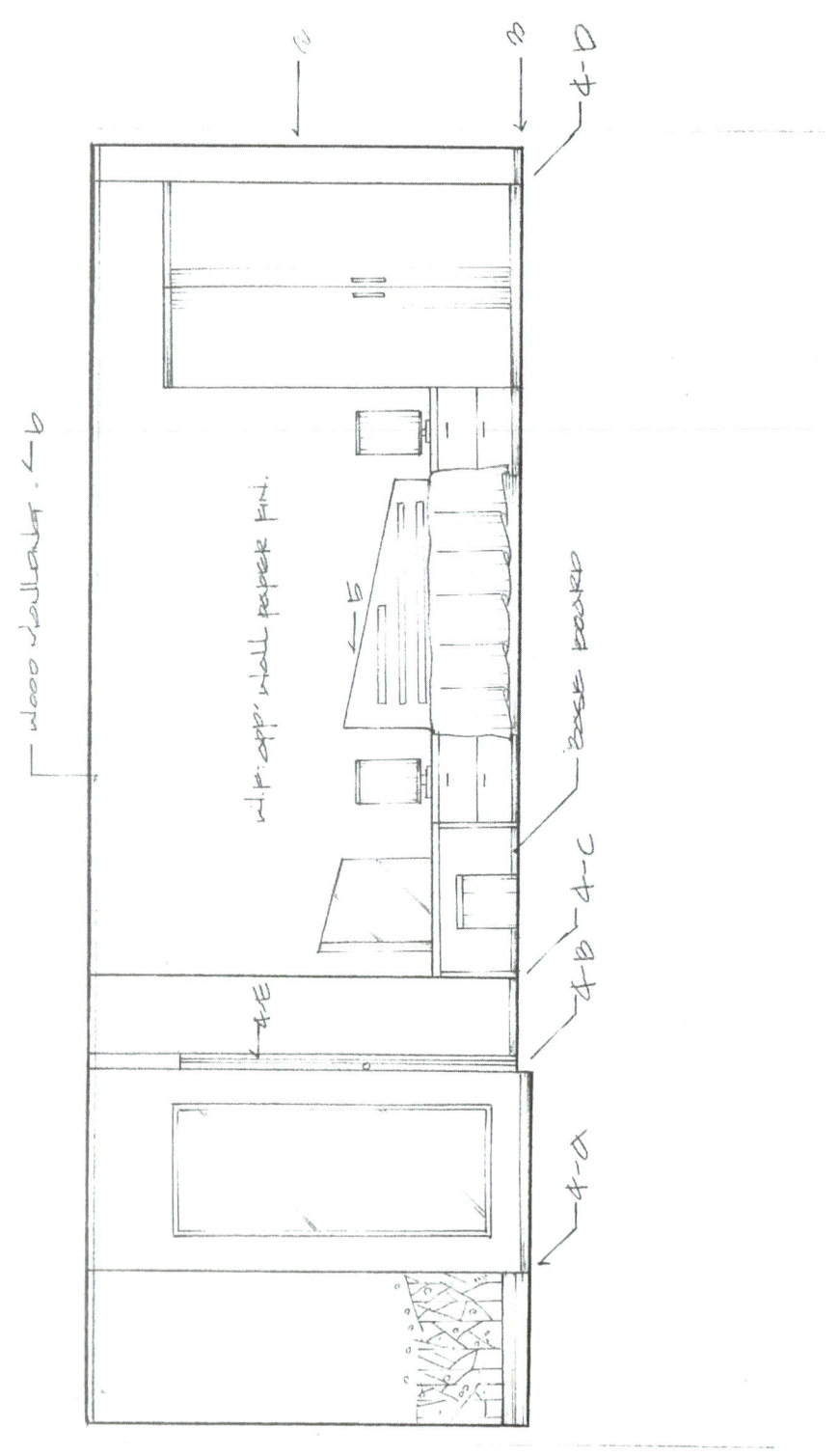

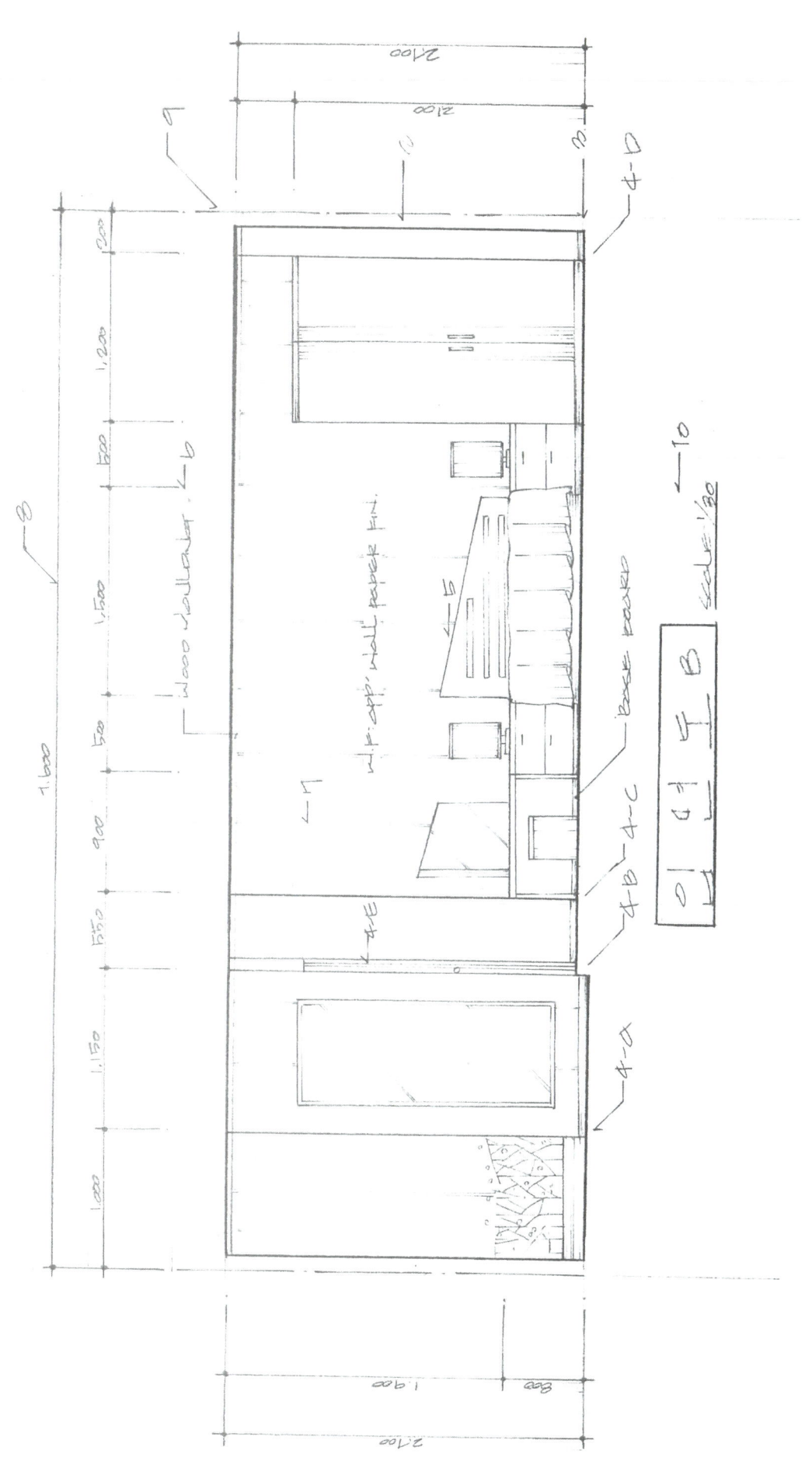

■ 입면도 실습순서

1. 작도하고자 하는 방향(B방향)의 벽체 중심선을 보조선으로 긋는다. 이때 선은 흐리게 작도한다.(147P 번호1 참조)
   내벽의 길이를 가로 7,600mm×세로 2,700mm 굵은선으로 작도한다.(일반적인 천정고 - APT : 2.3m, 주택 2.4m, 사무실 2.5m~2.7m, 홀/로비 3.0m 이상) (147P 도면 번호2 참조)
   중심선 작도를 위해 보조선 가로 내벽으로부터 100을 잡는다.(147P 번호3 참조)

2. 벽면을 굵은선으로 작도한다.
   - A 욕실의 꺽이는 벽 표시
   - B 내벽의 경계선 표시
   - C 기둥벽의 경계선 표시
   - D 외벽기둥 경계선 표시
   - E 현관 안쪽 문 표시 : 2100(H)
   (147P 도면 번호4-A, 4-B, 4-C, 4-D, 4-E 참조)

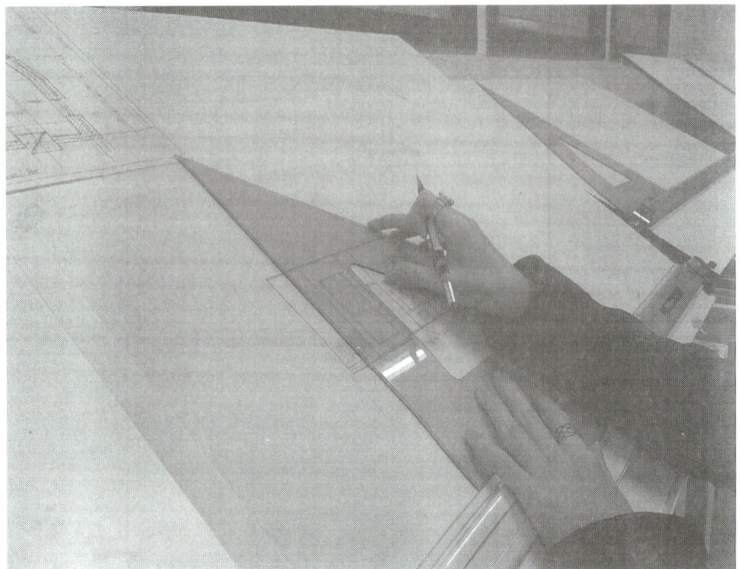

3. 작도하고자 하는 입면도 방향에 위치한 가구의 입면을 작도한다.
   벽에 부착된 붙박이 가구는 반드시 표현한다.
   ① 화장대 : 900×500×700 (H)
   ② 침대 : 1500×2100×500 (H)
   ③ 장롱 : 1200×500×2100 (H)
   ④ 현관에 거울이나 화분등을 표시한다.
   (148P 도면 번호5 참조)

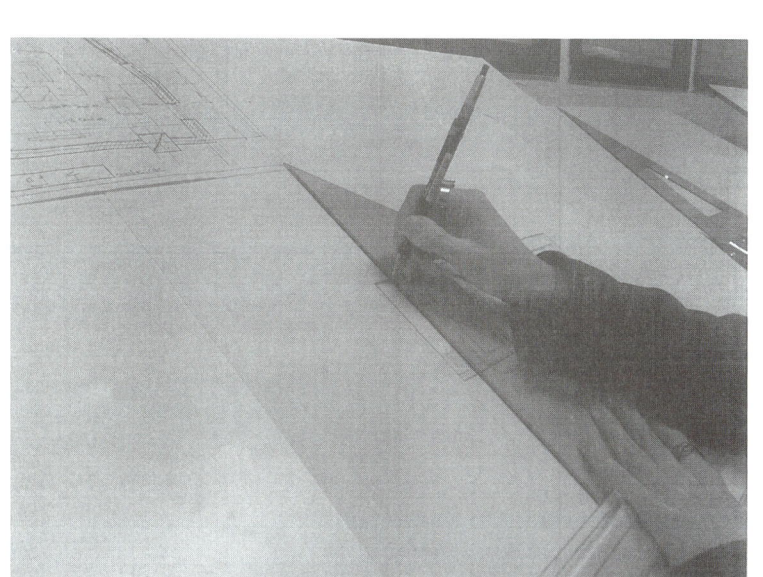

4. 글씨를 작성한다.
　　마무리로 몰딩(50)이나 걸레받이(50)등을 표현한다.
　　(148P 도면 번호6 참조)

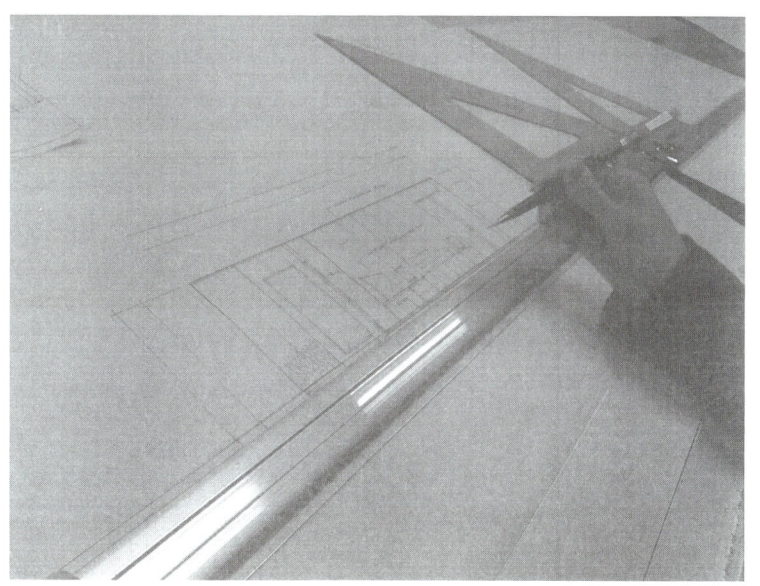

5. 벽체의 질감표현을 가는선으로 긋는다.
　　벽면의 마감재료명과 기타 문자를 기입한다.
　　벽지 표시 (선 처리한다.)
　　 - 벽지 마감선을 세로로 그린다.
　　 - 벽면 마감재료를 표현한다.
　　(149P 도면 번호7 참조)

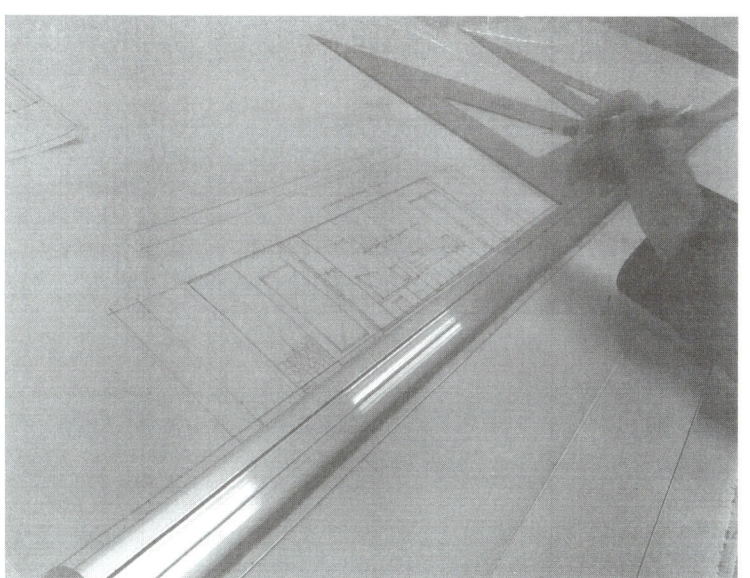

6. 치수를 기입한다.
　　치수는 3면(좌, 우, 상)표시를 한다. 세로의 치수기입은 선 (3 ~ 5cm / 1 ~ 2cm) 왼쪽에 기입한다.
　　세로중심선은 치수선과 함께 뽑는다.
　　(149P 도면 번호8, 9 참조)

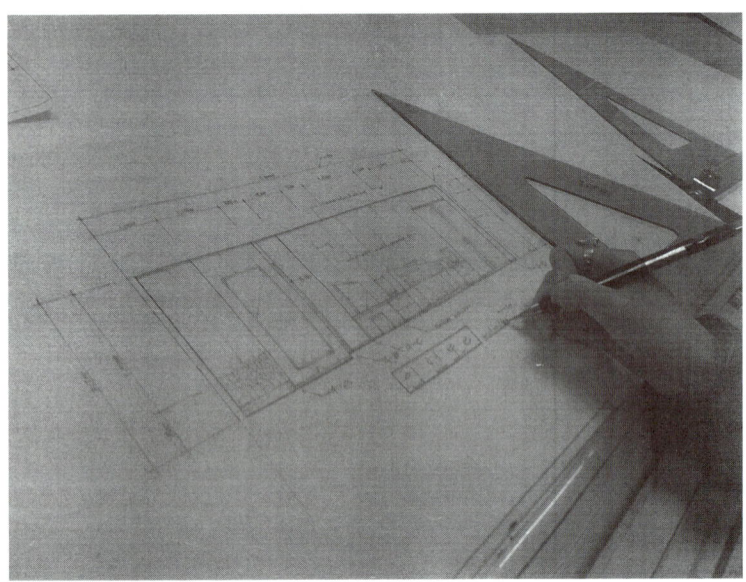

7. 도면명, 도면 스케일을 기입한다.
   (149P 도면 번호10 참조)

3 천정도(Celling Plan)

실내공간 천정면 아래 30m 정도 수평절단하여 천장면을 바라보고 작도하는 도면으로 평면도 구조와 용도에 맞는 실내조명기구의 종류와 배치, 소방설비 기구 등을 표현한다.

검토사항

① 기둥과 벽의 구조체
② 창호의 위치(개구부위치만 찍고 개구부는 작도하지 않는다.)
③ 마감선
④ 몰딩
⑤ 조명기구(광원의 종류와 효율적인 배치)
⑥ 각종설비(소방설비)
⑦ 매달려 있거나 매입된 부위는 점선으로 표시
⑧ 치수표시
⑨ 범례표 작성
　(계획한 조명기구의 기호와 명칭, 수량을 기입)
⑩ 도면명, 도면의 스케일 기입

■ 천정도 작도순서

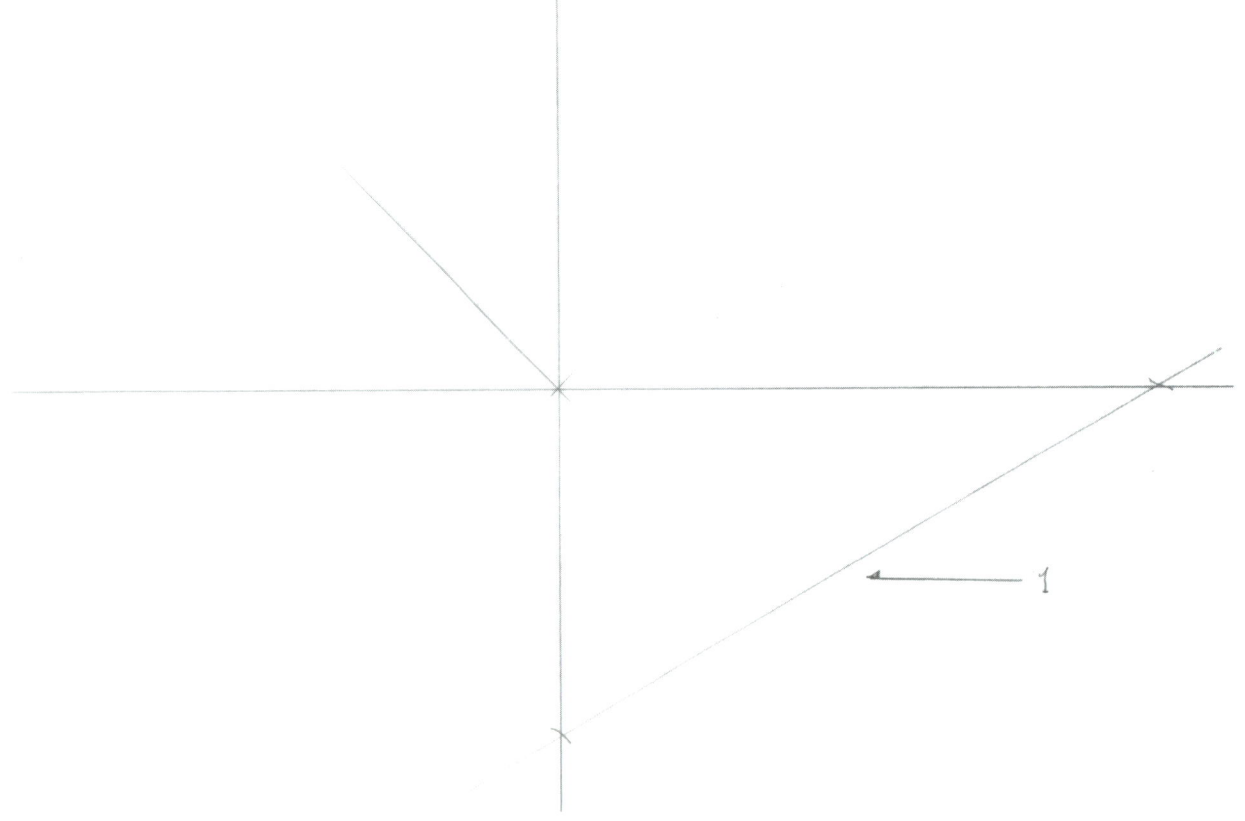

■ 천정도 작도순서

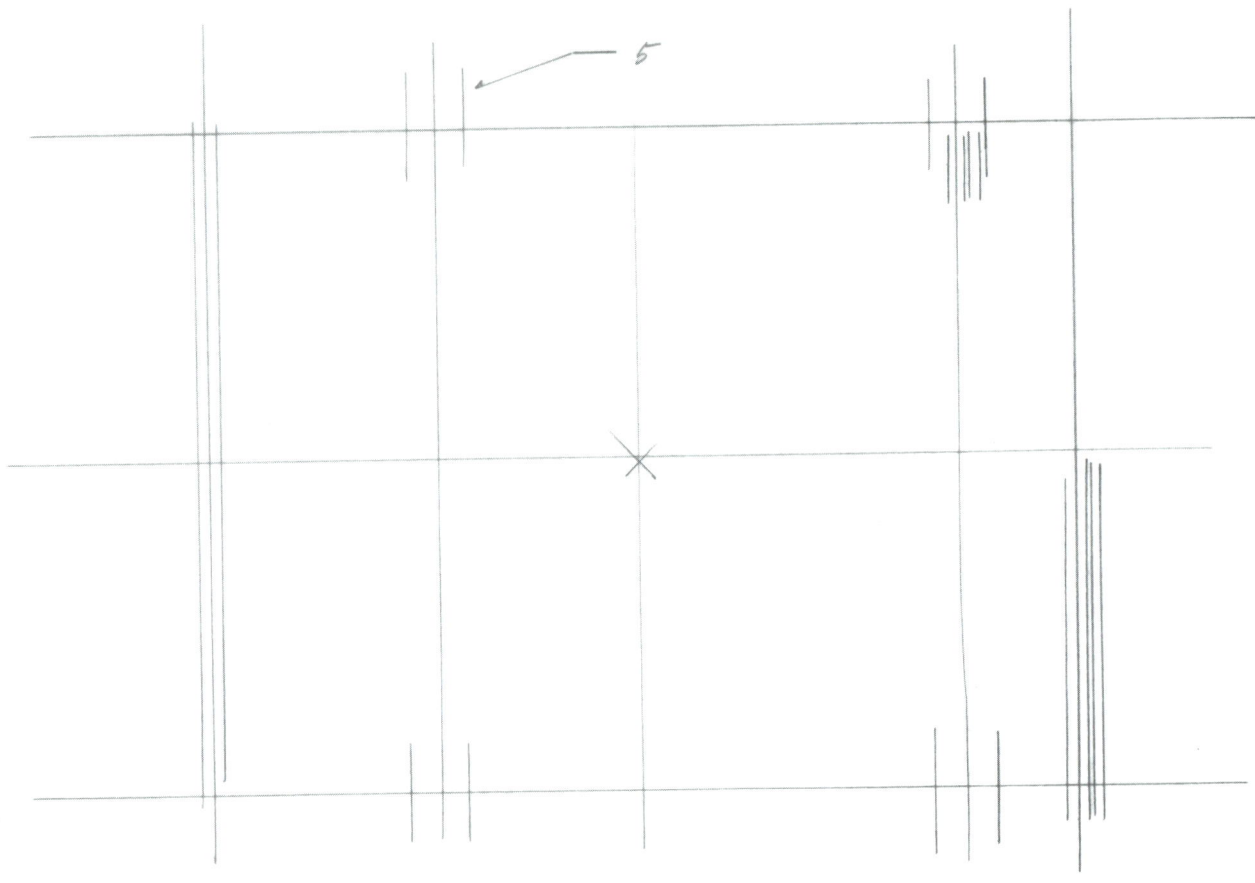

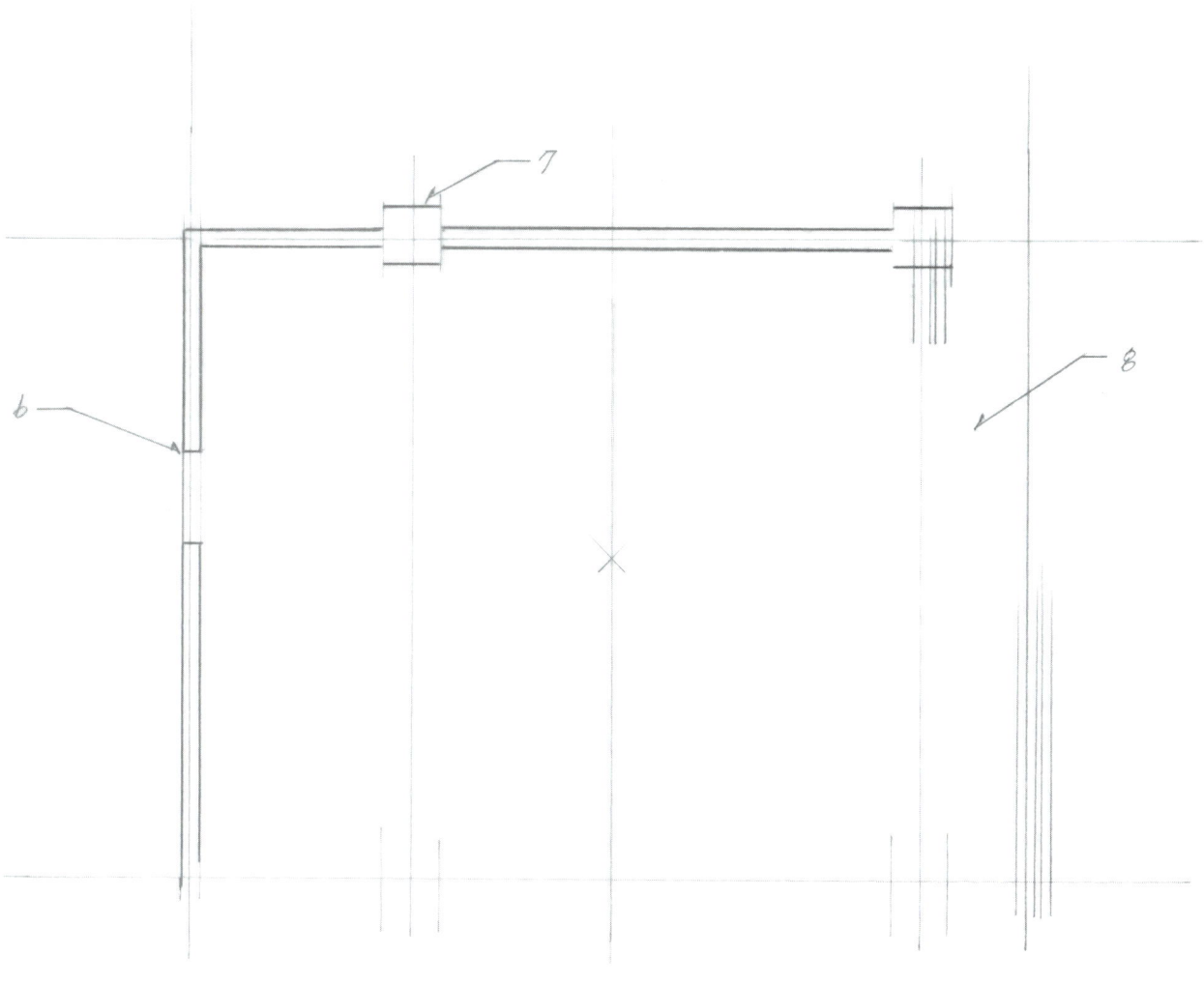

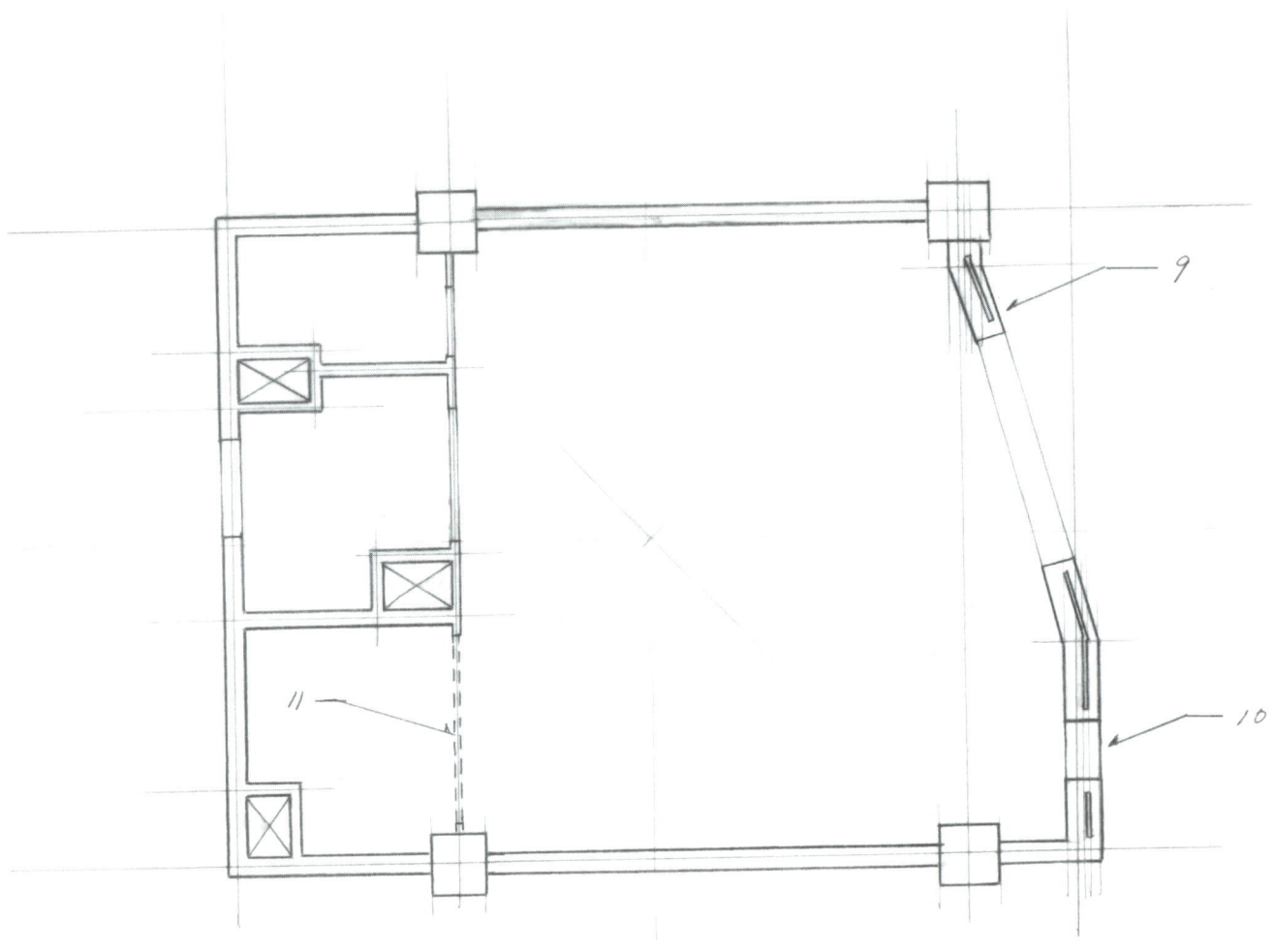

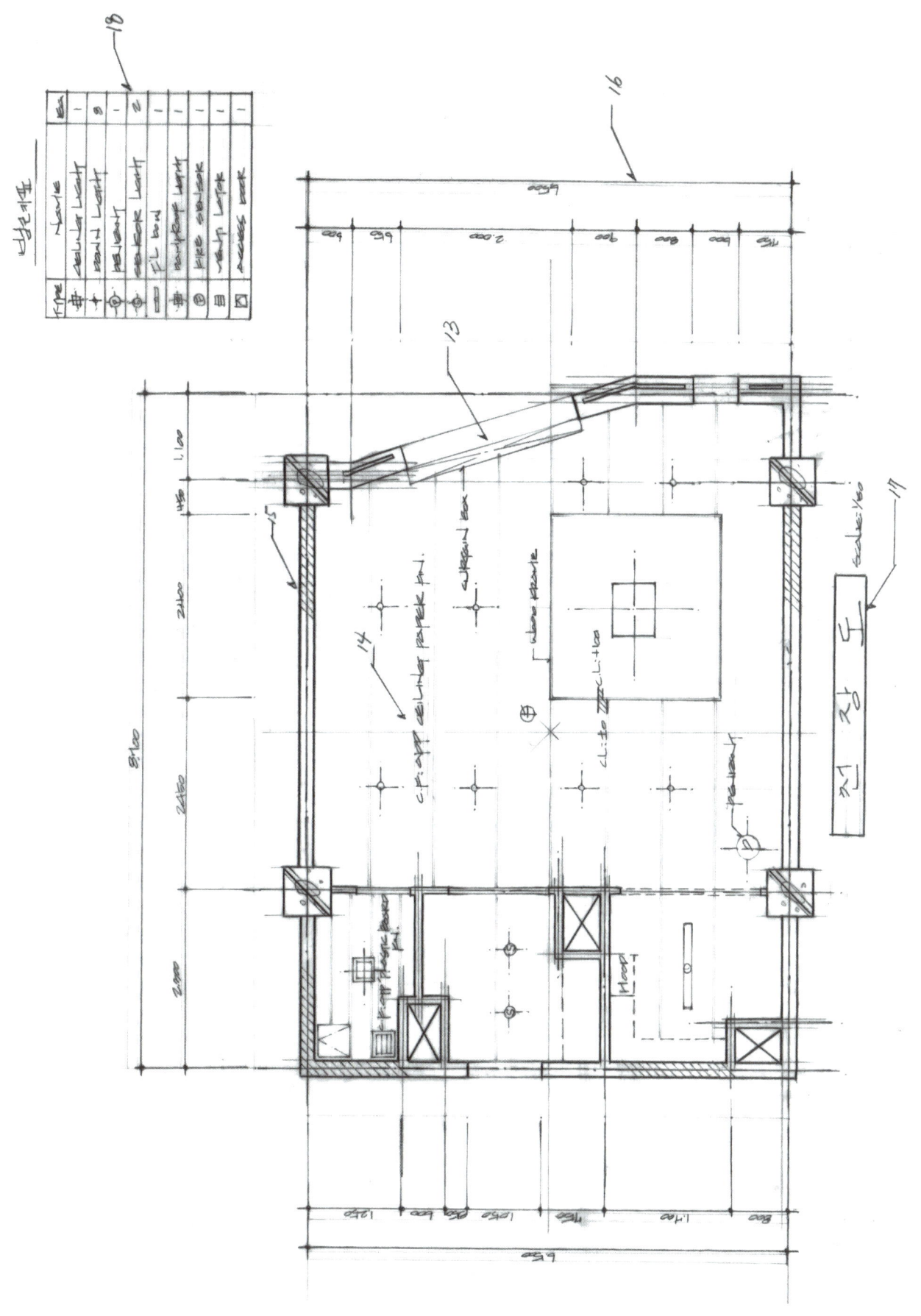

■ 천정도 실습순서

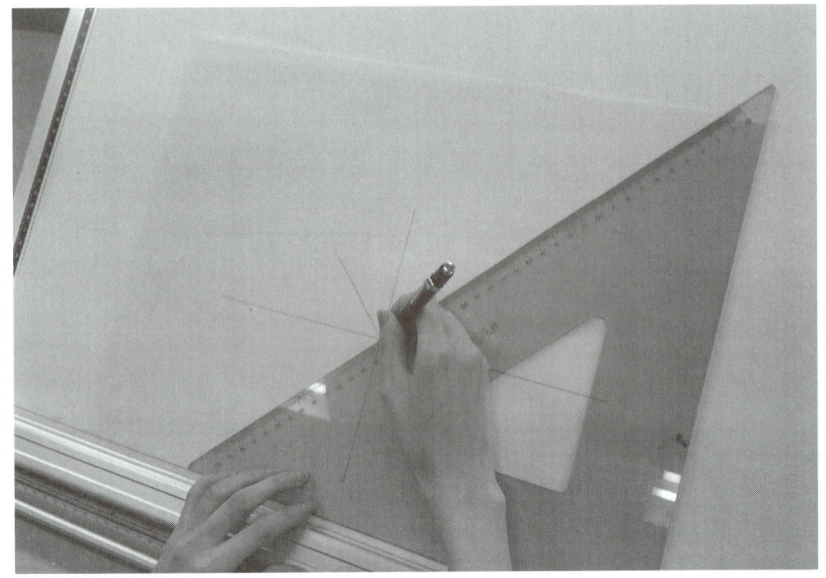

1. 트레이싱지에 중심선을 흐리게 긋는다.
   60도자 직각 부분을 종이의 한쪽 끝에 맞춰 대각선을 그린다.
   반대편도 맞추어 대각선을 교차시킨다.
   가로 세로를 같은 방법으로 하여 수직, 수평선을 긋는다.
   (154P 도면 번호1 참조)

2. 벽체의 중심선을 보조선으로 긋는다.
   이때 치수기입을 위해 밖으로 길게 긋는다.
   (155P 도면 번호2 참조)

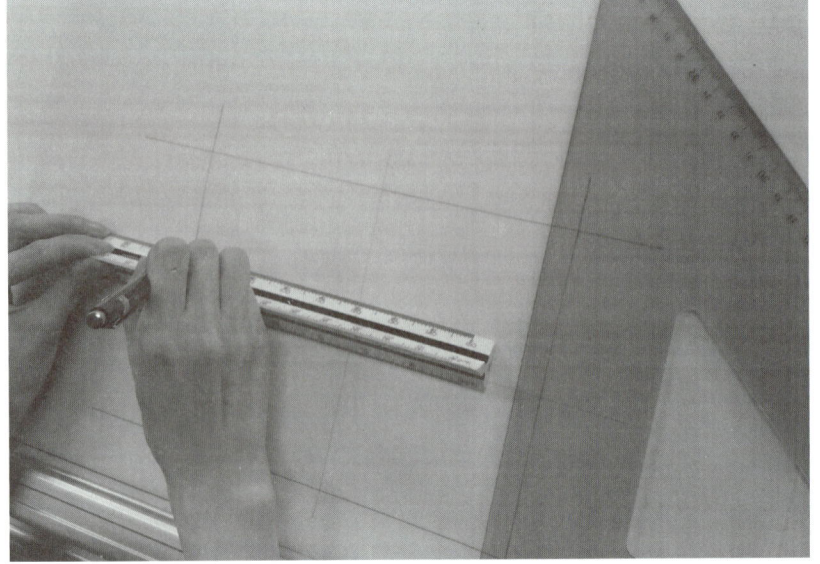

3. 문제에서 요구하는 스케일 1/50로 작도한다.
   (155P 도면 번호3 참조)

4. 중심선에서 좌우로 각각 벽두께(1.0B)를 그린다.

   (155P 도면 번호3, 4 참조)

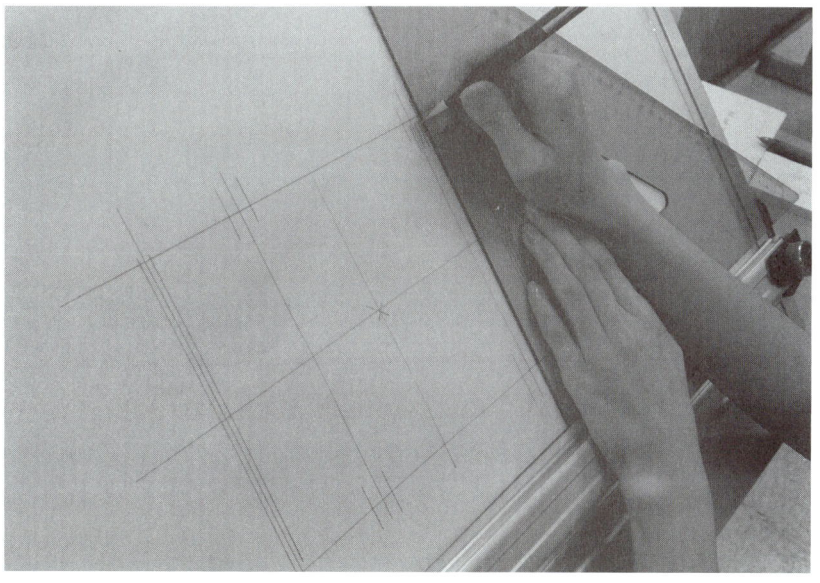

5. 개구부의 위치를 확인한 후 벽체와 기둥을 표시한다.

   (156P 도면 번호5 참조)

6. 벽체 마감선은 가는선으로 그리며 개구부에서 끊고 작도한다.

   (157P 도면 번호6 참조)

   기둥의 가로선을 그어 완성한다.

   (157P 도면 번호7 참조)

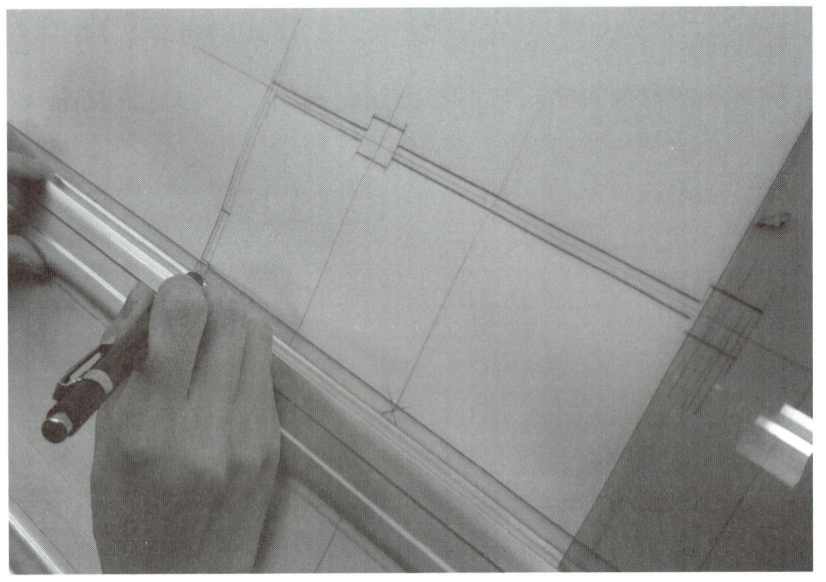

7. 세로선 작업시 개구부 위치를 확인하여 그린다.(천장도 작도시 개구부 모양은 작도하지 않고 위치만 잡아주고 굵은선 or 중간선으로 작도한다.
(157P 도면 번호8 참조)

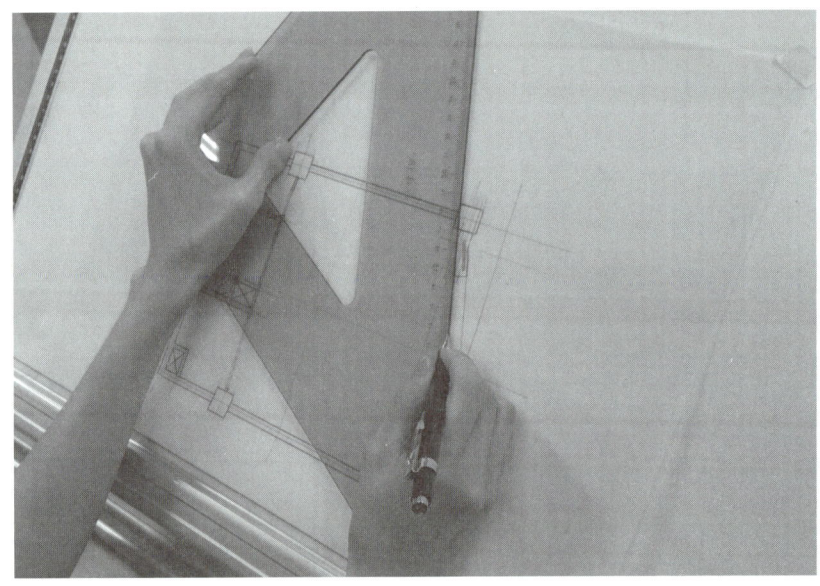

8. 세로선 완성후 1.5B 벽체부분은 도면의 크기에 맞추어 틀(창)을 그린다.
(158P 도면 번호9 참조)
개구부를 이어준다.
(158P 도면 번호10 참조)

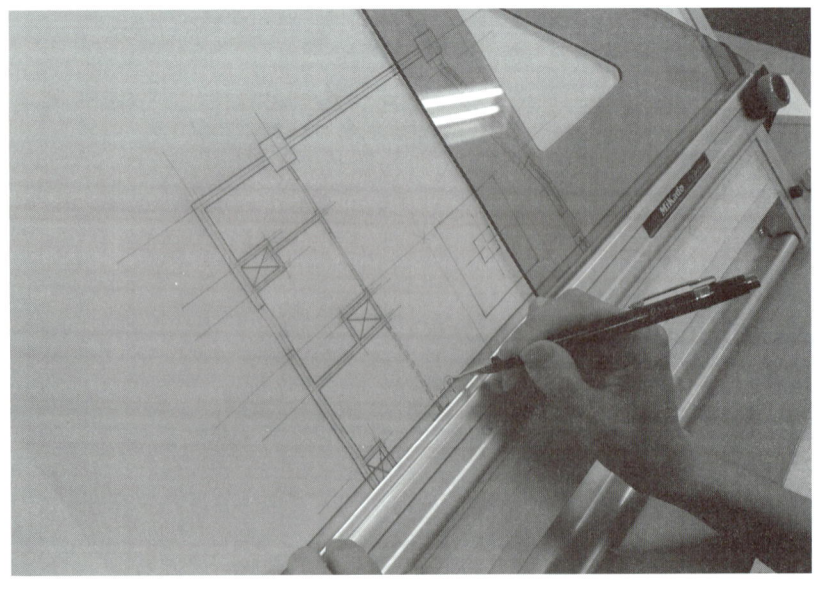

9. 오픈된 주방 벽체는 점선으로 표시한다.
(도면 번호11 참조)

10. 주방설비를 표시한다.

11. 실내공간에 맞는 조명·설비 계획에 들어간다.
    - 전체 조명과 국부조명

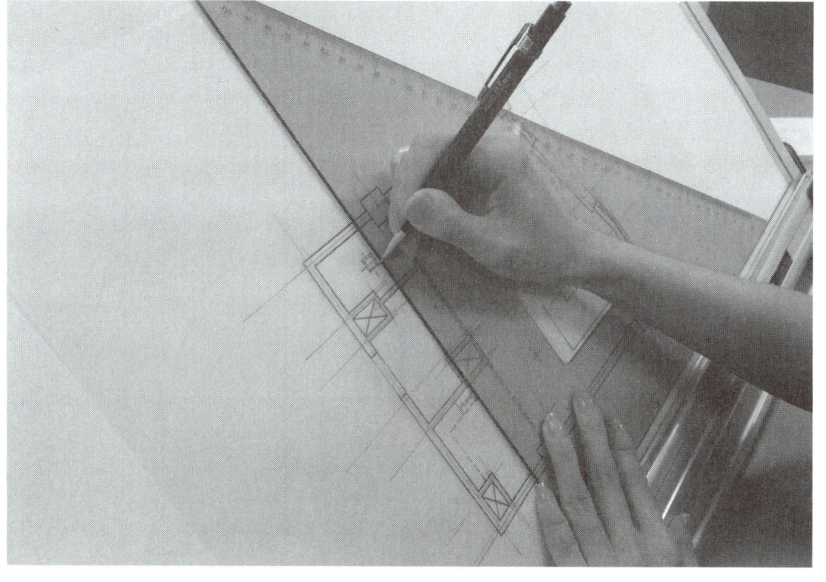

12. 닥트와 그밖에 방습등 표시를 한다.

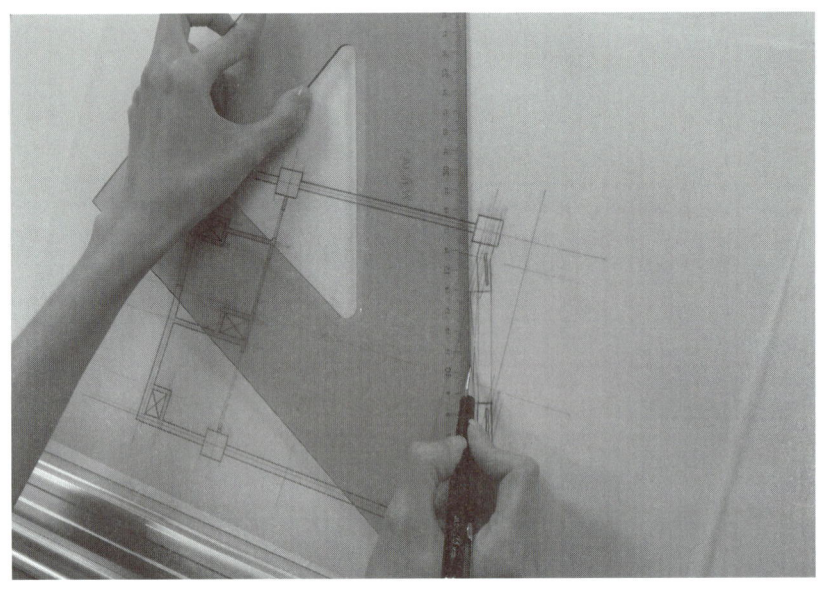

13. 커튼박스(Curtain Box)를 그린다.

커튼박스의 길이는 창호 크기보다 양쪽으로 100mm씩 크게 그린다.

커튼박스는 창보다 크게 하여 벽면으로부터 100~200mm 앞으로 나오게 작도한다.

(159P 도면 번호13 참조)

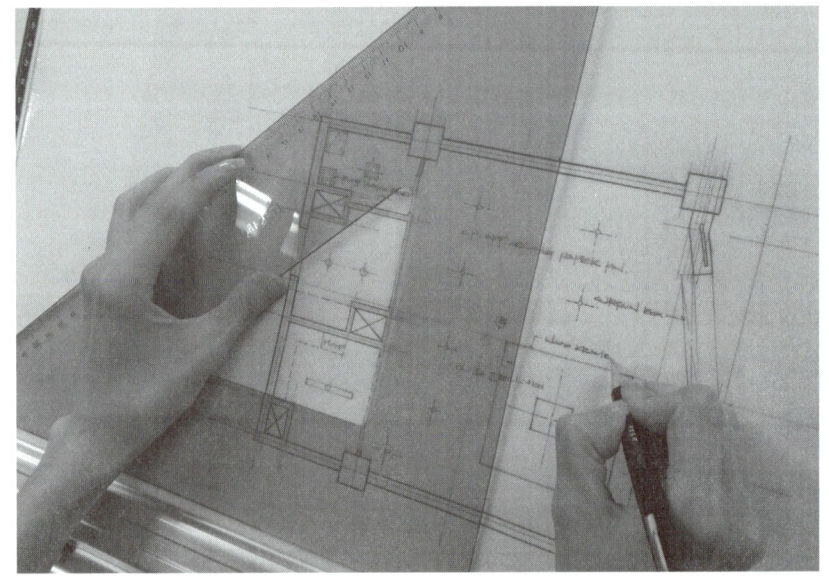

14. 천장 마감재료명과 기타 문자를 기입한다.

(159P 도면 번호14 참조)

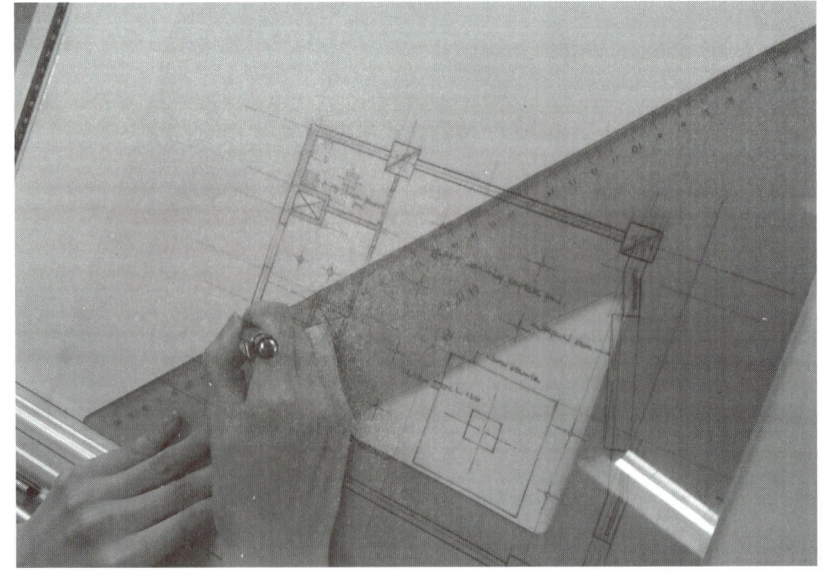

15. 마감표시 콘크리트 기둥과 벽체 45° 해치를 일정간격으로 표현한다.

(생략가능)

(159P 도면 번호15 참조)

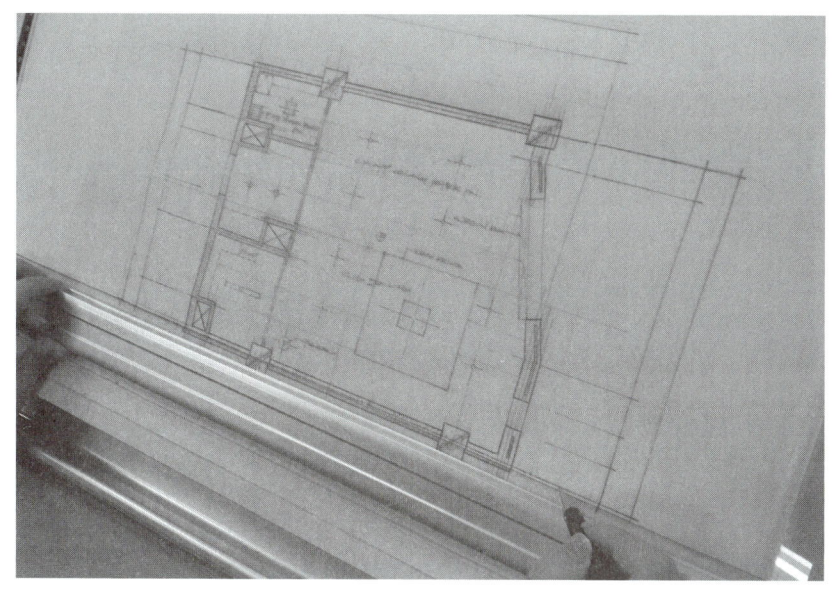

16. 도면치수선을 뽑아 각 치수를 기입한다.
    (159P 도면 번호16 참조)

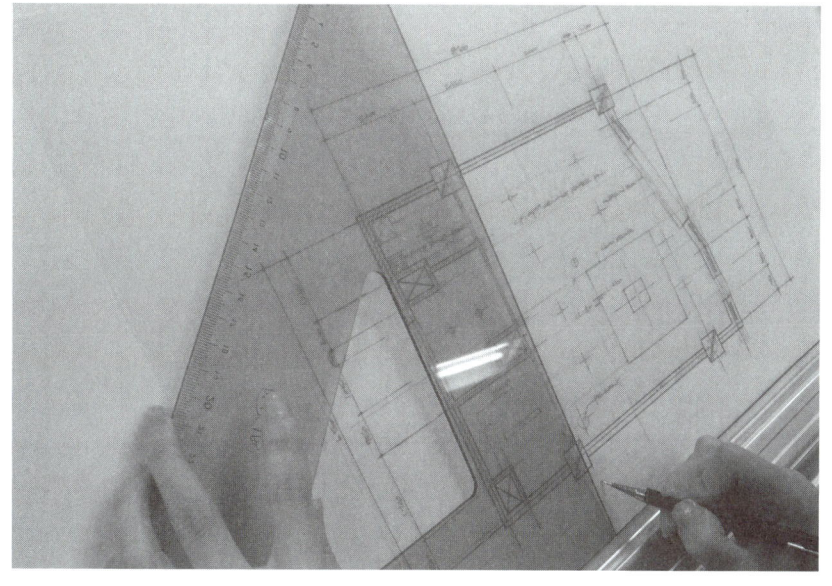

17. 도면명 스케일(Scale)을 기입한다.
    (159P 도면 번호17 참조)

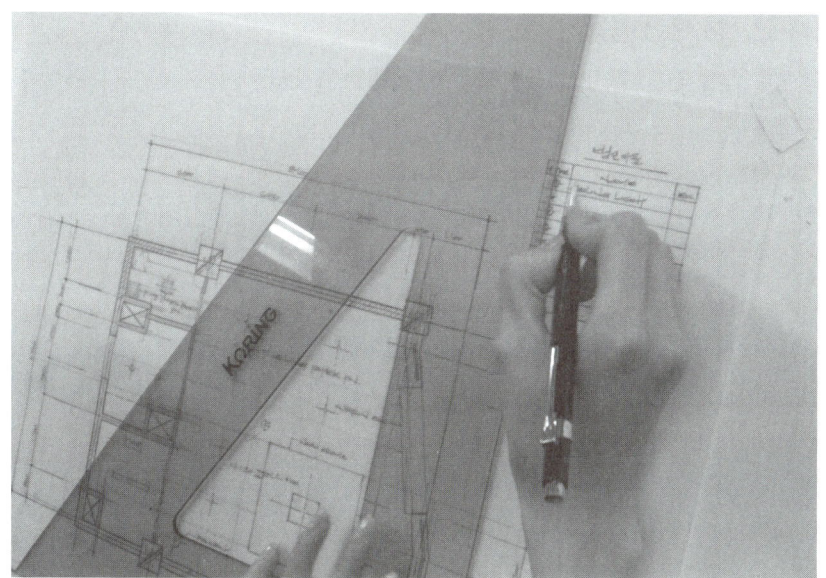

18. 도면 하단 우측 부분에 범례표(LEGEND)를 그려 넣는다.
    주등 → 부등 → 소방설비 순으로 기입한다.
    (159P 도면 번호18 참조)

4 투시도(Perspective)

실내공간을 입체적으로 표현하여 공간의 분위기와 성격을 파악할 수 있게 도면을 작도한다.

검토사항

① 표현하고자 하는 방향 설정

　(입면도 방향과 동일하지 않아도 됨)

　※ 이 도면은 공간 A에서 C방향으로 방향 설정

② 스케일 구상

　투시도는 N.S(None Scale)로 작도하나 보통은 1/50으로 스케일을 잡는다.

　※ 이 도면은 1/50로 작도하였음

③ 투시 작도법

　투시도법은 1소점 투시, 2소점 투시 중 모두 가능하며 그 중 선택해 투시 작도한다.

　※ 여기서는 1소점 투시로 작도하였음

④ V.P(Vanishing Point)

　일반적으로 바닥면에서부터 사람의 눈높이 1,500mm로 잡는다.

⑤ S.P 점 설정

　일반적으로 표현하고자 하는 거리에 +1,000mm 지점으로 잡는다.

⑥ 도면명, 도면의 스케일 기입

⑦ 반드시 V.P로 향한 주변 투시선을 남겨 놓아야 한다.

⑧ 반드시 채색하여야 한다.

> **Tip** 투시도는 처음에는 평면도 도면을 보고 제도판에 부착된 켄트지 위에 그린다.
> 벽, 바닥, 천장, 가구 등을 그린 후 그 위에 트레이싱지를 올려 놓고 플러스펜으로 베끼어 나간다. 시간을 보아 투시도가 어느 정도 완성이 되면 플러스펜 작업을 시작하는 것이 좋다.

■ 투시도 작도순서

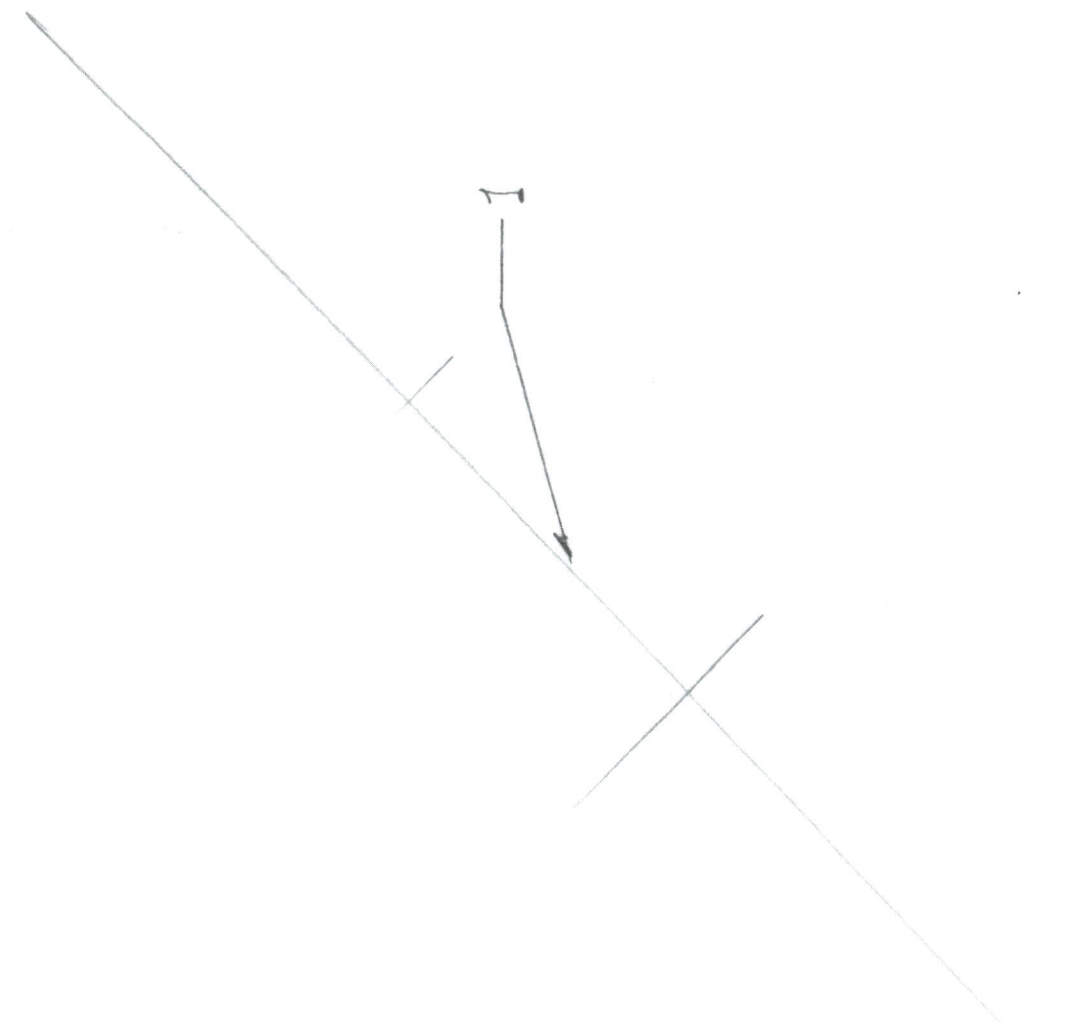

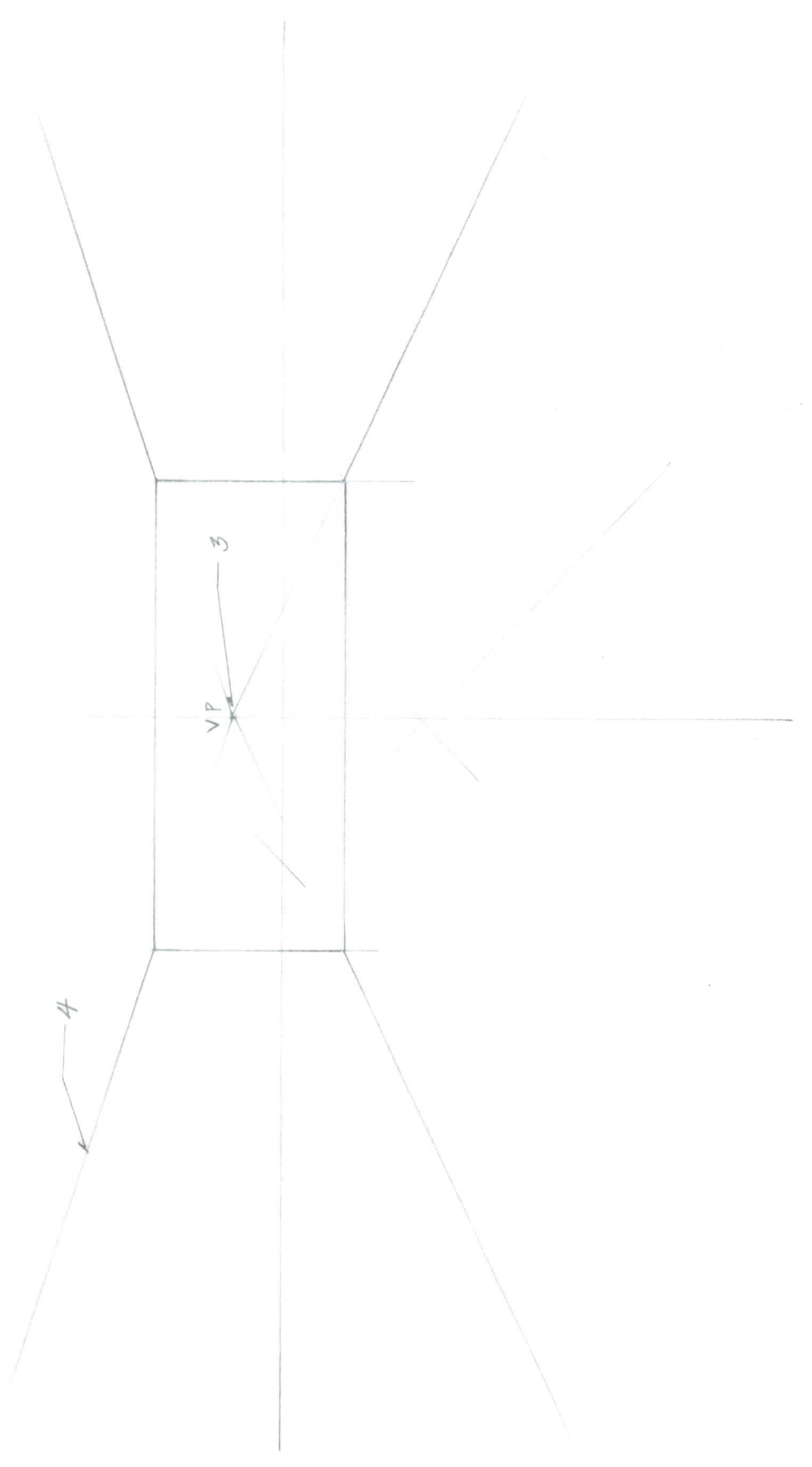

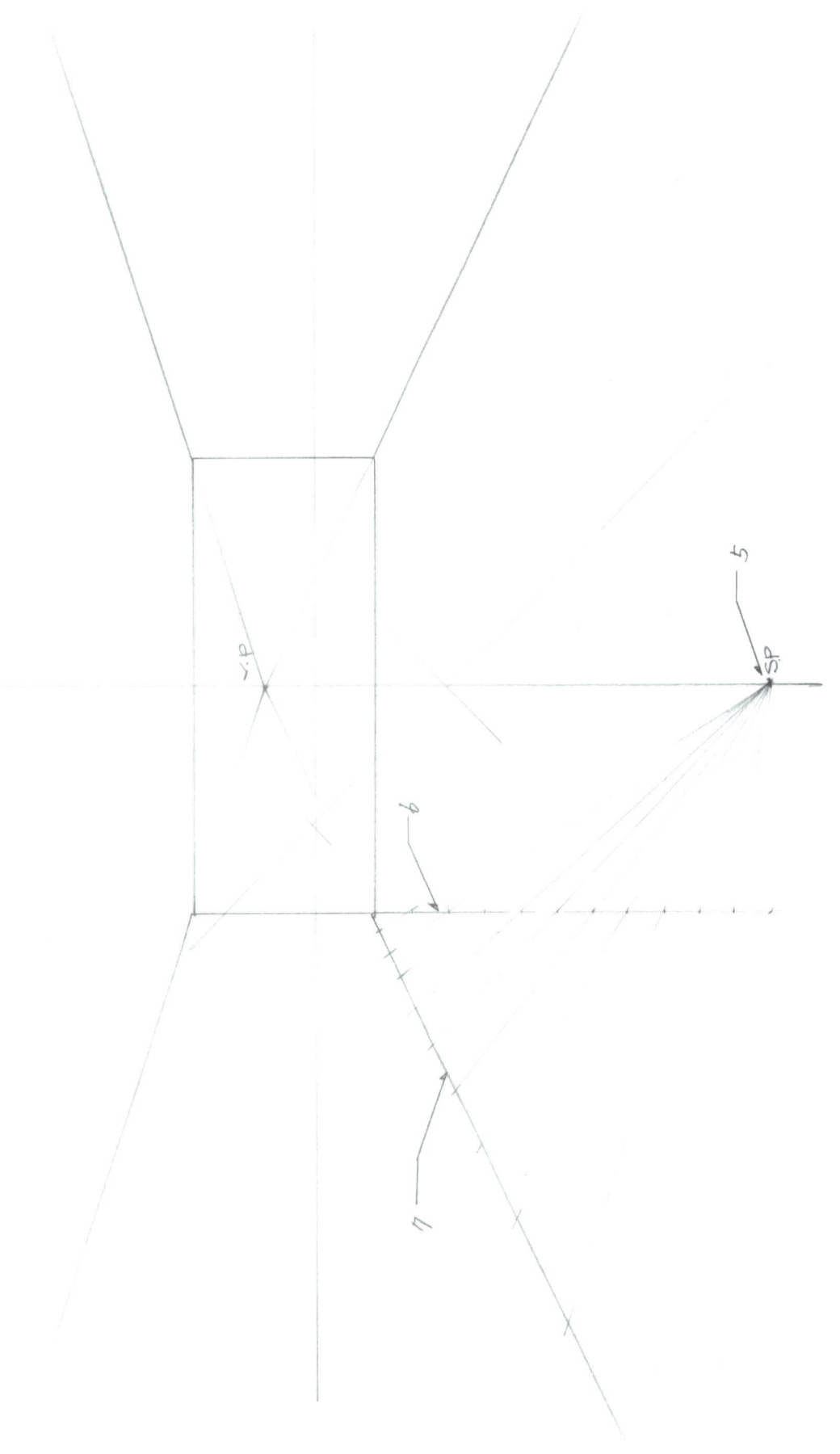

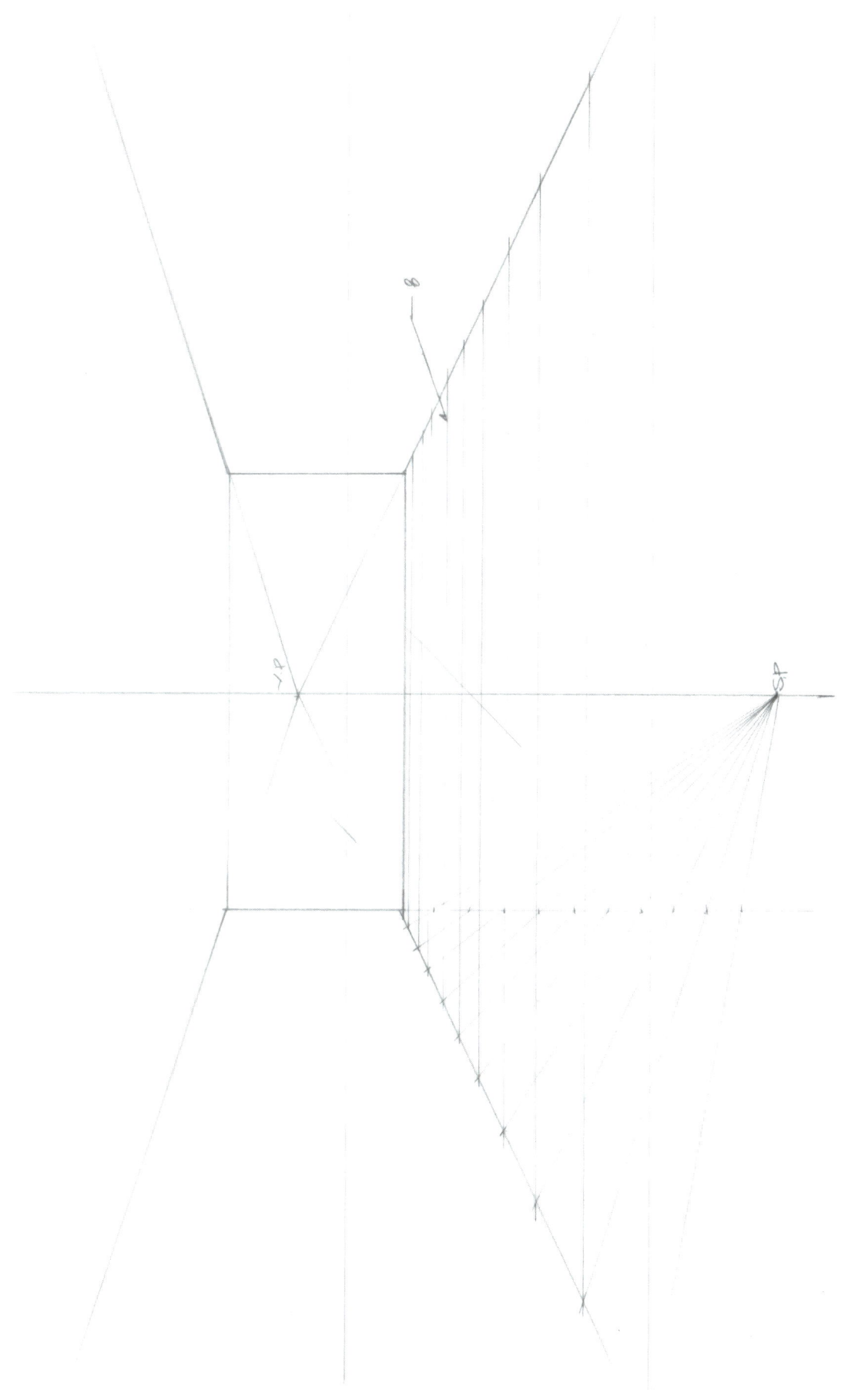

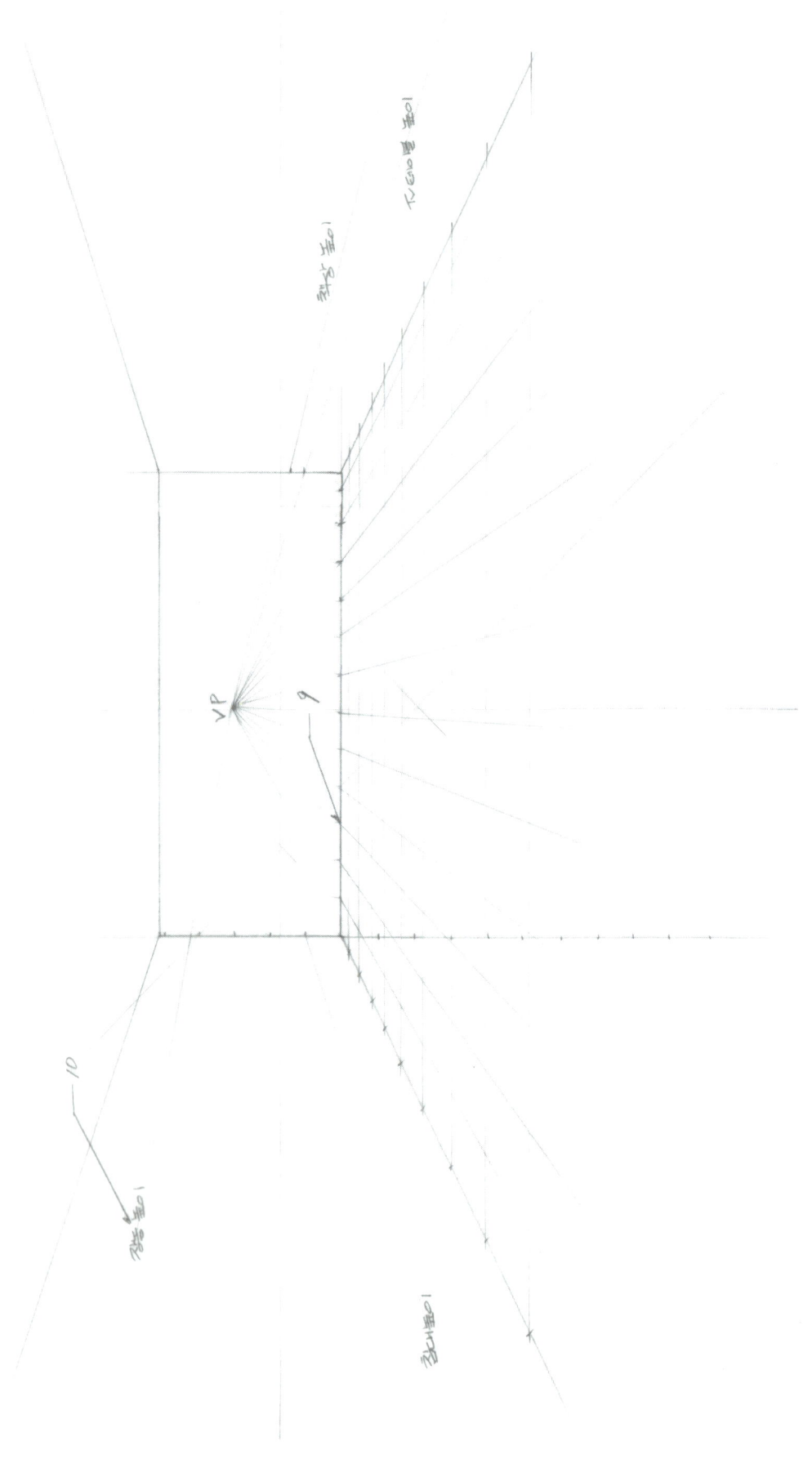

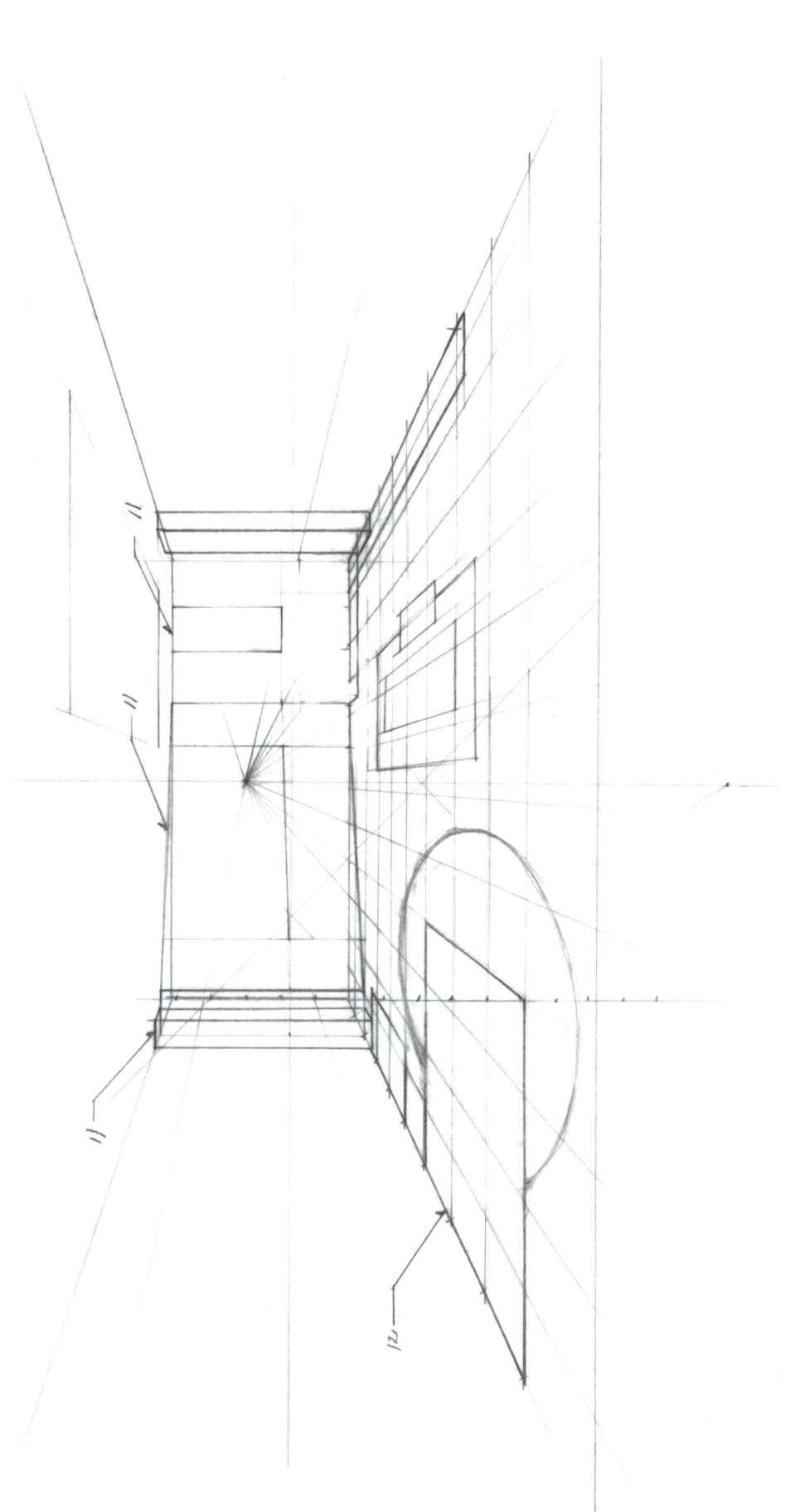

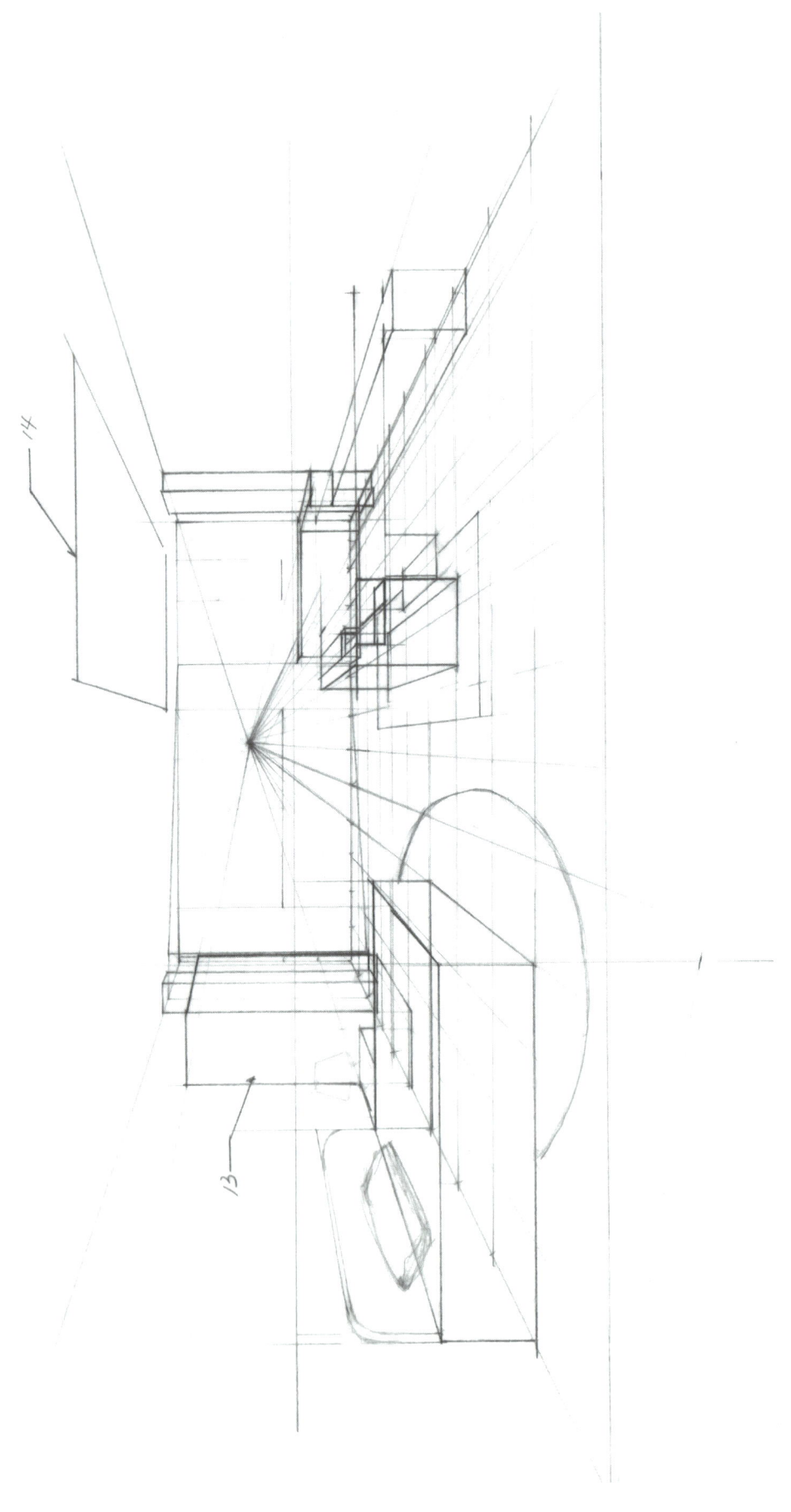

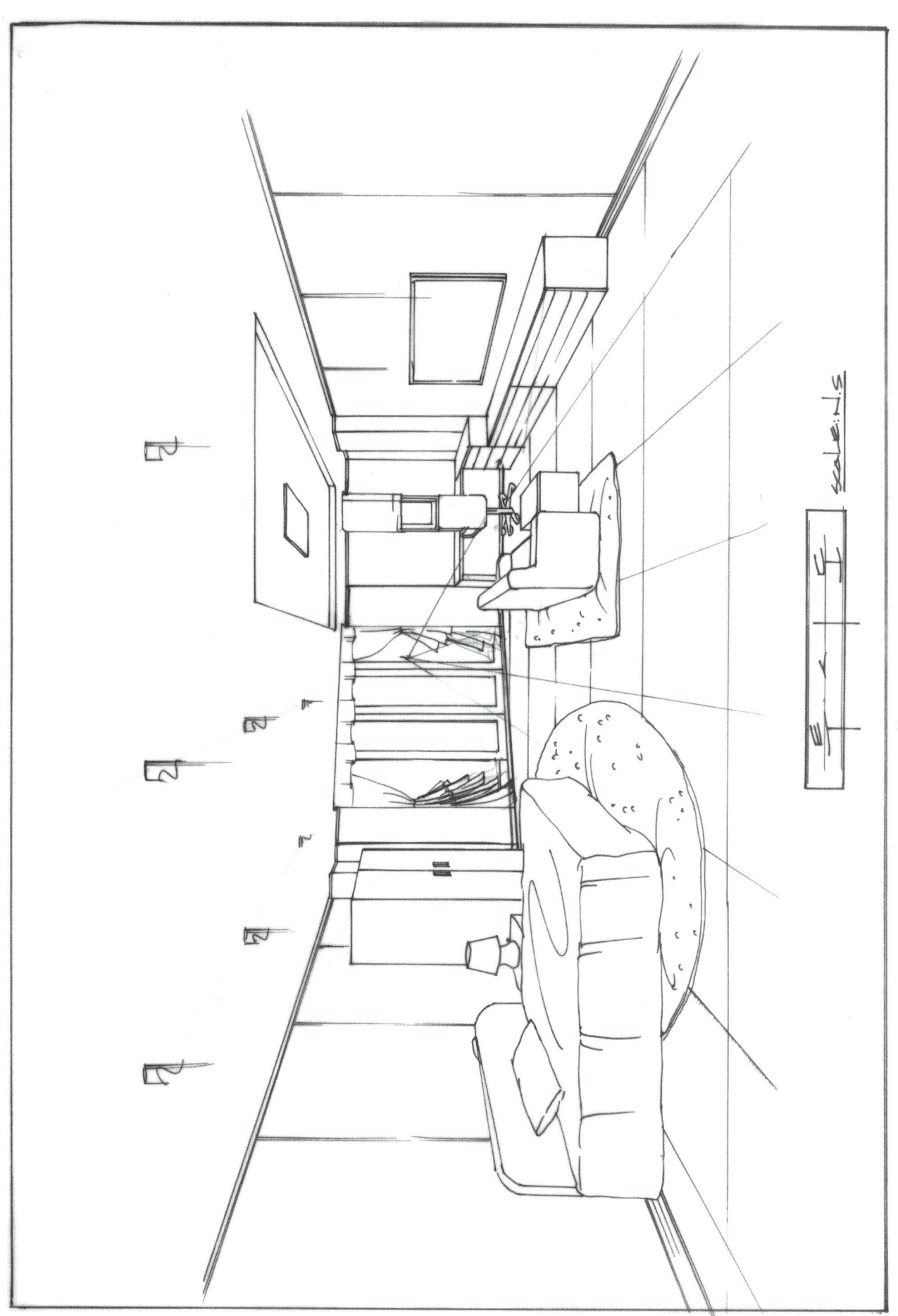

■ 투시도 실습순서

1. 트레이싱지에 60도 직각자를 이용하여 종이의 한끝에 맞춰 대각선을 그린다.
   (167P 도면 번호1 참조)

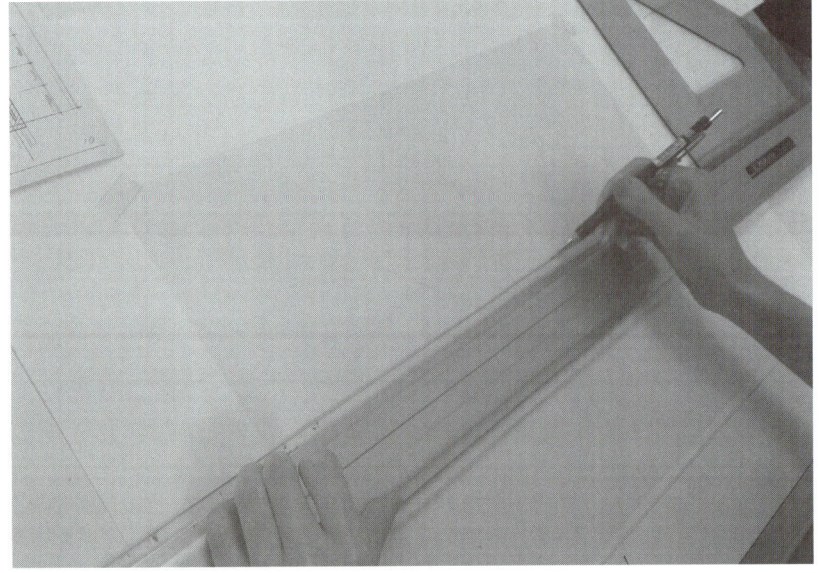

2. 반대편도 맞추어 대각선을 교차시킨 후 직선으로 가로, 세로선을 그어 중심을 잡는다.

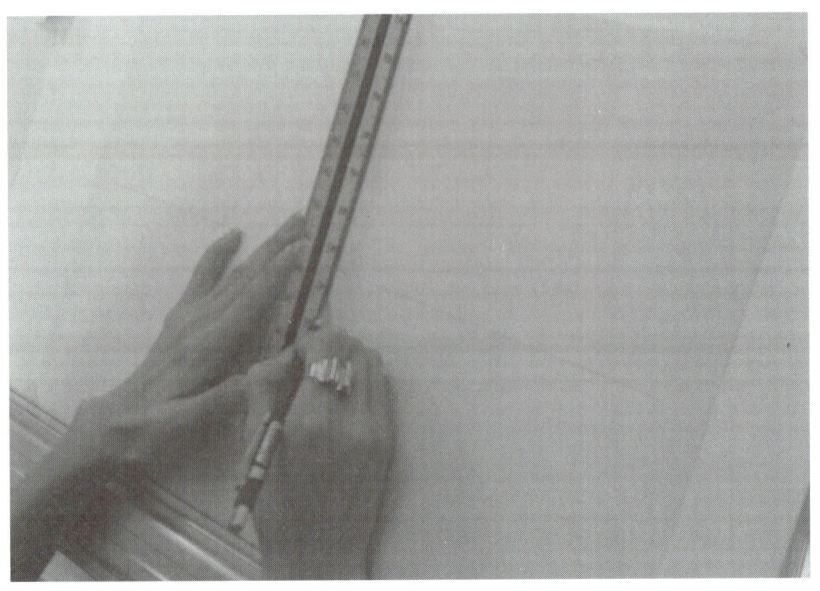

3. 천정고가 2,600mm이다.
   중심 가로선을 기준으로 위로 1,700(CL) 아래로 900(FL) 정도 잡는다.
   (약 상부:하부=2:1정도)
   벽면 폭 6,500mm를 중심에서 각각 3,250씩 잡아 벽체를 그려준다.
   바닥, 벽, 천장 형태 완성
   (168P 도면 번호2 참조)

4. 바닥선(FL)으로부터 1,500mm(사람의 평균 눈 높이) 올라가 H.L(수평선)을 긋는다.
   H.L(수평선) 위에 중앙으로 V.P(소점) 점을 잡는다.
   (169P 도면 번호3 참조)

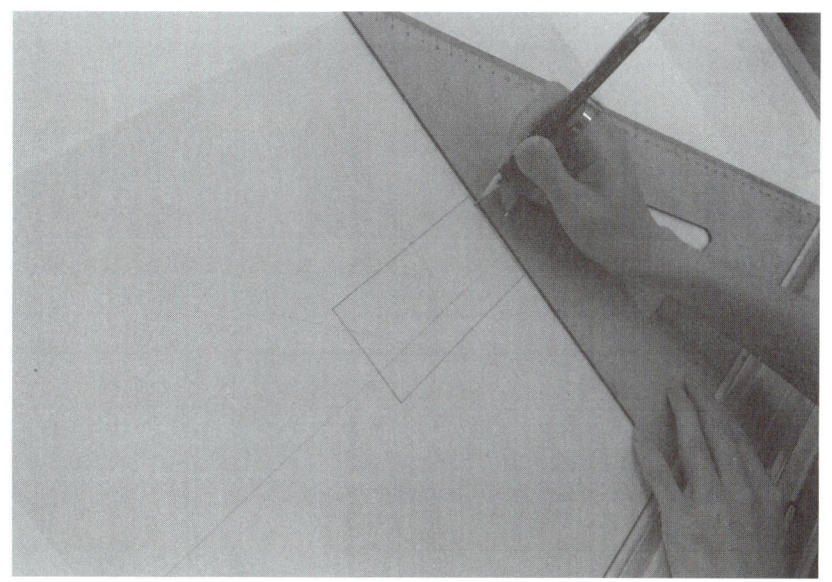

5. V.P 소점을 중심으로 좌우 벽체 라인을 긋는다.
   (가로와 높이는 항상 직각이며 세로선은 V.P 소점을 향한다.)

6. 소점을 벽체 코너와 연결하여 천장 좌우 라인과 바닥 좌우 라인을 그린다.
   (169P 도면 번호4 참조)

제3장 실내건축 도면 실기 **177**

7. V.P 소점의 수직선상에서 S.P를 설정한다.

바닥라인에서 5,500 정도 잡는다.

(170P 도면 번호5 참조)

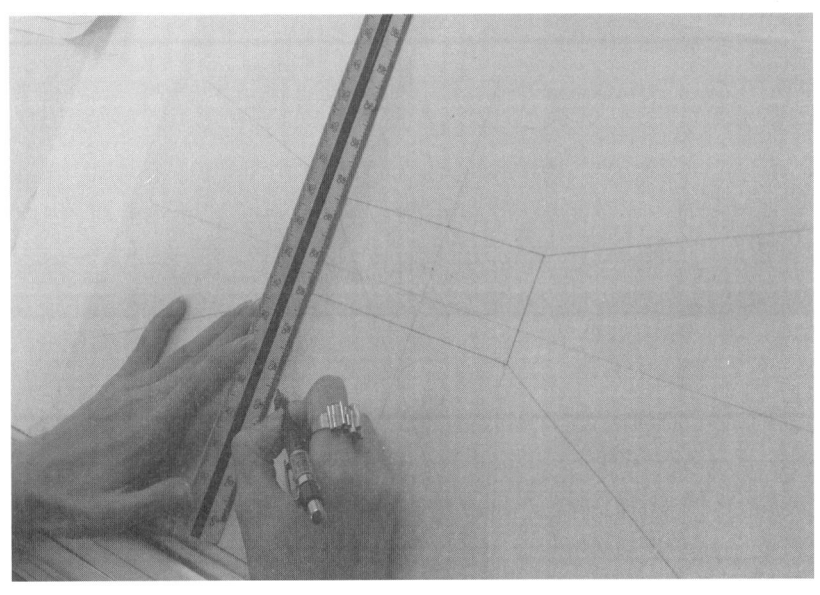

8. 왼쪽 벽체라인에서 수직선을 그어 500mm 단위로 점을 찍는다.

(170P 도면 번호6 참조)

9. SP와 연결하여 왼쪽 바닥라인에 점을 만든다.

(170P 도면 번호7 참조)

벽체라인에 점을 제도판 I(아이)자를 이용해 수평으로 그어 바닥라인을 만든다.

(171P 도면 번호8 참조)

10. 벽체 중앙면의 벽체라인에서도 500mm 단위로 점을찍어 V.P점과 연결하여 바닥의 그리드(Grid)를 완성한다.
(172P 도면 번호9 참조)

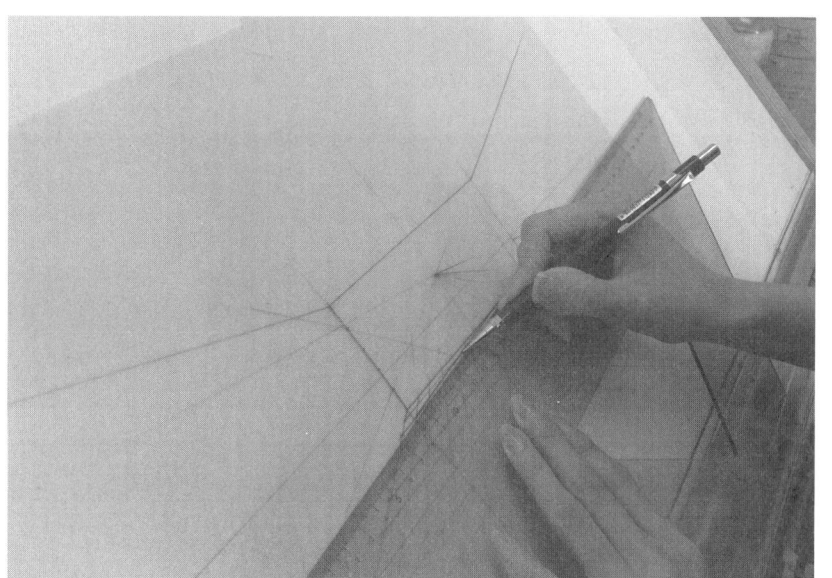

11. 가구들의 높이를 잡아 선을 그어 표시한다.
(172P 도면 번호10 참조)

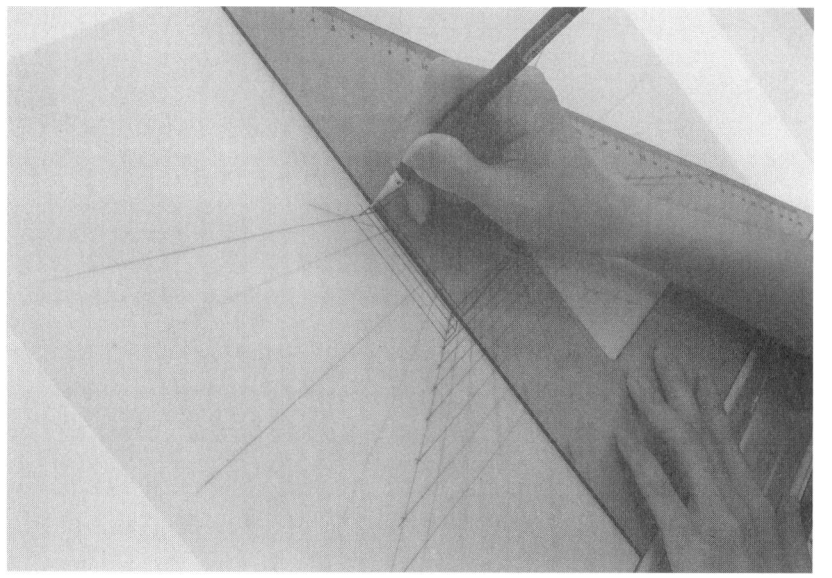

12. 벽체 기둥과 개구부를 표시한다.
(173P 도면 번호11 참조)

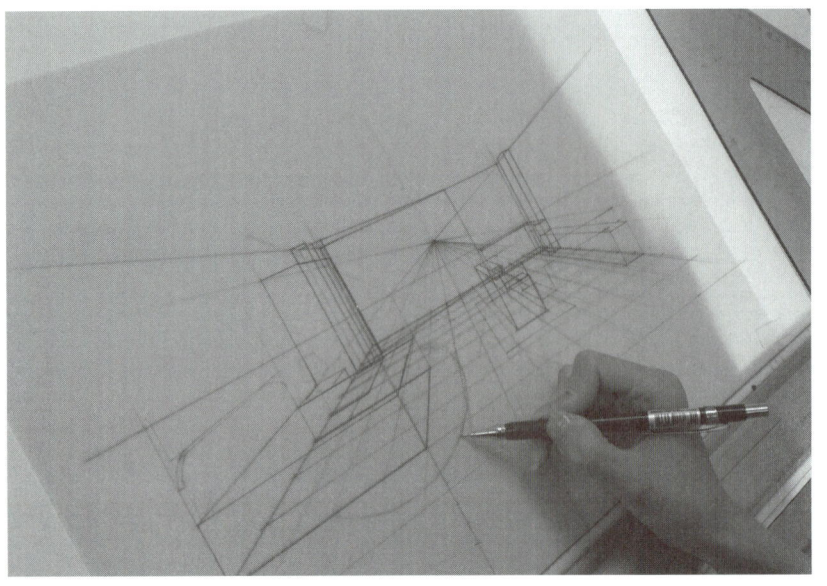

13. 바닥의 그리드(Grid)위에 평면도에 있는 가구를 위치대로 그려 넣는다.
    (173P 도면 번호12 참조)

14. 가구들을 치수대로 하나하나씩 완성한다.
    (174P 도면 번호13 참조)

15. 천장등을 표시한다.
    (일반적으로 켄트지 작업을 마무리하고 트레이싱지를 위에 붙인다.)
    (174P 도면 번호14 참조)

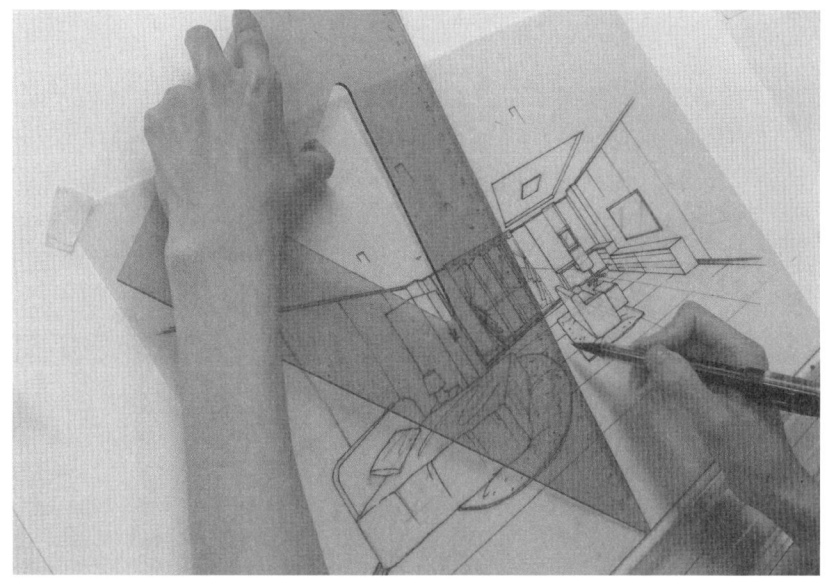

16. 그 밖의 디테일한 것들, 몰딩, 걸레받이, 커텐, 소품 등은 플러스 펜(검정) 작업시 그려 넣는다.

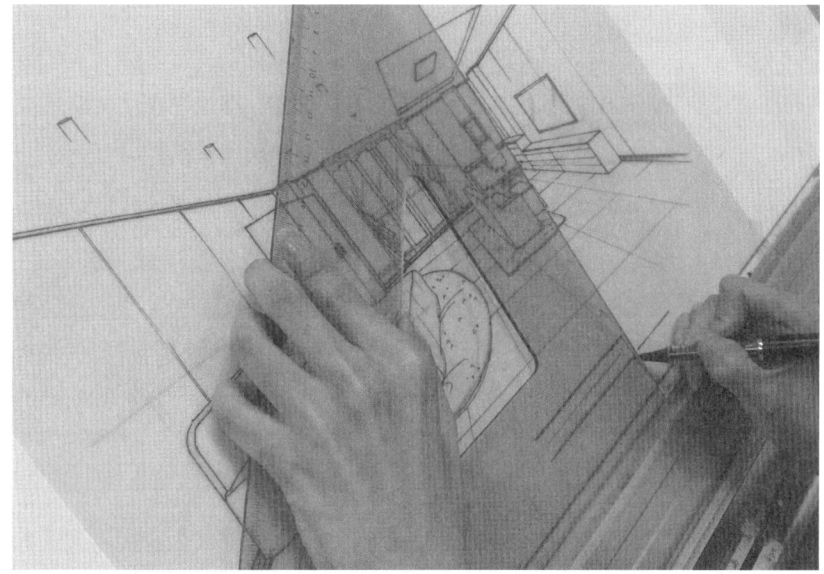

17. 도면명과 스케일을 표시한다.
 (NONE SCALE로 표시 → SCALE:N.S)
 (175P 도면 참조)

18. 제도 펜으로 그려진 투시도면을 플러스 펜으로 다시 그려 완성한다.

■ 투시도 컬리링 작도 순서

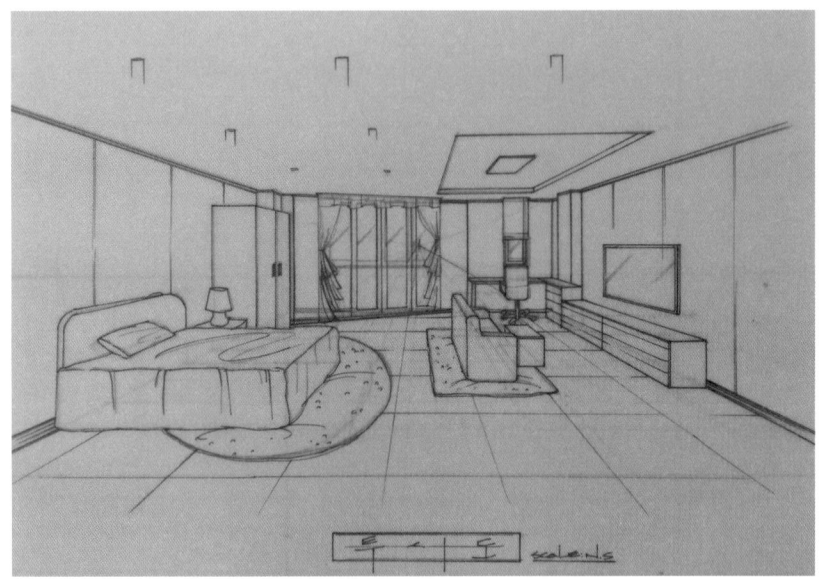

1. 완성된 투시도 도면을 검정색 플러스 펜으로 잉킹 작업을 한다.
   (뒤집어 마카로 컬러링 한다. 이유는 잉크가 묻어나오지 않게 하기 위함이다.)

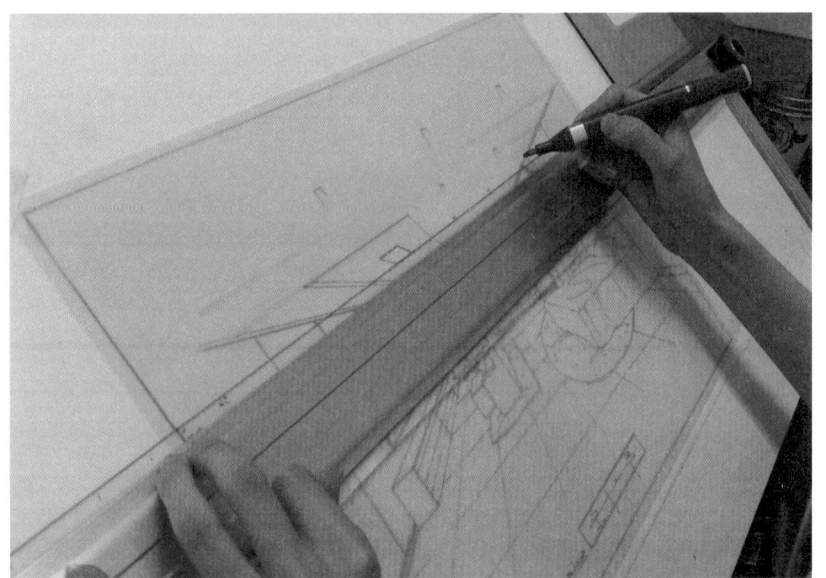

2. 천장부분을 마카를 이용하여 가로선으로 가장자리 부분에서 중앙부분으로 칠해준다.
   벽/천장 : WG3, CG3. 77. 36. 49
   여기서는 〈CG3〉 사용
   ※ WG : Warm Gray(웜 그레이)
   　CG : Cool Gray(쿨 그레이)

3. 벽 부분을 아이자와 삼각자를 이용하여 수직으로 칠해준다.
   벽 : WG3, WG5, CG3, CG4
   여기서는 〈CG3〉 사용

4. 바닥은 제도판 I(아이)자와 삼각자를 이용해 수직으로 칠한다.
   (수평선을 사용하여도 좋다)
   주거일 경우 : WG(Warm Gray)
   상업시설일 경우 : CG(Cool Gray)
   여기서는 〈CG3, CG5〉 사용

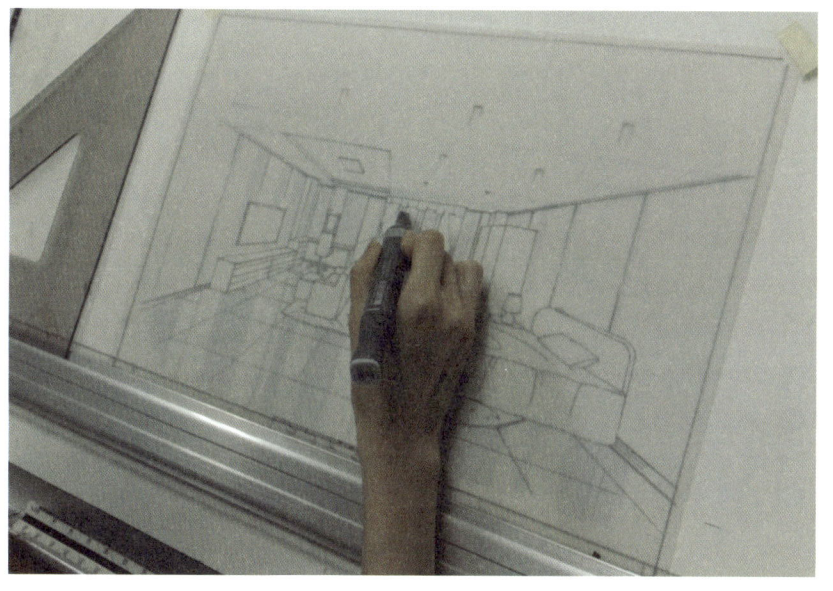

5. 유리창 부분은 투명하고 차가운 느낌이 들도록 Blue 계통으로 칠한다.
   〈76〉
   〈CG3〉〈BG3〉
   여기서는 〈알파 B115〉 사용

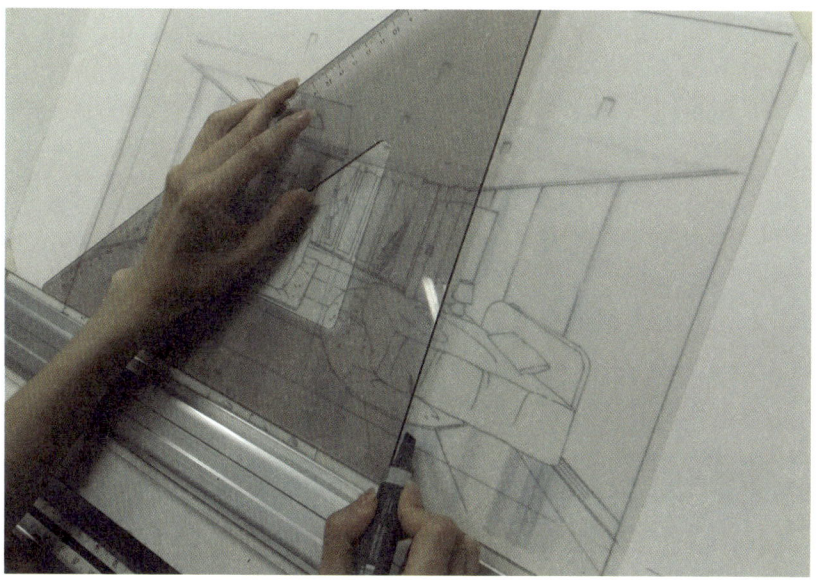

6. 바닥부분은 어두운 회색으로 한번 덧 칠해주면 음영의 효과가 생겨 효과적이다.

7. 천장→벽→바닥 순으로 명도를 떨어뜨려 주는 것도 좋다.

    ex) CG3→CG4→CG5→CG7

8. 가구나 집기들을 칠한다.

책장 및 가구(일반)

주거가구 : Brown 계열

상업가구 : CG계열, Blue 계열

책장 〈알파 103〉

9. TV 테이블을 칠한다.

    가구 포인트 사용색 : 43, 51, 61, 62, R/84

10. 침대를 칠한다.
    (알파5, 신한 PP9)

11. 쇼파를 칠한다.
    〈알파 83〉

12. 러그커튼은 파스텔계의 부드러운 톤(Tone)을 나타내면 좋다.
    핑크계열 : 9, 16, 7
    녹색계열 : 46, 59, 56
    보라계열 : 81, 83, 85
    하늘색계열 : 63, 65. 67
    노랑계열 : 35, 37, 41

13. 조명은 노랑(Yellow)으로 칠한후 주황 (Yellow Red)으로 한 부분만 칠해 빛의 강약을 표현한다.
    〈33, 23 / 35, 23〉
    여기서는 〈신한 Y35 / YR23〉 사용

14. 몰딩과 걸레받이는 주로 CG와 Brown 계열을 사용하며
    주거는 103, 94
    상업시설은 CG4, CG9 등을 사용하나 어느 계열을 사용해도 무방하다.
    여기시 몰딩은 〈신한 CG7〉
    걸레받이는 〈신한 CG9〉 사용
    몰딩과 걸레받이는 같은 계열로 사용하되 몰딩보다 걸레받이는 더 진한 색을 사용한다.

15. 천장 프레임은 CG5
    TV, 문틀, 의자 밑부분 등은 CG7
    그림자는 CG7으로 처리한다.

03 작업형(실기) 예제실습(커피전문점)

주어진 도면은 도심지 사거리에 있는 커피전문점 평면도이다.
다음의 요구 조건에 따라 도면을 작성하시오.

1 요구조건

1) 설계면적 : 6m×5m×3m(H)

2) 출입문 크기 : 1.5m×2.3m, 0.9m×2.3m

3) 주요고객 : 10~20대 청소년 고객

4) 요구공간

　① 카운터 · 홀 공간

　② 주방공간

　③ 손님공간

　④ 흡연실

5) 필요집기

　① 주방공간(에스프레소 머신, 커피그라인더, 제빙기, 냉장고, 쇼케이스 등)

　② 손님공간(4인용 테이블, 의자, 2인용 테이블, 의자, 쇼파 등)

　③ 흡연실(테이블, 의자 등)

　(이상 제시된 집기는 필수적이며 이외에 필요한 집기가 있다면 수검자가 임의로 추가할 수 있음)

2 요구도면

1) 평면도 (가구배치 및 바닥마감재표기) – S : 1/30

　– 평면도 주변의 여유 공간에 설계개요(DESIGN CONCEPT)를 180자 이내로 완성하시오.

2) 내부입면도 C방향 1면(벽면재료 표기) – S : 1/50

3) 천정도 (설비, 조명기구 배치 및 범례표 작성/천정마감재 표기) – S : 1/50

3) 실내투시도 (채색작업은 필수) – S : N.S

　(계획의 포인트가 좋은 지점에서 1소점 또는 2소점 투시법으로 작성 및 작성과정의 투시보조선을 남길 것)

〈도면〉

컨셉 :

본 매장은 주고객이 10~20대인 커피 전문점으로써 출입문을 따라 이어지는 벽면에 테이블을 두어 자연스러운 동선의 흐름을 유도하였다. 흡연실은 매장 안쪽으로 두어 외관이 깔끔해 보이도록 배치하였고 그 벽을 따라 테이블을 두어 분리되어 있지만 자연스럽게 시선이 이어지도록 하였다. 주방은 카운터 뒷부분으로 배치해 고객의 시야에서 잘 보이지 않도록 하였으나 출입문도 따로 두어 직원들의 동선이 편리하도록 계획하였다. 매장 내 벽 부분은 밝은 계통의 컬러를 통해 젊음의 생동감을 느끼게 하였고 가벼우면서도 산뜻한 분위기를 나타내었다.

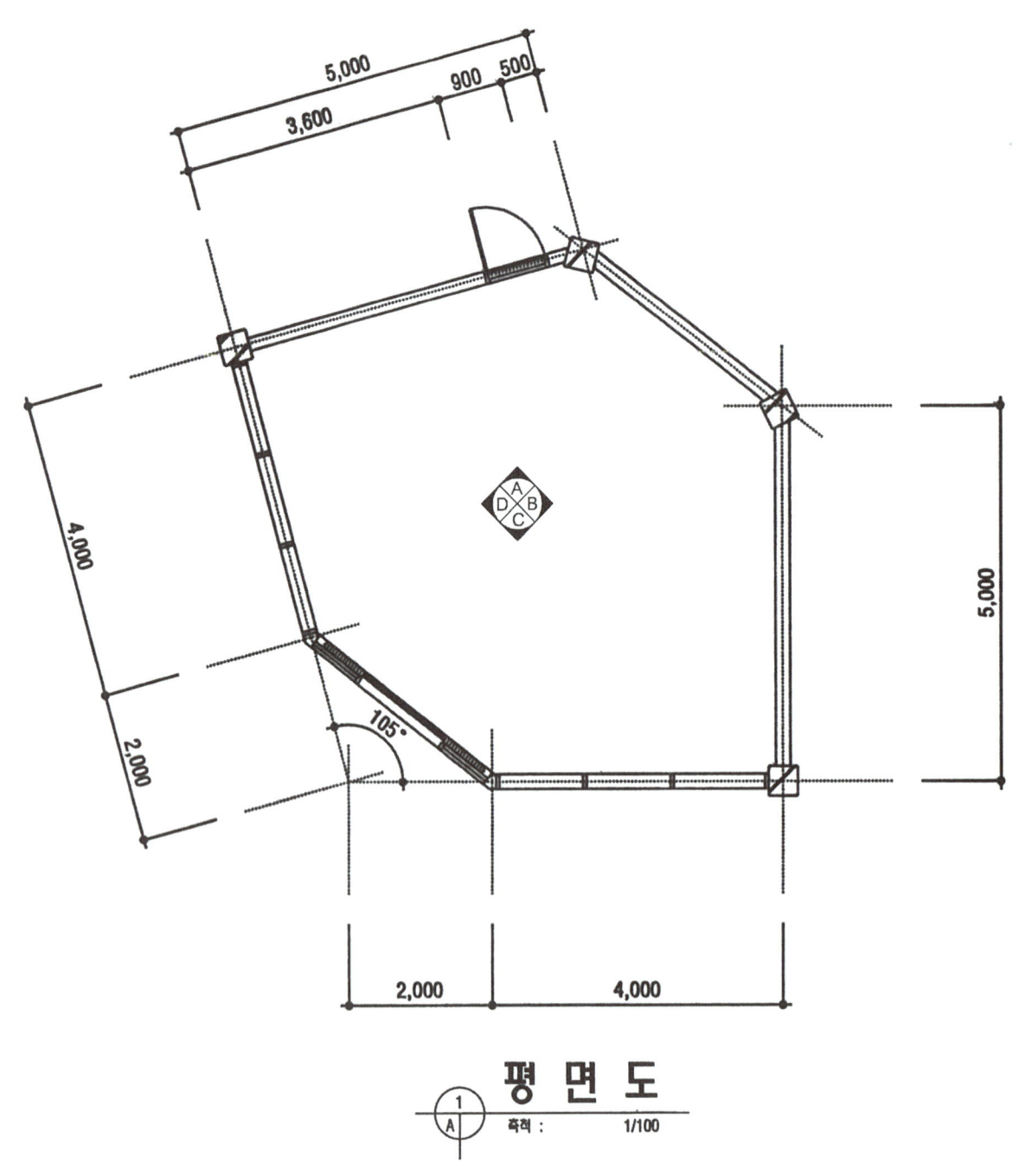

■ 평면도 작도순서

1. 트레싱지에 중심선을 흐리게 긋는다.
   60도자의 직각부분을 종이의 한 끝에 맞춰 대각선을 그린다. 반대편도 맞추어 대각선을 교차시킨다. 교차점을 직선으로 긋는다. (가로, 세로를 같은 방법으로 그린다.)

2. 도면의 위치는 트레싱지의 가로, 세로 중심선을 기본으로 중심에 맞춘다.
   (일반적으로는 하단에 도면명 및 컨셉을 기재해야 하므로 500 ~ 1000정도 위로 올려 배치한다.) (105도는 60도 와 45도 자를 이용해 맞춰 작도한다.)

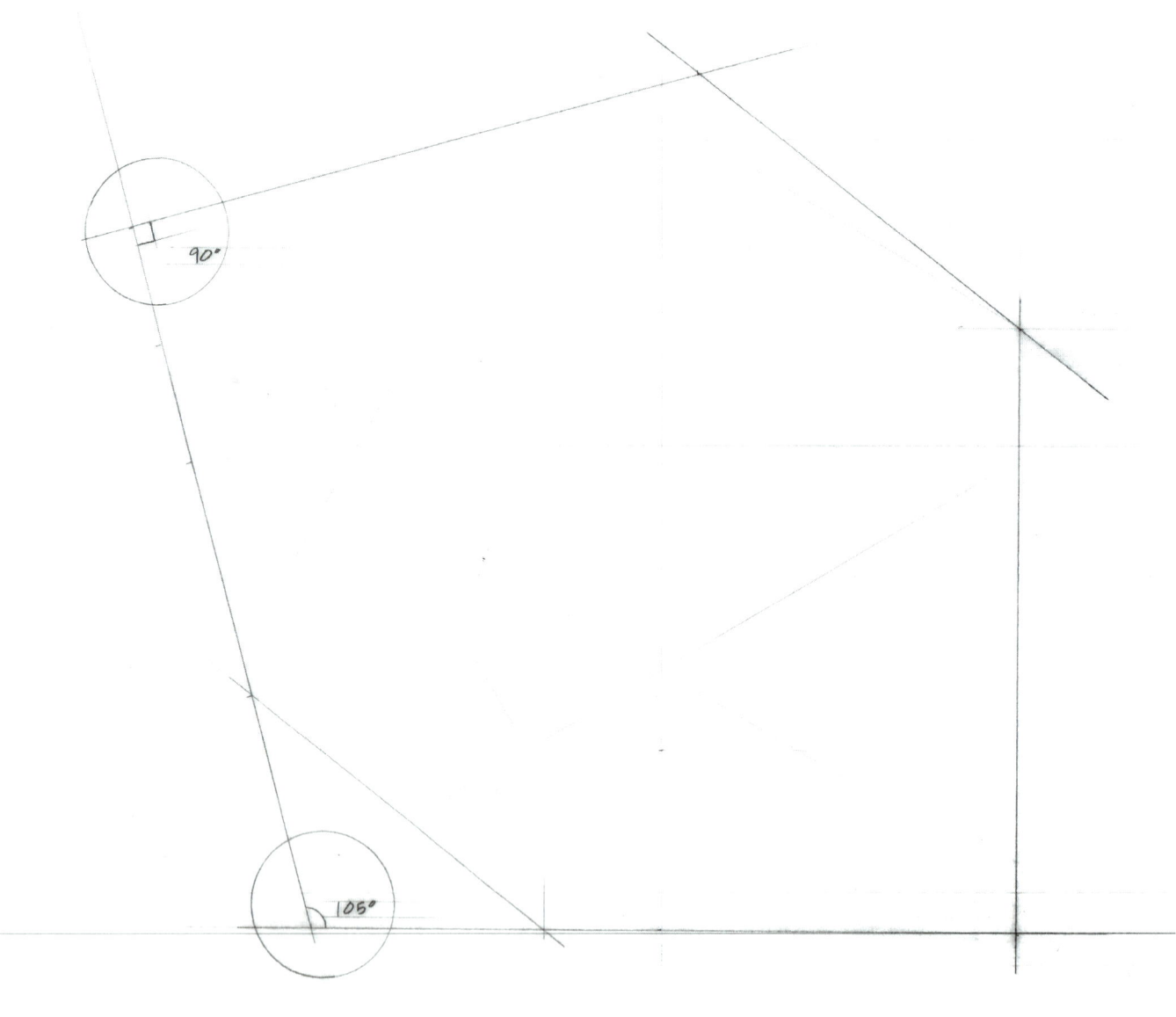

3. 벽체의 중심선을 보조선으로 흐리게 긋는다. (벽체의 길이보다 길게 그릴 것.)

   중심선에 맞춰 외벽은 조적으로 200㎜로 흐리게 그리고 기둥의 크기는 가로, 세로 600㎜으로 흐리게 작도, 개구부의 위치 확인 후 도면에 흐리게 표기한다.

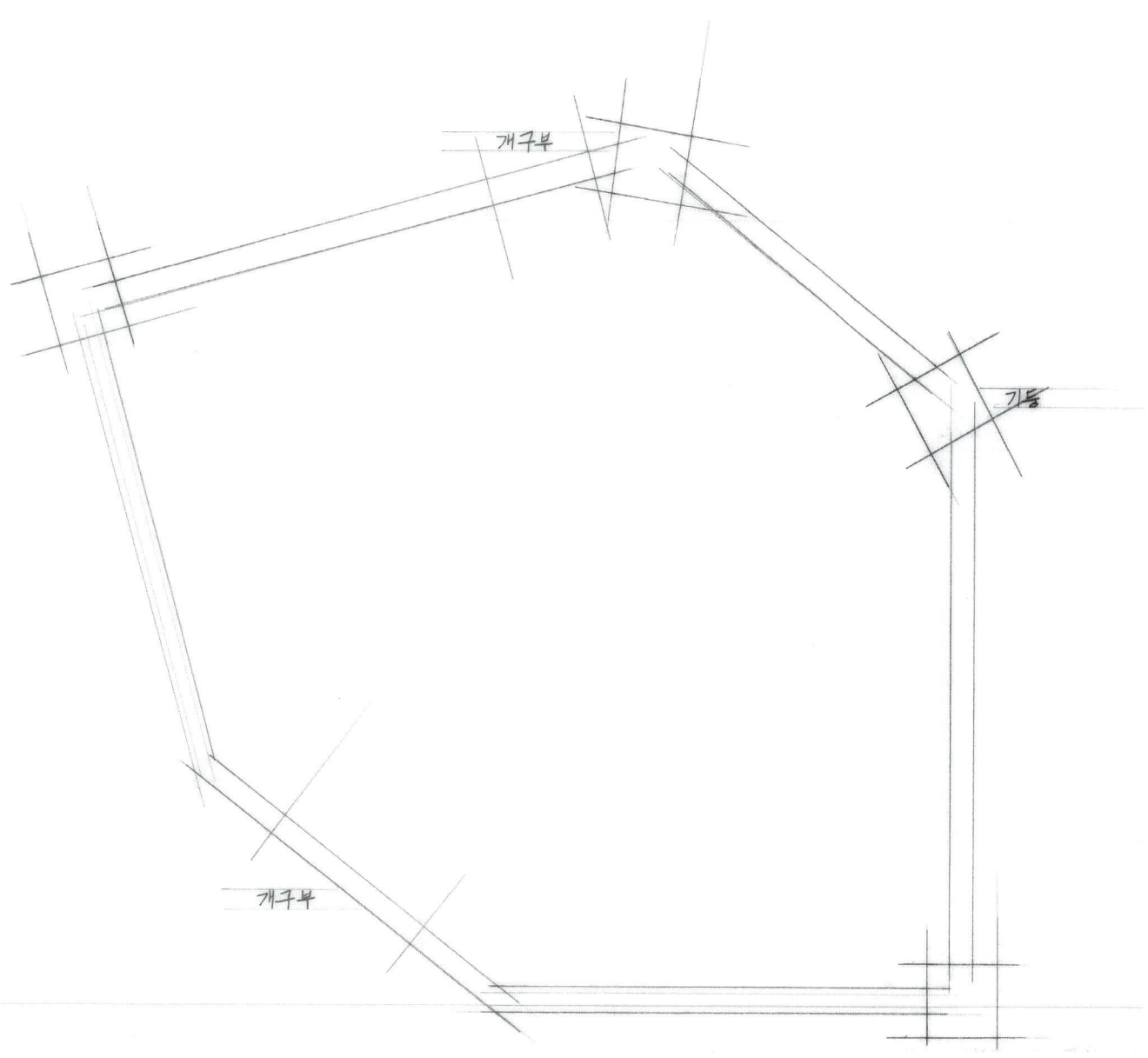

4. 단면 벽체를 진하게 그려준다.(기둥, 벽체의 단면선 – 굵은선 사용)

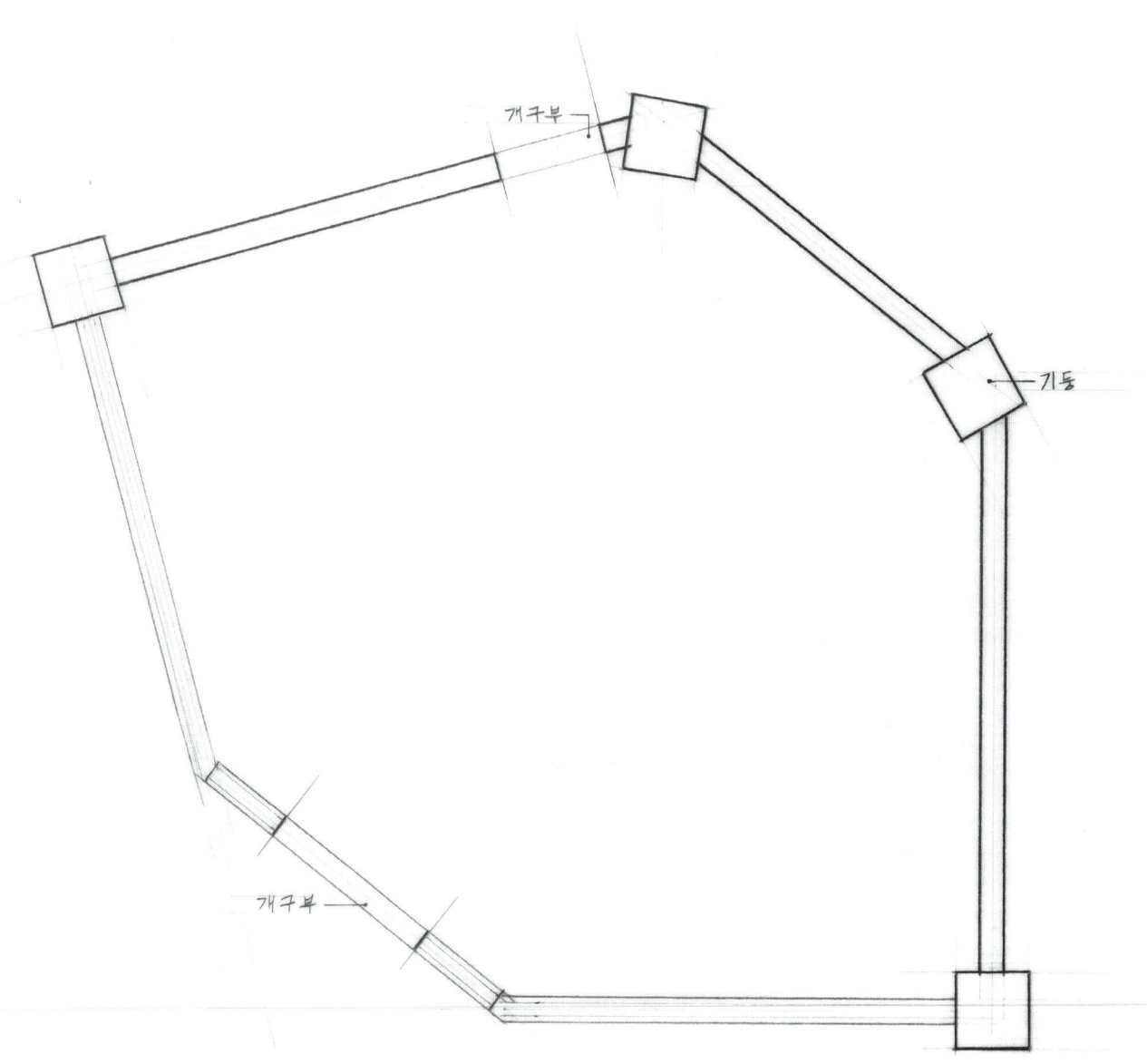

5. 도면에 창호를 정확하게 표현한다. 벽체를 다 그린후 마감선을 긋는다.
   (이 때 마감선은 가는선으로 작도, 벽체에 닿지 않도록 벽체에 가깝게 그린다.)

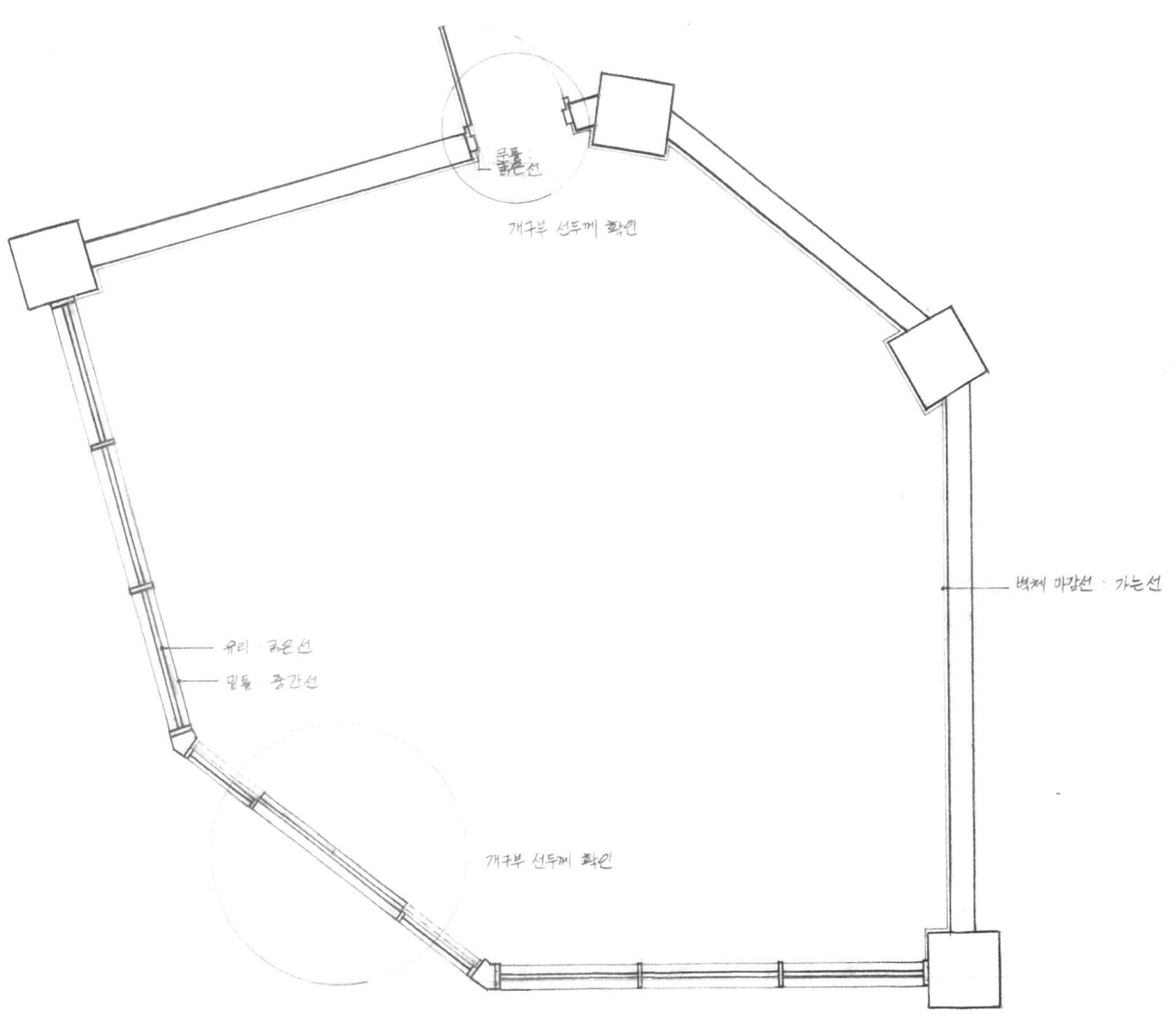

6. 내부 벽체 및 창호를 작도한다.(벽체, 창호의 단면선 – 굵은선 사용)

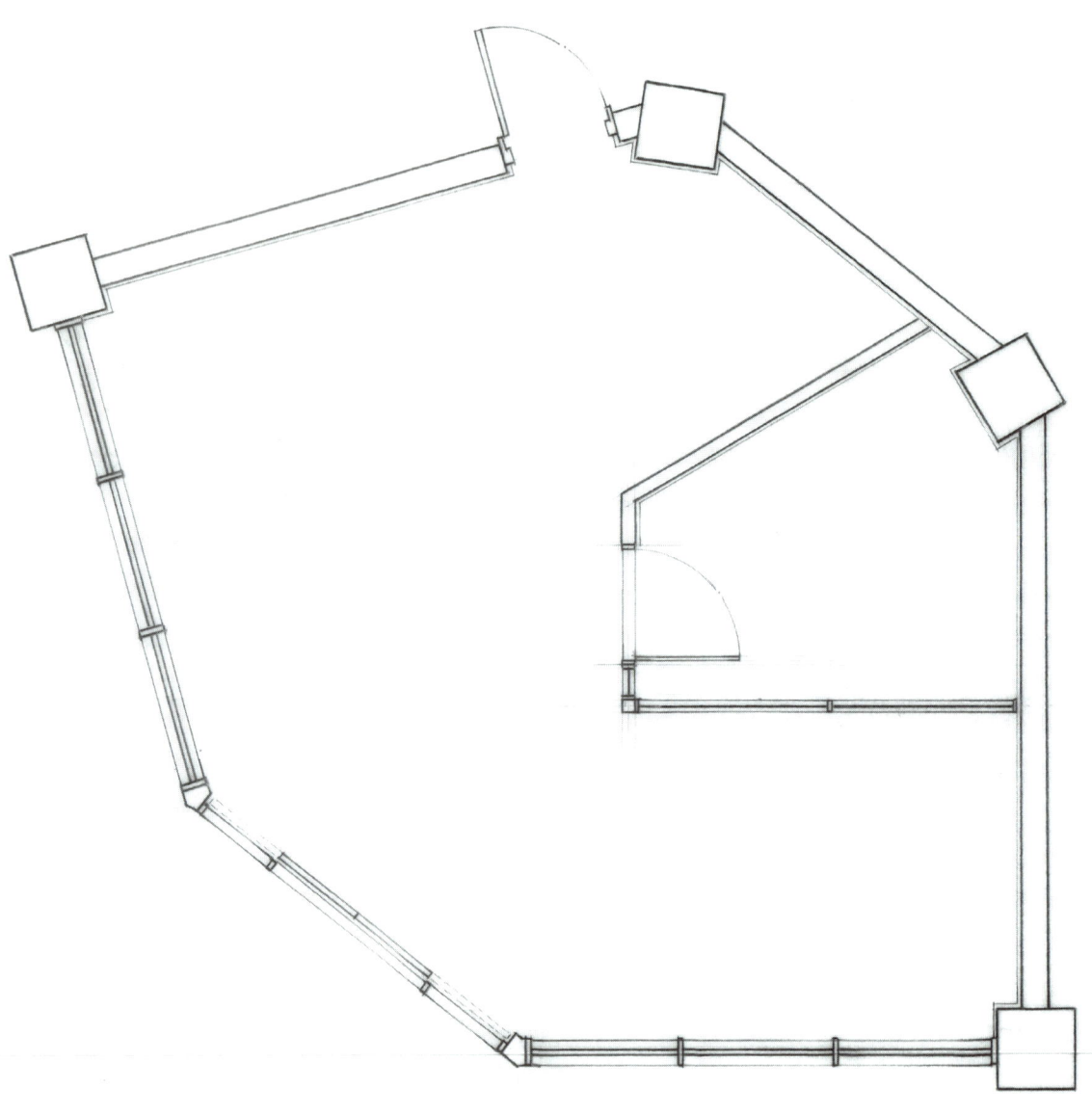

7. 가구 및 집기를 중간선으로 그리고 문제에 나와있는 가구는 반드시 그린다. (물체의 입면선 – 중간선(반선))

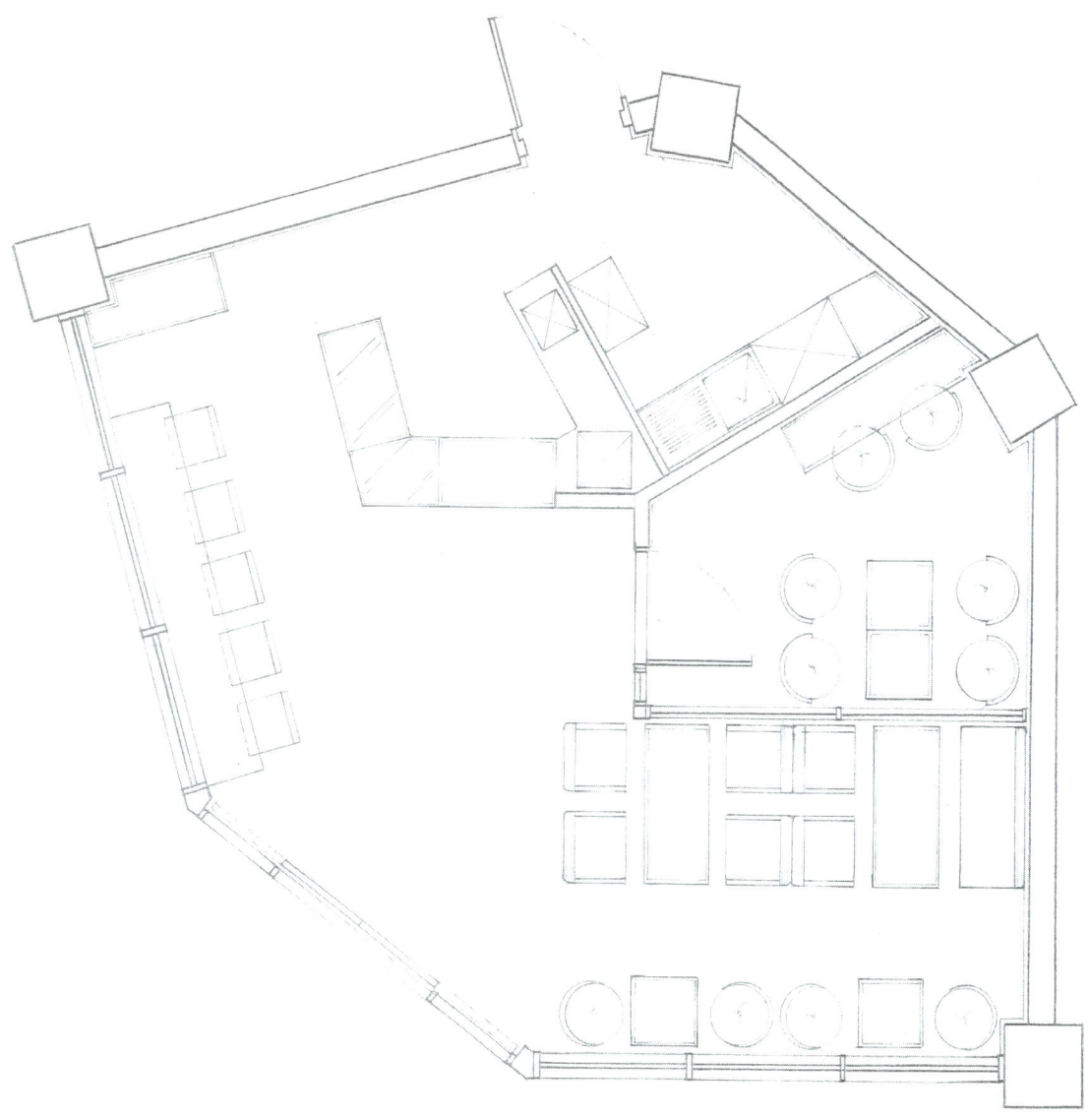

8. 실명 및 기타 문자 기입을 한다.

(실명 – 실명을 기입시 아래에 바닥레벨, 바닥 마감재와 함께 기입

기타 문자 기입 – 꼭 설명이 필요한 집기나 재료나

입·단면도 방향표시 기호와 주출입구 문자 반드시 기입 – 방향표시기호는 문제에 주어져 있는지 확인하고 도면의 중앙부나 비어있는 곳에 도면 크기에 비례한 크기로 굵은선으로 그린다.)

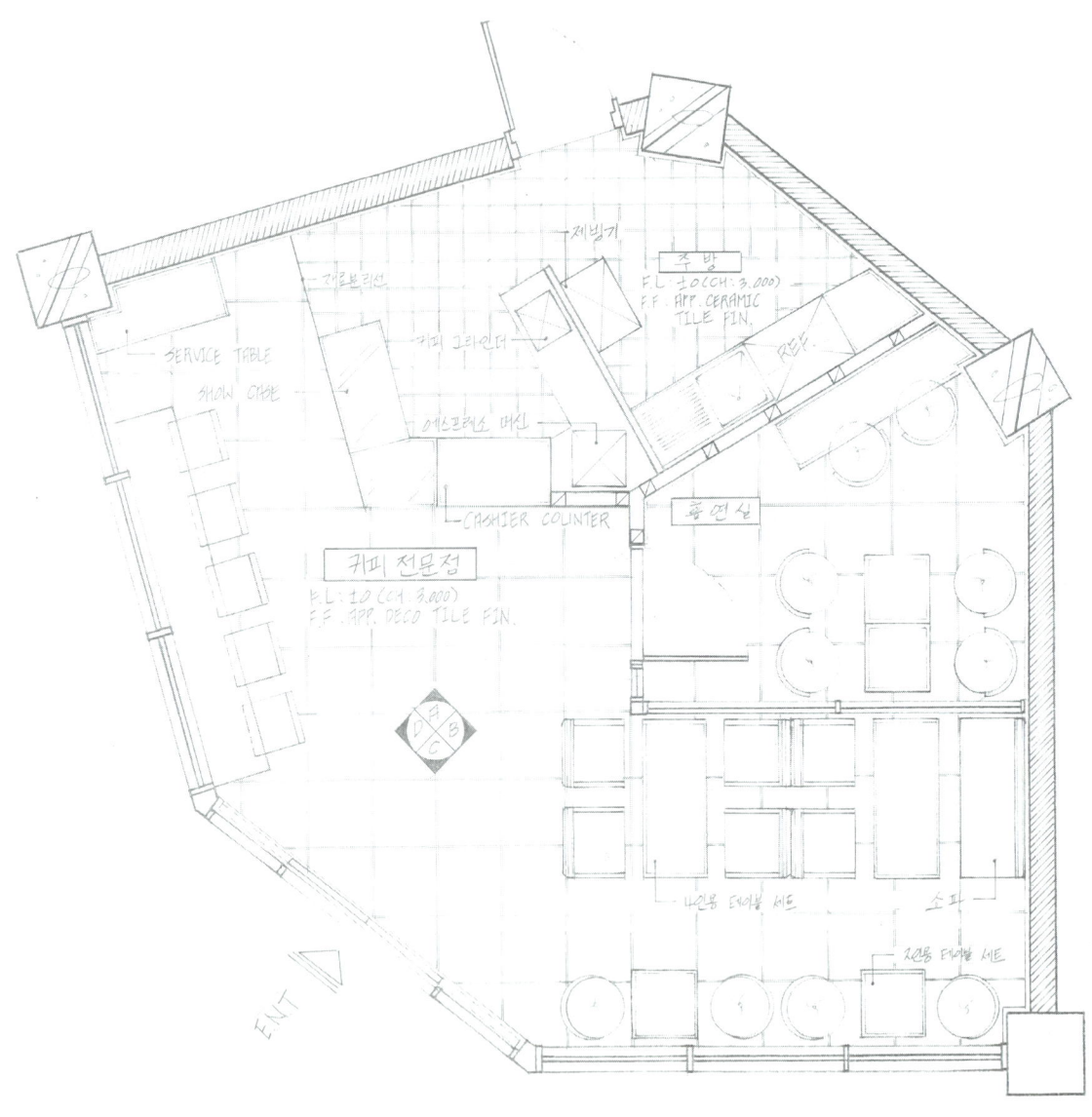

9. 바닥 마감재 및 벽체 해치를 채워준다.(해칭선 - 가는선 사용)
 (바닥 마감재는 가구, 개구부, 문자를 피해서 가는선으로 그린다. 벽체해치는 중간선으로 작도. 기둥 표시를 마무리한다.)

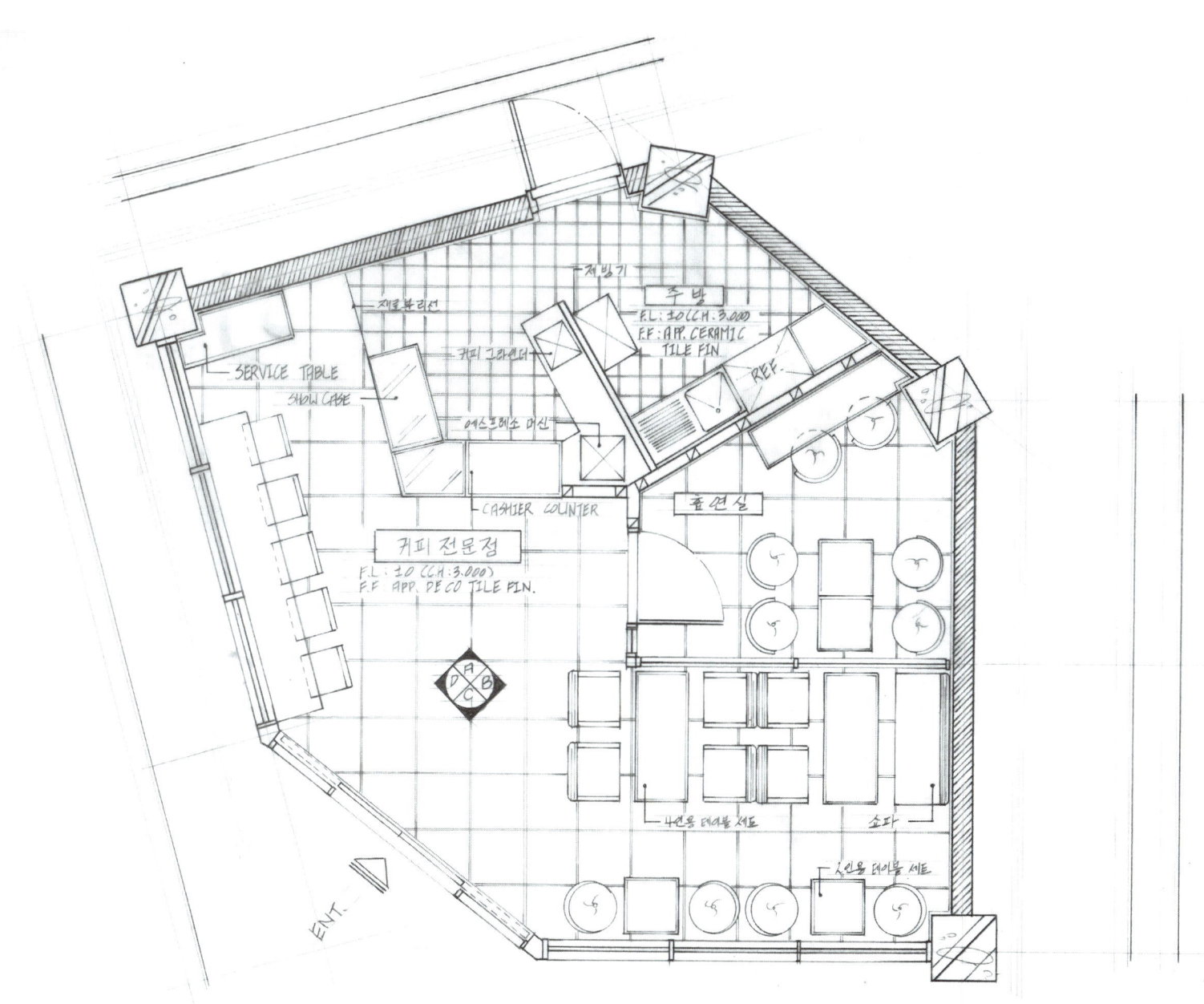

10. 치수 기입을 위해 치수 보조선 및 치수선을 긋는다.(치수선, 인출선 – 가는선 사용)
   (치수선은 3면 2줄을 원칙으로 하며 치수선 교차부에 dot(·)를 찍는다.)

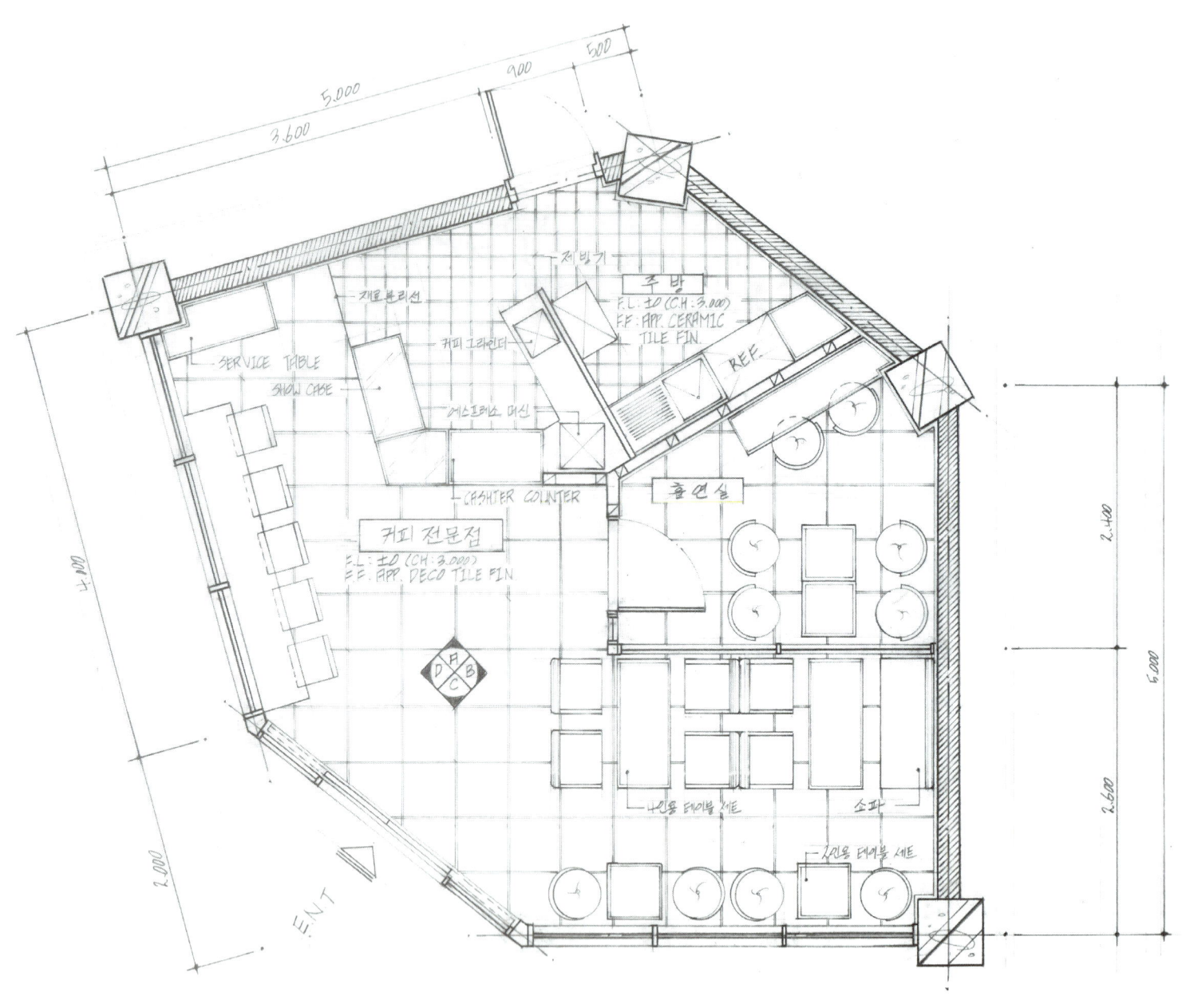

11. 도면명 및 도면 스케일을 기입한다.

■ 평면도 실습 작도

1. 트레이싱지에 중심선을 흐리게 긋는다.
   (189P 참조)

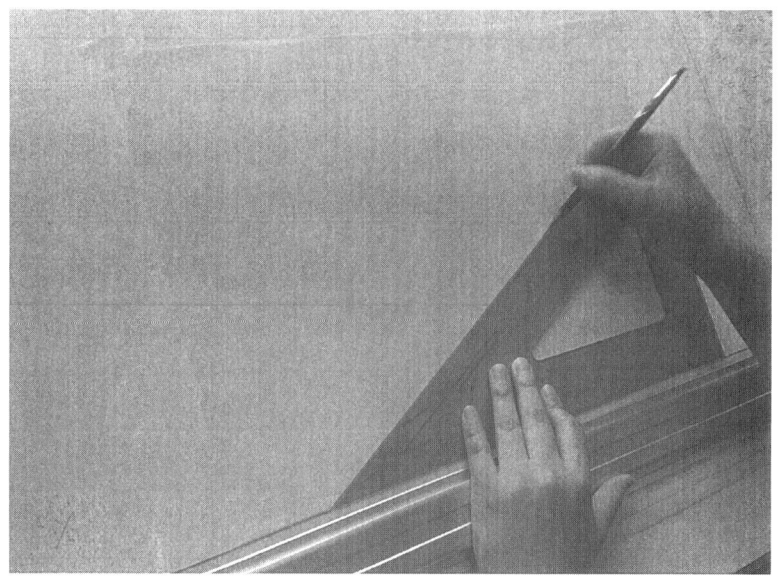

2. 삼각자(60도자)의 직각부분을 종이의 한 끝에 맞춰 대각선을 긋는다. 반대편도 맞추어 대각선을 교차시킨다.
   (189P 참조)

3. 대각선의 교차점을 직선으로 긋는다. 세로선을 완성한다.
   (189P 참조)

4. 교차점을 직선으로 긋는다.
   가로선을 완성한다.
   (189P 참조)

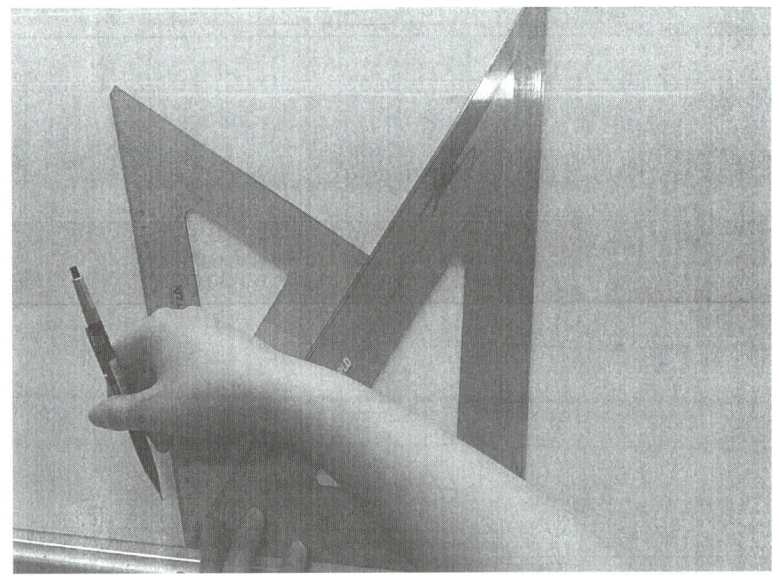

5. 도면은 6각형의 형태로 105도는 60도와 45도 자를 이용해 작도한다.
   (190P 참조)

6. 도면의 위치는 트레이싱지의 가로, 세로 중심선을 기준으로 중심에 맞춘다.
   일반적으로는 하단에 도면명 및 컨셉을 기재해야 하므로 500~1,000 정도 위를 올려 배치한다.
   (190P 참조)

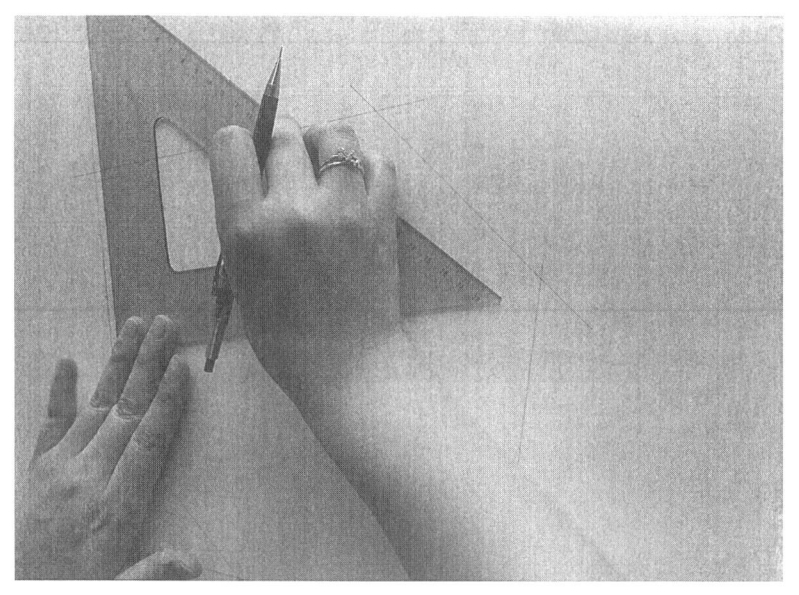

7. 벽체의 중심선을 보조선으로 흐리게 긋는다.
   (벽체의 길이보다 길게 그릴 것)
   (191P 참조)

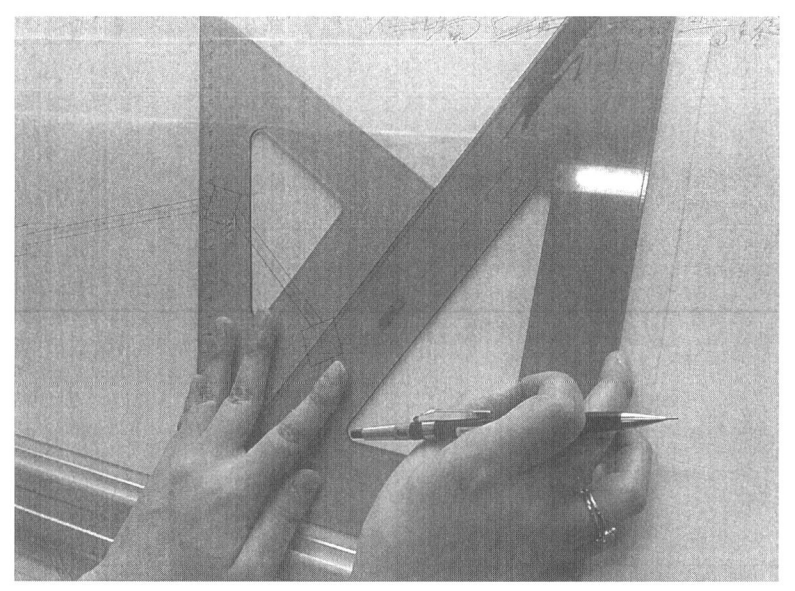

8. 중심선에 맞춰 외벽은 조적으로 200mm 흐리게 그린다.
   (191P 참조)

9. 기둥의 크기는 가로 세로 600mm로 흐리게 그린다.
   (192P 참조)

10. 개구부의 위치 확인 후 도면에 흐리게 표시한다.
   (192P 참조)

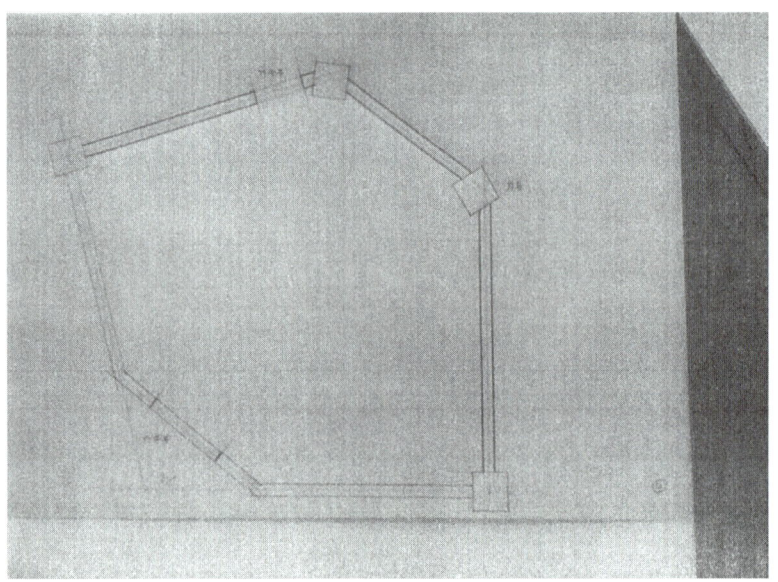

11. 단면 벽체를 진하게 그려준다.
   (192P 참조)

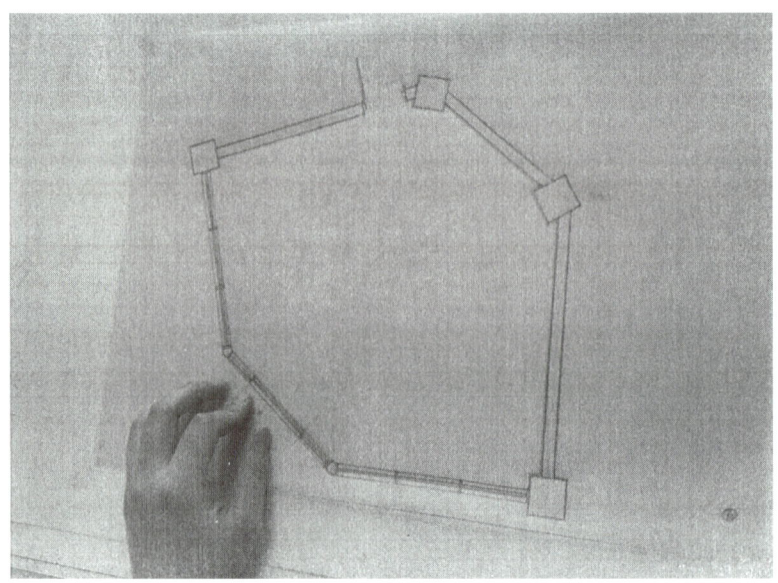

12. 도면의 창호를 정확하게 표시한다.
   (193P 참조)

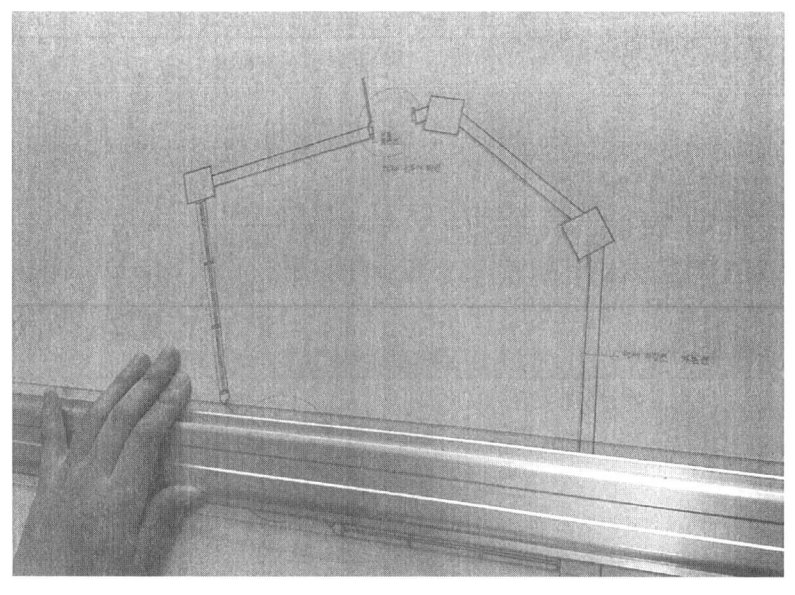

13. 벽체를 다 그린후 벽체마감선을 긋는다.
    벽체마감선은 가는선으로 긋는다.
    벽체에 닿지 않게 하되 벽체에 가깝게 그린다.
    (193P 참조)

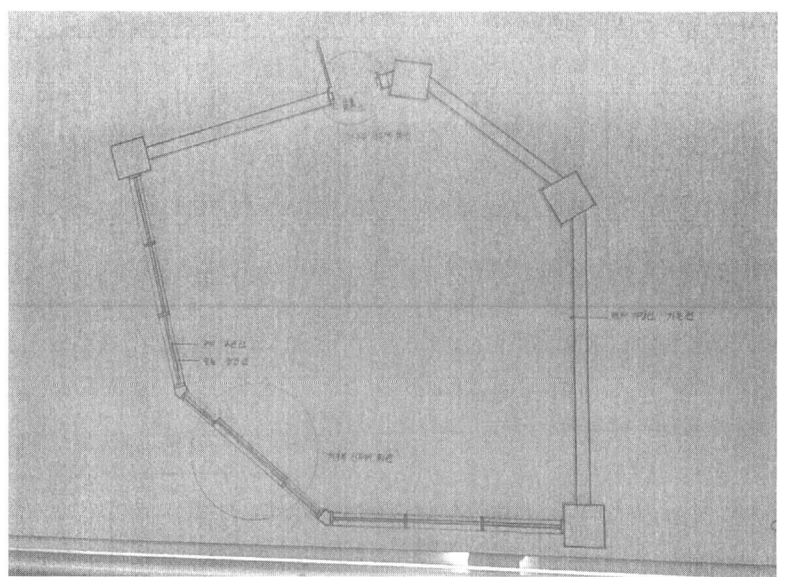

14. 개구부 – 선두께 확인
    (193P 참조)

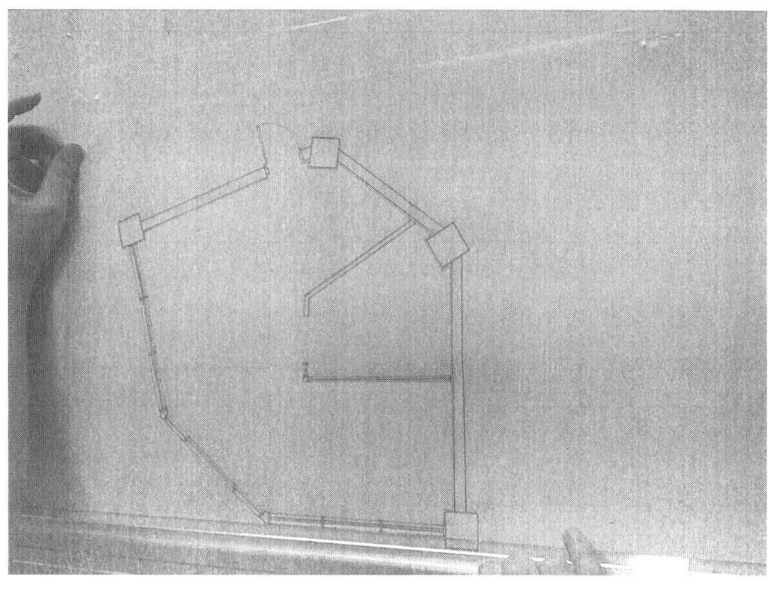

15. 내부 벽체를 작도한다.
    (194P 참조)

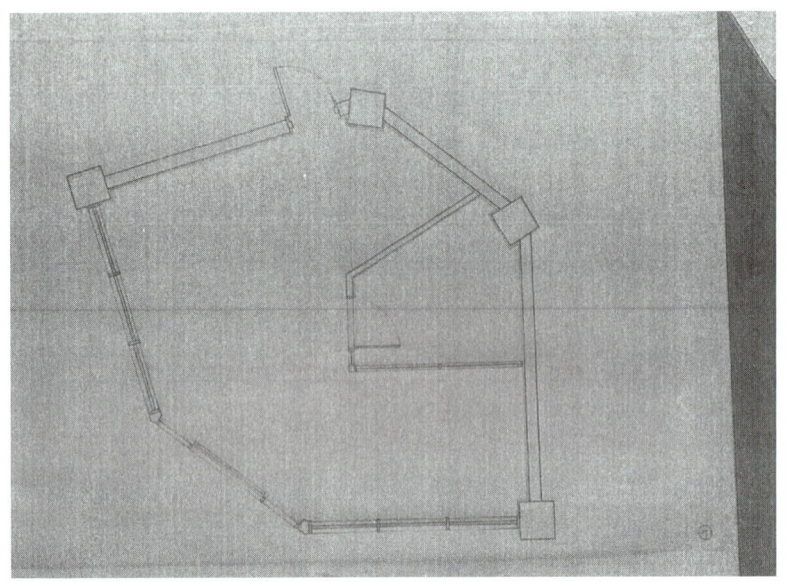

16. 내부벽체의 창호를 작도한다.
    창호는 원형 템플레이터를 이용하여 일점쇄선으로 그린다.
    (194P 참조)

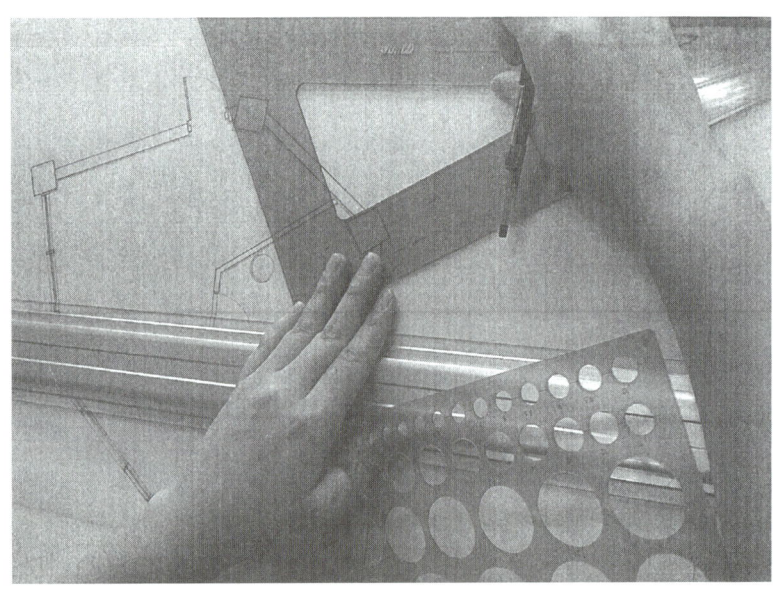

17. 도면 내부에 가구 및 집기를 표현한다.
    템플레이터를 이용해 만든다.
    (195P 참조)

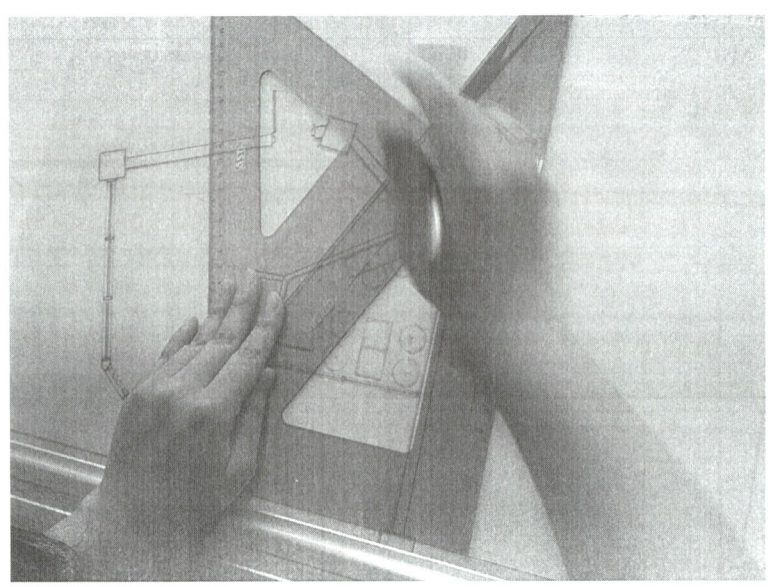

18. 가구와 집기는 중간선으로 긋는다.
    (195P 참조)

19. 문제에 나와있는 가구는 반드시 그려야 한다.
    (195P 참조)

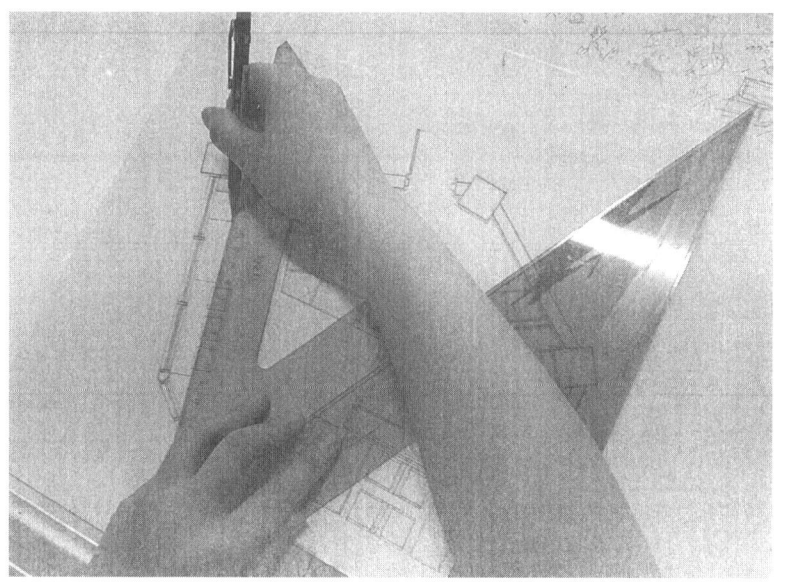

20. 가구 치수와 동선을 고려하여 가구와 집기를 배치한다.
    (195P 참조)

21. 도면에 가구와 집기표현을 완성한다.
    (195P 참조)

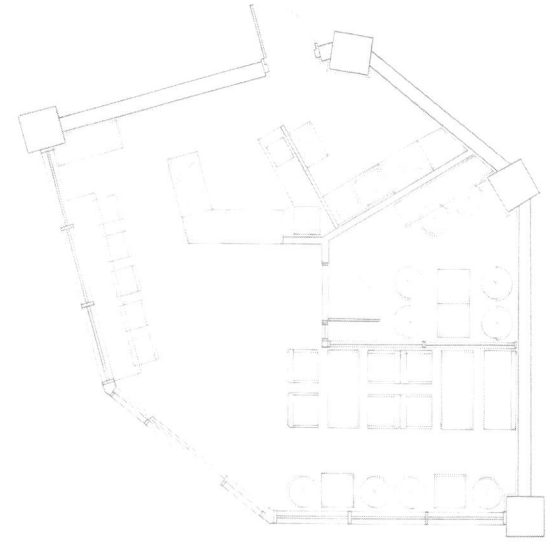

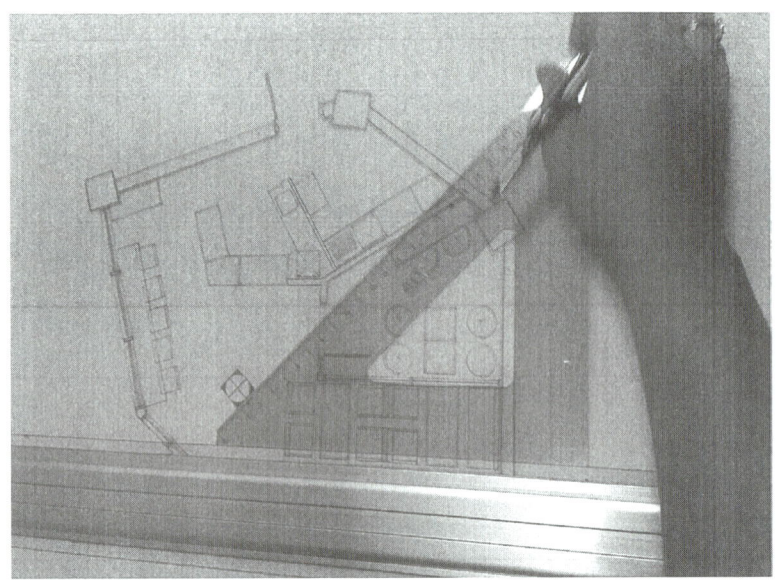

22. 입, 단면도 방향 표시기호와 주출입구 문자는 반드시 기입한다.
    방향 표시기호는 문제에 주어져 있는 방향을 확인한다.
    (196P 참조)

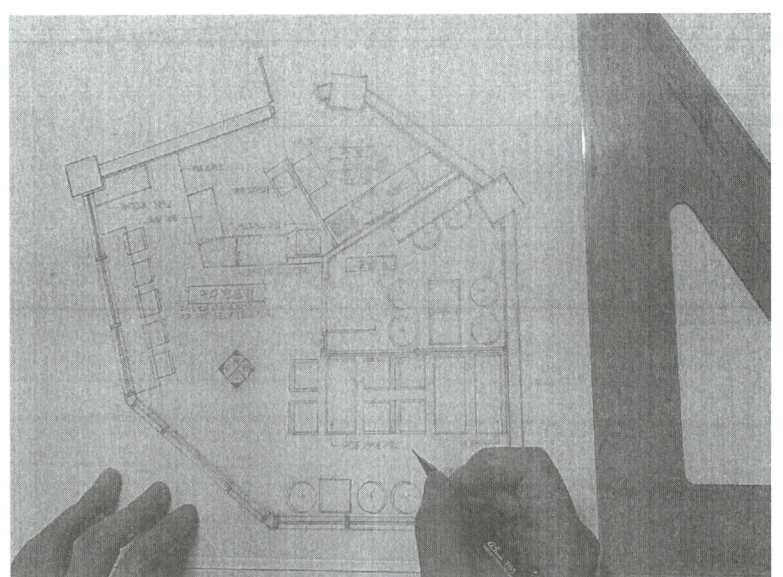

23. 실명과 기타문자를 기입한다.
    실명 - 실명(커피전문점) 기입시 아래 바닥레벨, 바닥 마감재와 함께 기입한다.
    기타문자는 꼭 설명이 필요한 집기나 재료를 표시한다.
    (196P 참조)

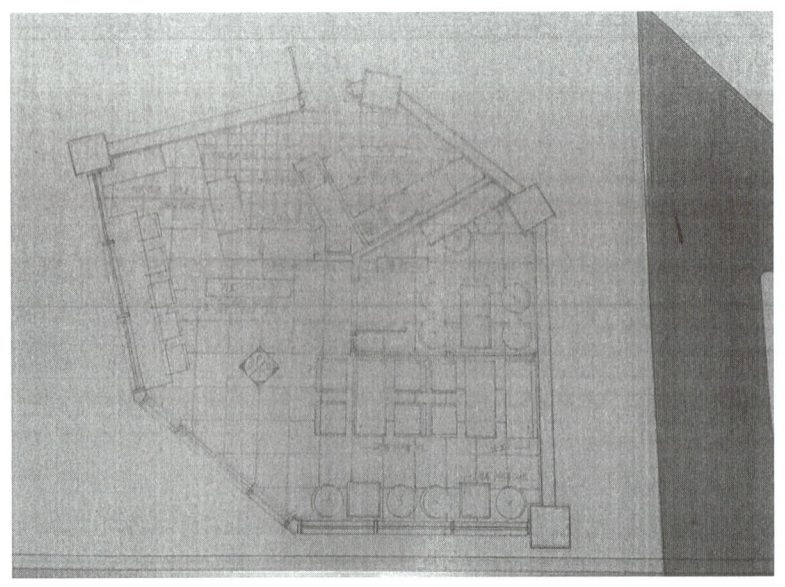

24. 바닥마감재를 그린다.
    바닥마감재는 가구, 개구부, 문자를 피해서 가는선으로 그린다.
    (197P 참조)

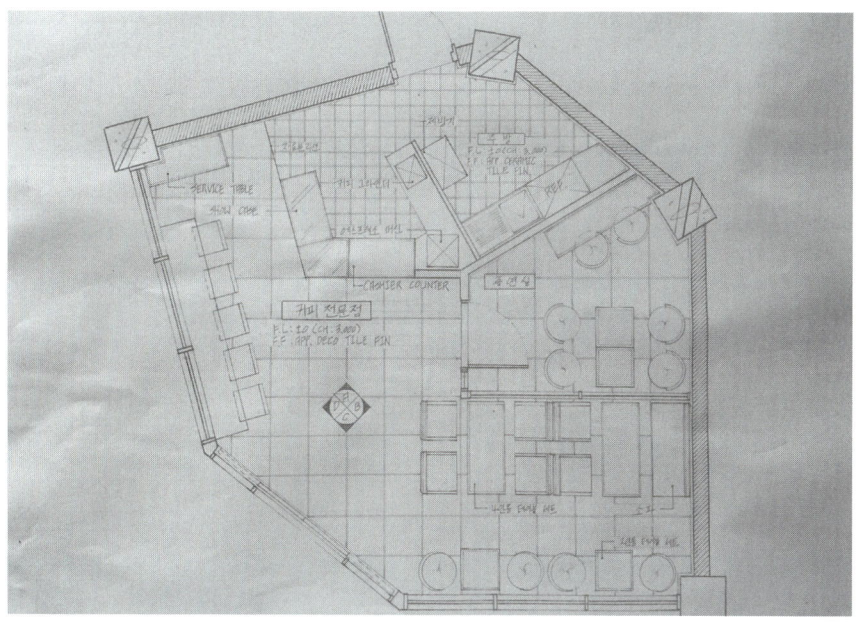

25. 벽체 해치를 채워준다.
    벽의 해치선은 중간선으로 작도한다.
    (197P 참조)

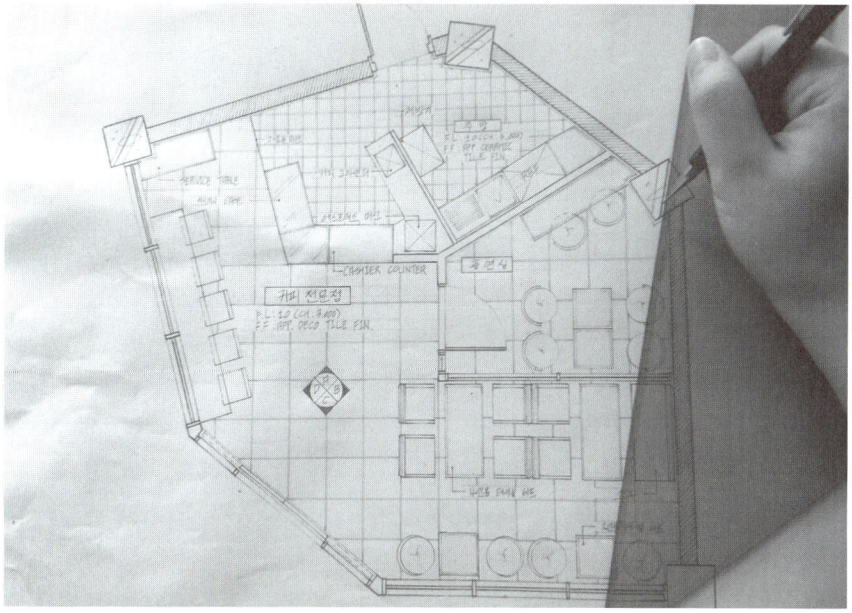

26. 철근콘크리트 기둥표시를 한다.
    (197P 참조)

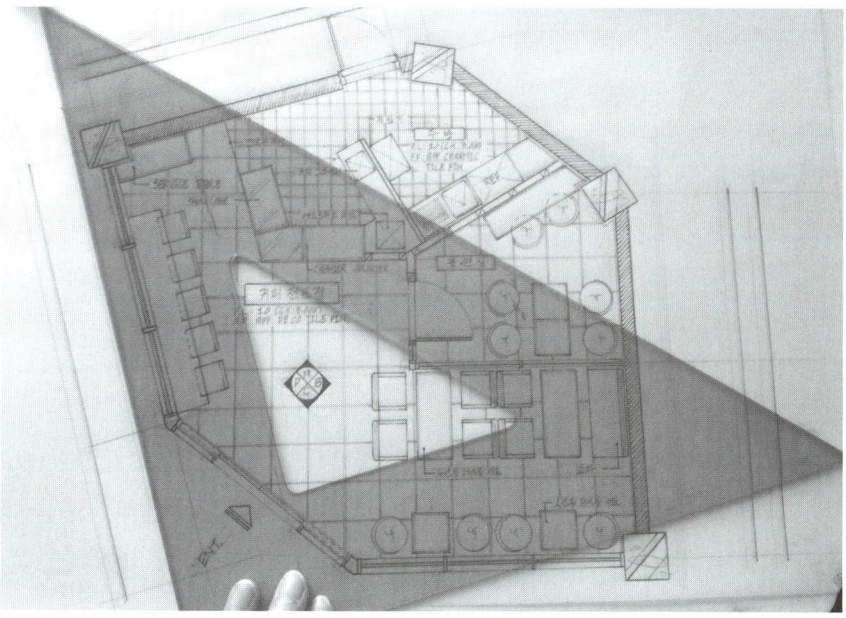

27. 치수선 기입을 위해 치수보조선 및 치수선을 긋는다.
    (198P 참조)

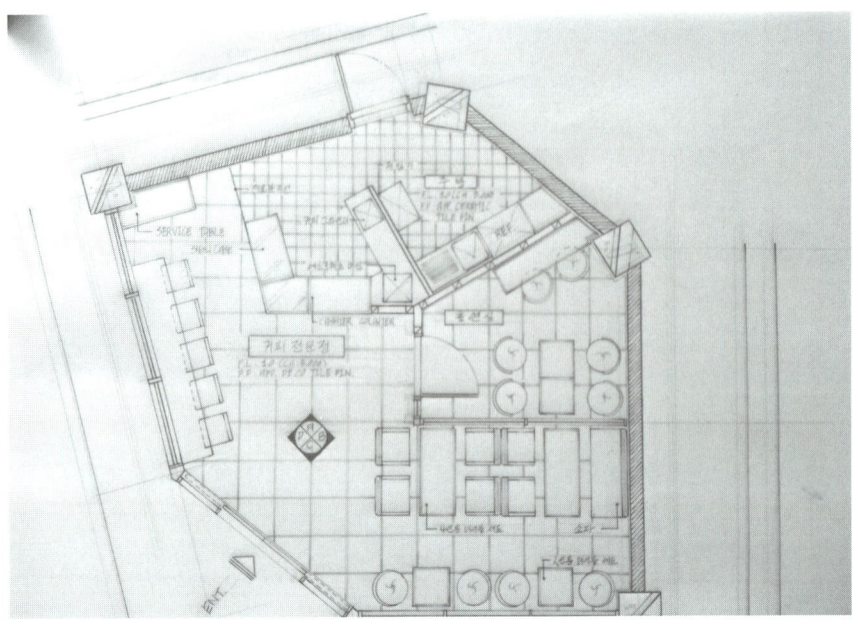

28. 치수선은 3면 2줄을 원칙으로 하며 치수선 교차부에 dot(·)를 찍는다.
(198P 참조)

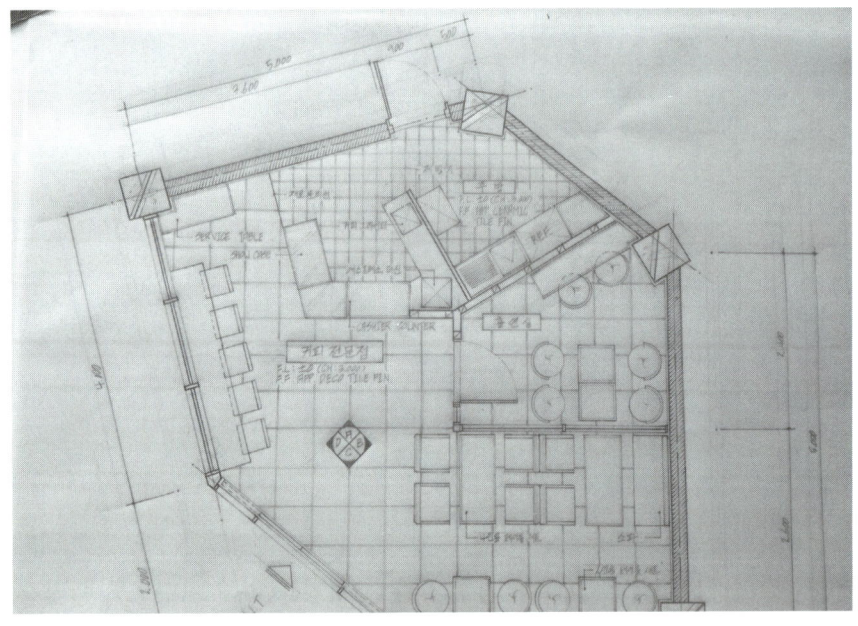

29. 치수선에 보조선 2줄을 긋고 치수를 기입한다.

 가로 치수는 치수선 위에 세로치수는 치수선 왼쪽에 기입하며 1,000 단위마다 dot(·)를 찍어준다.

 마지막으로 도면명 및 도면 스케일을 기입한다.
(198P 참조)

■ 입면도 작도 순서

1. 트레싱지에 중심선을 흐리게 그어 교차점을 잡아 수직, 수평선을 긋는다.

2. 작도방향의 벽체 중심선을 보조선으로 긋는다.

3. 중심선과 벽체를 구분하는 선을 흐리게 긋는다.

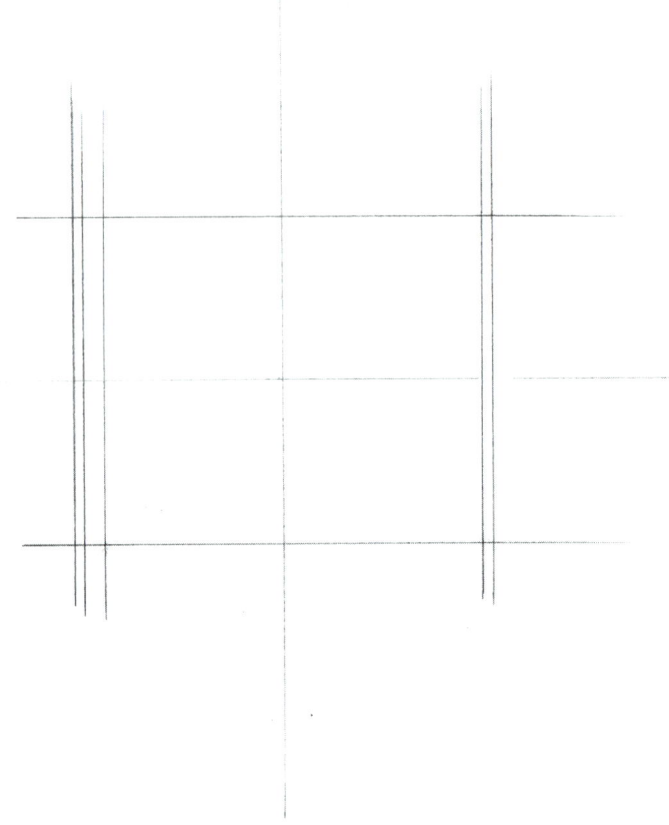

4. 작도방향의 벽면을 굵은선으로 작도한다.

5. 가구 집기를 실선으로 작도하고 몰딩(moulding) 걸레받이(base board) 부분도 그려준다.

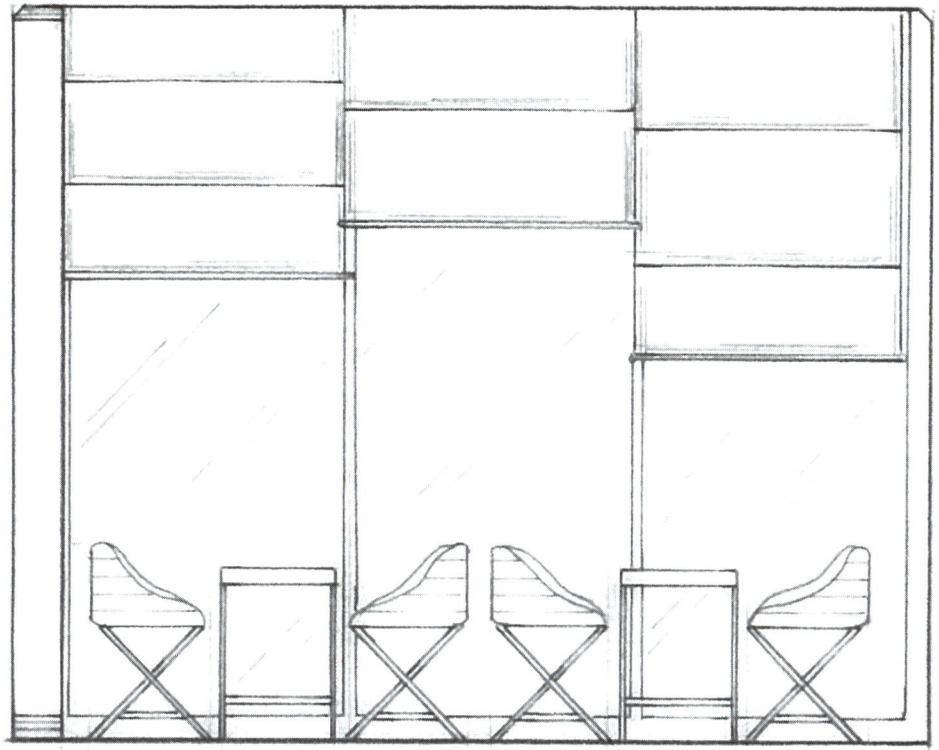

6. 벽 마감제 (W.F) 및 기타 문자를 기입한다.

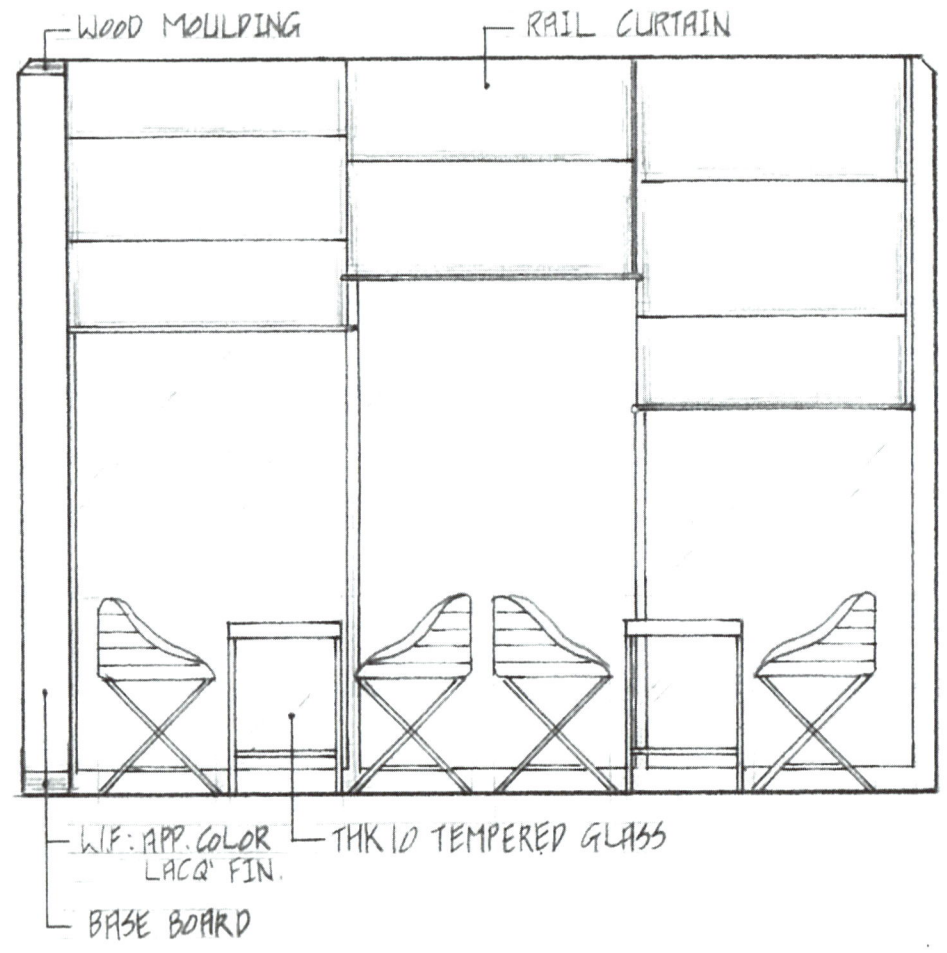

7. 치수선, 치수보조선을 그리고 치수를 기입한다.

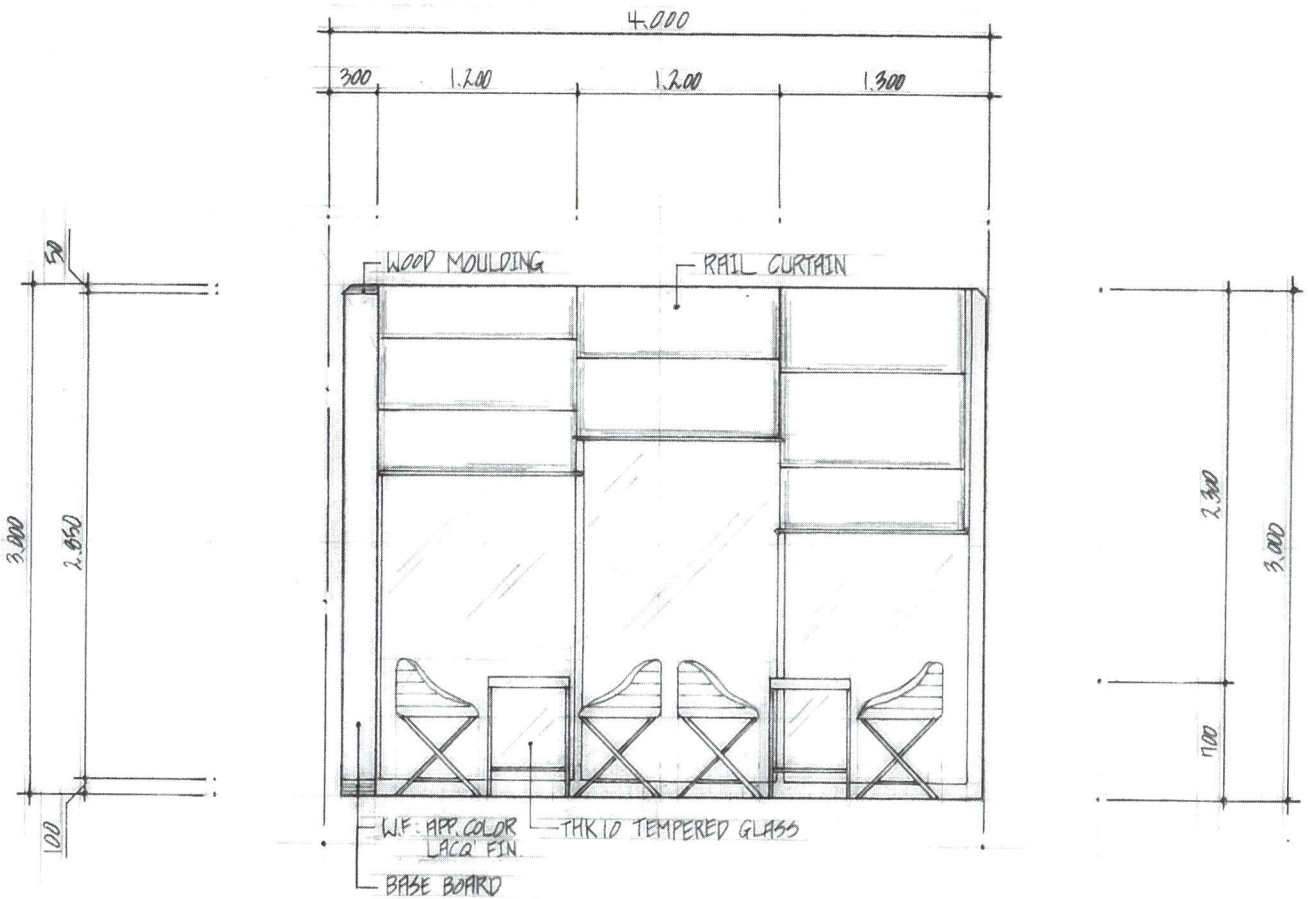

8. 도면명과 스케일을 기입한다.

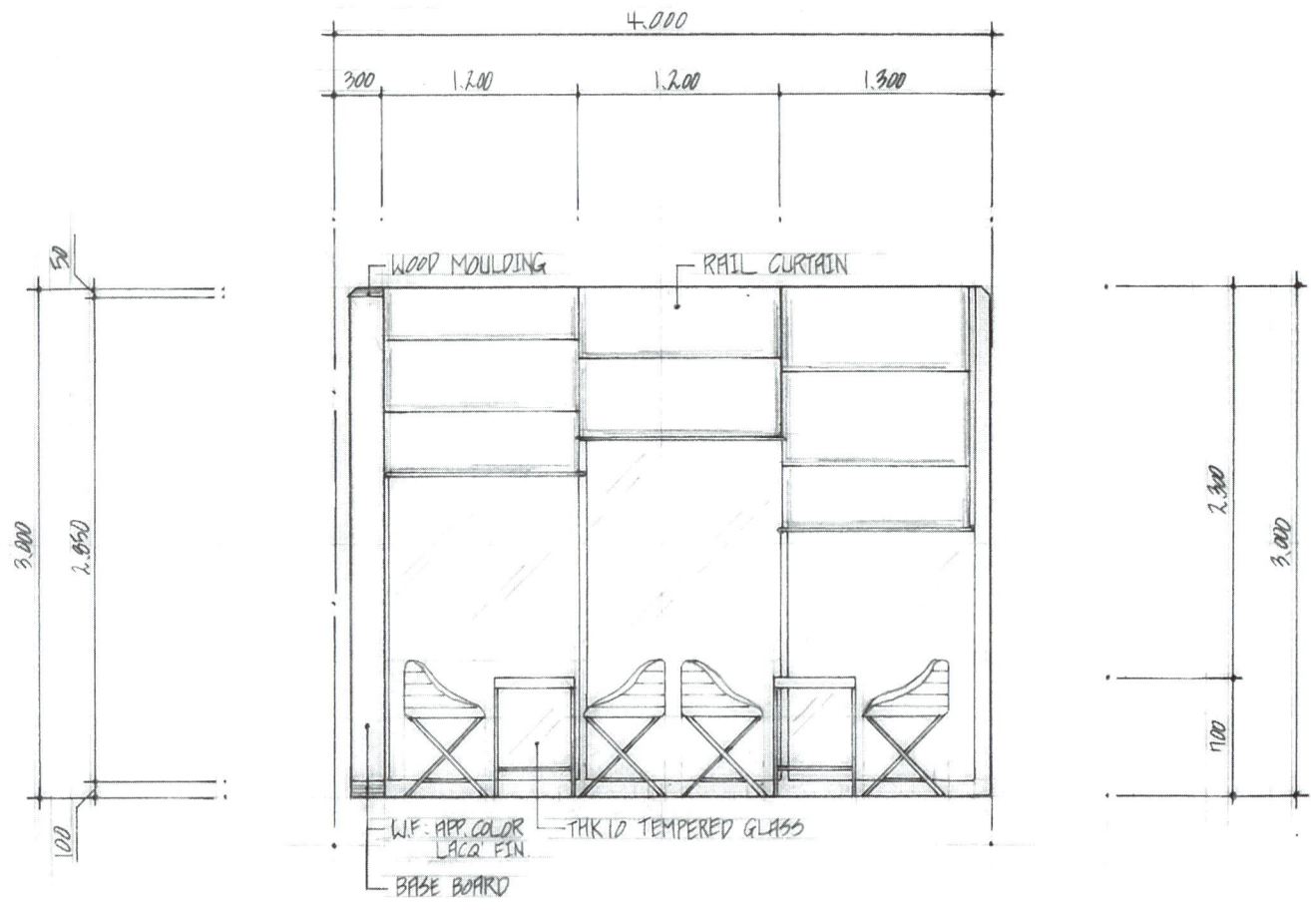

■ 입면도 실습순서

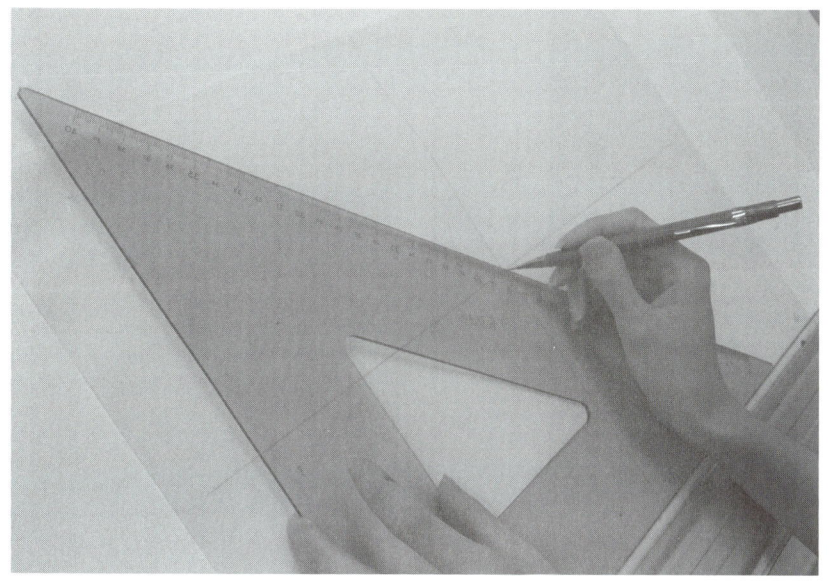

1. 트레싱지에 중심선을 흐리게 긋는다.
   60도자의 직각부분을 종이의 한 끝에 맞춰 대각선을 그린다. 반대편도 맞추어 대각선을 교차시킨다.
   교차점을 직선으로 긋는다. (가로, 세로를 같은 방법으로 그린다.)

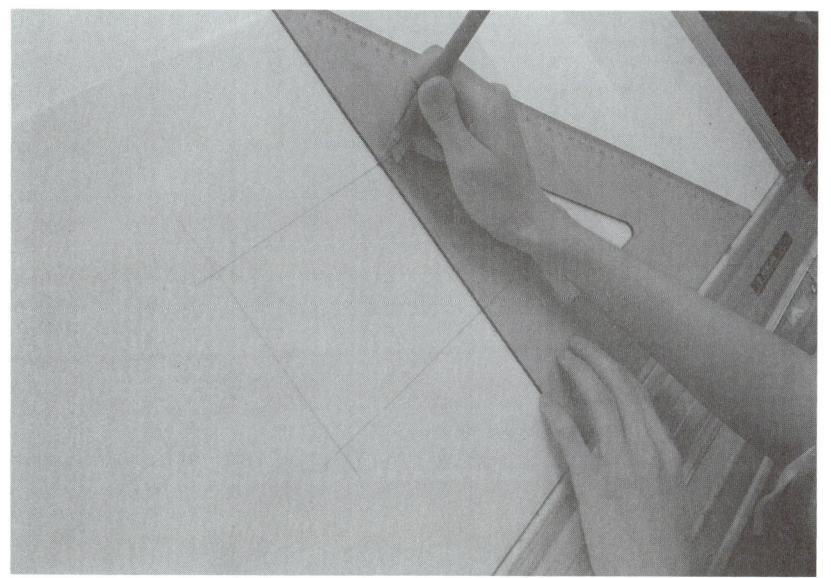

2. 작도방향의 벽체 중심선을 보조선으로 쭉 그린다.
   (일반적인 천정고 APT : 2.3H, 주택 : 2.4H, 사무실 : 2.5~2.7H, 홀/로비 : 3.0H 이상)

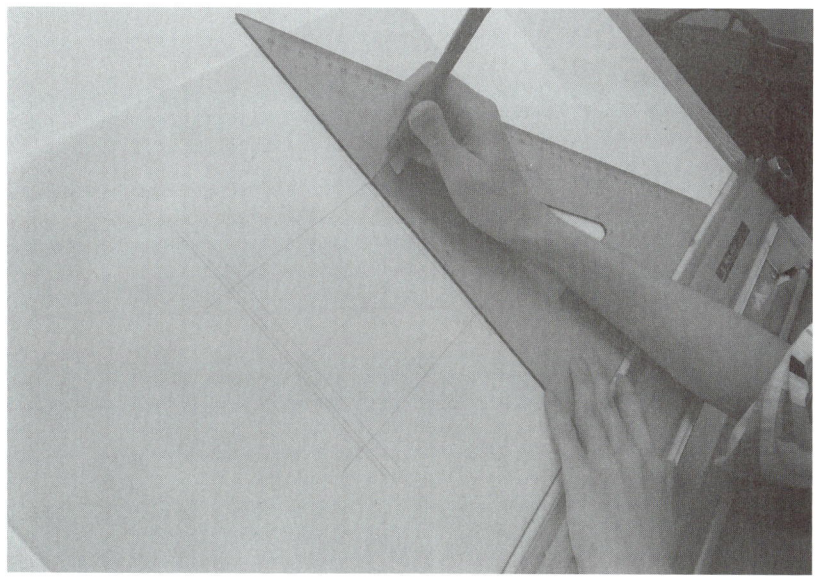

3. 중심선과 벽체를 구분하는 선을 흐리게 그어준다.

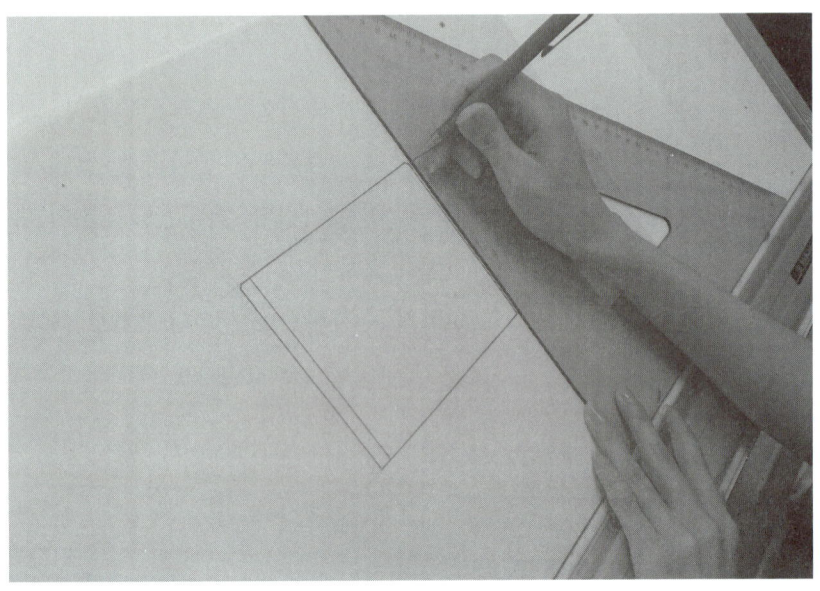

4. 작도 방향의 벽면을 굵은 선으로 작도한다.

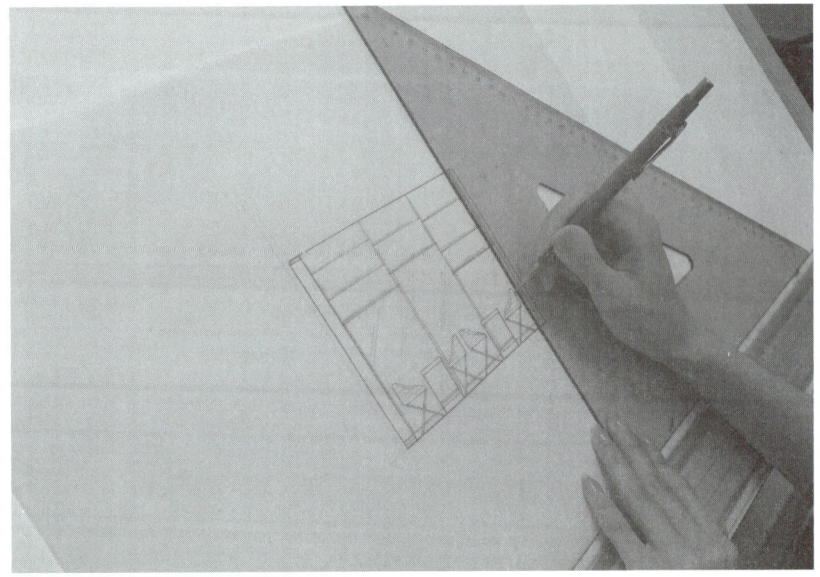

5. 가구, 집기를 작도하고 몰딩과 걸레받이 부분도 그려준다.

6. 벽 마감재(W.F) 및 기타 문자를 기입한다.

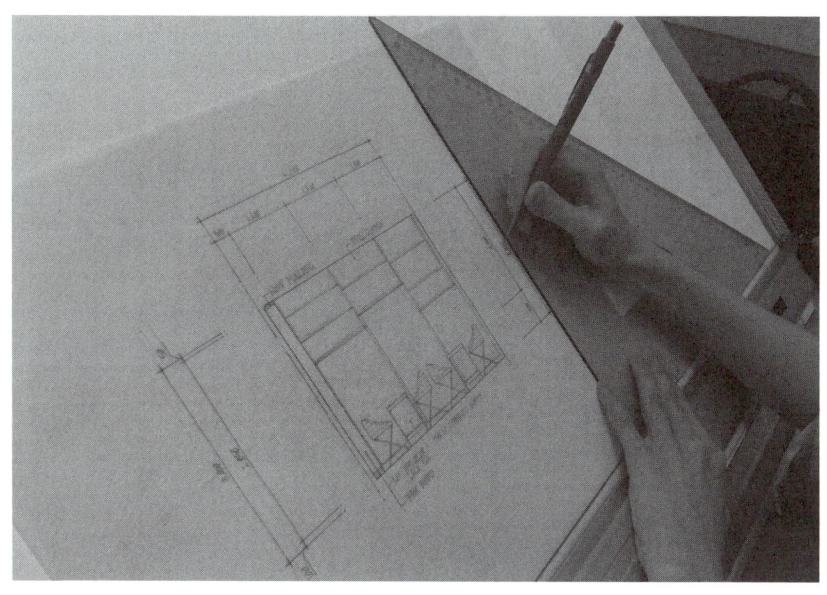

7. 치수를 기입한다.(치수선, 중심선 등을 작도한다.)
8. 도면명, 스케일을 기입한다.

■ 천정도 작도 순서

1. 트레싱지에 중심선을 흐리게 긋는다.

2. 벽체 중심선을 보조선으로 긋는다.

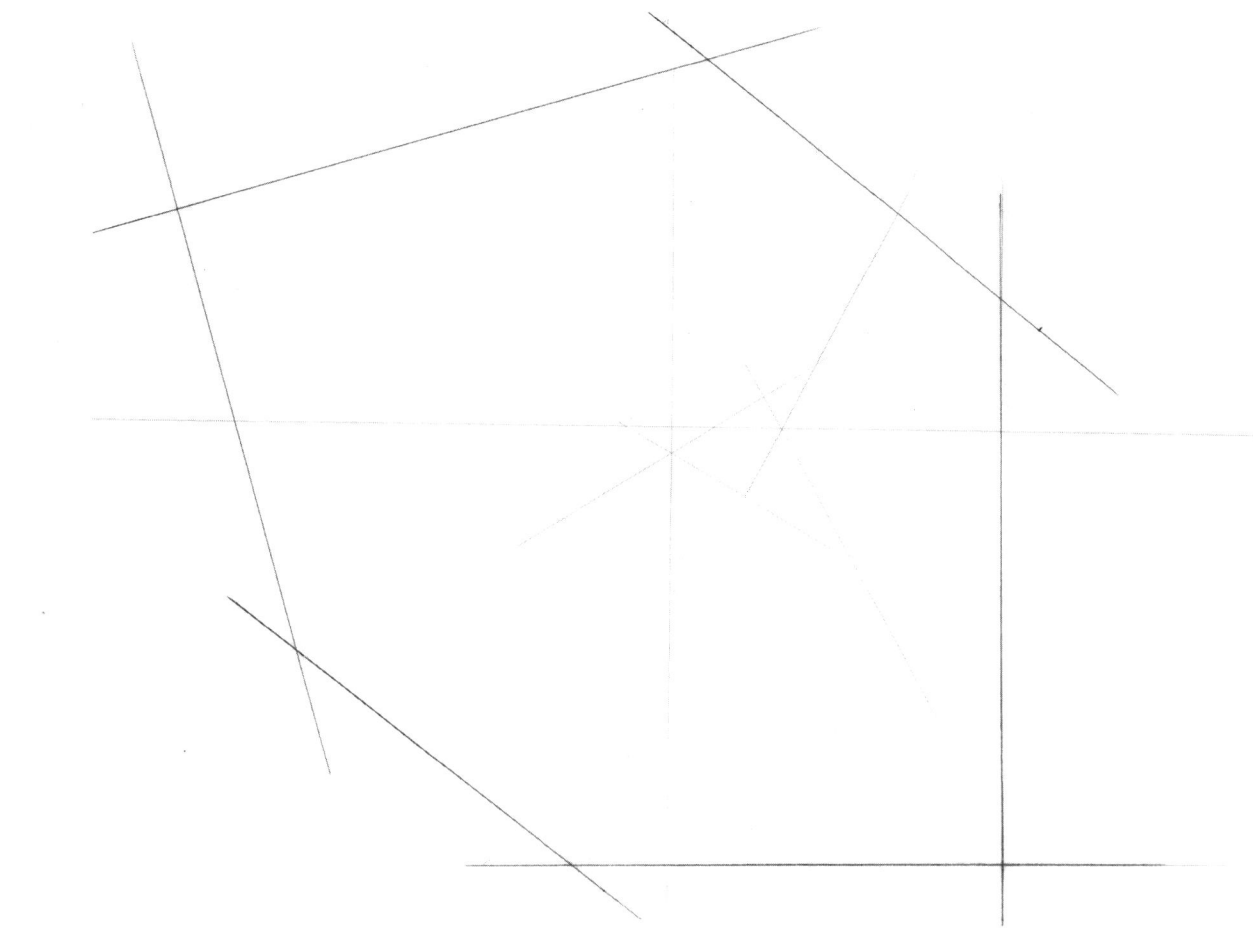

3. 중심선에 맞추어 벽체를 흐리게 작도한다.

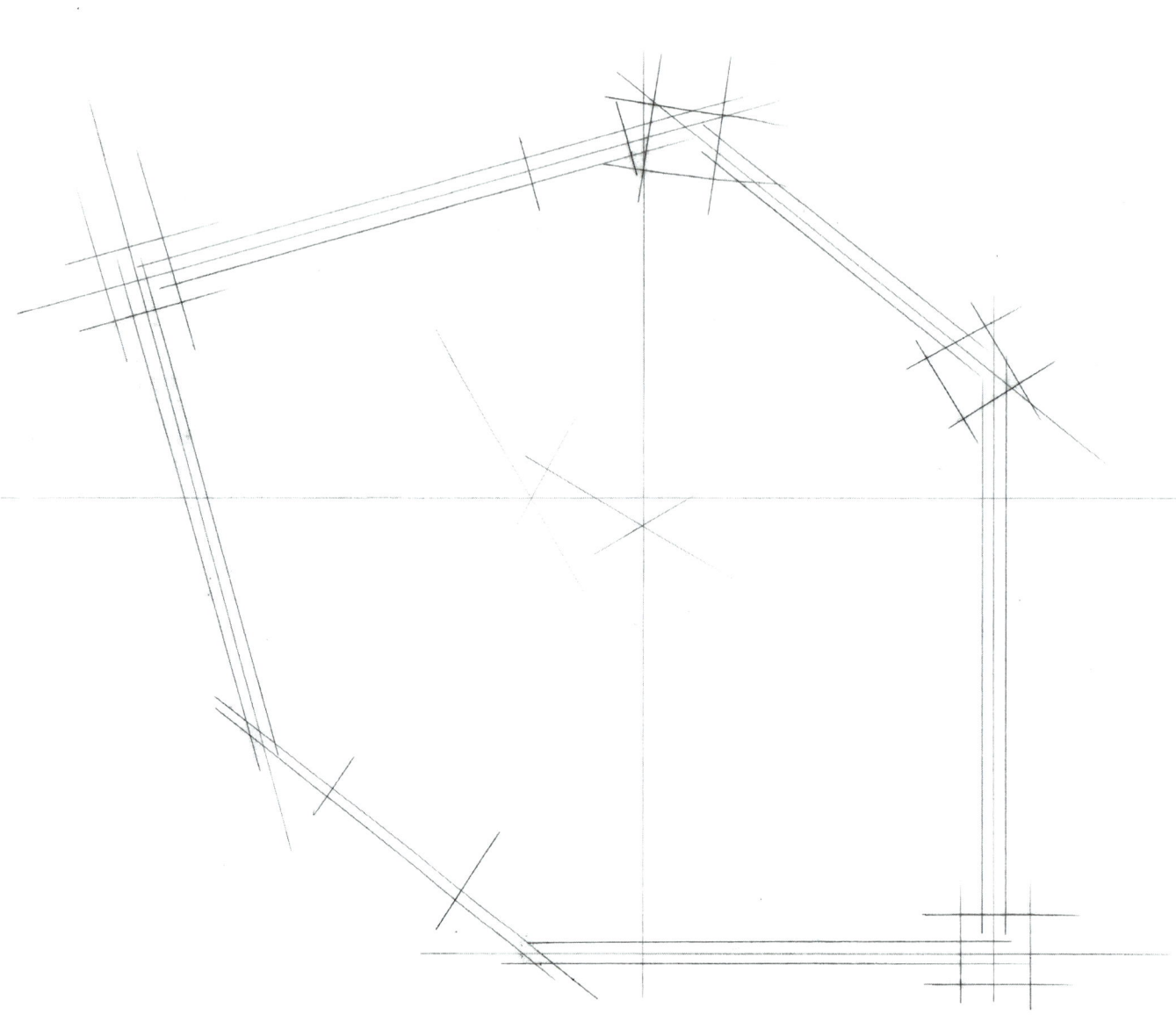

4. 단면 벽체를 굵은선으로 그린다. 개구부는 위치만 나타내도록 한다.

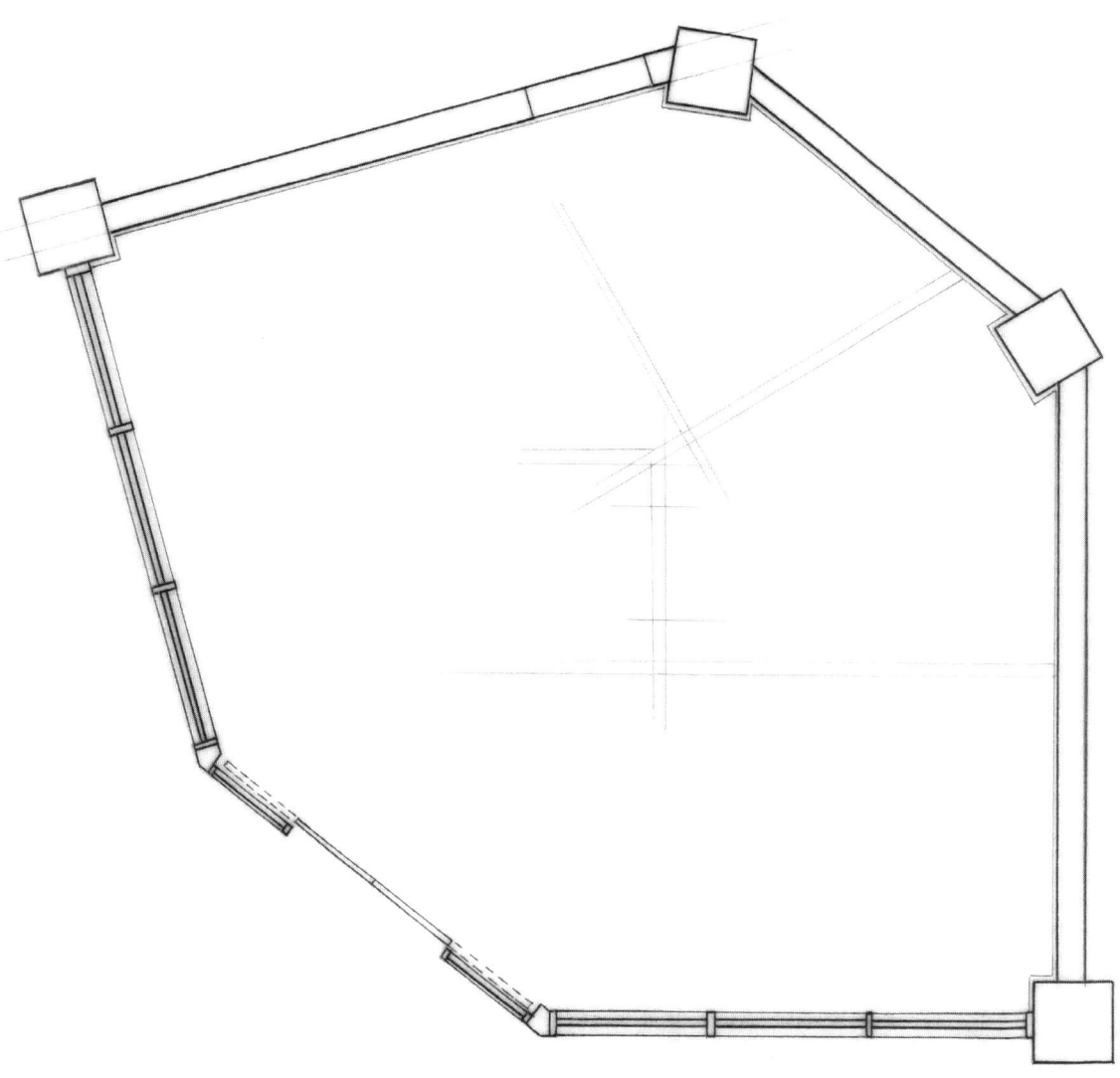

5. 내부벽체를 그린다.

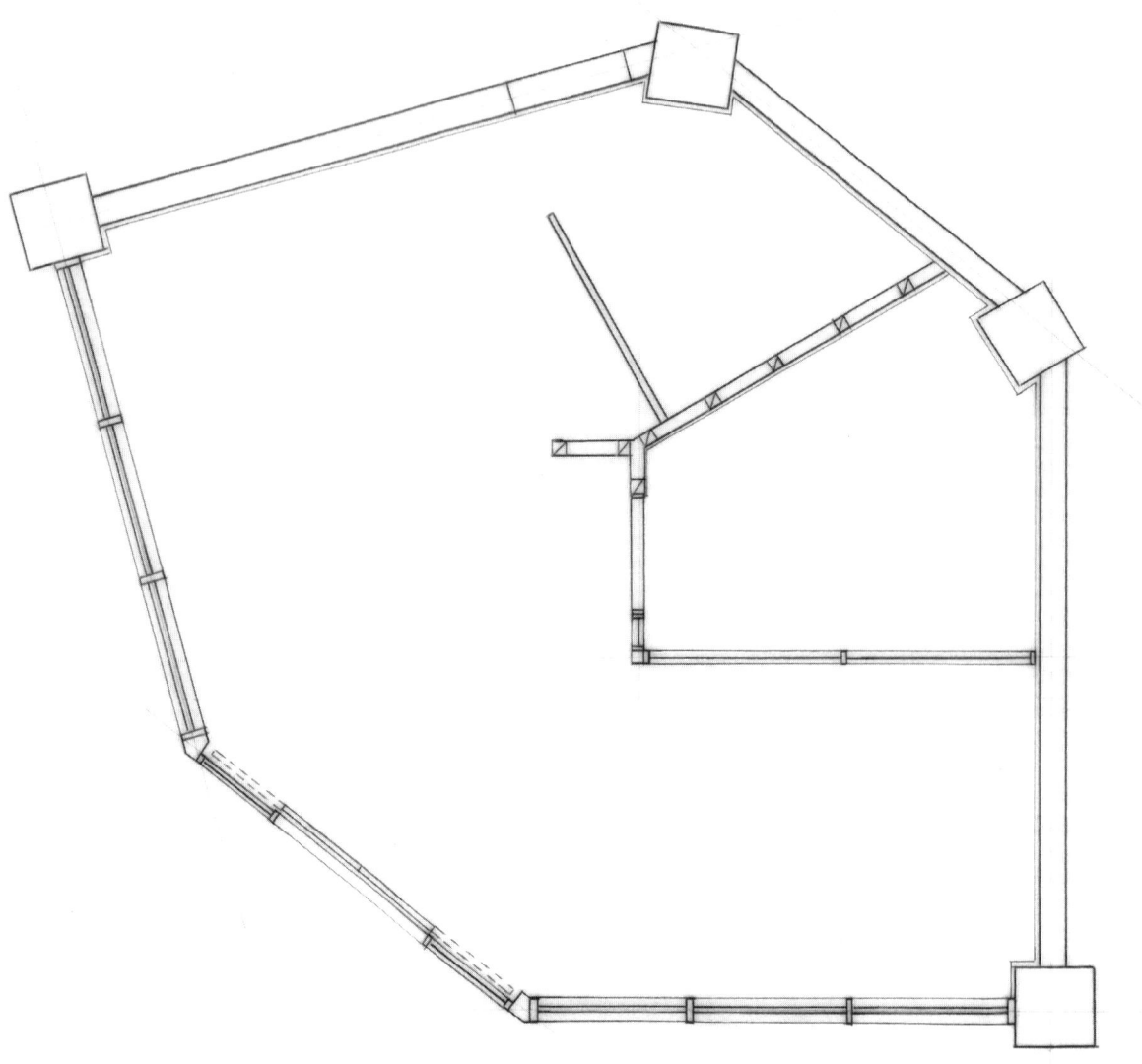

6. 개구부 중에 창문의 커튼박스 및 조명기구 기호를 그려준다.

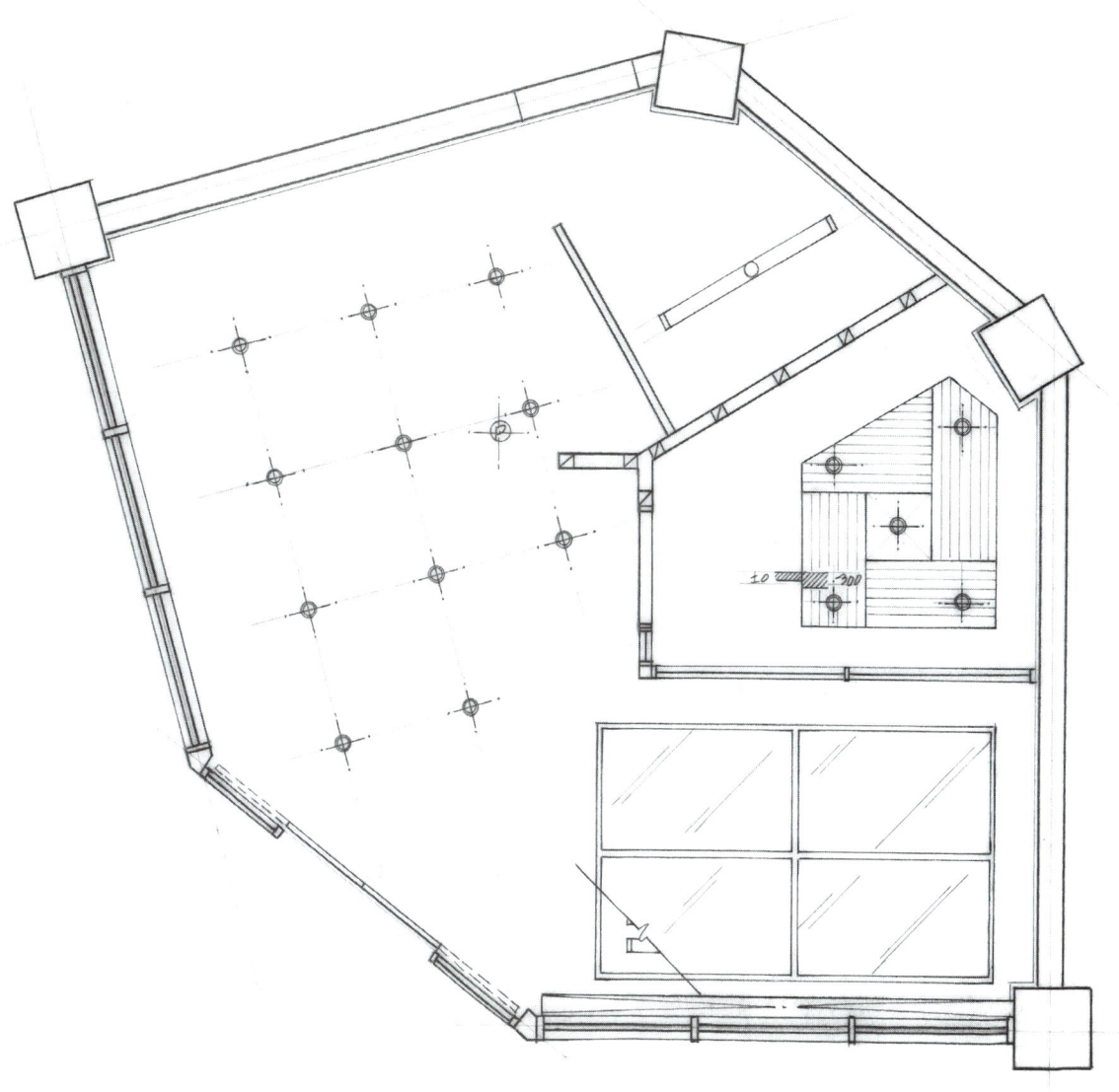

7. 소방설비 및 기타설비 기호를 그려 넣는다.

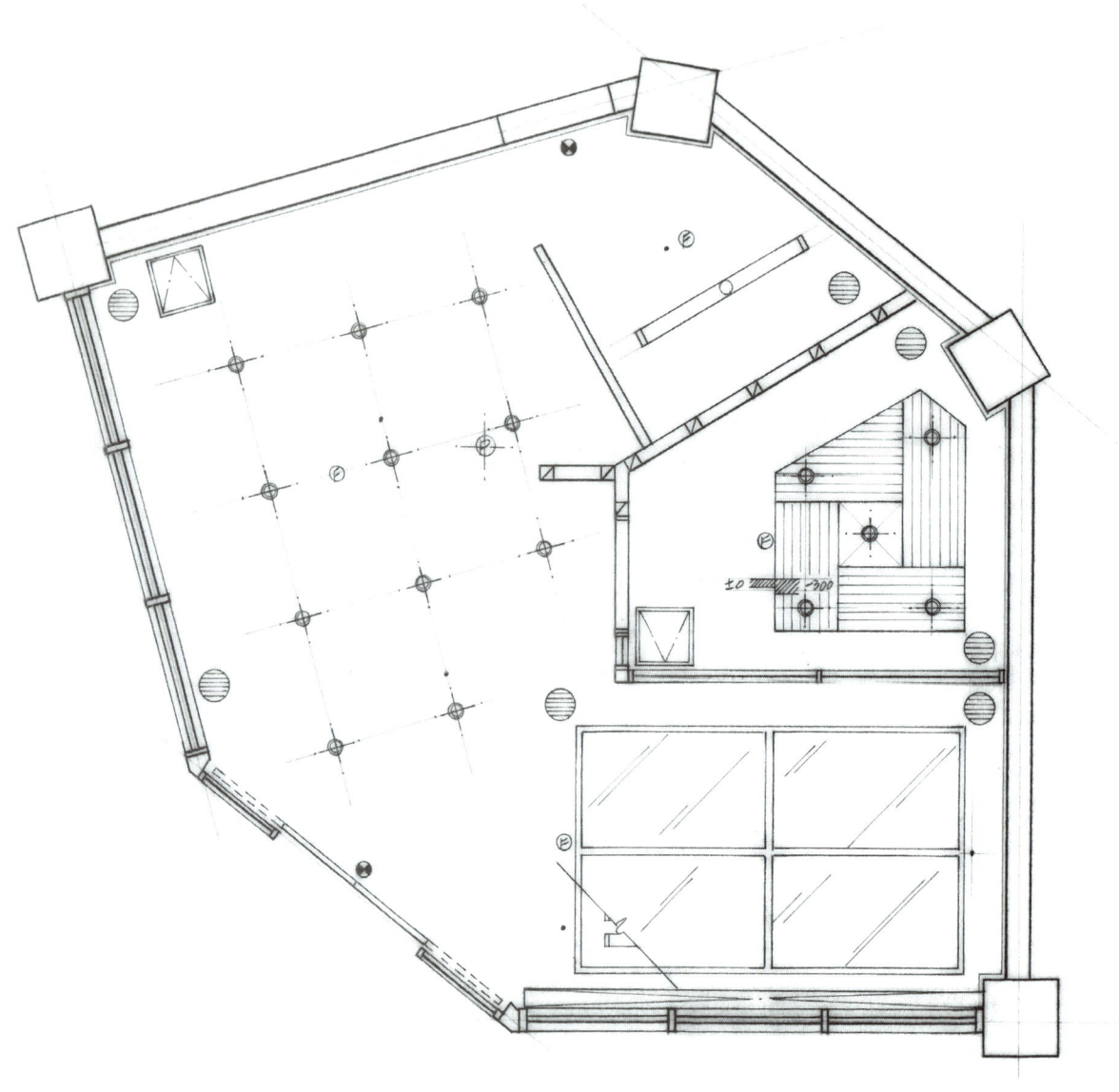

8. 천정 마감재 및 문자기입을 한다.

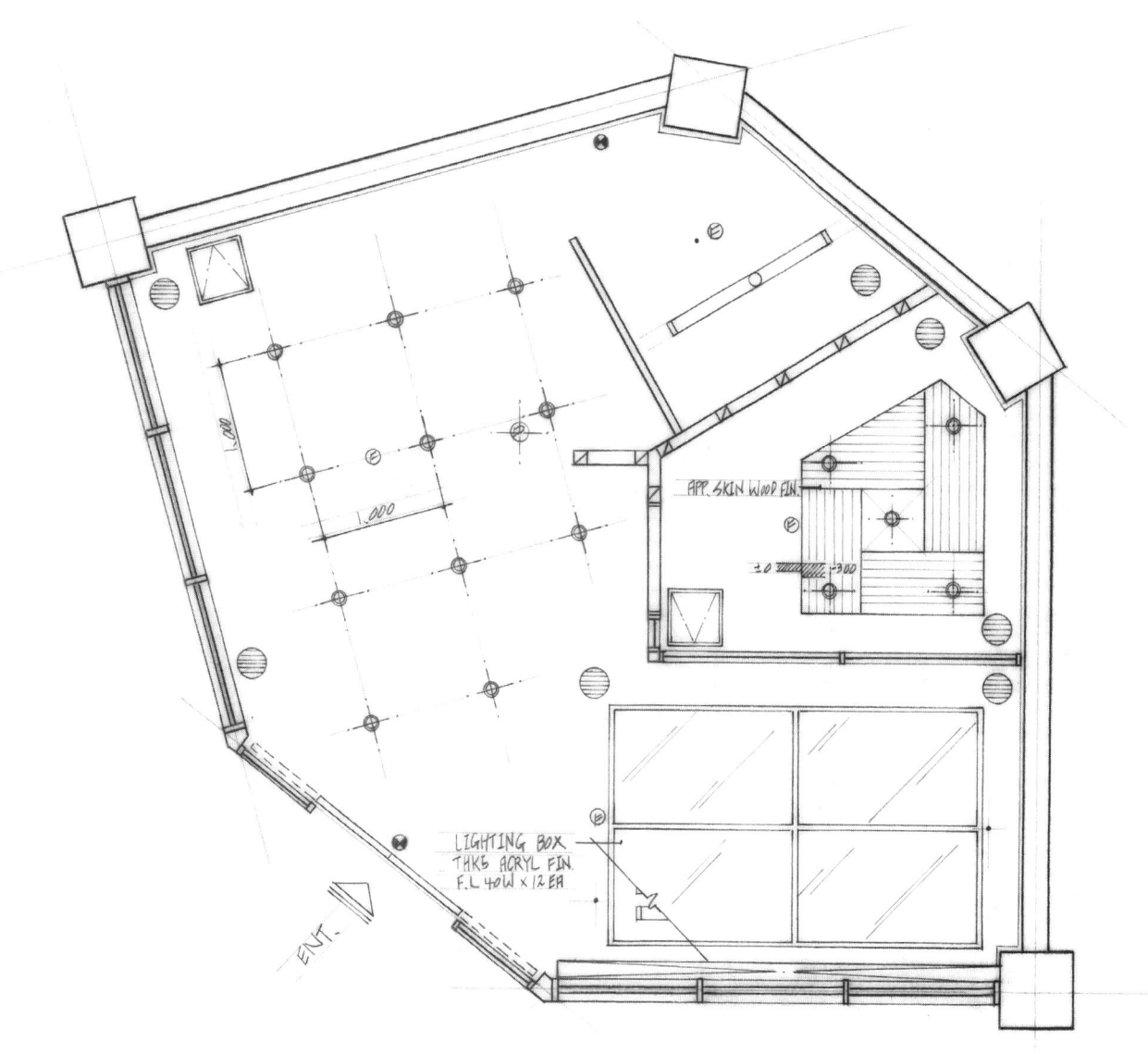

9. 벽체 해치를 그려준다.

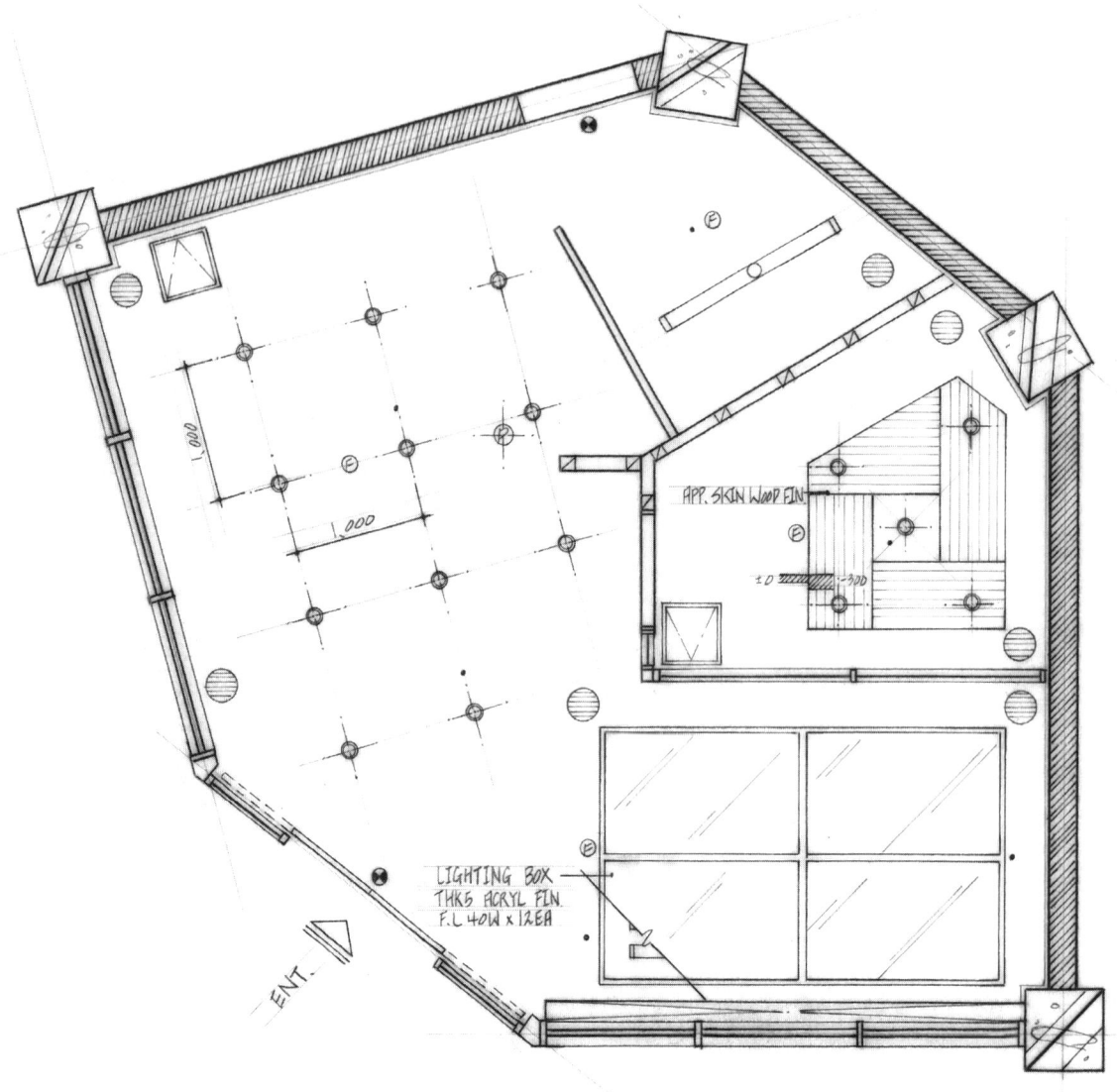

10. 치수선, 치수보조선을 긋고 치수를 기입한다. (조명간격과 크기를 고려)

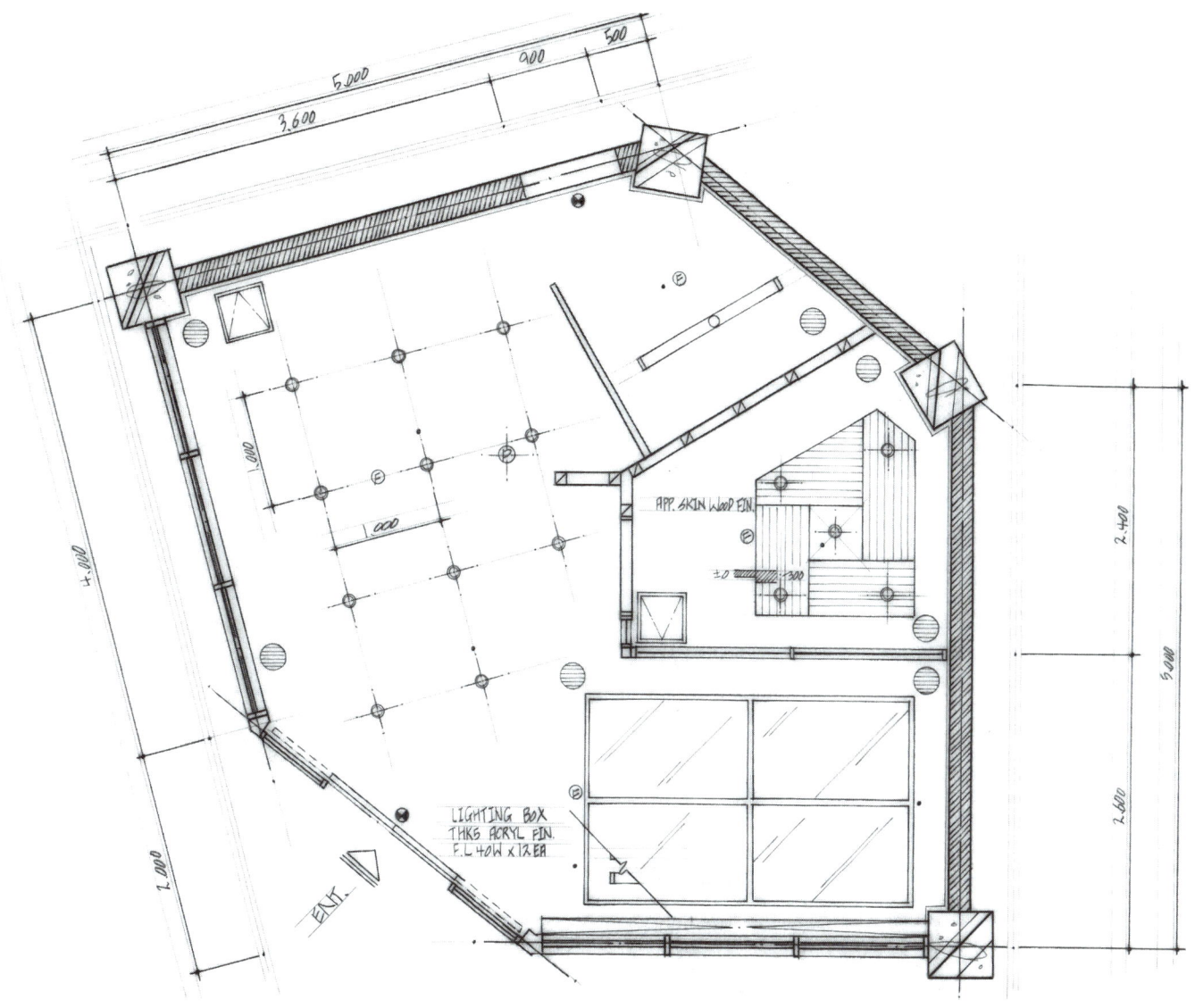

11. 도면 오른쪽 위에 범례표를 작성한다. (조명등 먼저 기입 후 소방설비 순으로 작성)

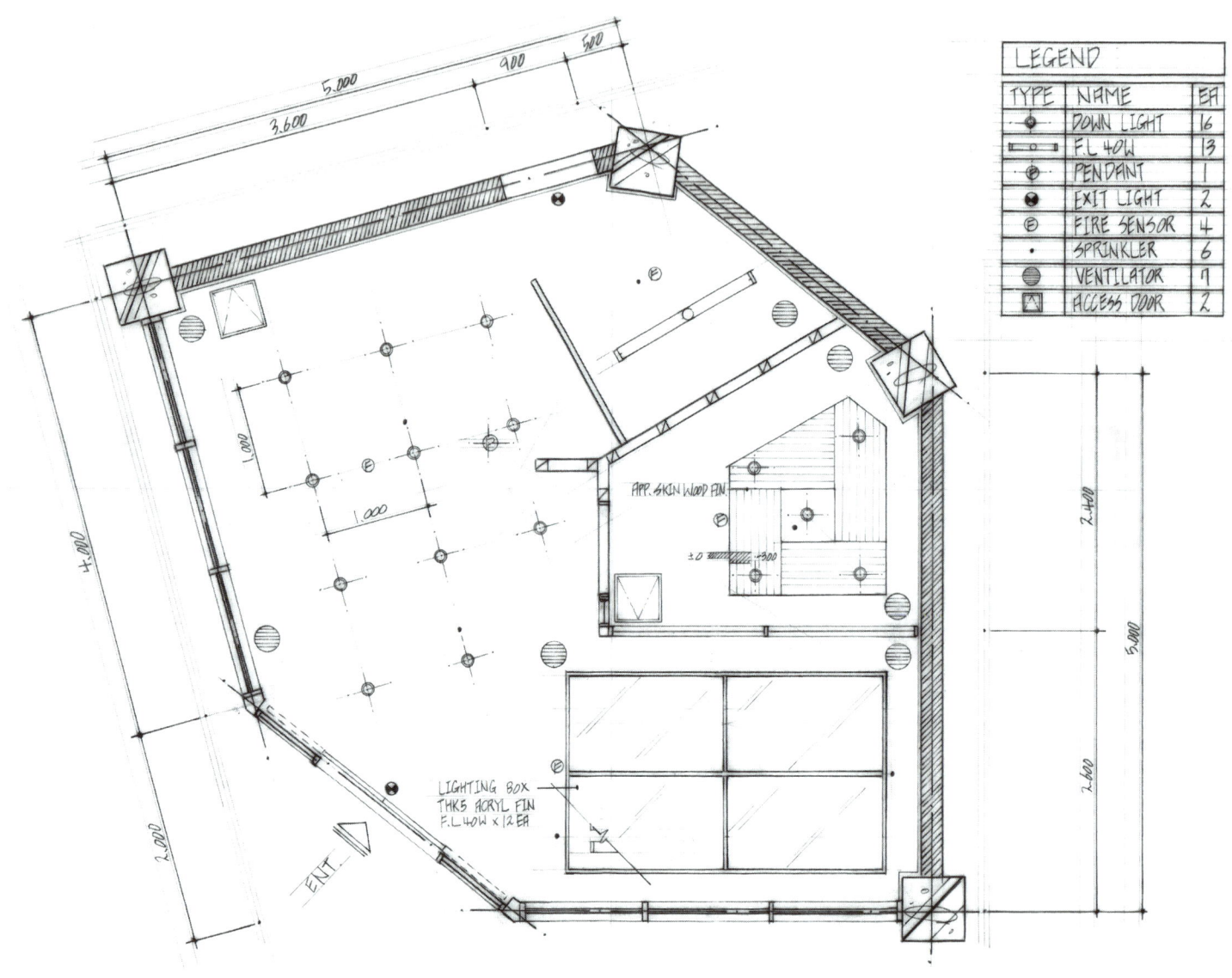

12. 도면명 및 스케일을 기입한다.

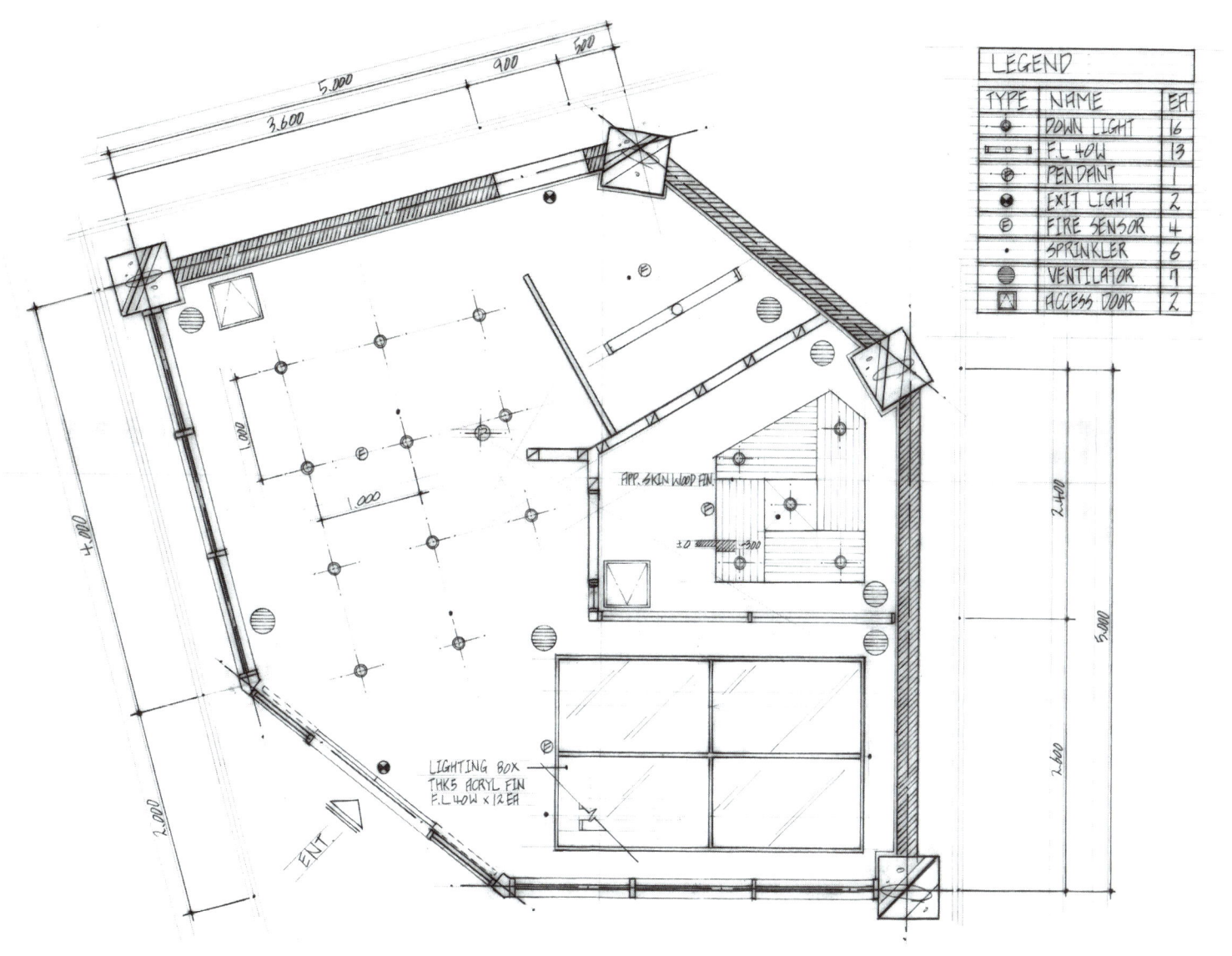

■ 천정도 실습순서

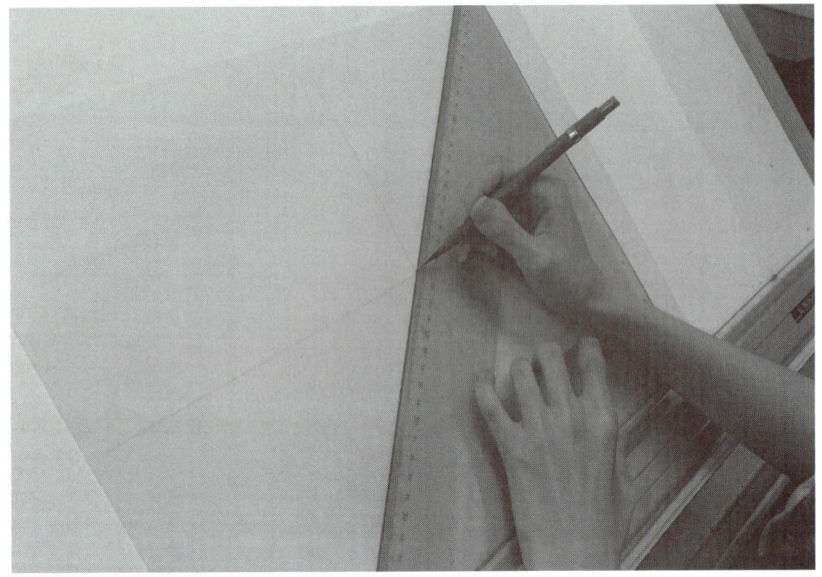

1. 트레싱지에 중심선을 흐리게 긋는다. 60도자의 직각부분을 종이의 한 끝에 맞춰 대각선을 그린다. 반대편도 맞추어 대각선을 교차시킨다. 교차점을 직선으로 긋는다.(가로, 세로를 같은 방법으로 그린다.)

2. 벽체 중심선을 보조선으로 쭉 그린다.

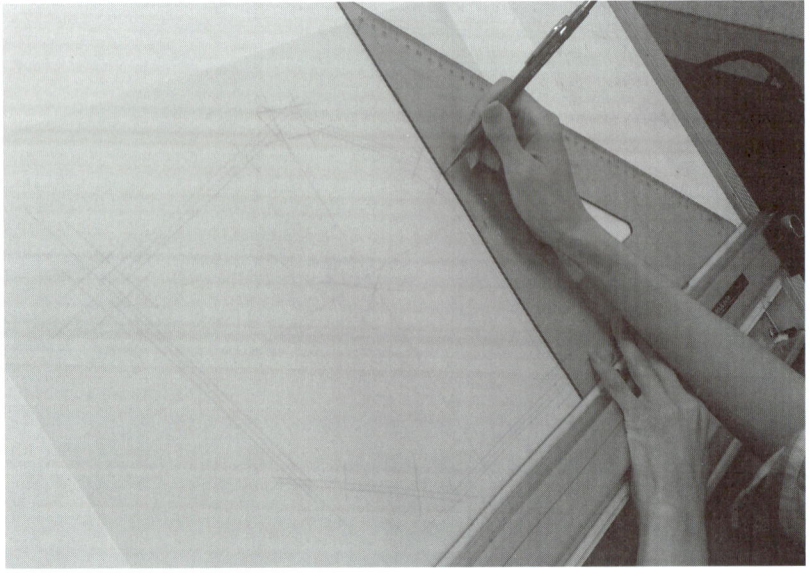

3. 중심선에 맞춰 벽체를 흐리게 작도한다.

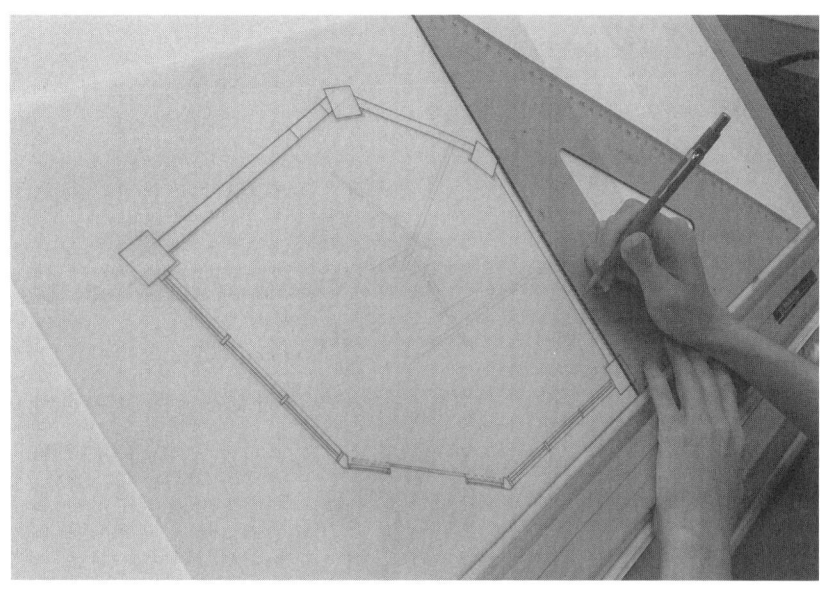

4. 단면벽체를 굵은선으로 그린다. 개구부는 위치만 나타내도록 그린다. 벽체 완성 후 마감선까지 그려준다.

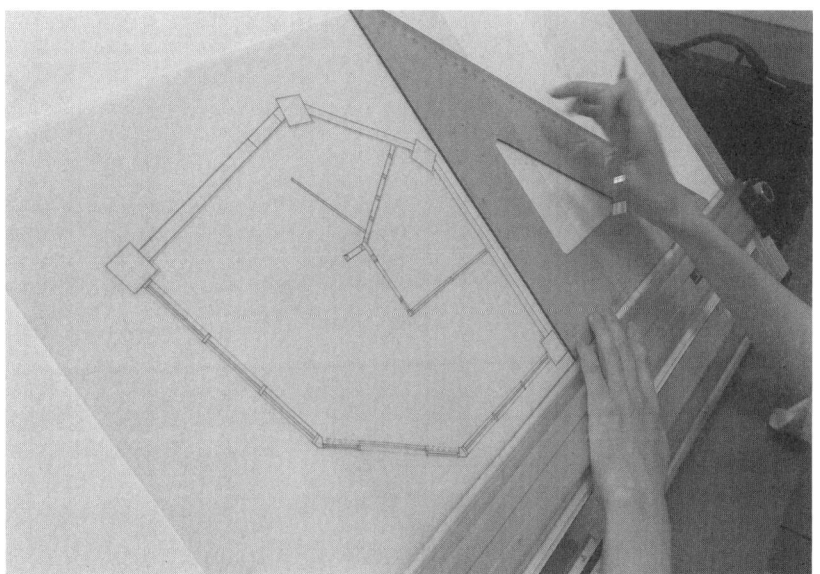

5. 내부 벽체를 그린다. 마찬가지로 개구부는 위치만 나타낸다.

6. 조명기구 기호를 그려준다. (커튼박스 있을시 함께 작도한다.)

7. 소방설비 기호를 그려준다.
   (상업공간 - 비상등 (주출입구에 작도)
   감지기 (1EA 이상)
   스프링쿨러 (3~3.3M마다 1EA, 물을쓰는 공간은 제외)
   환기구 (2EA이상으로 음식물 쓰는 공간이나 환기를 요하는 공간은 4~6EA)
   화장실이 있을시 화장실에 꼭 1EA 표기
   점검구 (일반공간 모퉁이 쪽에 계획하며 사이즈는 450×450으로 작도)

8. 천정 마감재 및 기타 문자 기입을 한다.

9. 벽체 해치를 채워 넣는다.

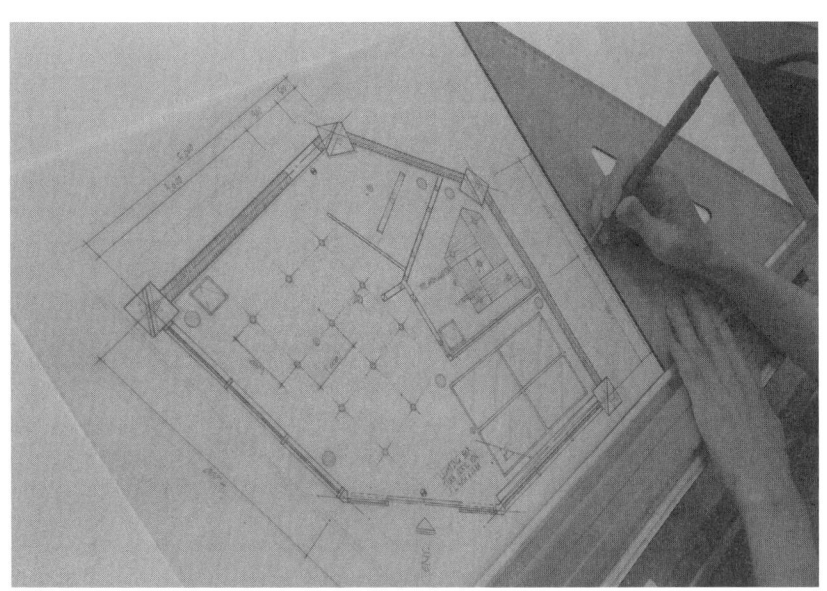

10. 치수선을 긋고 치수를 기입한다.

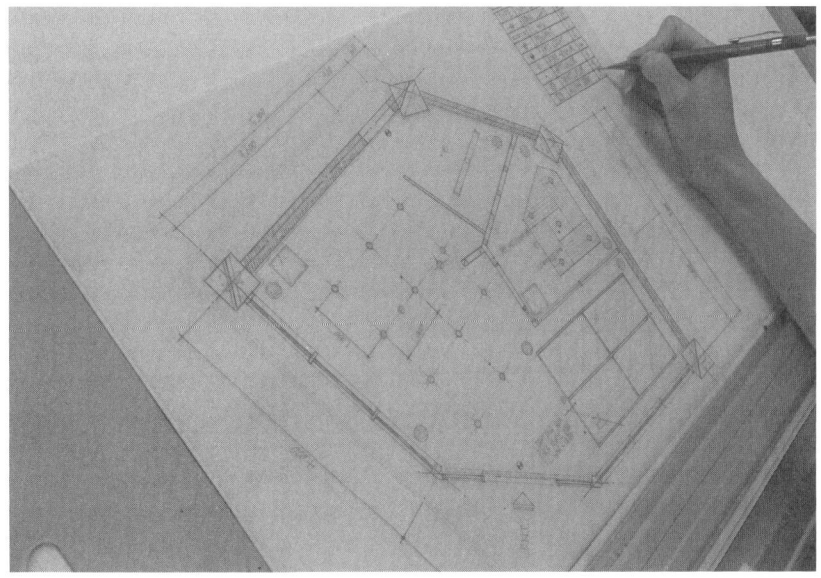

11. 오른쪽 빈 공간에 범례를 작성한다.
12. 도면명, 스케일을 기입한다.

■ 투시도 작도 순서

1. 켄트지위에 삼각자를 이용하여 가로,세로 중심을 잡고 가로,세로선을 흐리게 그린다.

2. 중심 가로선에서 위로 1,000을 잡아 C.L을 긋는다.
   중심 가로선에서 아래로 2,000을 잡아 F.L을 긋는다.

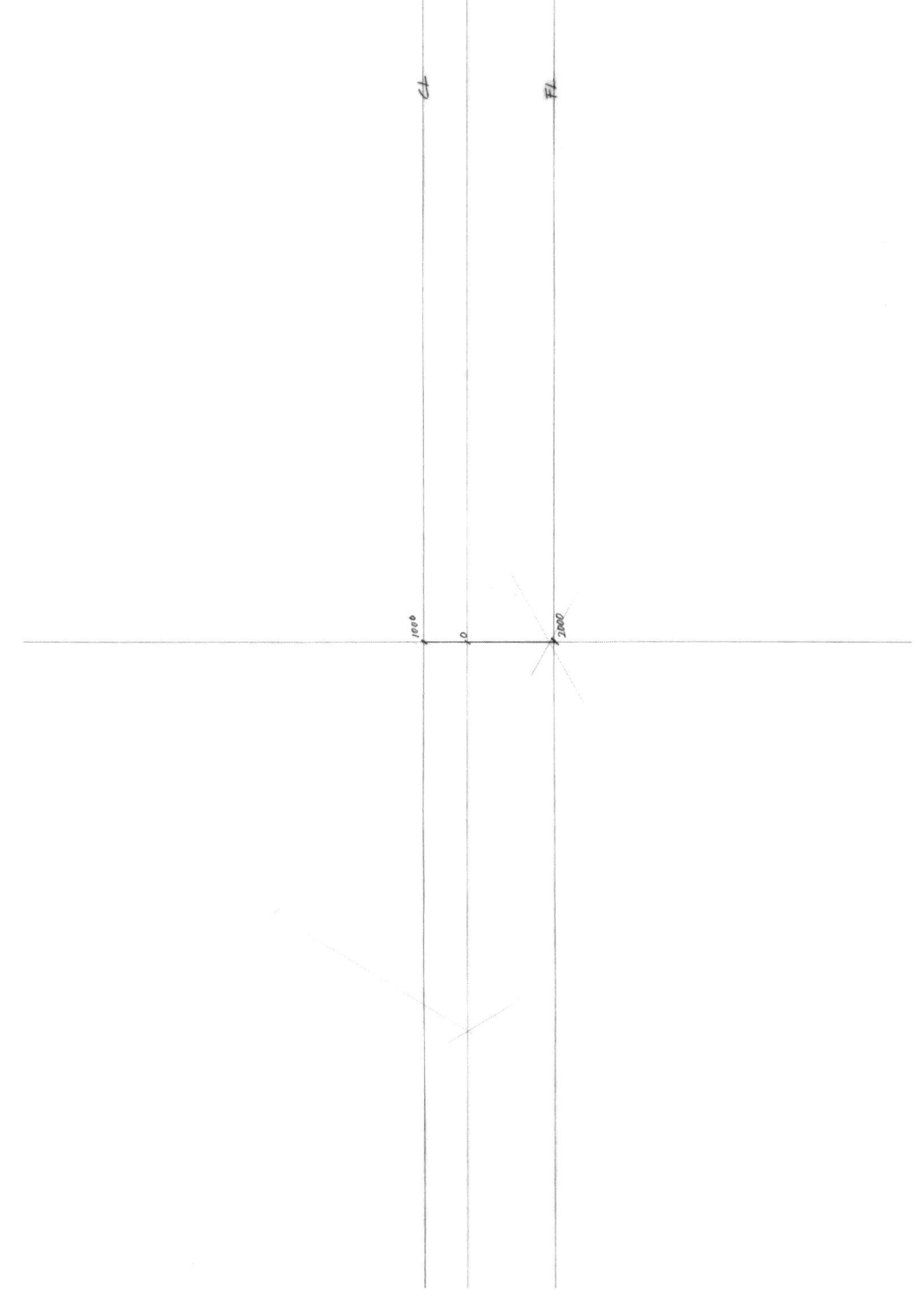

3. 도면에서 기준이 되는 모서리의 위치를 (A,B)로 설정한 후 평면도상에서 내가 서있는 지점 (S.P)를 설정한다.

4. S.P점에서 45도 자를 댄 후 가로 중심선에 VP1, VP2 점을 찍는다. (V.P1 · S.P = V.P2 · S.P)

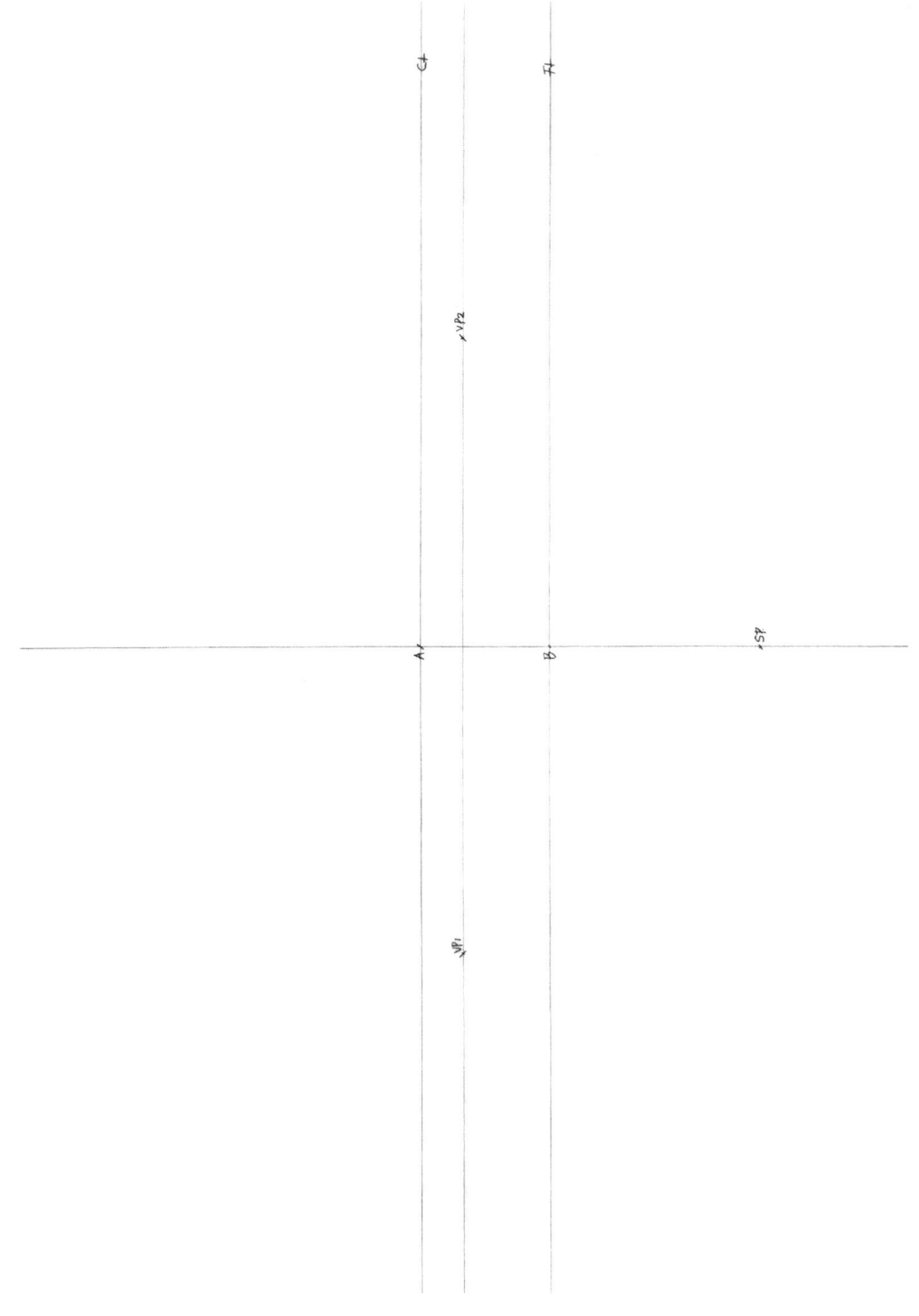

5. S.P에서 V.P1의 거리만큼 가로중심선에서 M1의 점을 만든다. 마찬가지 방법으로 S.P에서 V.P2의 거리만큼 가로중심선에서 M2의 점을 만든다. (V.P1 · S,P = V.P1 · M1 / V.P2 · S.P = V.P2 · M2)

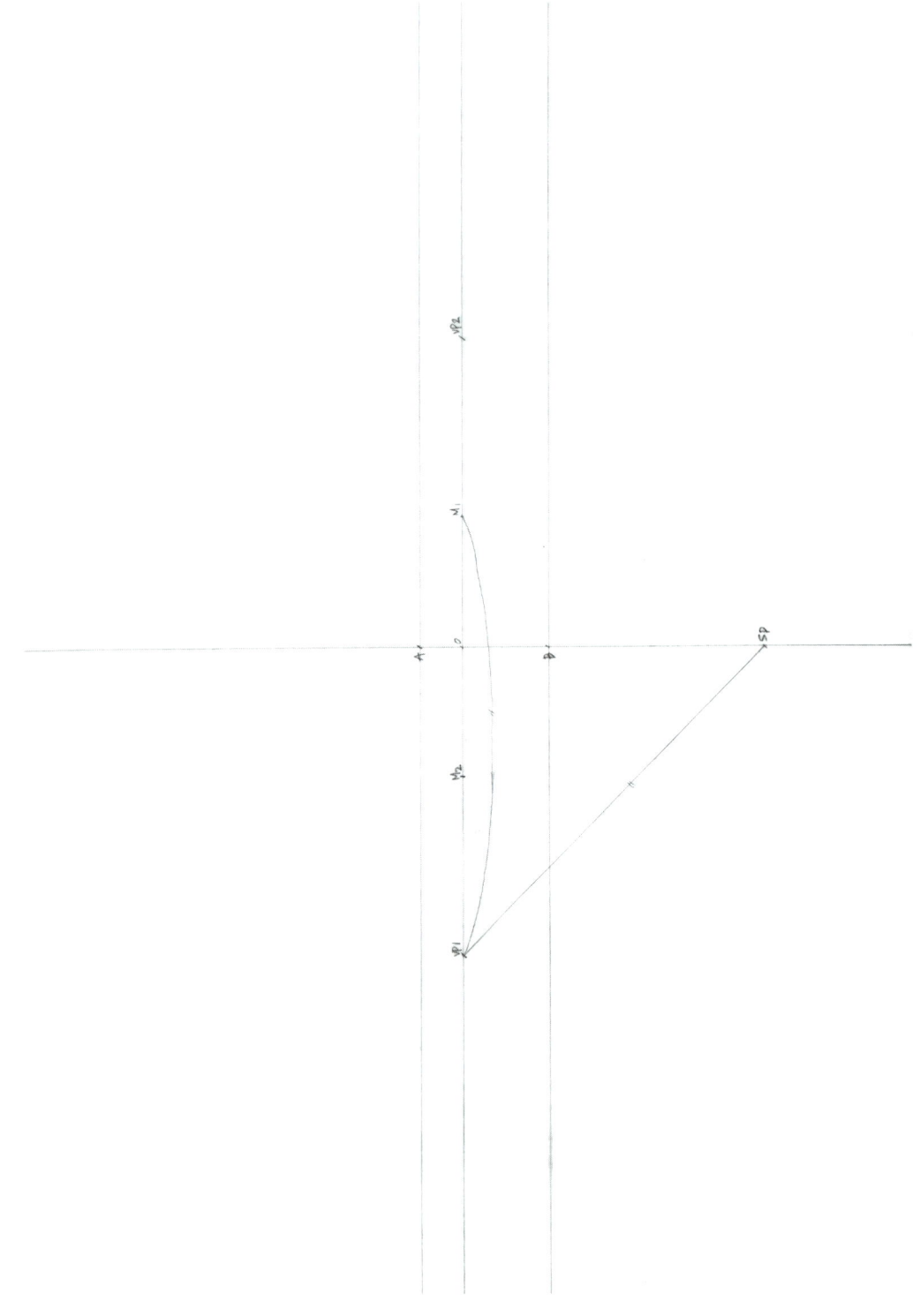

6. A와 B 점에서 각각 V.P1, V.P2를 연결하여 천정선과 바닥선을 그린다.

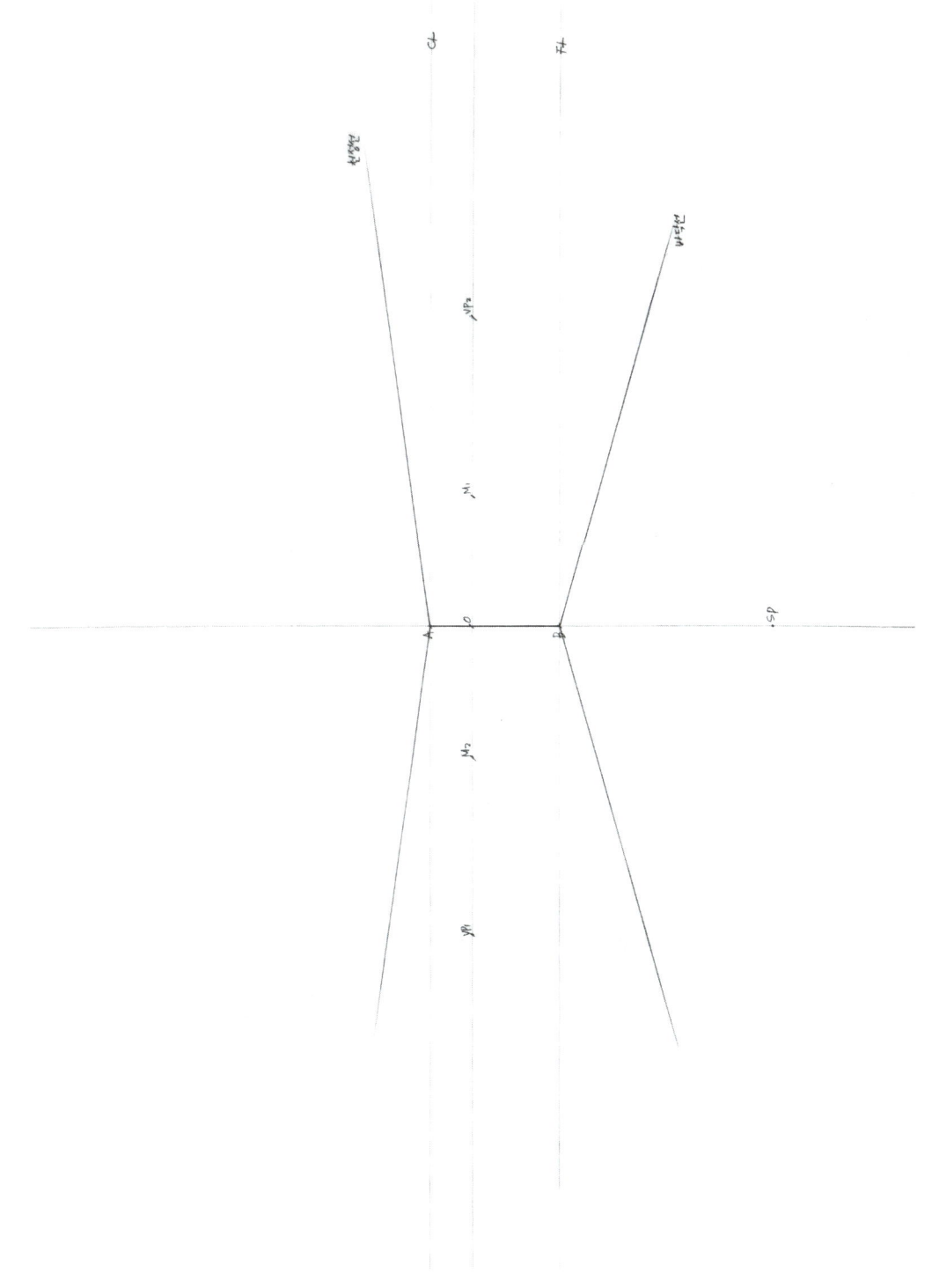

7. F.L 선에서 500간격으로 점을 찍는다.

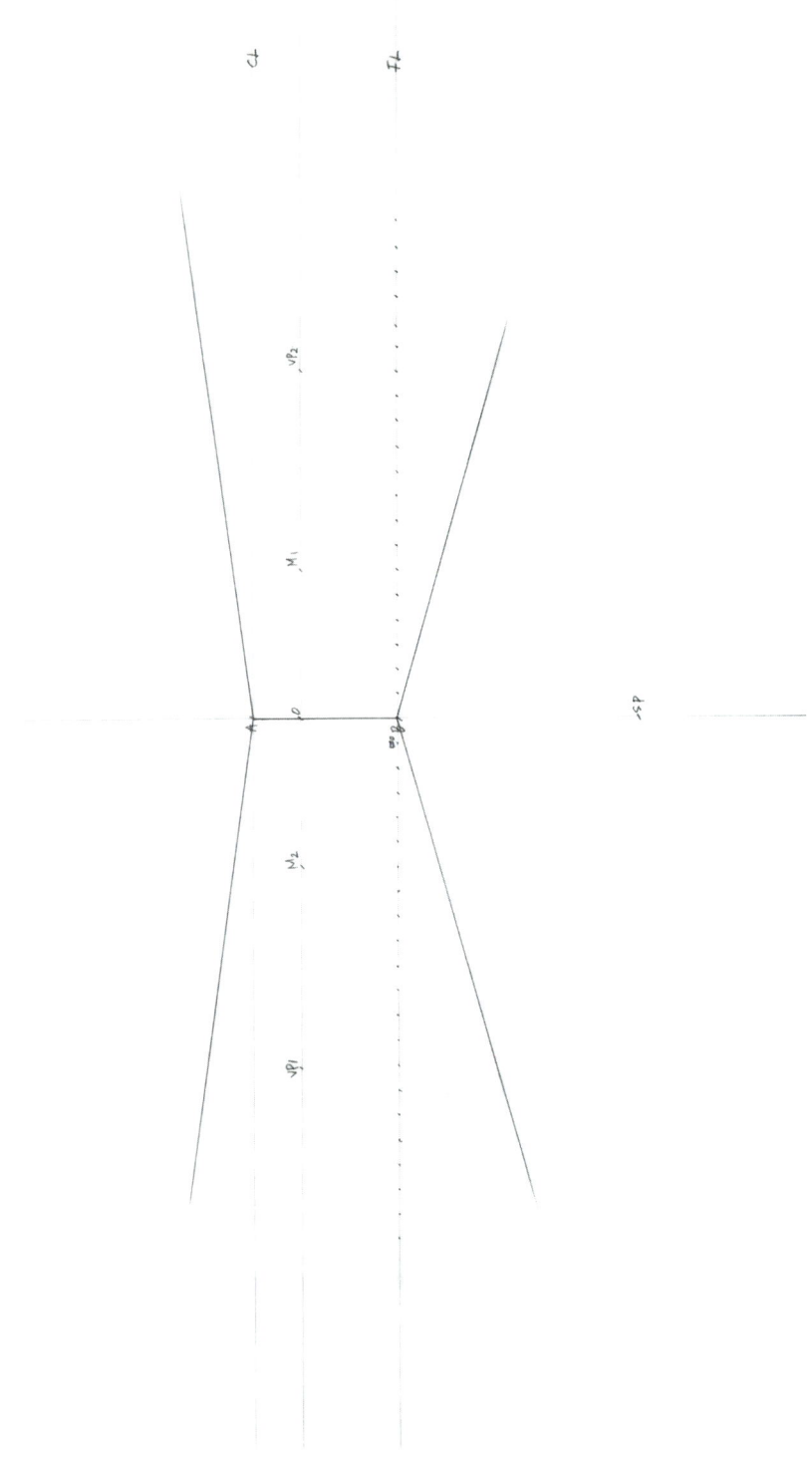

8. M점을 이용하여 F.L선의 500간격의 점을 연결하여 바닥선에 점을 만든다. (M1: 왼편 바닥선 / M2: 오른편 바닥선)

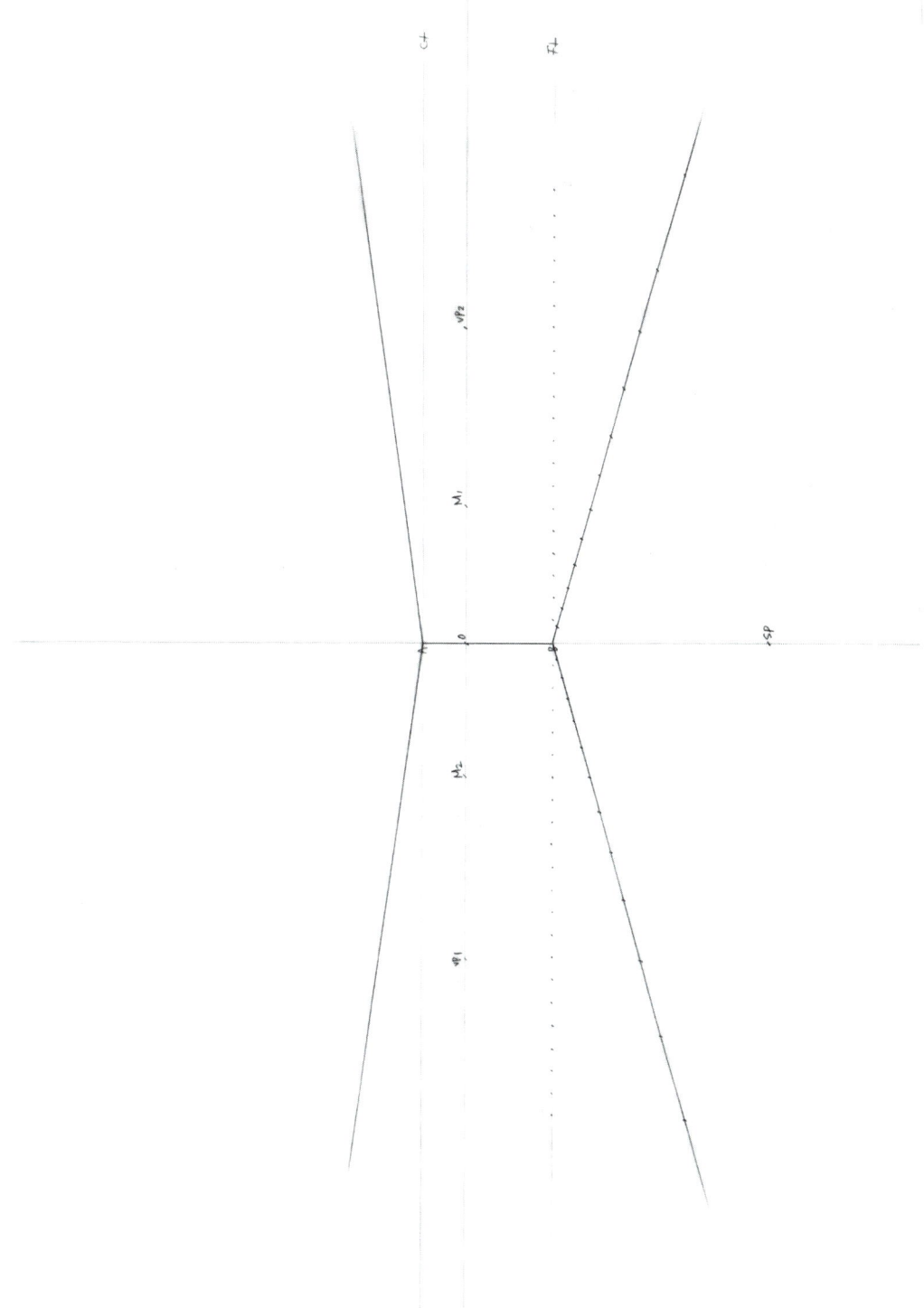

9. V.P점과 바닥선의 점을 연결하여 바닥에 그리드 라인을 그린다.

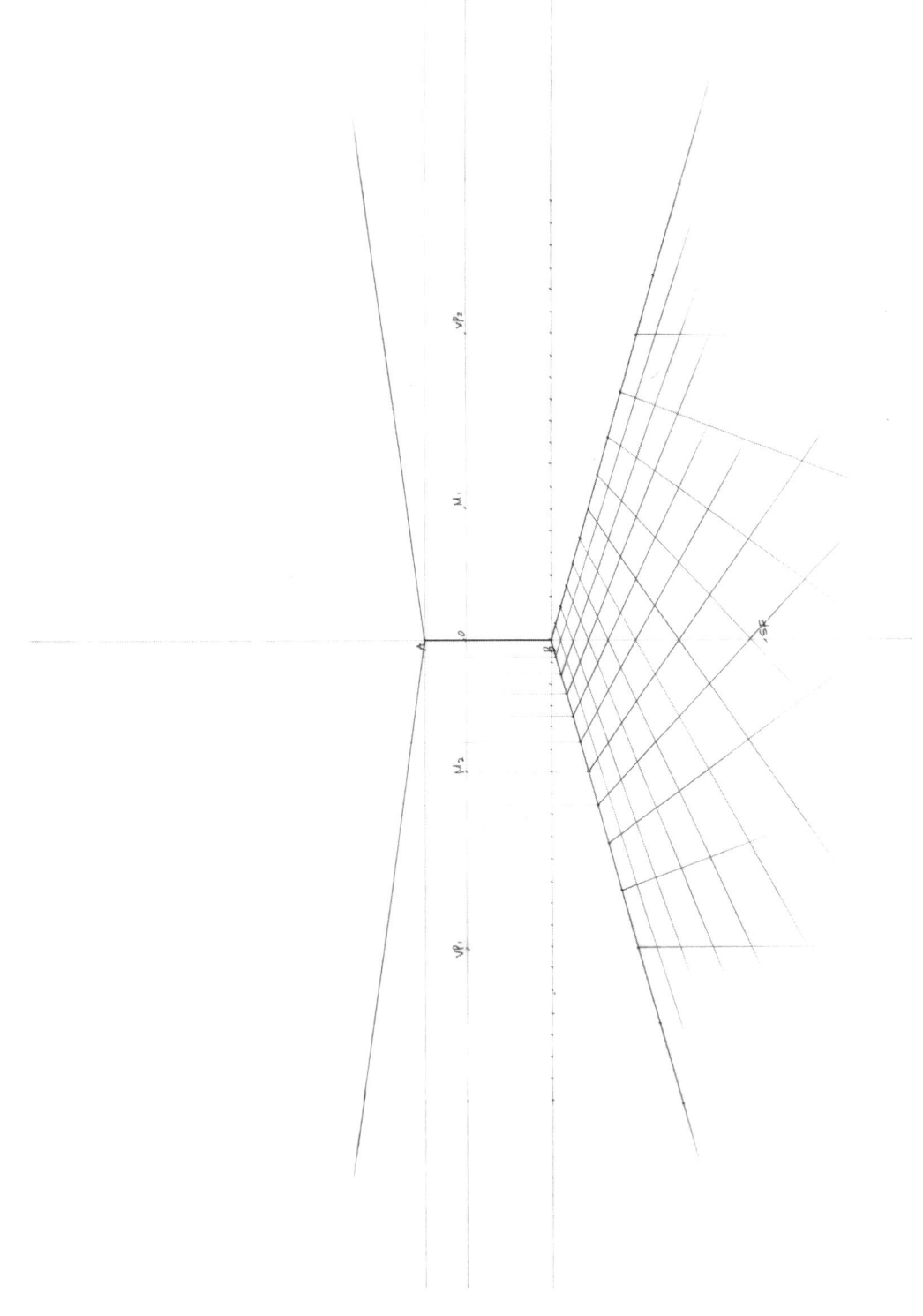

10. 평면도에 있는 가구위치를 잡아 그려 넣는다.

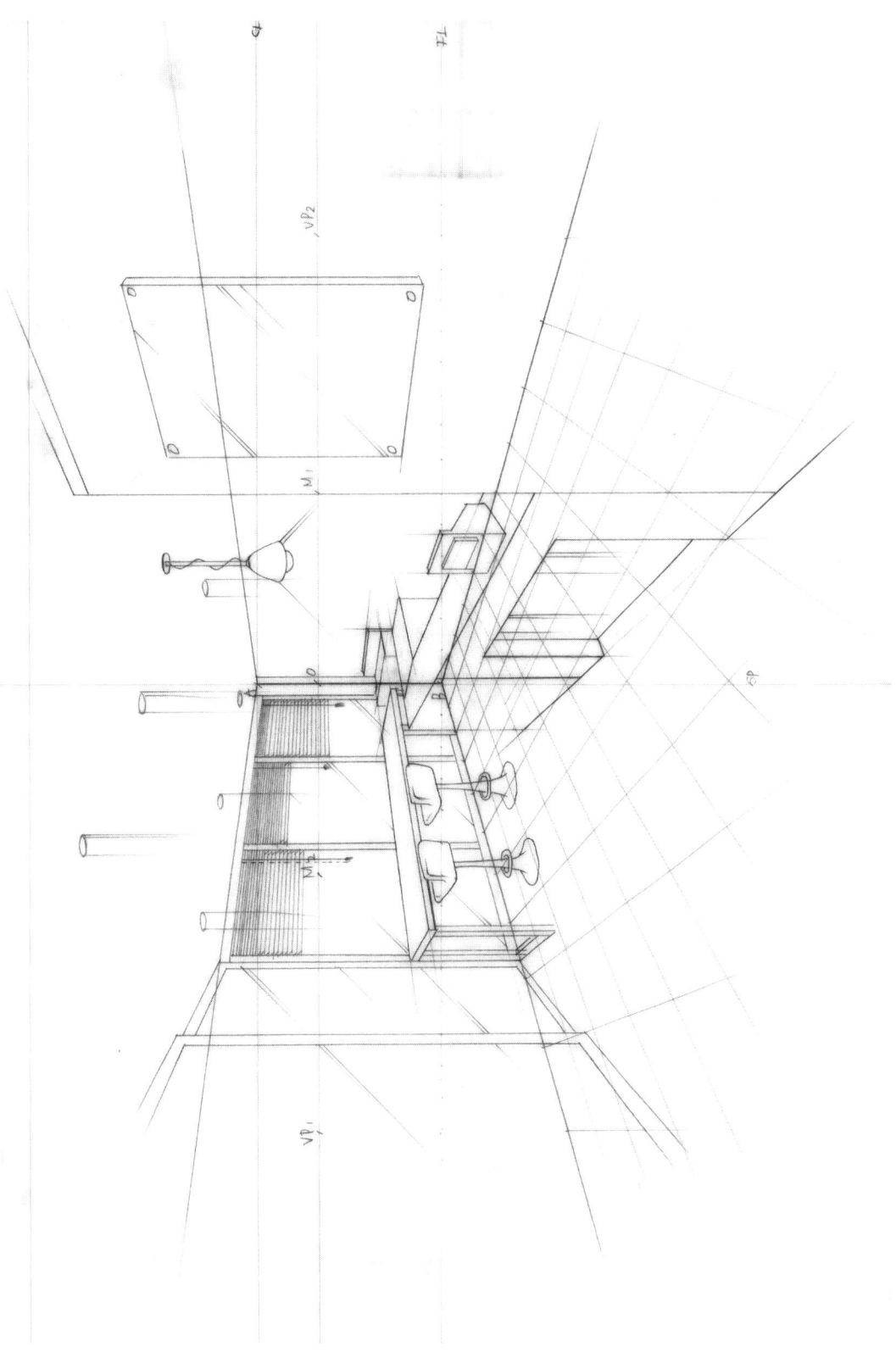

11. 켄트지 위에 투시도가 완성되면 트레싱지를 올려놓고 플러스 펜으로 도면을 베낀다. 반드시 소점을 남겨 표시한다.

■ 투시도 실습 순서

1. 켄트지에 중심선을 흐리게 긋는다.
   60도자의 직각부분을 종이의 한 끝에 맞춰 대각선을 그린다. 반대편도 맞추어 대각선을 교차시킨다.
   교차점을 직선으로 긋는다. (가로, 세로를 같은 방법으로 그린다.)

2. 중심선에서 위로 1,000을 띄워 C.L을 긋고, 아래로 2,000을 띄워 F.L을 긋는다.

3. 도면에서 기준이 되는 모서리의 위치를 (A,B)로 설정한 후 평면도 상에서 내가 서있는 지점(S.P)를 설정한다.

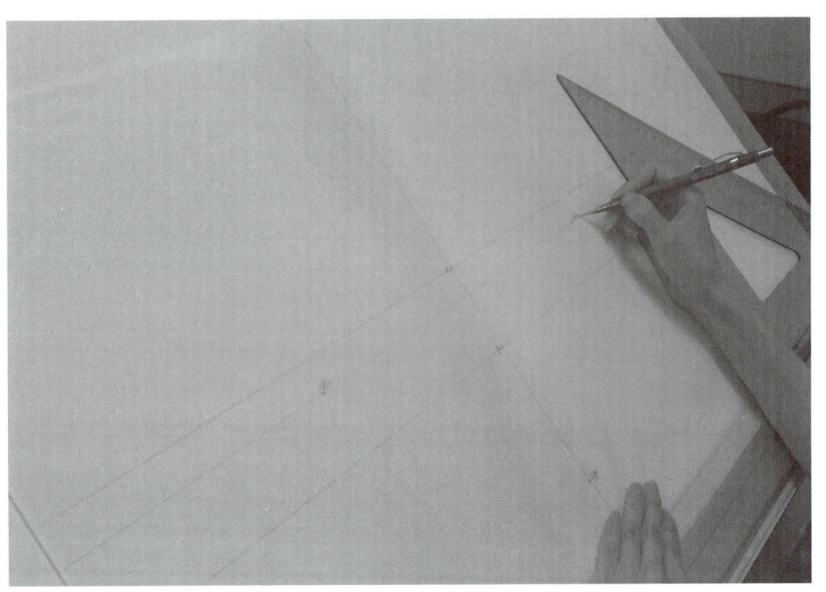

4. S.P점에서 45도 자를 댄 후 가로 중심선에 V.P1, V.P2 점을 찍는다.

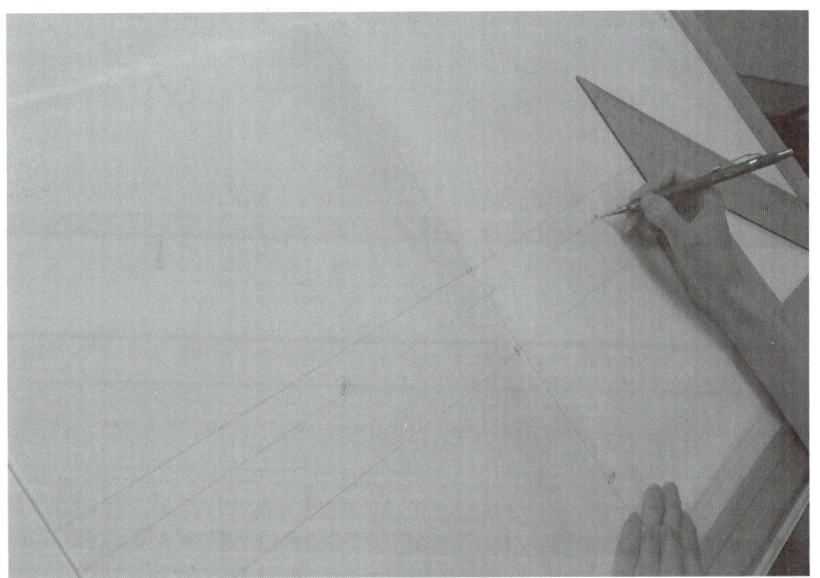

5. V.P1을 시작으로 하여(S.P에서 V.P1의 거리 만큼) 가로 중심선에 표시를 했을 때 나타나는 점이 M1이 된다.
M2역시 V.P2를 시작으로 하여 표시를 해준다.

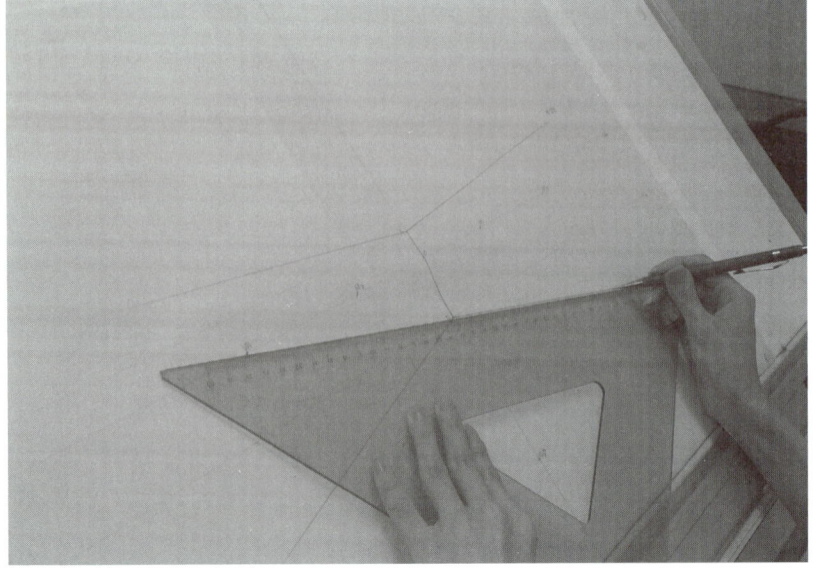

6. A점에 각각 V.P1, V.P2를 연결하여 천정선을 그린다. 마찬가지로 B점에서 각각 연결해 바닥선을 그린다.

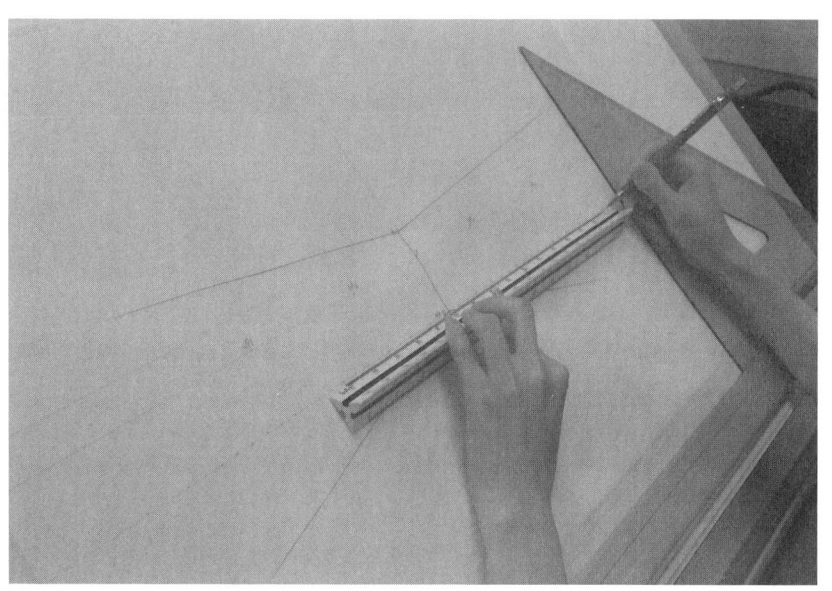

7. B점을 기준으로 F.L에 양쪽으로 500간격씩 그리드 점을 찍는다.

8. M1과 F.L에 표시한 그리드 점을 연결하여 바닥선에 그리드 점을 찍는다. (M2동일)

9. V.P1과 바닥선에 찍어놓은 그리드 점을 연결하여 바닥에 그리드 라인을 그린다.

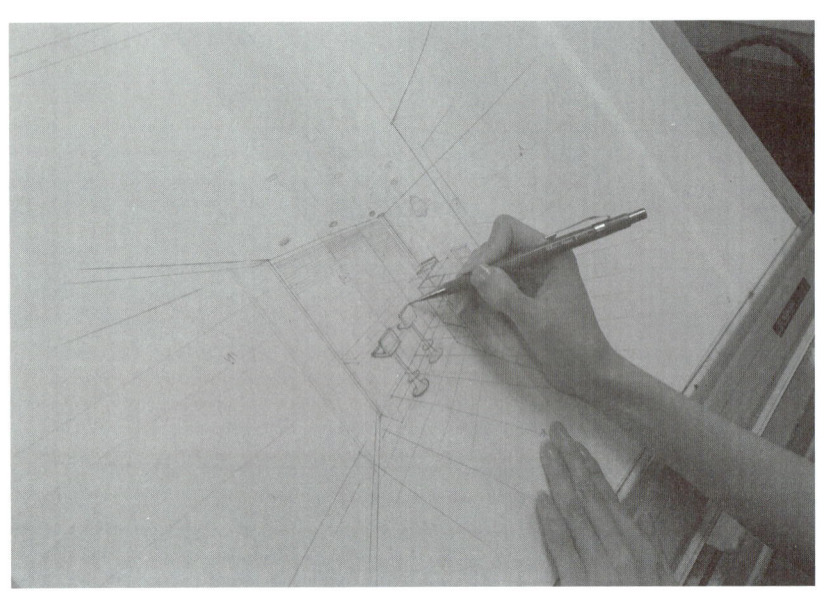

10. 평면도에 맞춰 가구의 위치를 잡는다.

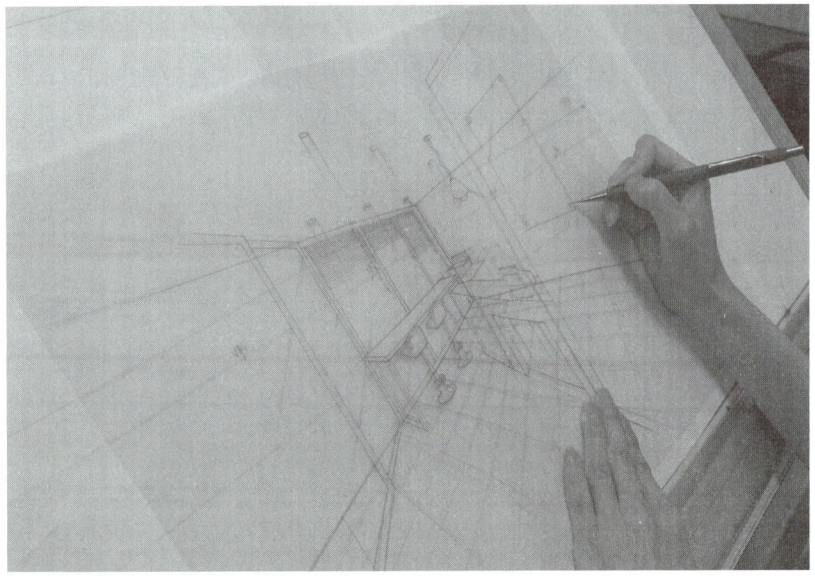

11. 가구의 모서리는 V.P1과 V.P2를 이용하여 그린다.

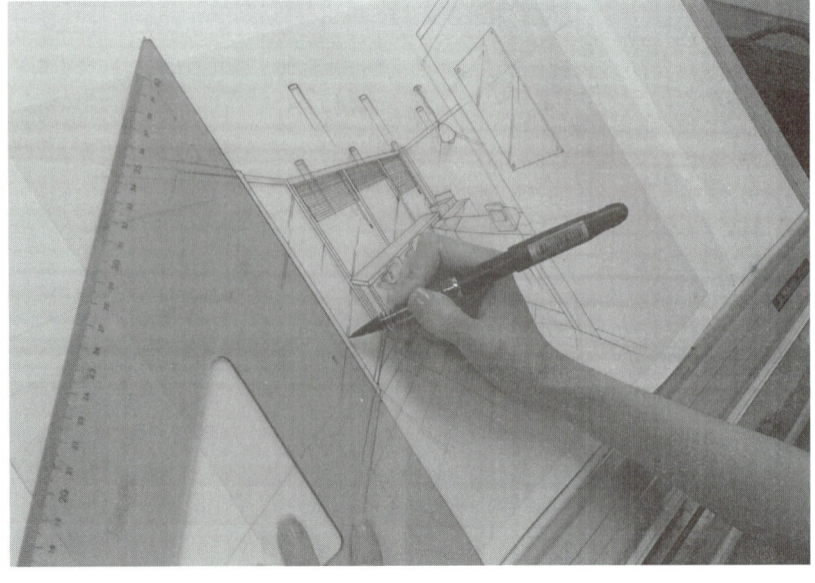

12. 트레싱지를 켄트지 위에 얹고 도면의 중앙에 오도록 배치한 후 플러스 펜으로 도면을 그린다.(베낀다)

■ 투시도 컬러링

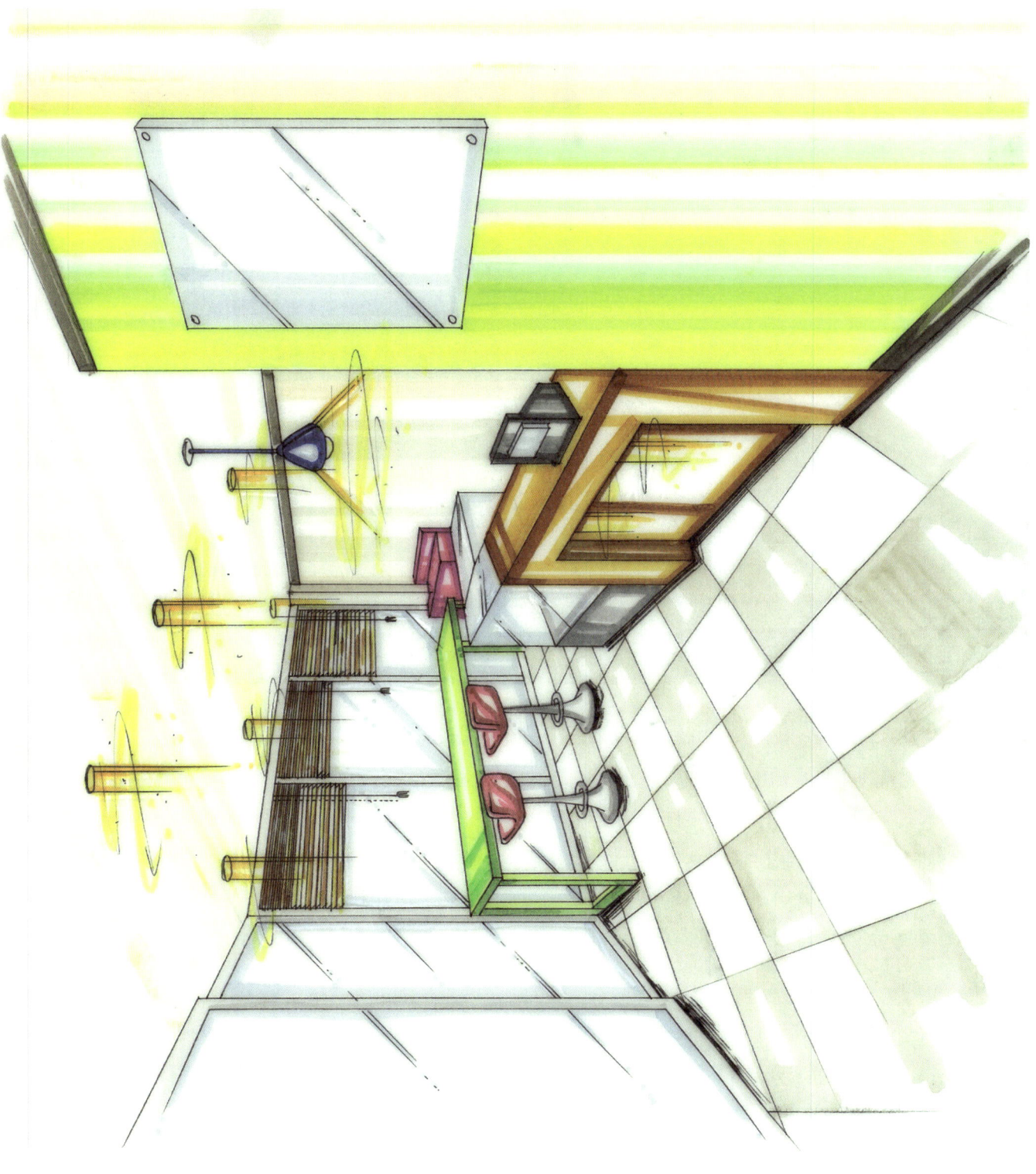

■ 투시도 컬러링 작도순서

1. 수정 플러스펜으로 잉킹된 도면을 뒤집어 뒷면에 마커로 컬러링 작업을 한다.
   (유성 잉크가 마커에 의해 번지지 않기 위함)
   컬러링 순서는 바닥→벽→천장→유리→가구나 집기→조명→몰딩→걸레받이 순으로 채색한다.
   그리드(Grid)로 그려진 바닥을 부분적으로 칠한다.
   (타일의 경우 격자로 채색 가능)
   • 바닥 : WG3~WG5(신한)

2. 벽은 실내공간 분위기에 맞게 바닥보다 밝게 처리한다.
   일반적으로 59, 36, 26, 67, WG2 등이 좋다.
   약간의 음영을 넣기 위해 WG5(신한)을 사용한다.
   • 벽 : W163(알파 Wood ash)
   • 26(신한 Pastel Peach)

3. 유리는 쇼케이스, 벽쪽의 액자, 통유리창 등에 가장자리 부분을 칠하고 플러스펜으로 빗금을 두줄 그어 유리표시를 한다.
   - 액자 : 76(신한)
     BG7(신한) : 음영부분
   - 쇼케이스 : CG3(신한)
     CG5(신한) : 철제부분
   - 창유리 : 76(신한)
     CG7(신한) : 음영부분

4. 가구는 우드(WOOD)계열일 경우
   - 101, 104, 103 : 밝은 계열
   - 91, 92, 95, 96, 99 : 어두운 계열이 일반적이다.
   - 카운터 :
     YR21(신한)
     R91(신한) : 음영부분
     Y92(신한) : 음영

5. 바(Bar) 테이블은 젊은 취향에 맞춰 산뜻하고 건강한 녹색계열(Yellow Green)로 처리하였다.
   - 48(신한)
   - 46(신한) : 음영표현
   - G159(Pine Green : 알파) : 음영

6. 의자는 바(Bar) 테이블과 보색 대비되는 핑크색 계열로 엑센트 효과를 준다.
   - 7(Cosmos : 신한) : 음영표현
   - 1(Wine Red : 신한) : 음영

7. 서비스테이블은 의자색과 맞추어 핑크색으로 칠한다.
   - 5(신한)
   - 85(신한) : 음영

8. 포스(POS)기는 일반적으로 회색계열로 처리한다.
   - CG7(신한)
   - CG9(신한) : 음영

9. 블라인드는 적갈색 계열로 처리하였다. 접혀있는 상태이므로 접힌 부분에 음영을 준다.
   - YR21(신한)
   - R91(신한) : 음영

10. 주 조명채색 : 상업공간에서 흔히 보는 다운라이트(매입형)을 칠한다.
    - 33(신한)
    - 23(신한) : 강조
    - 35(신한)
    - 23(신한) : 강조

11. 조명채색 : 천장의 매입등의 분위기에 맞추어 테이블이나 카운터 위에 펜던트 등을 칠한다.
    - B157(알파)
    - B159, B169(알파) : 음영

12. 몰딩과 걸레받이를 칠한다.
    - 몰딩
      WG7(신한)
    - 걸레받이
      WG9(신한)

13. 채색 완료후 흰색 플라즈마 색연필로 실선들이나 공간부분을 채워주면 도면의 빈 느낌들이 많이 채워진다.
    - 유리창, 유리부분, 조명 빛
    - 화이트 색연필 : 강조

❖ 알파터치 파이브 디자인 마카 60 Color(A Touchfive Marker)

60 COLOR A SET   DESIGN

Y112	Y113	Y114	Y123	Y126	Y137	Y143	Y154	Y157	R113
R114	R117	R129	R132	R138	R148	V112	V115	V117	V118
V134	V139	V142	V147	G113	G114	G117	G128	G132	G139
G148	G158	G159	G175	G177	B113	B115	B118	B128	B129
B142	B145	B169	W100	W102	W115	W119	W136	W139	W143
W163	W169	CG02	CG03	CG04	CG05	CG06	CG07	CG09	120

60 COLOR B SET   DESIGN

Y116	Y135	Y138	Y144	Y148	Y149	Y159	R119	R125	R134
R137	R147	R156	V125	V127	V129	V149	V152	V154	V162
G125	G134	G137	G153	G154	G162	G165	G166	G169	G178
B124	B126	B133	B135	B152	B154	B157	B159	B167	W113
W122	W124	W128	W137	W148	W154	W158	TG02	TG03	TG04
TG05	TG06	TG07	TG09	WG02	WG03	WG04	WG06	WG08	120

신한 터치 트윈 마카(ShinHan Twin Marker) 60 Color(A)

R1	Wine Red
R2	Old Red
R5	Cherry Red
RP6	Vivid Pink
R7	Cosmos
RP9	Pale Pink
R11	Carmine
R12	Coral Red
R14	Vermillion
YR21	Terracotta
YR23	Orange
YR26	Pastel Peach
YR33	Melon Yellow
Y34	Lemon Yellow
Y37	Pastel Yellow
Y41	Olive Green
GY43	Deep Olive Green
GY46	Vivid Green
GY48	Yellow Green
BG51	Dark Green
BG54	Viridian
G56	Mint Green
G59	Pale Green
B61	Peacock Green
PB63	Cerulean Blue
B65	Ice Blue
B67	Pastel Blue
PB69	Prussian Blue
PB71	Cobalt Blue
PB73	Ultramarine
PB74	Brilliant Blue
PB76	Sky Blue
P81	Deep Violet
P83	Lavender
P85	Vivid Purple
RP87	Azalea Purple
RP89	Pale Purple
R91	Natural Oak
R92	Chocolate
R94	Brick Brown
YR99	Bronze
YR101	Yellow Ochre
YR103	Potato Brown
Y104	Brown Grey
120	Black
BG1	Blue Grey
BG3	
BG5	
BG7	
BG9	
CG1	Cool Grey
CG3	
CG5	
CG7	
CG9	
WG1	Warm Grey
WG3	
WG5	
WG7	
WG9	

❖ 마카연습(가구) – 켄트지 위에 채색

❖ 마카연습(실내 가구) - 트레이싱지 위에 채색

4 과년도 기출문제
Industrial Engineer Interior Architecture

PC 방 01
아동의류 전문점 A 02
아이스크림 판매점 03
주거 오피스텔 04
무선통신기기 매장 05
패스트푸드점 06
북카페 07
자동차 판매 대리점 08
오피스텔 09
헤어숍 10
실내투시시도체크 I 01
실내투시시도체크 II 02

09 오피스텔

1 요구사항

주어진 도면은 도심지 고층형 건물로 주거를 겸한 오피스텔이다.
다음의 요구조건에 따라 도면을 작성하시오.

2 요구조건

1) 설계면적 : 6,850×5,700×2,700(H)
2) 인적구성 : 20대 부부용으로 작업은 재택쇼핑몰 운영 사업자이다.(단 쇼핑아이템은 숙녀의류)
3) 요구공간 : 개방적인 공간으로 하고 재택작업을 위한 가구배치
4) 필수가구 : 침대(트윈) 및 나이트 테이블, 컴퓨터2대 및 테이블 의자포함, 숙녀의류 촬영
   공간 및 설비, 작업용테이블(1200×800) 및 의자, 주방기구 및 집기(조리대, 가열대, 식탁, 냉장고 등),
   TV, 붙박이장, 화장대, 서랍장, 장식장, 신발장.
   (이상 제시된 가구는 필수적이며 이외에 필요한 가구가 있다면 수검자 임의로 추가할 수 있음.)

3 요구도면

1) 평면도 (가구배치 및 바닥마감재 표기) 1/30
2) 천정도(설비, 조명기구 배치 및 범례표작성/천장마감재 표기) : 1/30
3) 내부입면도 B방향 1면(벽면재료표기) : 1/50
4) 실내투시도 (채색작업은 필수) : N.S
   (계획의 포인트가 좋은 지점에서 1소점 또는 2소점 투시법으로 작성하되, 작성과정의 투시보조선을 남길 것)

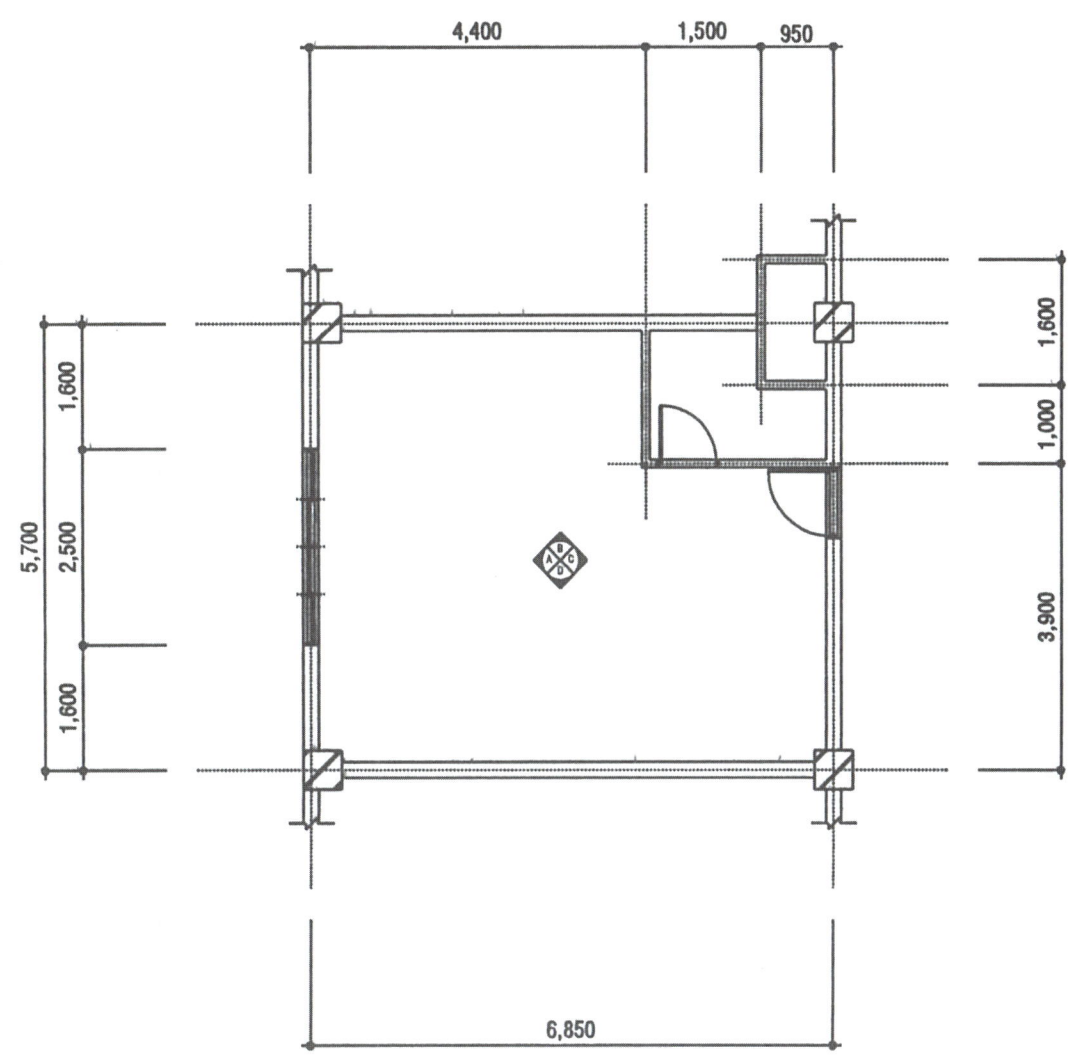

도면 컨셉 – 오피스텔

본 도면은 도심지 고층형 건물로 주거를 겸한 오피스텔로서 공간의 구분이 어색하지 않도록 가구를 배치하였다. 개인적인 공간은 프라이버시를 위해 출입구에서 떨어진 곳에 배치하였고 책상을 가운데에 두어 작업 공간과의 자연스러운 분리를 유도 하였다. 그린(Green) 컬러와 우드(Wood) 소재의 가구를 사용하여 편안하면서도 지루하지 않은 분위기를 나 타내었다. 또한 재택쇼핑몰을 운영하고 있으므로 집안에서 사진 작업을 할 수 있도록 작업공간에 스포트라이트(Spotlight)를 두어 공간의 활용도를 높이도록 하였다.

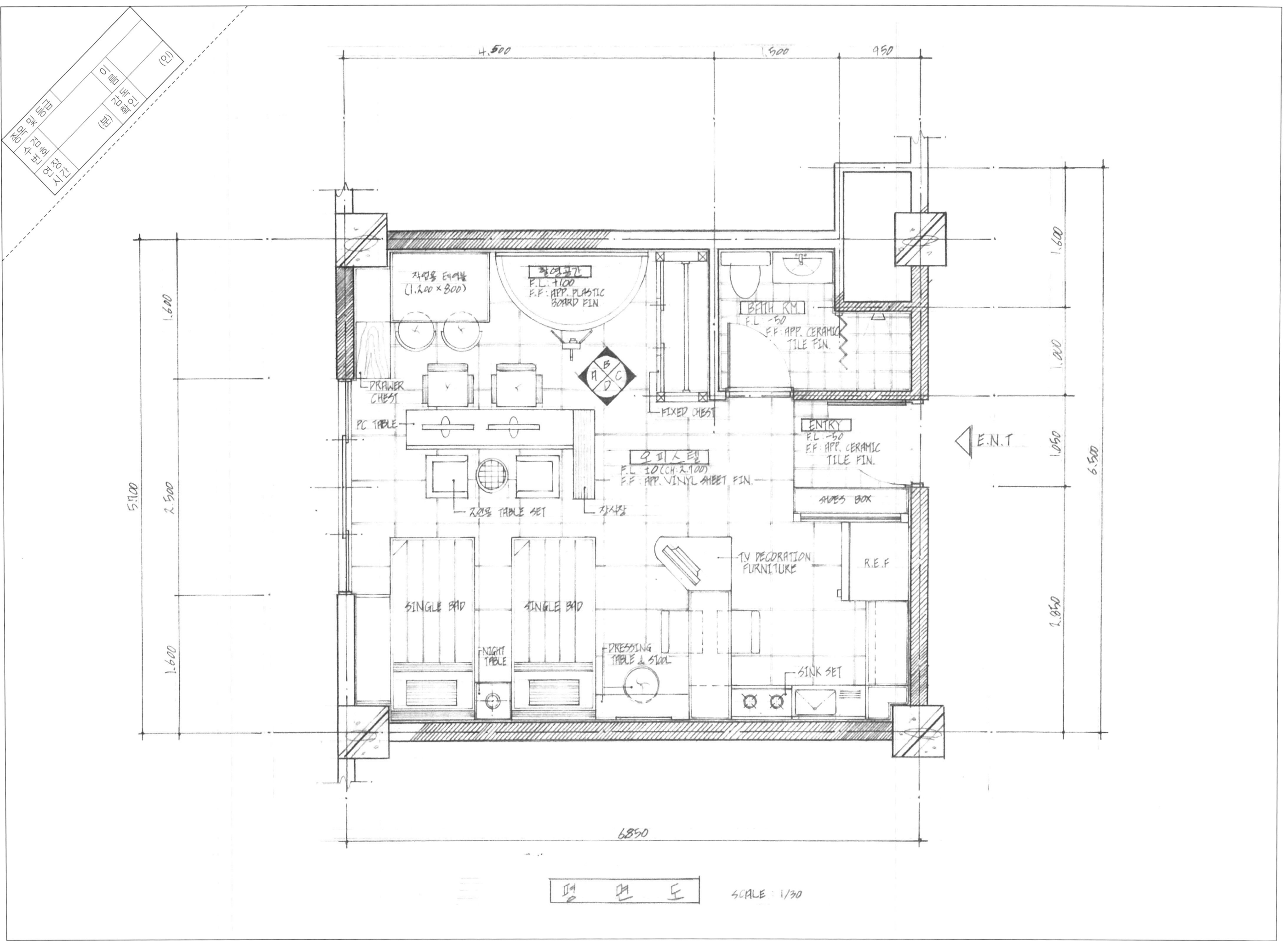

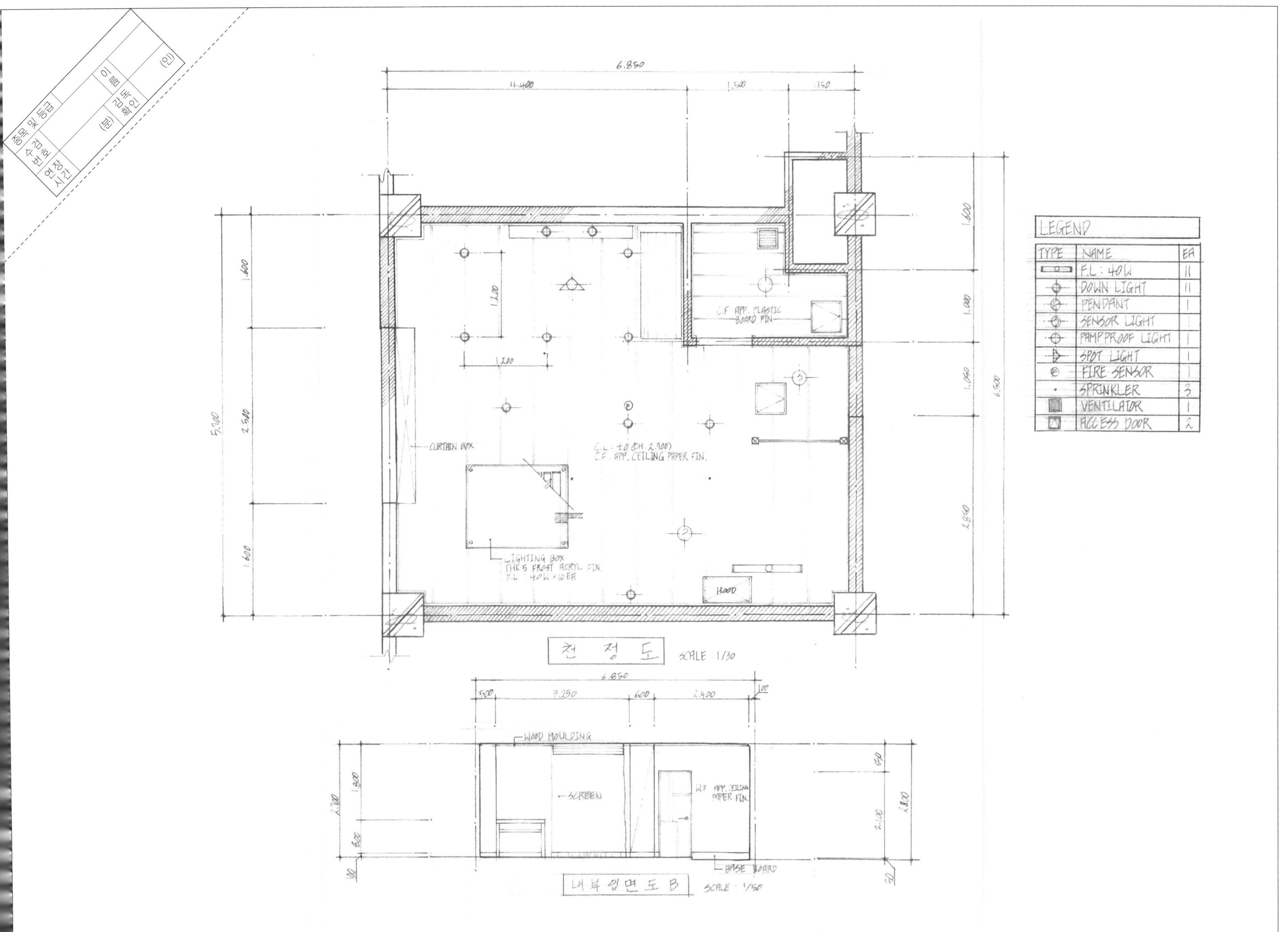

01 PC방

1 요구사항

주어진 도면은 청소년을 위한 인터넷 전용 PC방의 기본 평면도이다.
다음의 요구조건에 따라 도면을 설계하시오.

2 요구조건

1) 설계면적 : 15m×9m×2.7m(H)
2) 인적구성 : 종업원 2인, 이용자수(최대)-20명
3) 요구공간
   ① PC활용공간
   ② 카운터
   ③ 휴게공간(주방겸용, 간단한 식음료가 가능해야 함)
4) 필요집기
   ① 컴퓨터 + 책상 + 의자(20Set)
   ② TEA TABLE + 휴식용 의자(4Set)
   ③ 자동판매기(2Set)
   ④ 냉·난방기구
   ⑤ 카운터
   (이상 제시된 가구는 필수적이며 이외에 필요한 가구가 있다면 수검자가 임의로 추가할 수 있음)

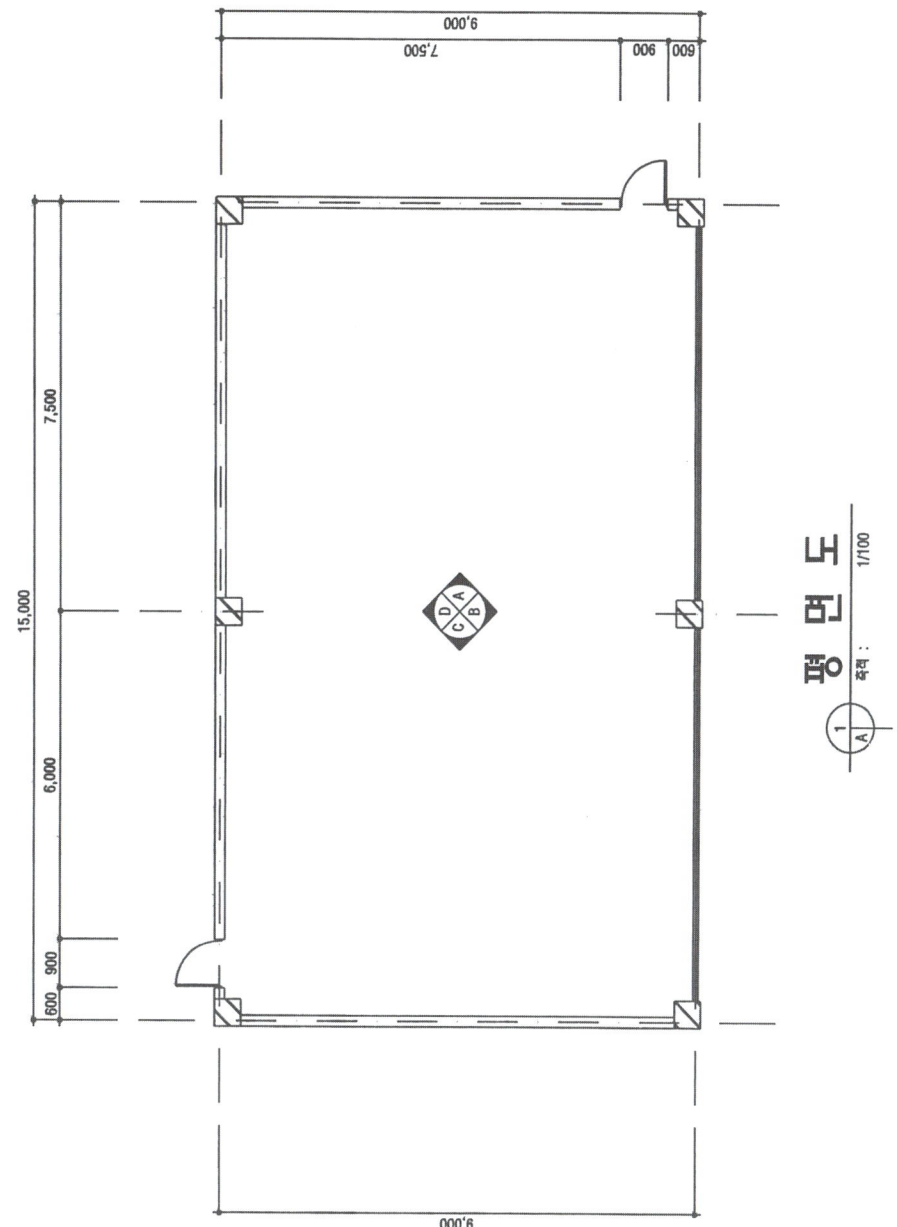

3 요구도면

1) 평면도 (가구배치 및 바닥마감재표기) : SCALE 1/50
   - 평면도 주변의 여유 공간에 설계개요(DESIGN CONCEPT)를 200자 이내로 작성하시오.
2) 천정도 (설비, 조명기구배치 및 범례표 작성/천정마감재 표기) : SCALE 1/50
3) 내부입면도 B,C면 (벽면재료표기) : SCALE : 1/50
4) 실내투시도 (채색작업은 필수) : SCALE : N.S
   (계획의 포인트가 좋은 지점에서 1소점 또는 2소점 투시법으로 작성하되, 작성과정의 투시보조선을 남길 것)

※ 설계개요(DESIGN CONCEPT)는 평면도 도면, 평면도 아래에 기입해야 한다. 이 책에서는 컨셉 내용이 잘
보이게 하기 위해 문제 도면 아래 표시해 두었다.

도면 컨셉 - PC방 컨셉

청소년을 위한 인터넷 전용 PC방으로 휴게 공간에는 간단한 식음료 및 TV들을 놓아 장시간 PC사용자들도 휴식을 취할 수 있도록 하였다. 전면창 부분에 조경을 배치하여 좀 더 쾌적하고 눈이 덜 피로할 수 있도록 하였다.
휴게공간은 PC를 사용하는 공간과 분리하여 이동의 편의를 주고자 하였다. 카운터와 주방을 가까운 곳에 배치함으로써 직원 동선의 편리 및 이용자와의 동선이 겹치지 않도록 배치하였다.

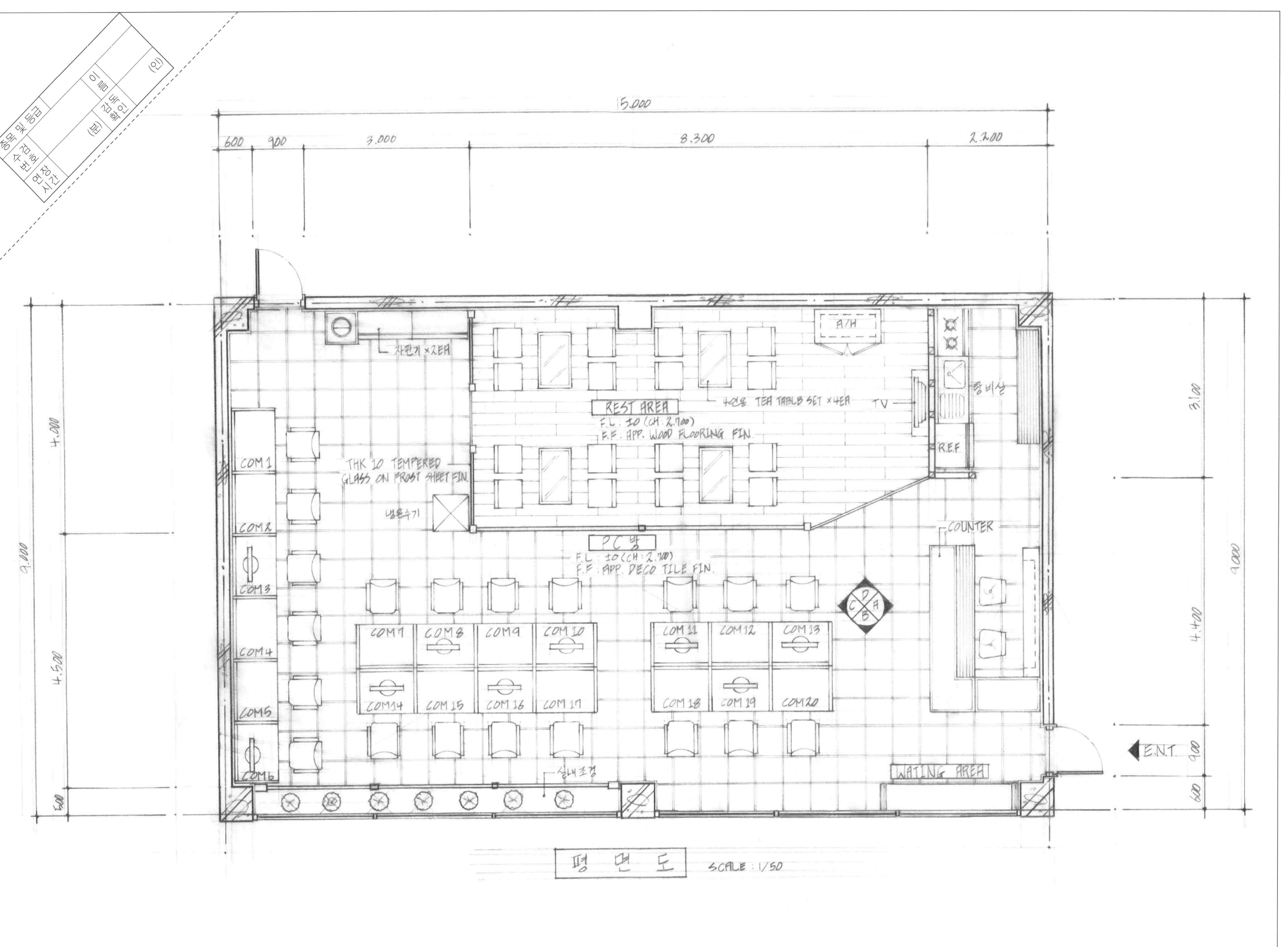

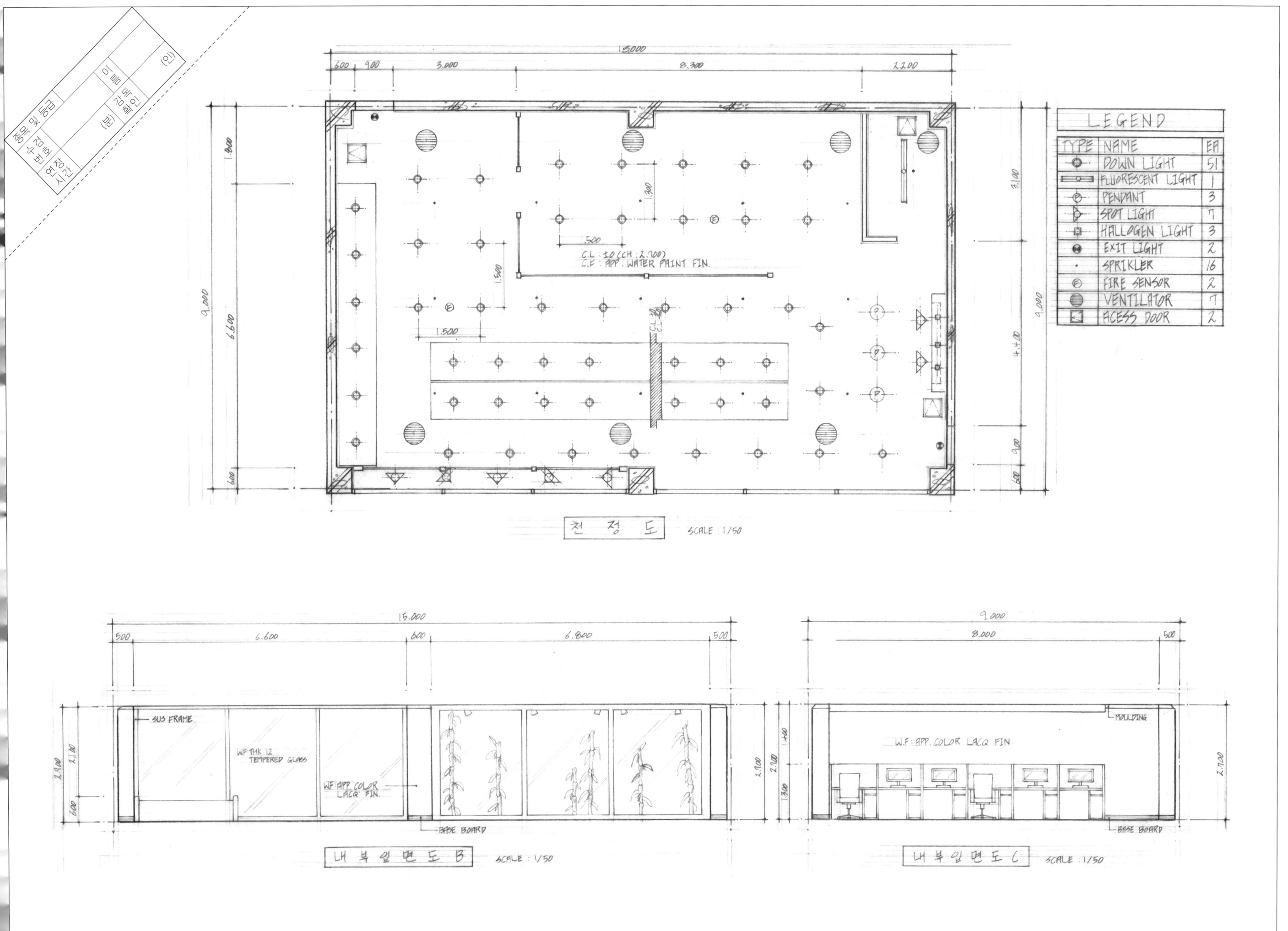

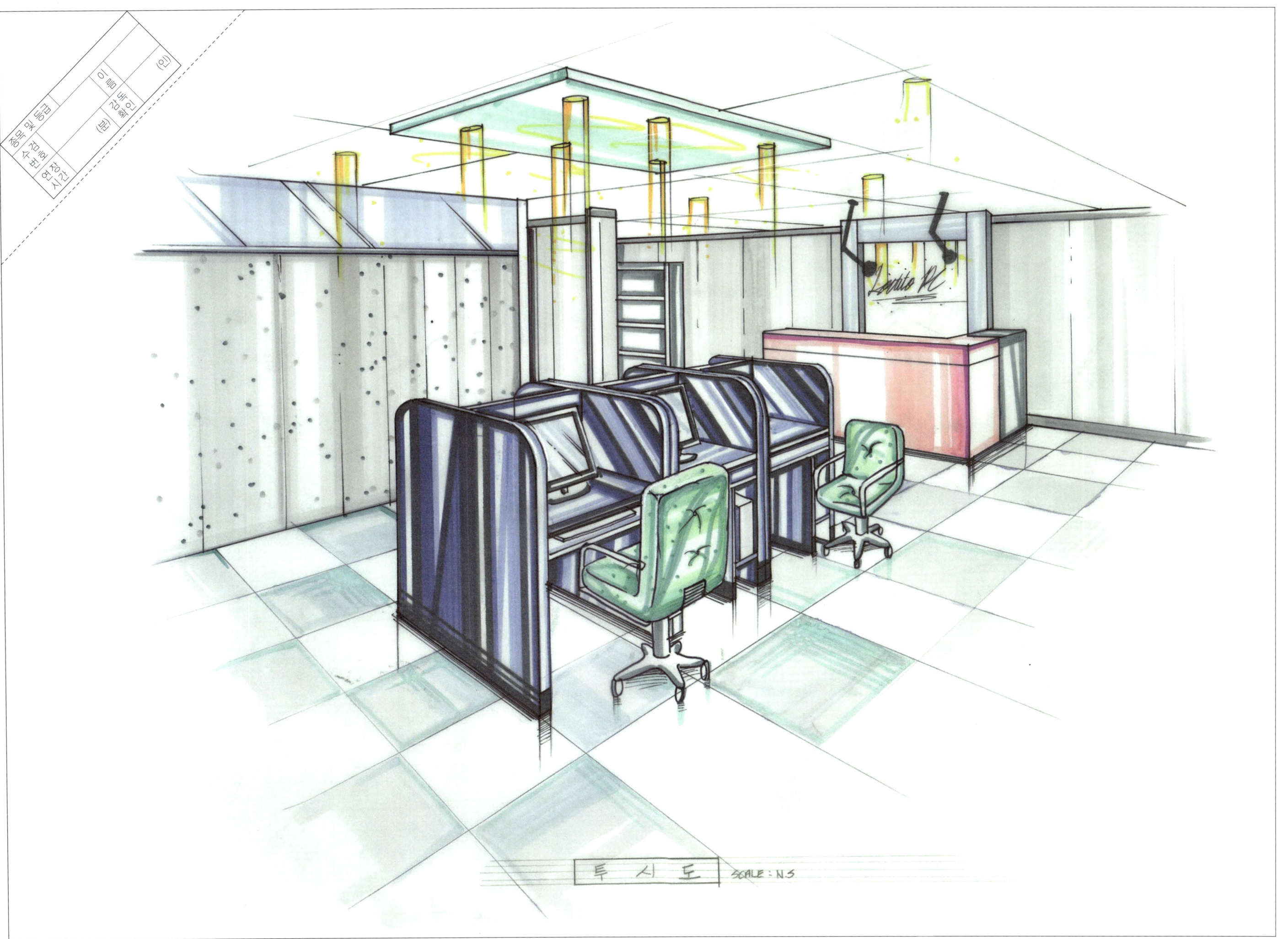

02 아동의류 전문점 A

1 요구사항

주어진 도면은 상업지역에 위치한 아동의류점의 평면이다.
다음의 요구조건에 따라 도면을 설계하시오.

2 요구 조건

1) 설계면적 : 5,500×5,800×2,600mm(H)
2) DOOR : 900×2,100mm(H)
3) 주요고객 : 7~12세 아동을 동반한 30~40대 중반의 부모
4) 요구공간 및 가구
   - show window
   - cashier counter :   1,300×500×1,000mm
   - display table : 1,200×500×1,100mm 3개, 1,200×350×1,100mm
   - display shelf, fitting room, hanger, air conditioner
   (이상 제시된 가구는 필수적이며 이외에 필요한 가구가 있다면 수검자가 임의로 추가할 수 있음)

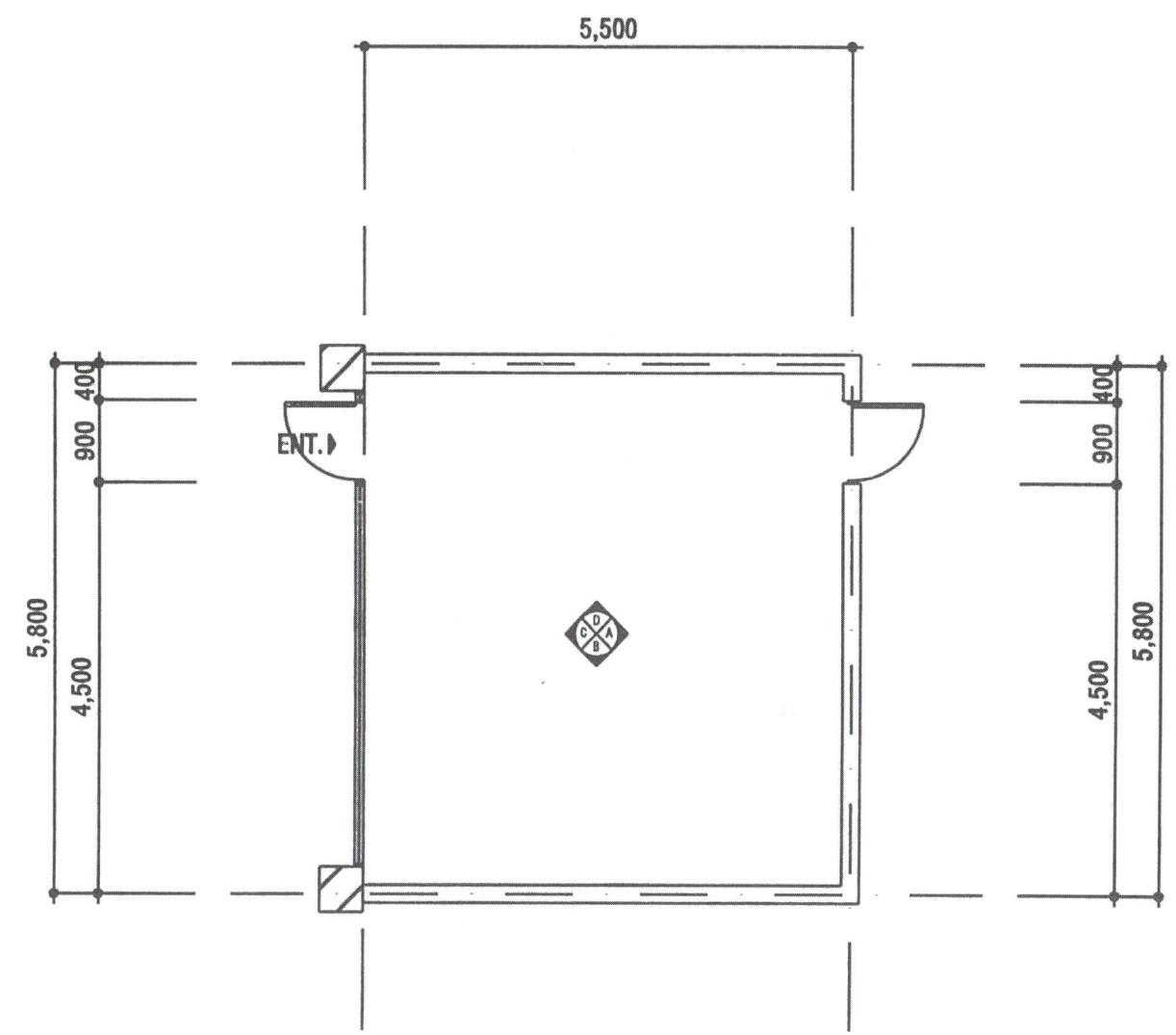

3 요구 도면

1) 평면도 (가구배치 및 바닥마감재 표기) SCALE   : 1/30
   평면도 주변의 여유공간에 설계개요(Design Concept)를 150자 이내로 작성하시오.
2) 내부입면도 A방향 1면 (벽면재료 표기) SCALE : 1/30
3) 천정도 (설비, 조명기구 배치 및 범례표 작성/천정마감재 표기) SCALE : 1/30
4) 실내투시도 (채색작업은 필수) SCALE : N.S
   (계획의 포인트가 좋은 지점에서 1소점 또는 2소점 투시도법으로 작성하되, 작성과정의 투시보조선을 남길 것)

도면 컨셉 - 아동의류전문점

상업지역에 위치한 아동의류점으로 대부분의 진열대의 위치를 벽면쪽으로 붙이고 중앙 부분은 행거 진열대를 둠으로써 동선의 이동에 불편함이 없도록 하였고, 행거 양 옆에 진열대를 놓아 사방에서 보아도 물건이 보여 소비자의 구매 심리를 유도하도록 설계하였다. 그린(Green)과 블루(Blue) 계통의 마감재를 사용하여 자유분방하고 편안한 분위기를 나타내었다.

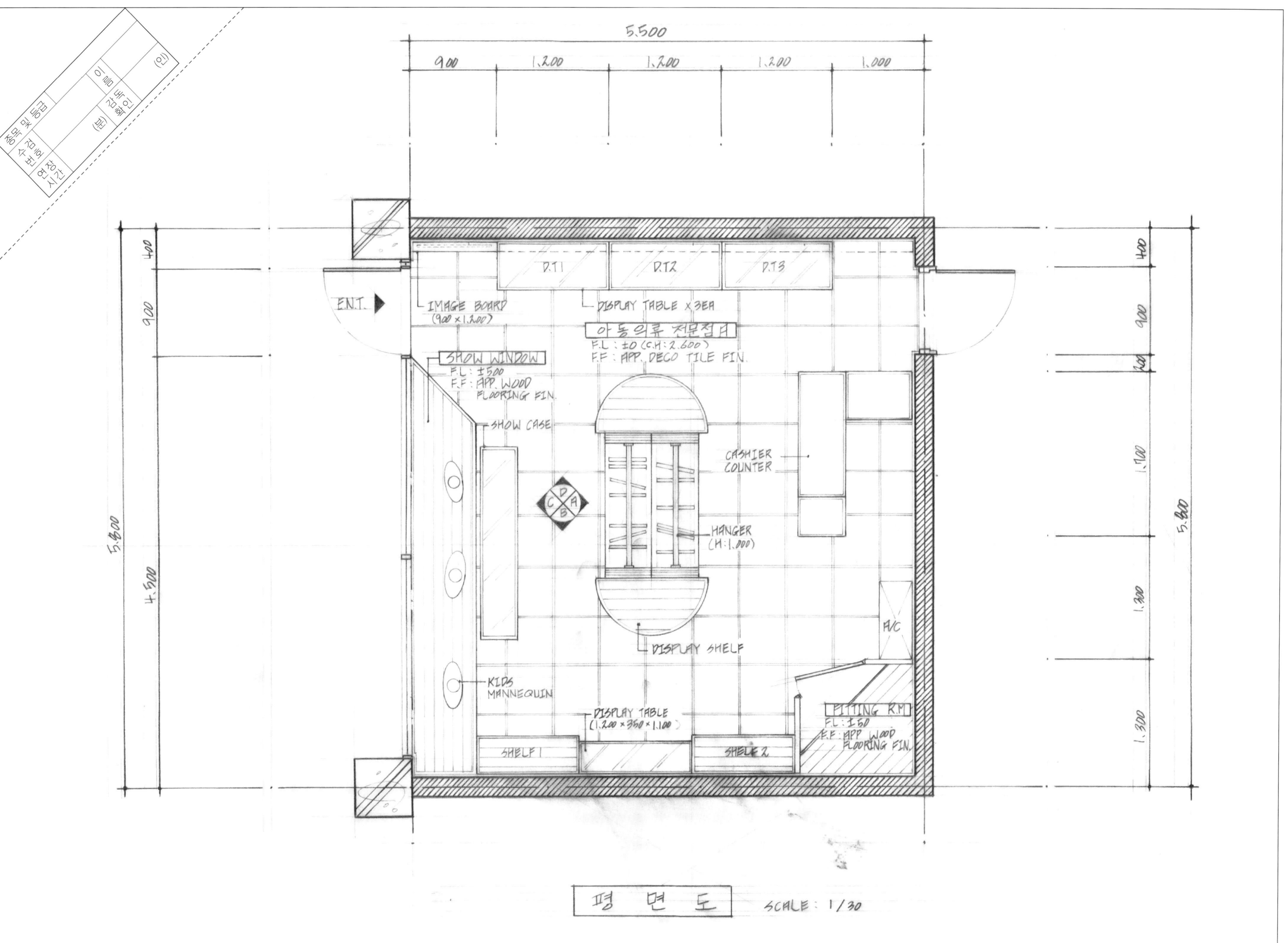

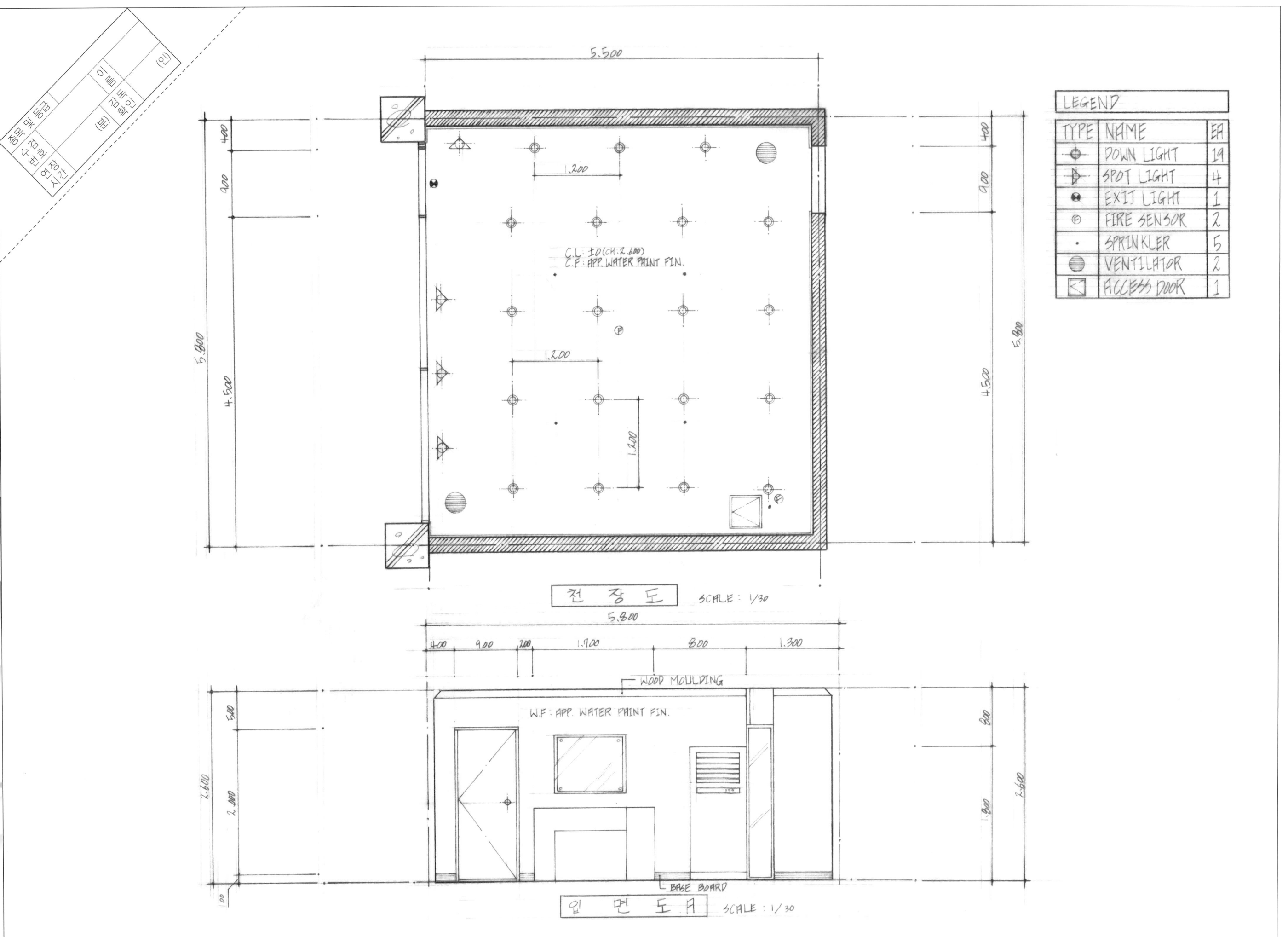

03 아이스크림 판매점

1 요구사항

주어진 도면은 Shopping Center 내에 위치한 아이스크림 판매점이다.
다음의 요구조건에 따라 도면을 작성하시오.

2 요구조건

1) 설계면적 : 7,800×5,700×2,700mm(H)
2) 필요공간 및 가구

 주방 및 카운터, 케익 쇼케이스 2EA, 아이스크림 쇼케이스 2EA, 의자 및 탁자

 (이상 제시된 가구는 필수적이며 이외에 필요한 가구가 있다면 수검자가 임의로 추가할 수 있음)

3 요구도면

1) 평면도(가구배치 포함) SCALE : 1/30
 - 평면도 주변의 여유공간에 설계개요 (DESIGN CONCEPT)를 200자 내외로 쓰시오.
2) 천정도(설비, 조명기구 배치 및 범례표 작성/천정마감재 표기) SCALE : 1/30
3) 내부입면도 C방향 1면 (벽면재로 표기) SCALE : 1/50
4) 실내투시도 (채색작업은 필수) SCALE : N.S

 (계획의 포인트가 좋은 지점에서 1소점 또는 2소점 투시법으로 작성하되, 작성과정의 투시보조선을 남길 것)

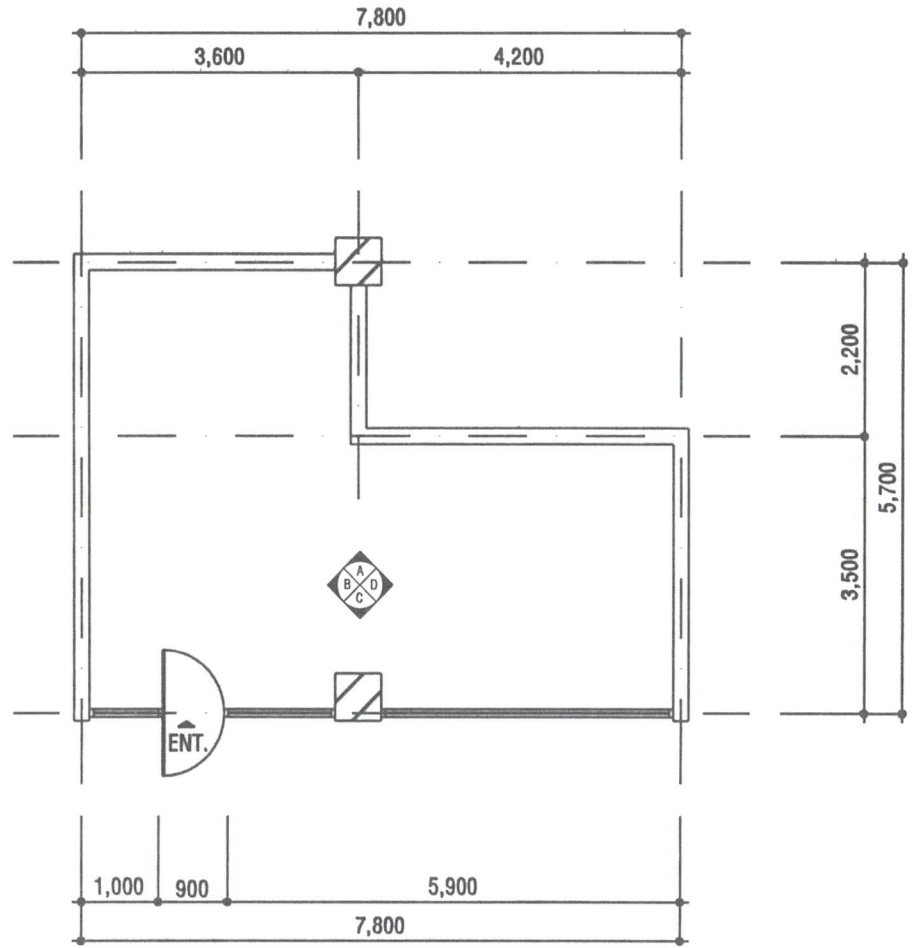

도면 컨셉 – 아이스크림 매장

본 매장은 쇼핑센터 내에 위치한 아이스크림 판매점으로써 이동 인구가 많아 출입문에서 정면의 위치에 쇼케이스를 두어 밖에서도 제품이 잘 보이도록 하였고 매장내 고객 사용공간에도 쇼케이스를 두어 고객의 구매 심리를 유도하였다. 직원과 고객의 동선을 분리해 되도록이면 동선이 겹치지 않도록 배치하여 불편함이 없도록 하였다. 카운터 뒤편으로는 주방을 두어 직원들이 보다 편리하게 업무를 볼 수 있도록 하였다.

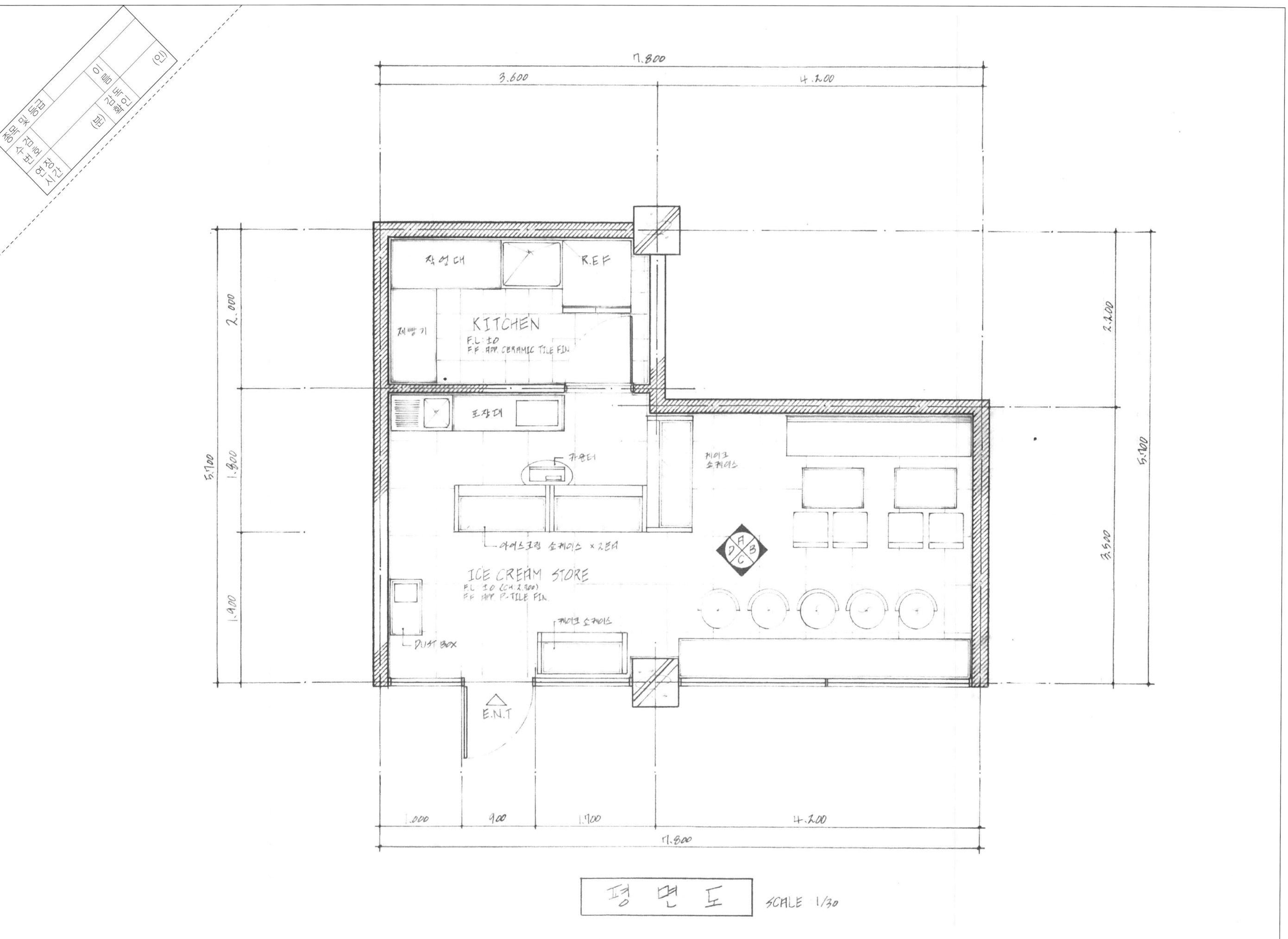

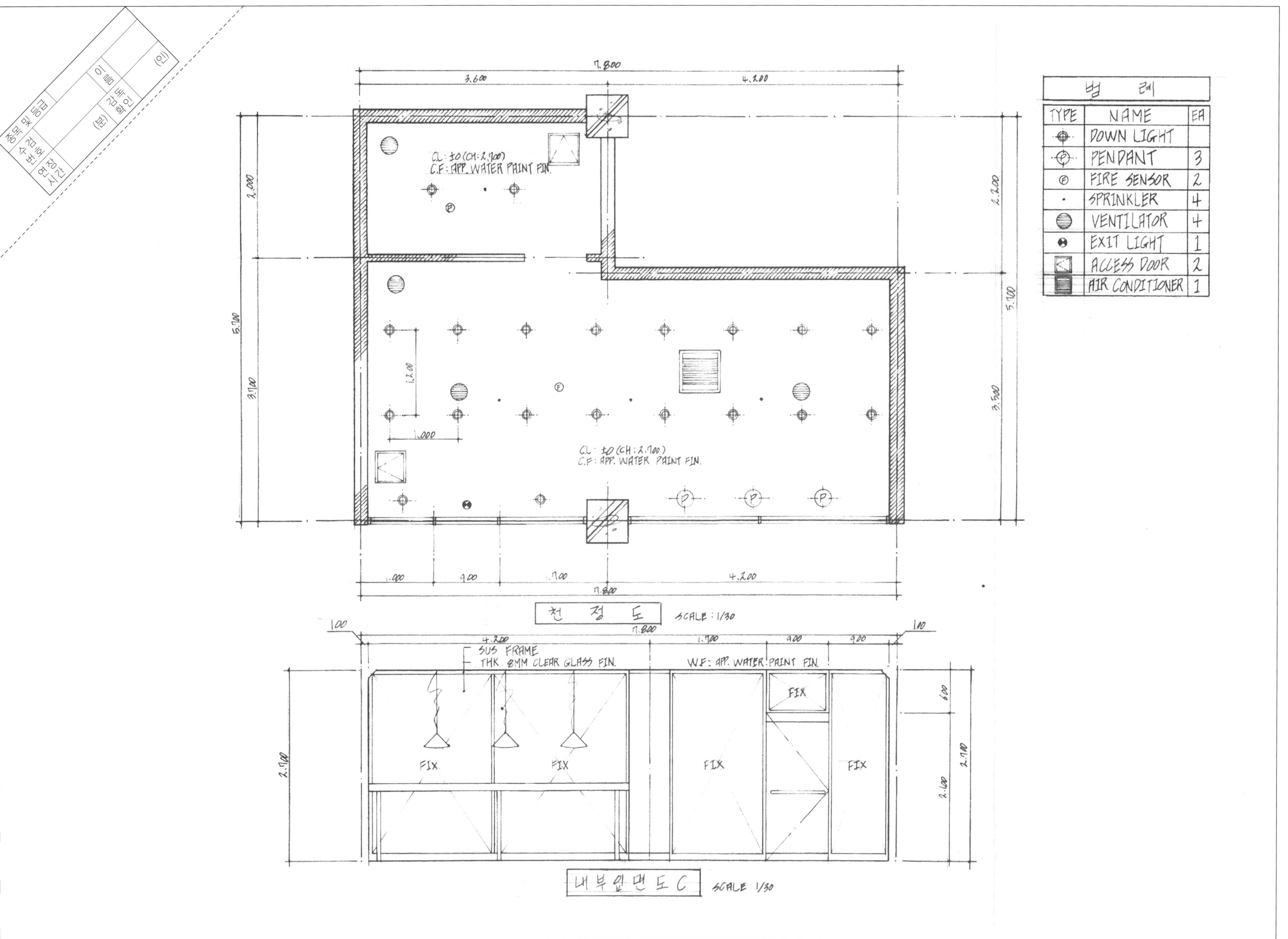

투 시 도   SCALE 1/N5

04 주거 오피스텔

1 요구사항

주어진 도면은 인테리어를 하는 30대 부부가 생활하는 고층의 오피스텔이다.
아래 요구조건에 맞게 요구도면을 작성하시오.

2 요구조건

1) 설계면적 : 8,400×5,400×2,700mm(H)
2) 필요공간 및 가구
   주방구성(싱크 Set, 냉장고), 화장실구성, 침실공간 및 작업공간 - 트윈베드, 나이트 테이블
   작업대(1,500mm×1,000mm) / 의자포함, 컴퓨터 2대와 테이블 / 의자포함, 붙박이장,
   화장대, 서랍장, 장식장, 신발장
   (이상 제시된 가구는 필수적이며 이외에 필요한 가구가 있다면 수검자가 임의로 추가할 수 있음)

3 요구도면

1) 평면도(가구 배치 포함) SCALE : 1/30
   - 평면도 주변의 여유공간에 설계개요 (DESIGN CONCEPT)를 150내외로 쓰시오.
2) 천정도(설비, 조명기구 배치 및 범례표 작성/천정마감재 표기) SCALE : 1/30
3) 내부입면도 D방향(벽면재료표기) SCALE : 1/50
4) 실내투시도 (채색작업은 필수) SCALE : N.S
   (계획의 포인트가 좋은 지점에서 1소점 또는 2소점 투시법으로 작성하되, 작성과정의 투시보조선을 남길 것)

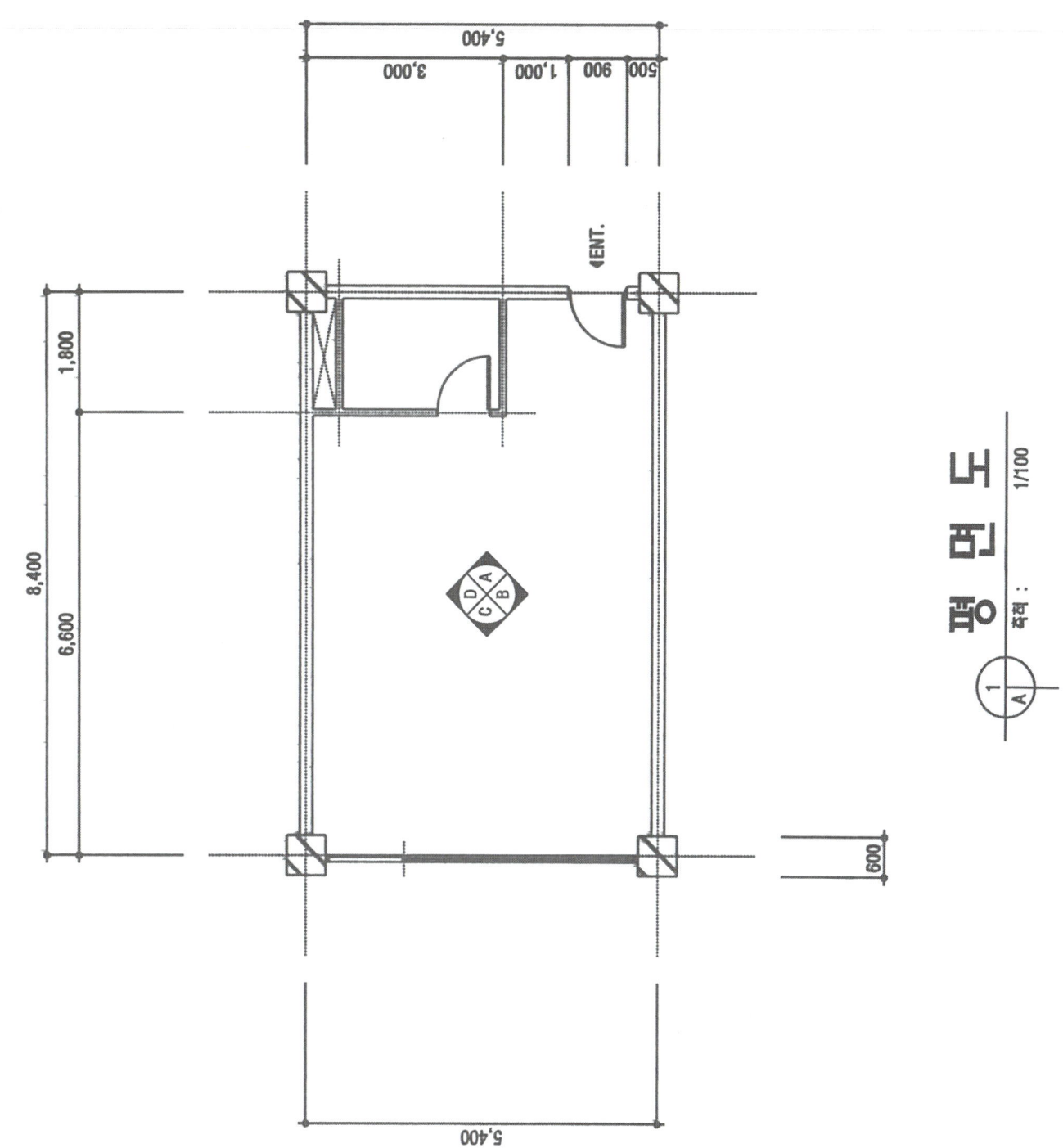

도면 컨셉 - 주거형 오피스텔

본 도면은 주거형 오피스텔로써 개인 프라이버시를 위해 출입구에서 먼 공간으로 개인 공간을 배치하였다. 좁은 공간이므로 공간을 나누지 않고 최소한의 가구로 배치를 통하여 구분되는 듯한 효과를 주었고, 그린(Green) 계통의 침구를 사용하여 부부공간은 산뜻하면서도 쾌적한 느낌이 들도록 하였다. 전체적으로 가구를 최소한으로 하여 여유공간을 두어 넓게 느껴지도록 하였고, 우선적으로 동선에 방해되지 않도록 계획하였다.

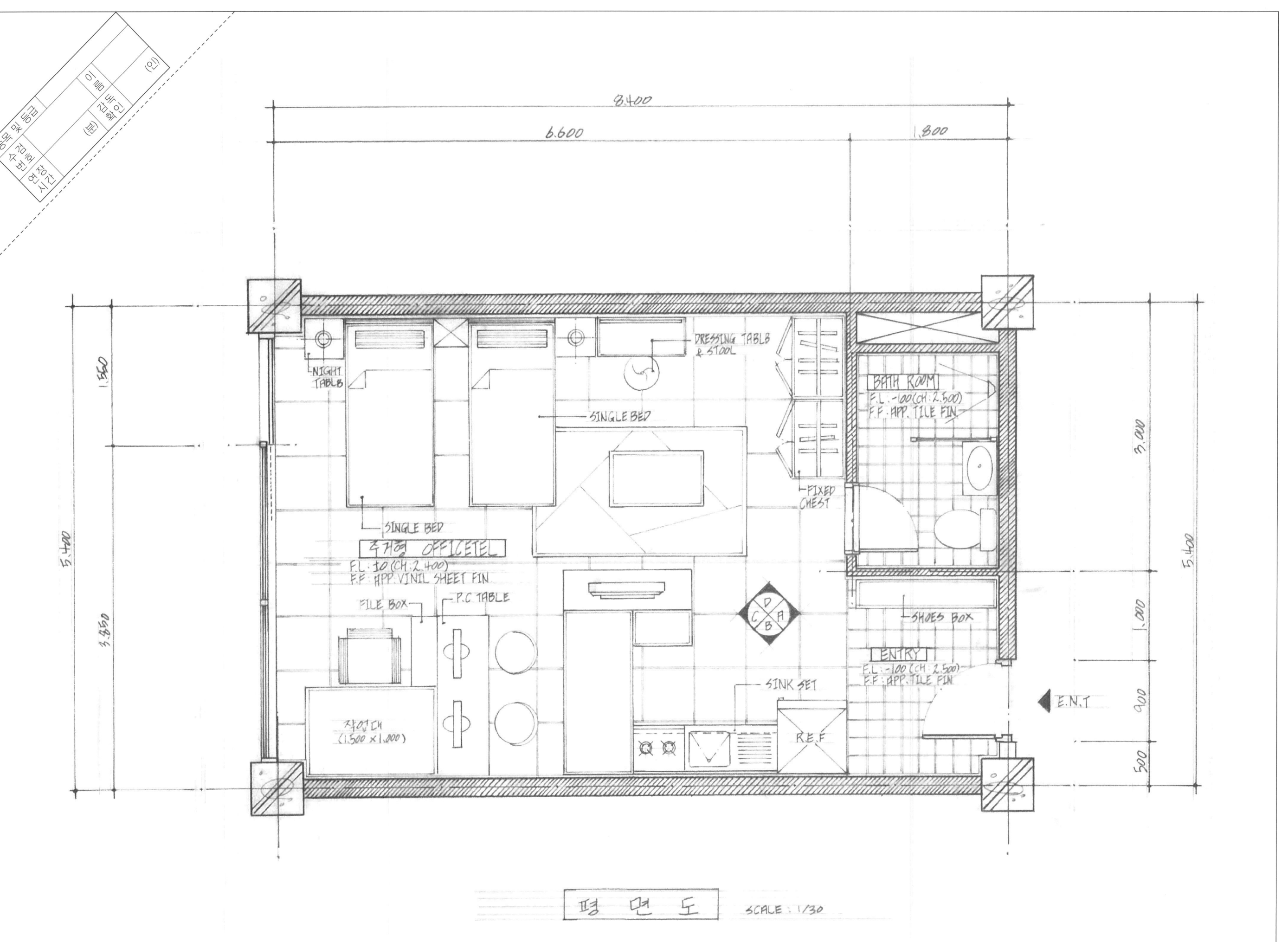

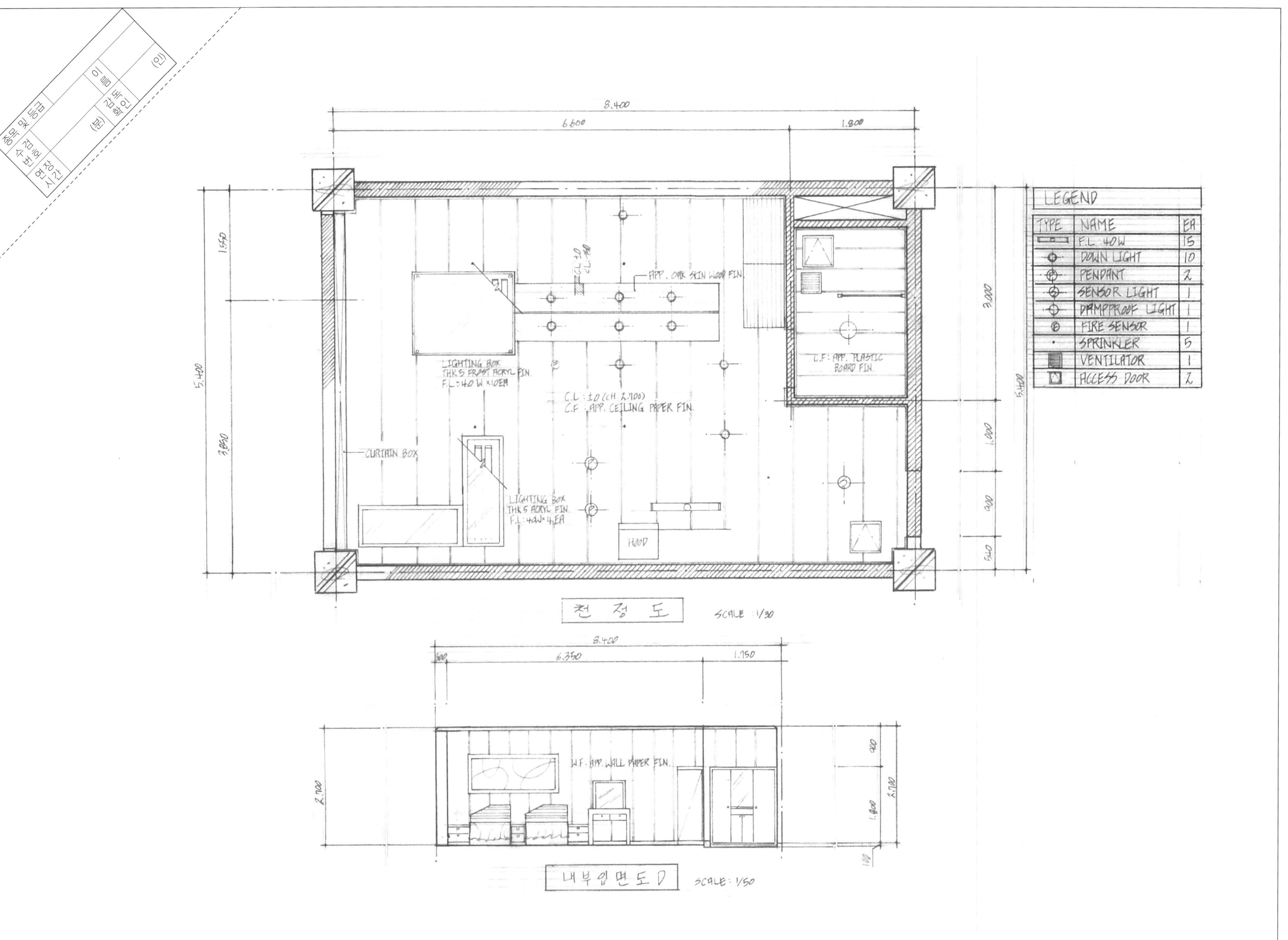

05 무선통신기기 매장

1 요구사항

주어진 도면은 시내 중심상가 1층에 위치한 무선통신기기 매장의 단위 평면이다.
아래 요구조건에 맞게 요구도면을 작성하시오.

2 요구조건

1) 설계면적 : 8,200mm×4,600mm×2,700mm(H)
2) 필요공간 및 가구
   상시 2~3인이 근무하는 공간으로 전시대, 진열장, 수납카운터, 4인용 테이블셋트, A/S공간을 배치.
   (이상 제시된 가구는 필수적이며 이외에 필요한 가구가 있다면 수검자가 임의로 추가할 수 있음)

3 요구도면

1) 평면도 (가구 배치 포함) SCALE : 1/30
   - 평면도 주변의 여유공간에 설계개요 (DESIGN CONCEPT)를 160자 내외로 쓰시오.
2) 천정도 (설비, 조명기구 배치 및 범례표 작성/천정마감재 표기) SCALE : 1/30
3) 내부입면도 A방향 1면(벽면재료표기) SCALE : 1/50
4) 실내투시도 (채색작업은 필수) SCALE : N.S
   (계획의 포인트가 좋은 지점에서 1소점 또는 2소점 투시법으로 작성하되, 작성과정의 투시보조선을 남길 것)

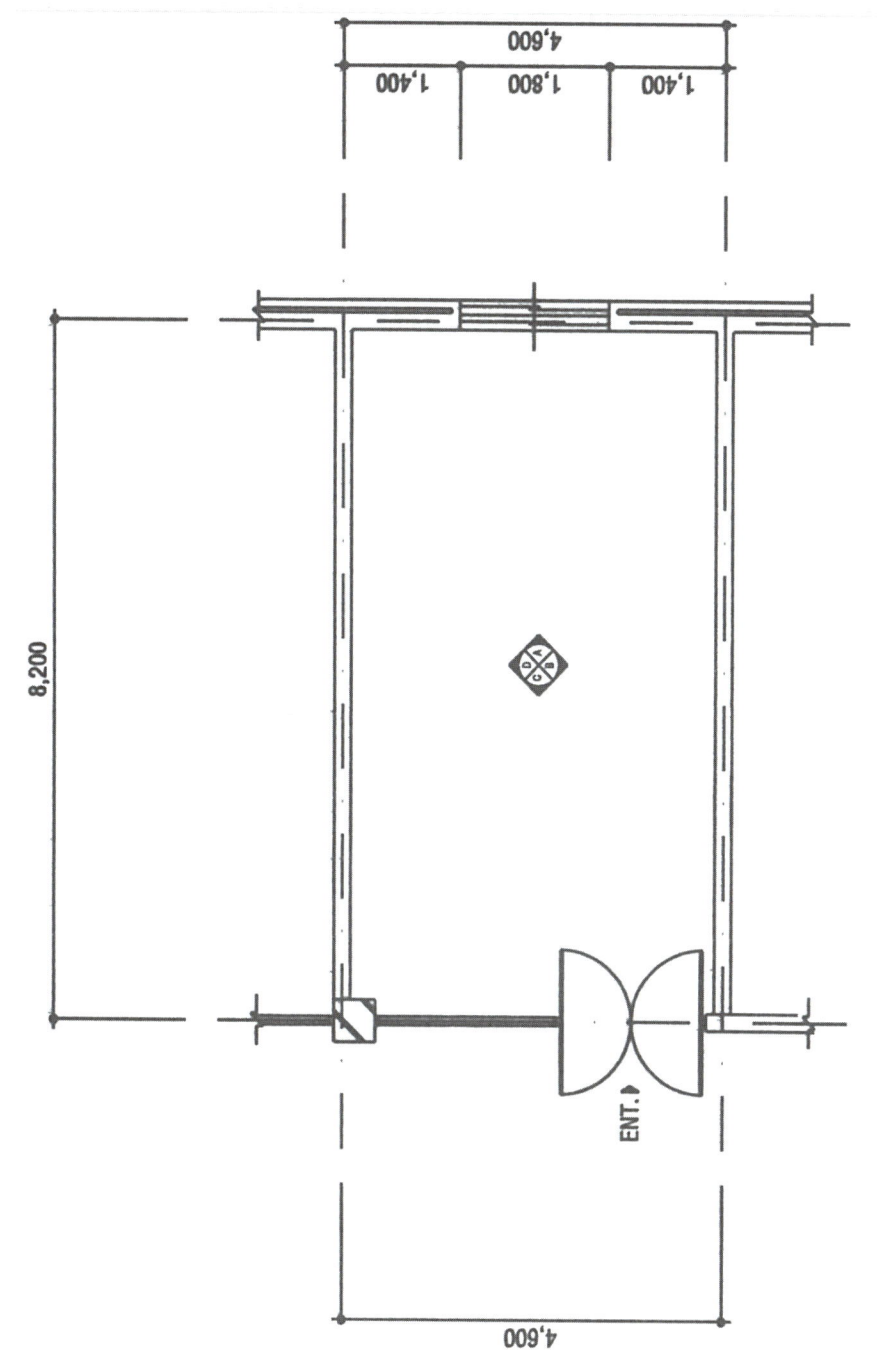

도면 컨셉 - 무선통신기기 매장

시내 중심상가 1층에 위치한 무선 통신기기 매장으로서 전면에 진열대를 배치해 외부에서도 상품이 잘 보이도록 하였고 내부 A/S공간은 고객들에게 잘 보이지 않도록 함으로써 고객의 시선이 분산되지 않도록 하였고, 군데 군데 고객이 앉을 수 있는 공간을 마련해 고객의 편의가 향상되도록 하였다. 직원과 고객의 동선은 진열대로 분리하여 동선의 혼잡도를 낮추었다. 또한 레드(Red) 계통의 컬러를 사용함으로써 인상적이면서 활발한 분위기를 나타 내었다.

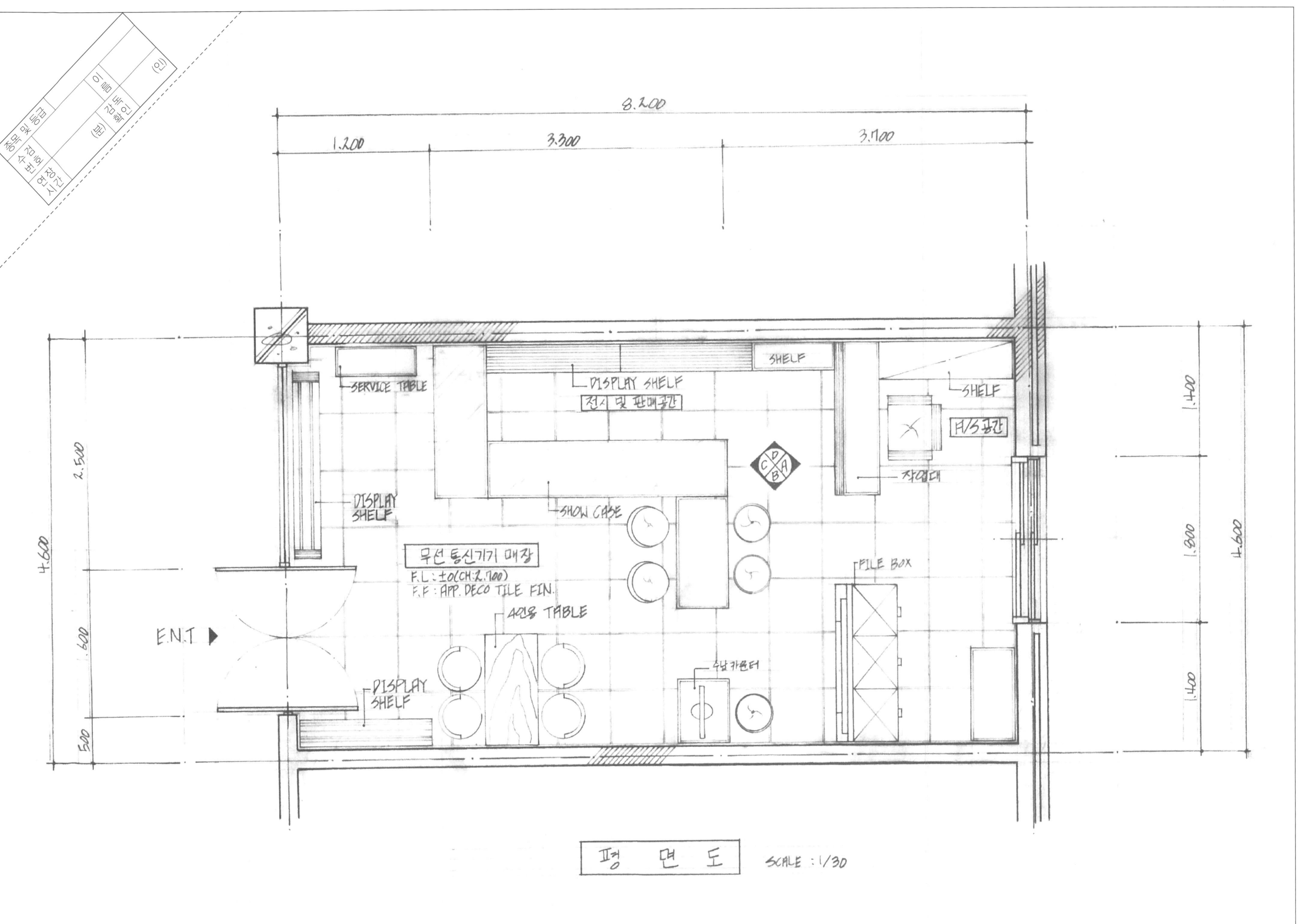

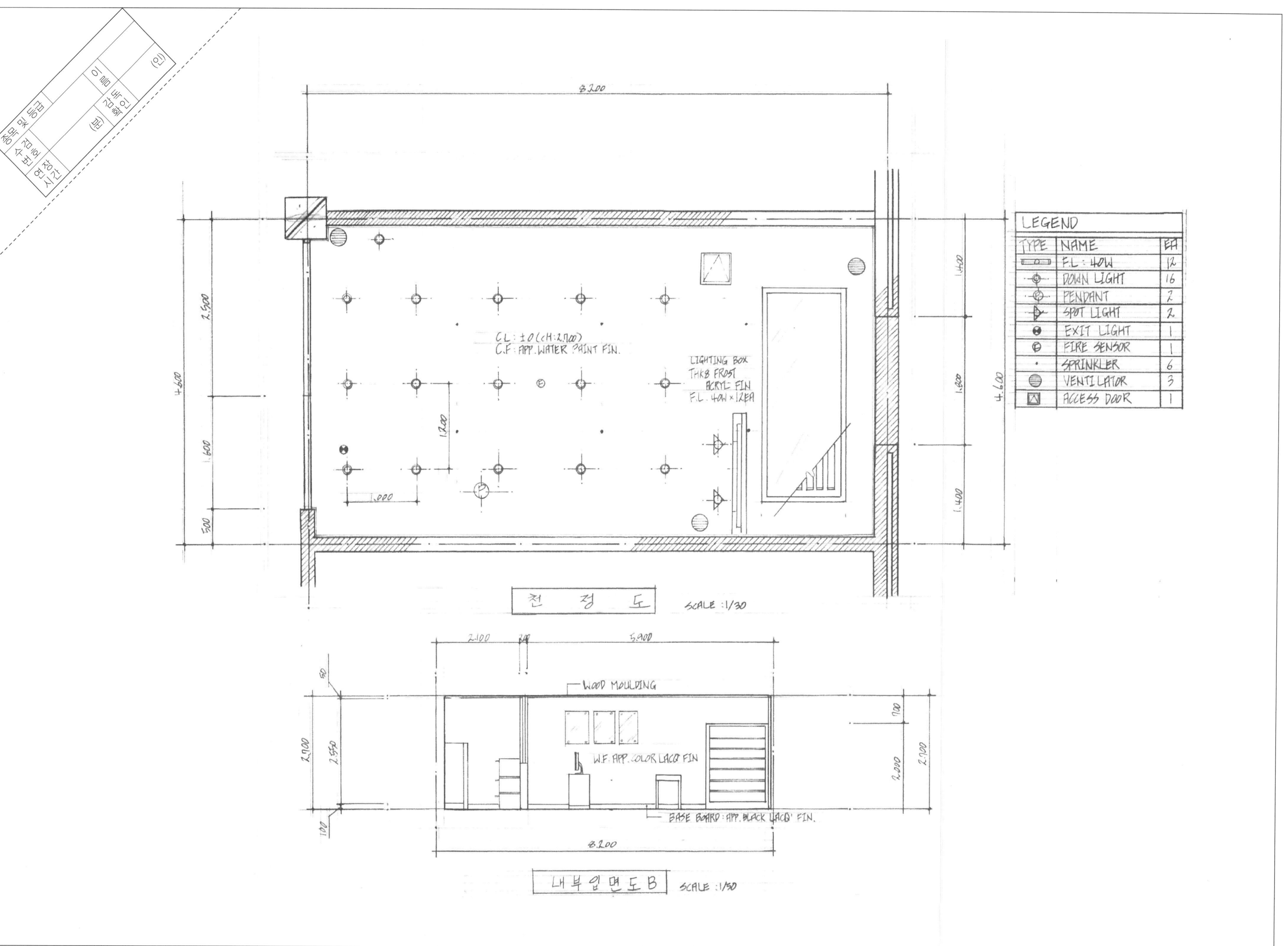

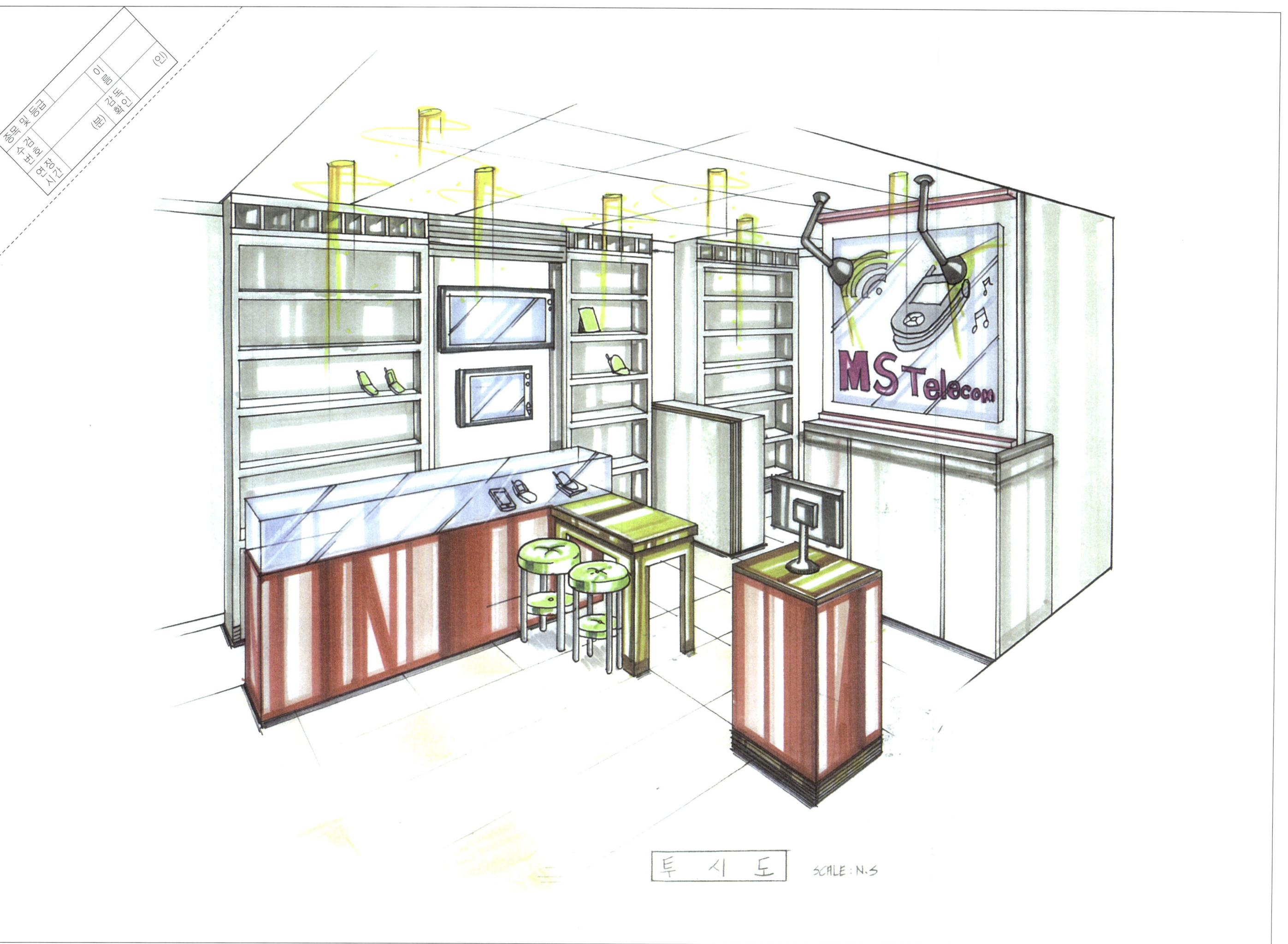

투시도 SCALE: N.S

06 패스트푸드점

1 요구사항

주어진 도면은 대학가에 위치한 패스트푸드점의 평면이다.
다음의 요구조건에 맞게 요구도면을 작성하시오.

2 요구조건

1) 설계면적 : 9,000mm×7,200mm×2,700mm(H)
2) 요구공간 및 가구
   - 안내 및 계산대, 주방공간, 고객식사공간, 대기석
   - 싱크대, 냉난방기, 대기자용의자, 안내 및 계산대, 고객용 테이블 및 의자
   (이상 제시된 가구는 필수적이며 이외에 필요한 가구가 있다면 수검자가 임의로 추가할 수 있음)

3 요구도면

1) 평면도 (가구배치 및 바닥마감재표기) : SCALE 1/50
   - 평면도 주변의 여유 공간에 설계개요(DESIGN CONCEPT)를 200자 이내로 작성하시오.
2) 내부입면도 B방향 1면 (벽면재료표기) SCALE : 1/50
3) 천정도 (설비, 조명기구 배치 및 범례표 작성/천정마감재 표기) SCALE : 1/50
4) 실내투시도 (채색작업은 필수) SCALE : N.S
   (계획의 포인트가 좋은 지점에서 1소점 또는 2소점 투시법으로 작성하되, 작성과정의 투시보조선을 남길 것)

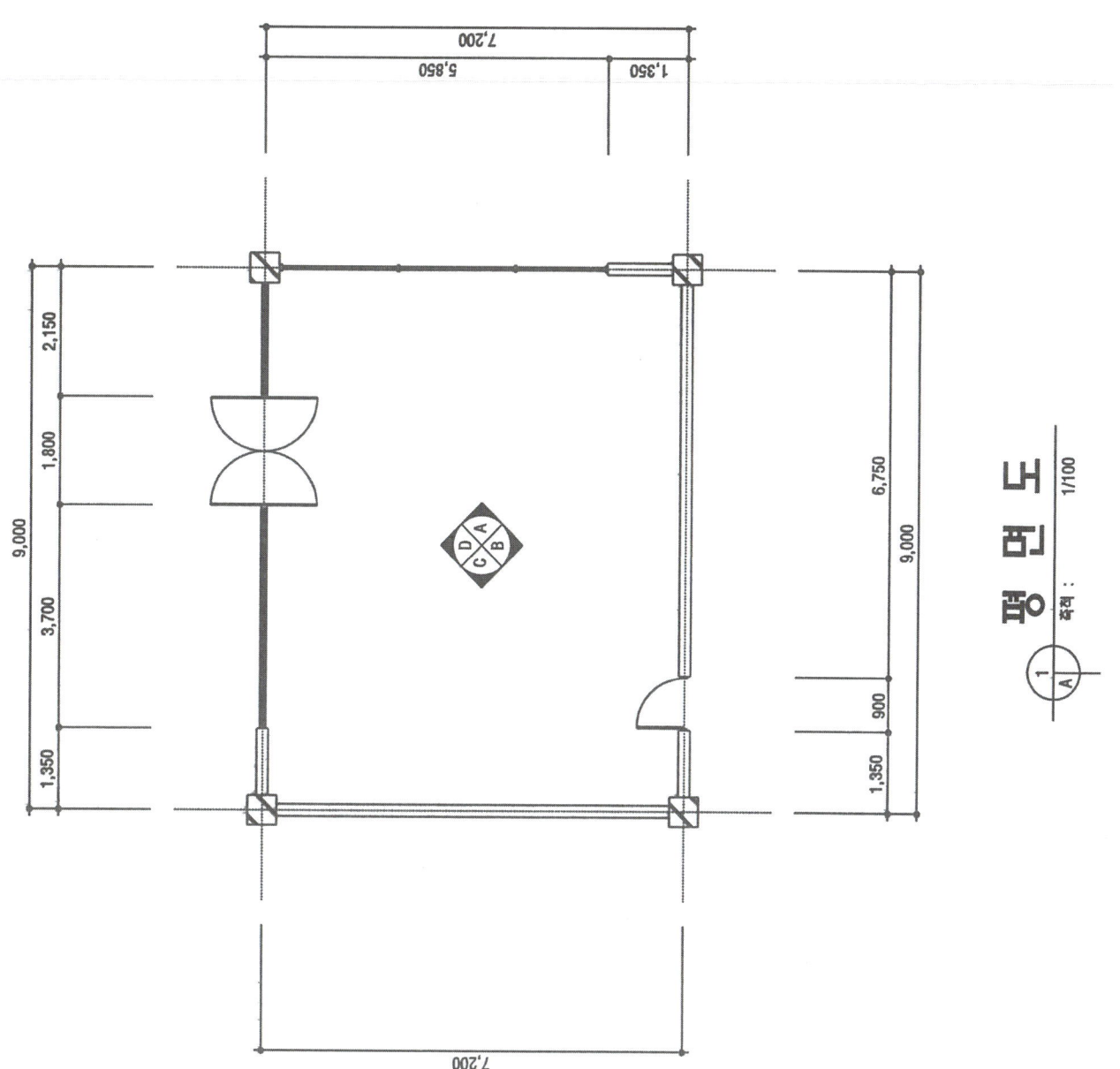

도면 컨셉 - 패스트 푸드점

본 매장은 대학가에 위치한 패스트 푸드점으로써 주방과 고객들의 식사 공간을 기점으로 통로를 두어 보다 빠른 동선이동이 가능하도록 하였다. 출입구 한쪽으로는 대기자용 의자를 둠으로써 고객의 편의가 향상되도록 하였고, 수거 테이블은 안쪽에 두어 직원의 동선이 빠르고 편리하도록 배치하였다. 밖에서 보이는 주방부분의 벽면은 벽돌 느낌이 나도록 함으로써 개방적이고 활동적인 느낌을 나타내고자 하였고 식사공간 가운데 부분에는 조경을 설치하여 식사를 하면서 쾌적하고 편안한 분위기를 유도해 내도록 하였다.

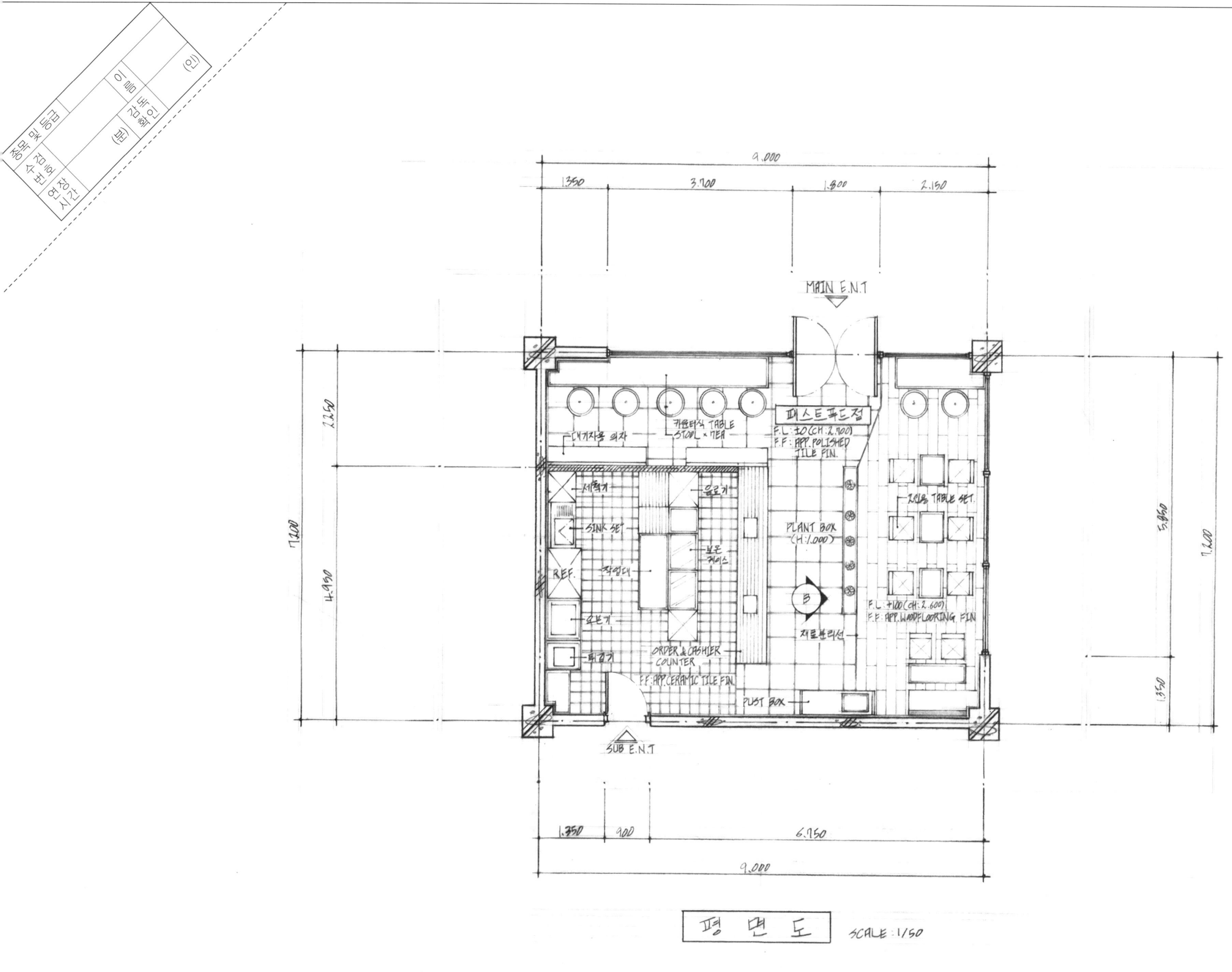

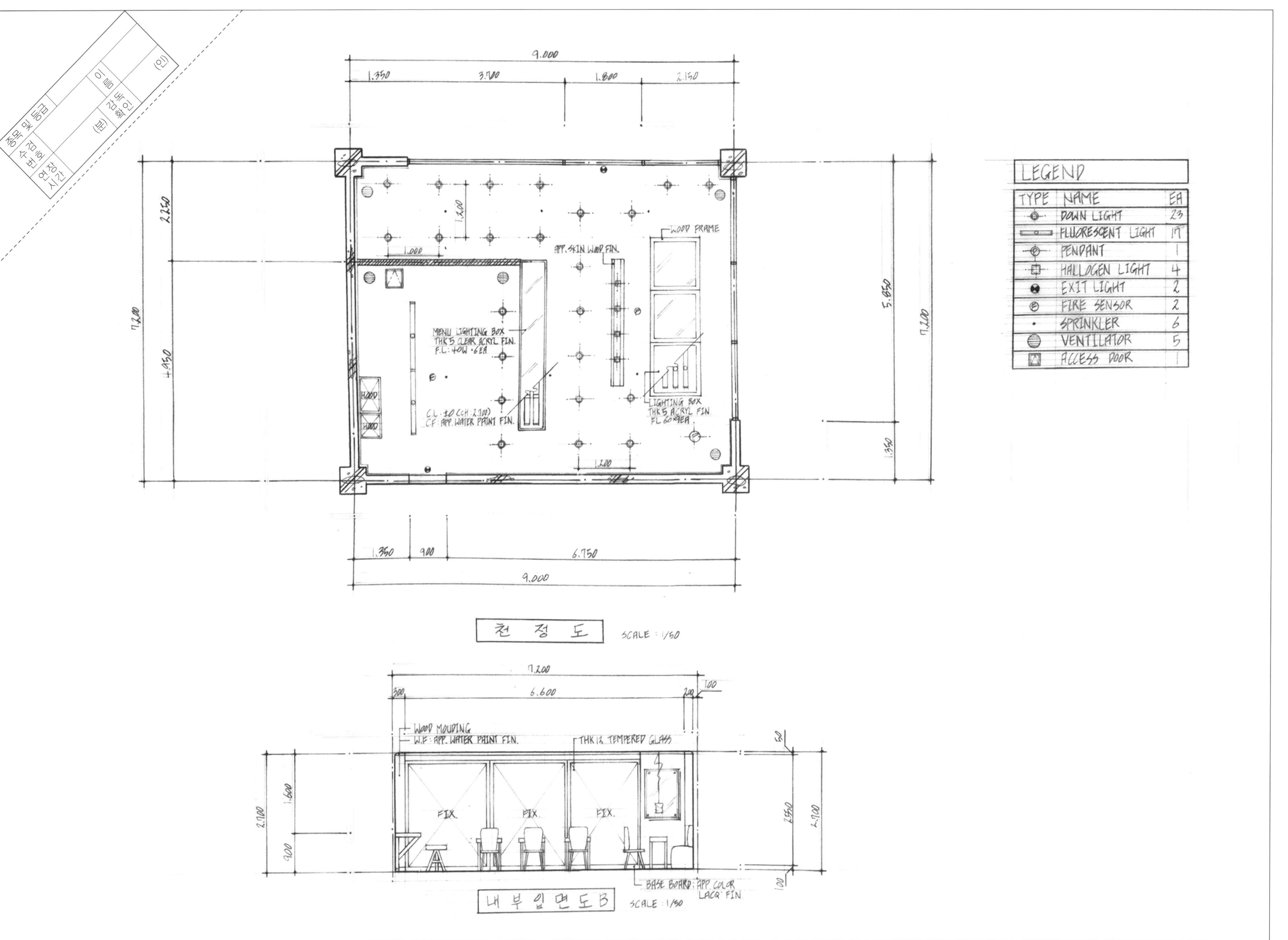

07 북카페

1 요구사항

주어진 도면은 근린생활시설내에 위치한 북카페이다.
다음의 요구 조건에 맞게 요구도면을 작성하시오.

2 요구조건

1) 설계면적 : 9,000mm×6,300mm×2,700mm(H)
2) 인적구성 : 종업원 1명과 아르바이트 1명
3) 요구공간 및 가구
   인터넷 부스 2EA, 테이블 Set, 계산대, 서비스 카운터, 간단한 주방 설비, 비품창고,
   책장(책을 정리할 수 있는 곳)
   (이상 제시된 가구는 필수적이며 이외에 필요한 가구가 있다면 수검자가 임의로 추가할 수 있음)

3 요구도면

1) 평면도 (가구배치 및 바닥마감재표기) : SCALE 1/30
2) 내부입면도 A방향 1면(벽면재료표기) SCALE : 1/50
3) 천정도 (설비, 조명기구 배치 및 범례표 작성/천정마감재 표기) SCALE : 1/30
4) 실내투시도 (채색작업은 필수) SCALE : N.S
   (계획의 포인트가 좋은 지점에서 1소점 또는 2소점 투시법으로 작성하되, 작성과정의 투시보조선을 남길 것)

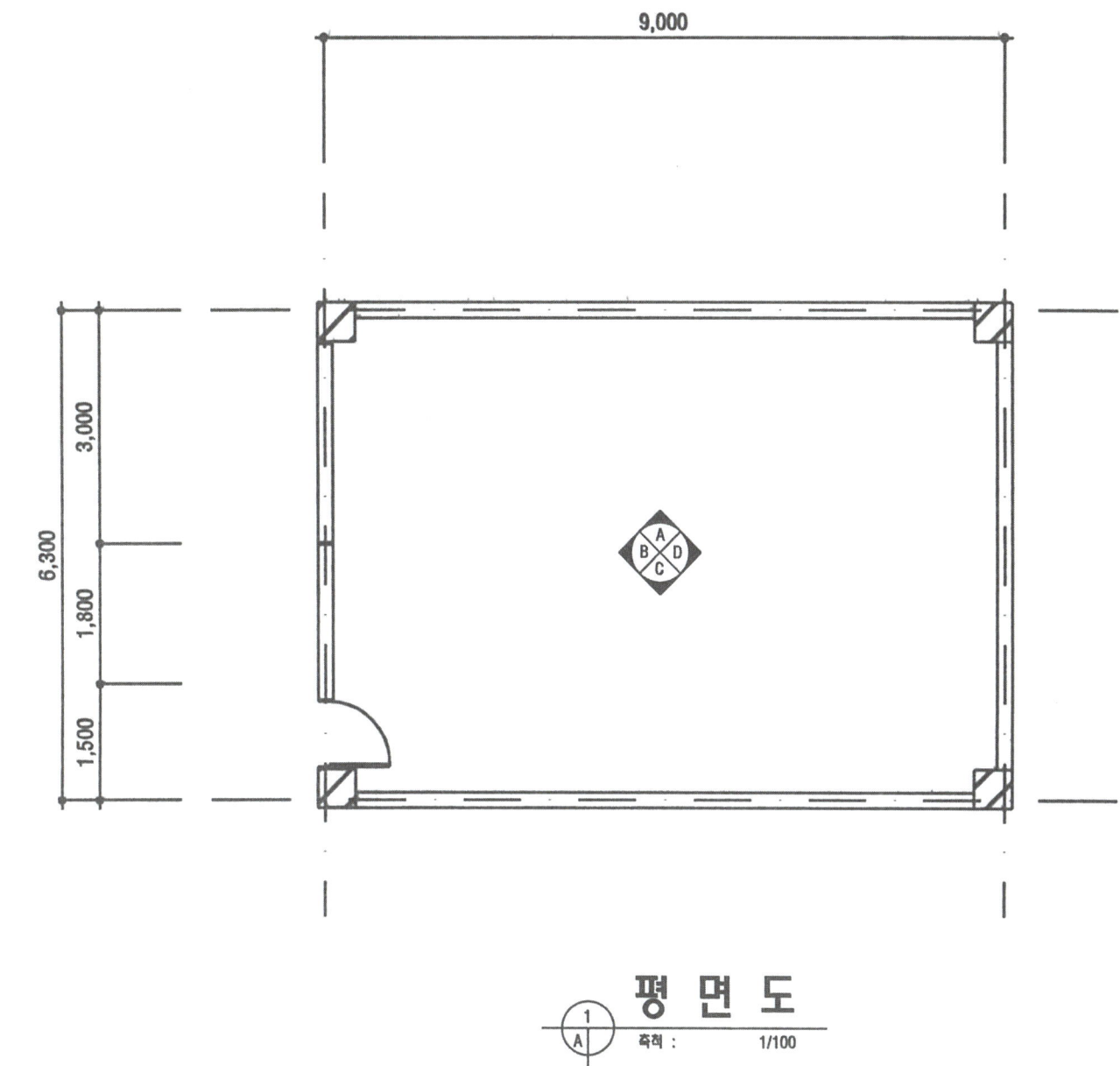

도면 컨셉 - 북카페 컨셉

근린생활에 위치한 북카페로 도심 속 작은 도서관 같은 느낌을 주고자 하였다. 주출입구에서 바로 계산대 및 서비스 카운터를 두어 동선의 효율성을 높였고, 공간 안쪽에 화장실을 두어 쾌적함과 개인 프라이버시가 존중되도록 하였다. 책장 앞에는 긴 테이블을 두어 마치 도서관에서 책을 읽는 듯한 느낌이 들도록 하였고 공간을 개방함으로서 답답함을 느끼지 않도록 하였다.

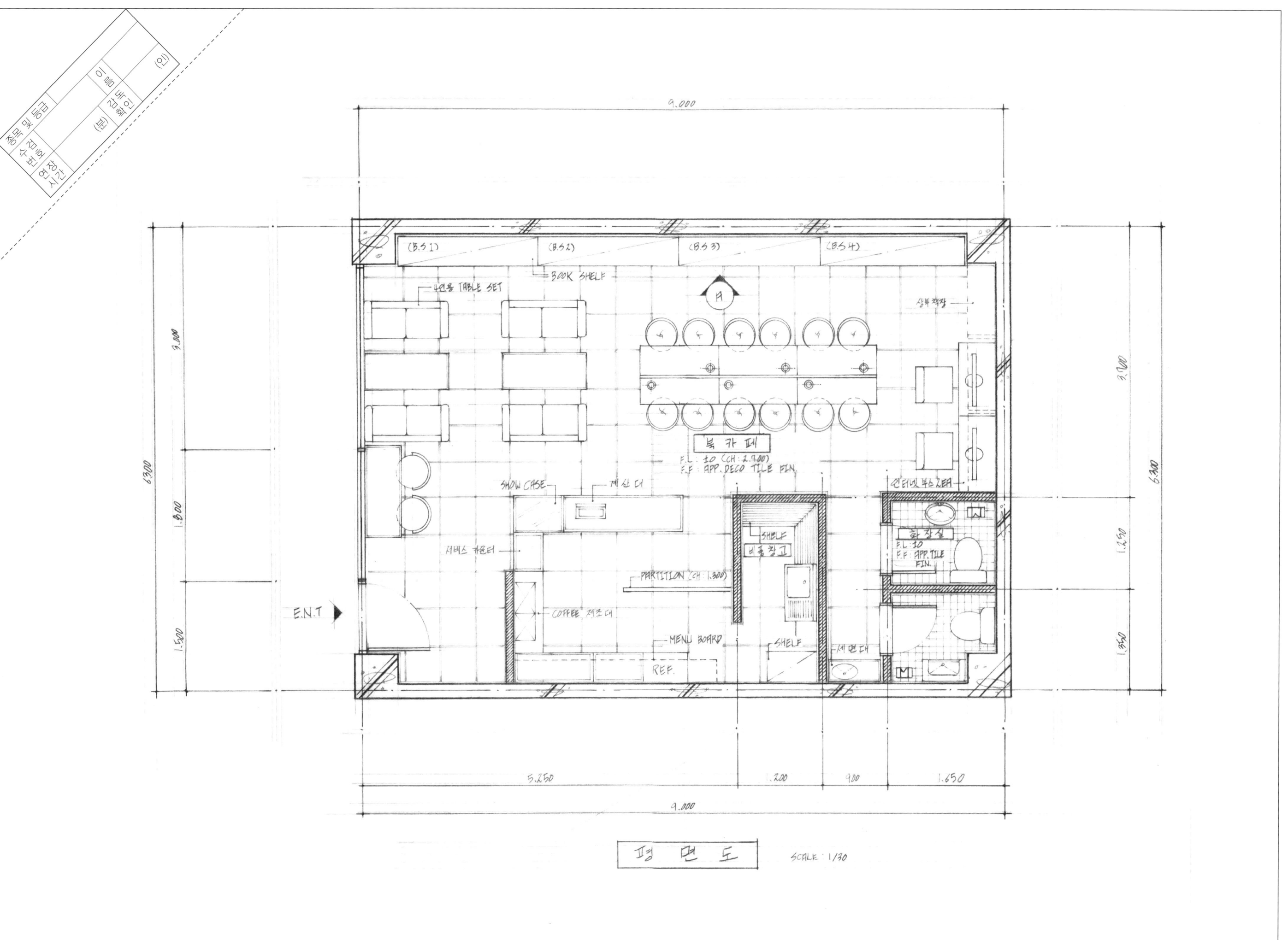

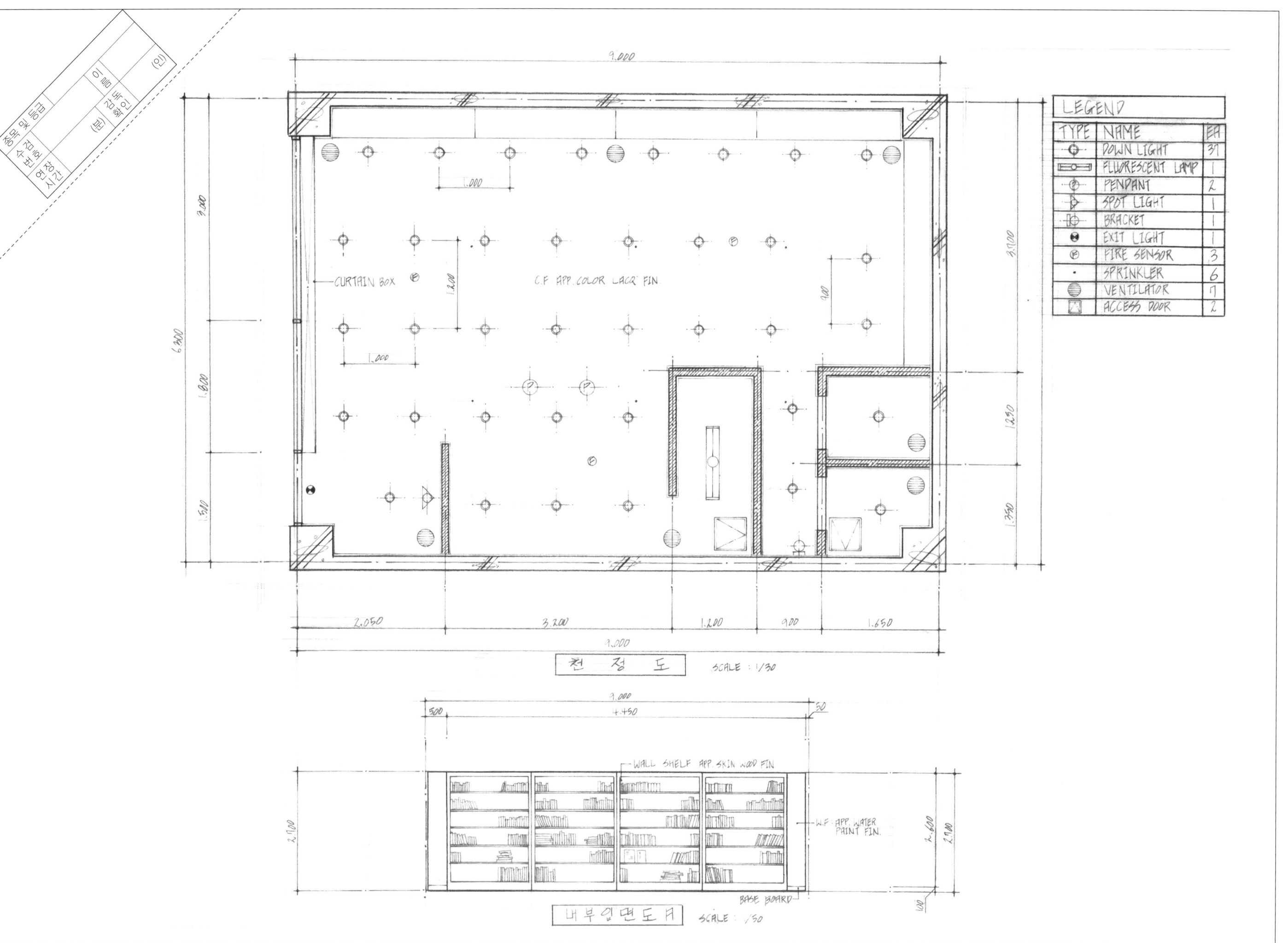

08 자동차 판매대리점

1 요구사항

주어진 도면은 상업중심지역내에 위치한 자동차 판매 대리점이다.
다음의 요구조건에 따라 도면을 작성하시오.

2 요구조건

1) 설계면적 : 13.8m×9m×3m(H)
2) 인적구성 : 점장 1명, 점원 4명 근무
3) 요구공간 및 가구
   사무공간(오픈형으로 계획, 점원 수 고려), 탕비실(별도의 공간 구획),
   상담공간, 판매 및 전시공간, 자동차 3대 이상, 점원용 책상들 필요한 사무집기.
   (이상 제시된 가구는 필수적이며 이외에 필요한 가구가 있다면 수검자가 임의로 추가할 수 있음)

3 요구도면

1) 평면도 (가구배치 및 바닥마감재표기) : SCALE 1/50
2) 내부입면도 B방향 1면 (벽면재료표기) SCALE : 1/50
3) 천정도 (설비, 조명기구 배치 및 범례표 작성/천정마감재 표기) SCALE : 1/50
4) 실내투시도 (채색작업은 필수) SCALE : N.S
   (계획의 포인트가 좋은 지점에서 1소점 또는 2소점 투시법으로 작성하되, 작성과정의 투시보조선을 남길 것)

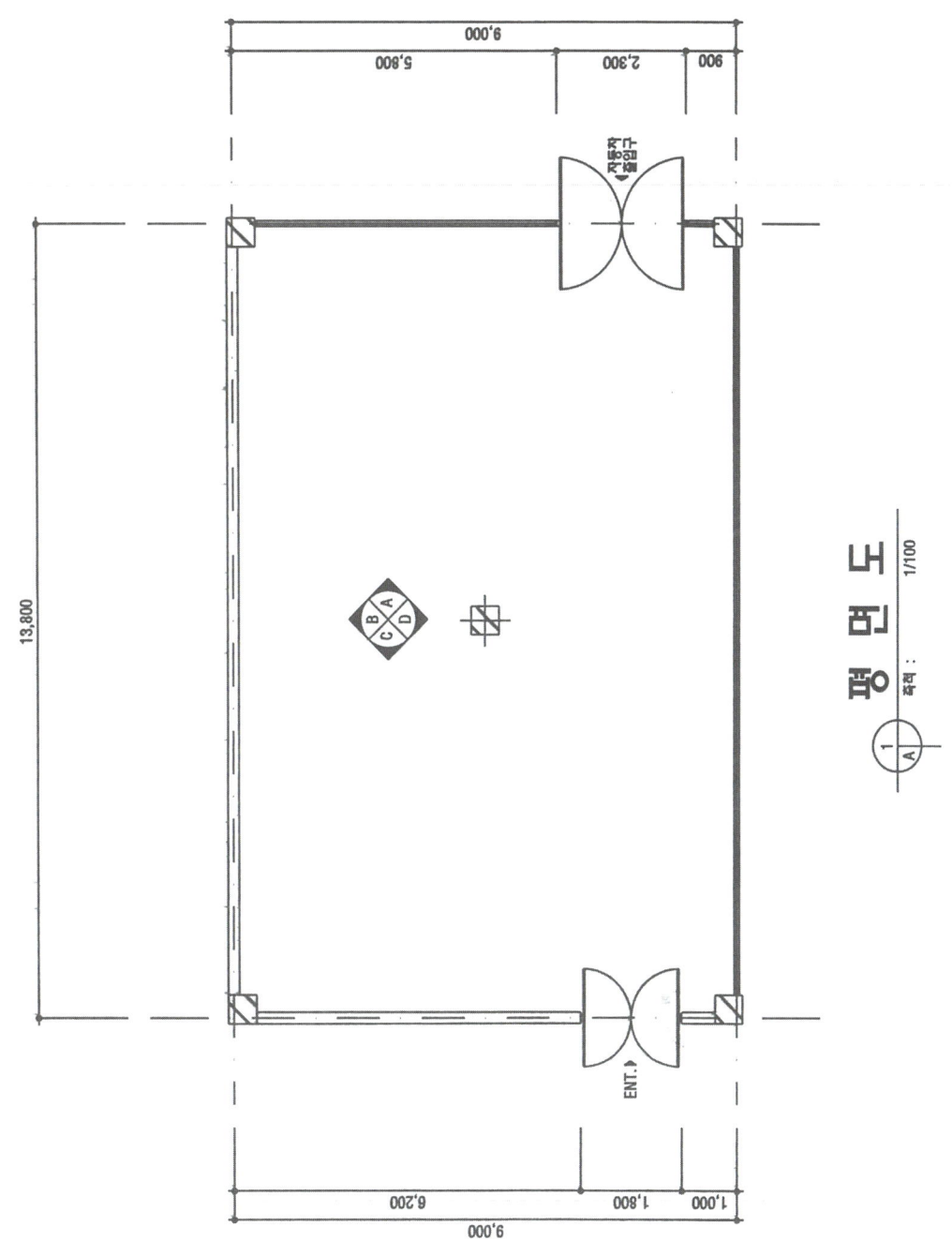

도면 컨셉 - 자동차 판매대리점

본 매장은 자동차 판매 대리점으로 상업중심지역내에 위치한 공간으로써 직원들의 동선을 한곳으로 배치하고 한켠에 탕비실을 두어 동선의 불편함을 최소화 하였다. 자동차 진열 공간 가운데에는 상담테이블을 두어 상담을 하면서도 사방으로 자동차가 보이도록 하여 소비자의 구매 심리를 유도하도록 하였고 그 옆으로 조경을 배치해 자동차 사이에 있지만 쾌적하면서도 편한 분위기를 나타내었다. 강한 자동차의 컬러를 고려하여 가구 및 집기는 보다 연한 컬러계통으로 통일해 배치하였다.

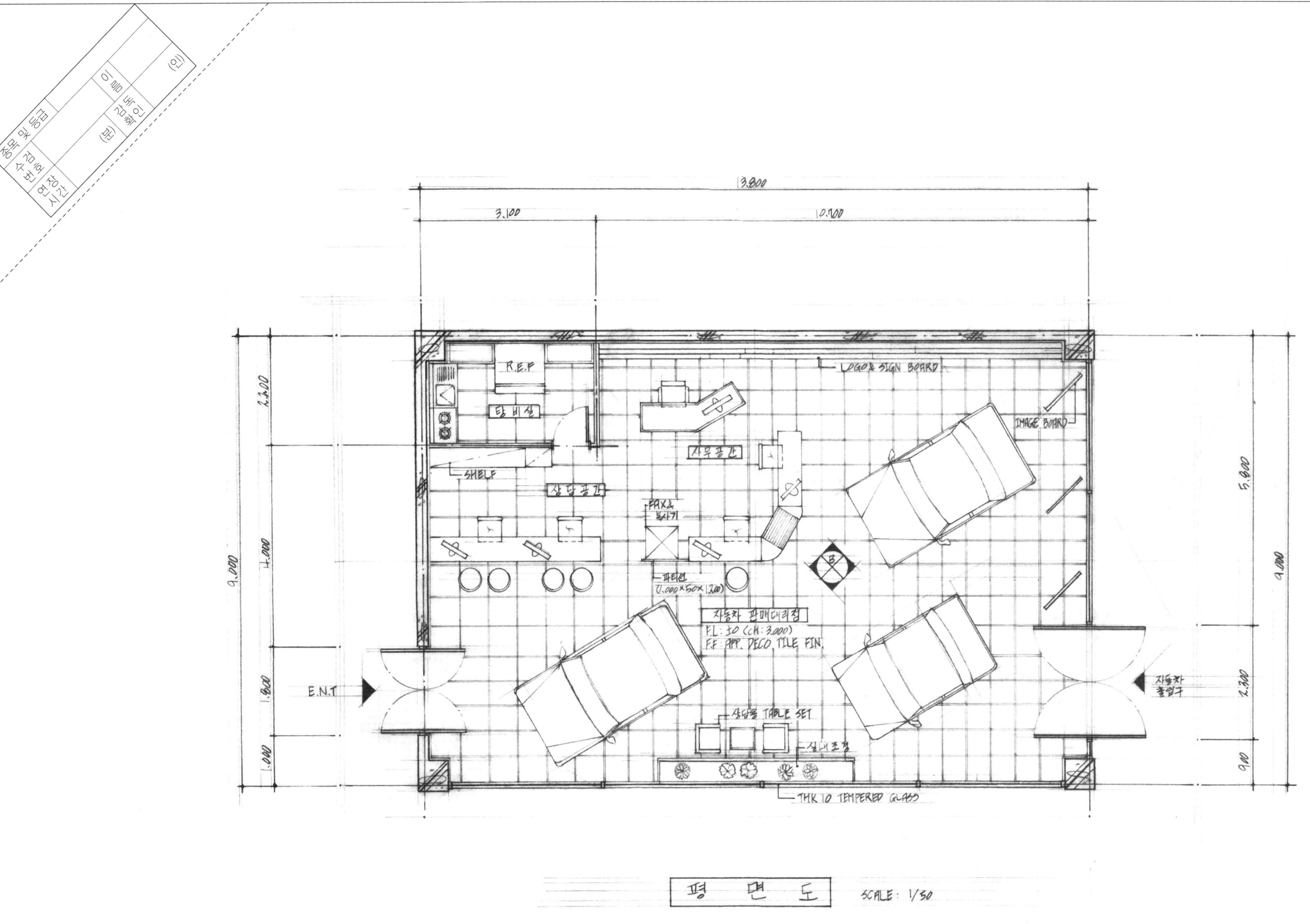

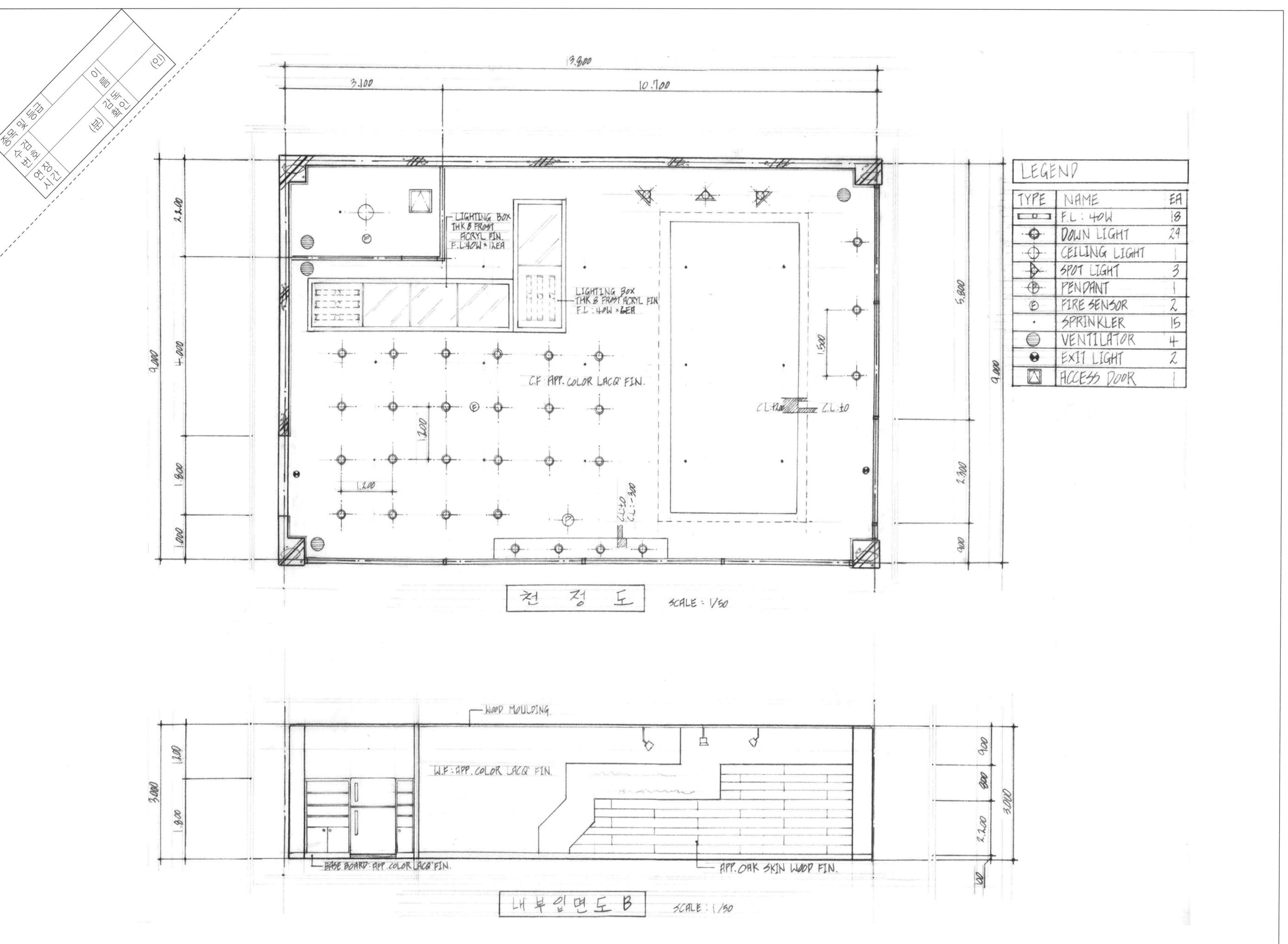

09 오피스텔

1 요구사항

주어진 도면은 도심지 고층형 건물로 주거를 겸한 오피스텔이다.
다음의 요구조건에 따라 도면을 작성하시오.

2 요구조건

1) 설계면적 : 6,850×5,700×2,700(H)
2) 인적구성 : 20대 부부용으로 작업은 재택쇼핑몰 운영 사업자이다.(단 쇼핑아이템은 숙녀의류)
3) 요구공간 : 개방적인 공간으로 하고 재택작업을 위한 가구배치
4) 필수가구 : 침대(트윈) 및 나이트 테이블, 컴퓨터2대 및 테이블 의자포함, 숙녀의류 촬영
   공간 및 설비, 작업용테이블(1200×800) 및 의자, 주방기구 및 집기(조리대, 가열대, 식탁, 냉장고 등),
   TV, 붙박이장, 화장대, 서랍장, 장식장, 신발장.
   (이상 제시된 가구는 필수적이며 이외에 필요한 가구가 있다면 수검자 임의로 추가할 수 있음.)

3 요구도면

1) 평면도 (가구배치 및 바닥마감재 표기) 1/30
2) 천정도(설비, 조명기구 배치 및 범례표작성/천장마감재 표기) : 1/30
3) 내부입면도 B방향 1면(벽면재료표기) : 1/50
4) 실내투시도 (채색작업은 필수) : N.S
   (계획의 포인트가 좋은 지점에서 1소점 또는 2소점 투시법으로 작성하되, 작성과정의 투시보조선을 남길
   것)

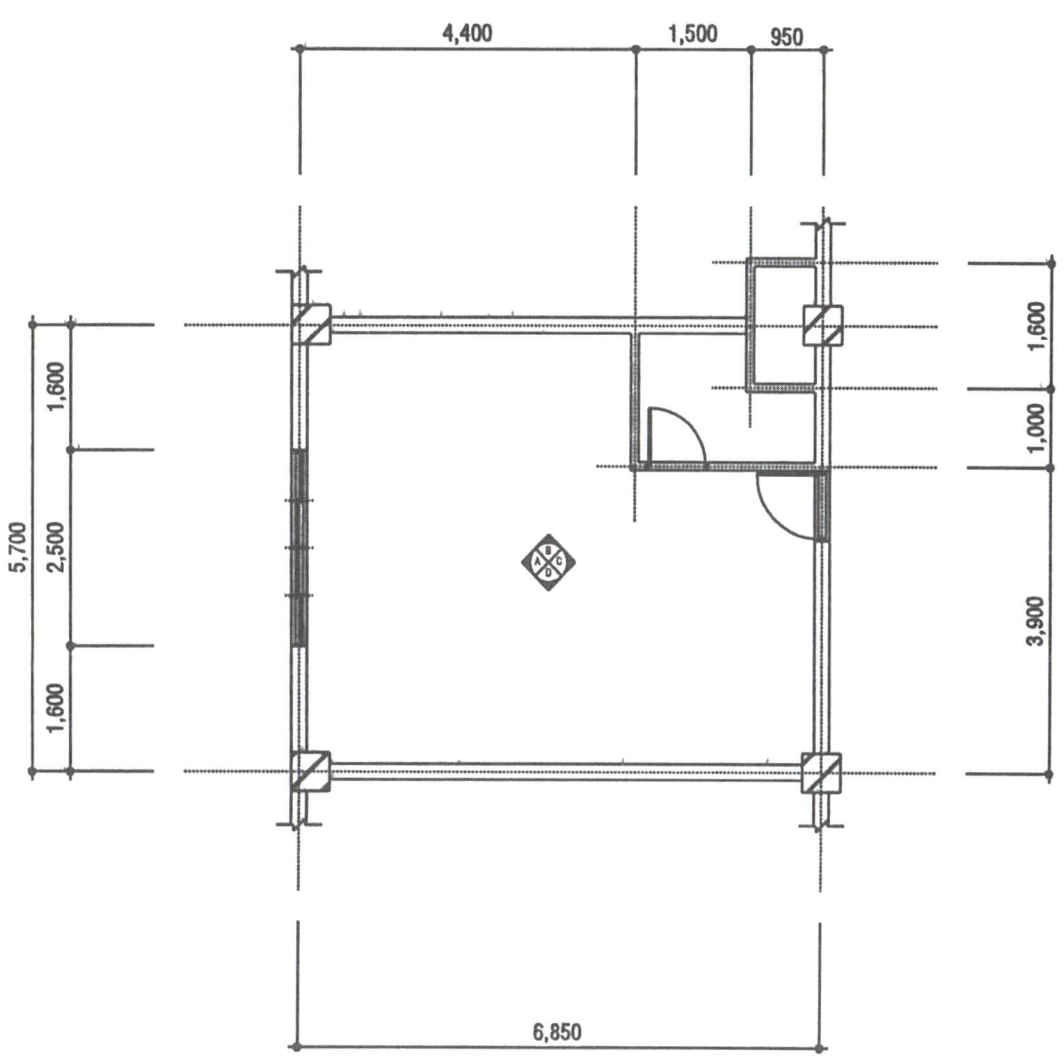

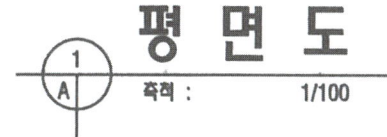

평 면 도

도면 컨셉 - 오피스텔

본 도면은 도심지 고층형 건물로 주거를 겸한 오피스텔로서 공간의 구분이 어색하지 않도록 가구를 배치하였다. 개인적인 공간은 프라이버시를 위해 출입구에서 떨어진 곳에 배치하였고 책상을 가운데에 두어 작업 공간과의 자연스러운 분리를 유도 하였다. 그린(Green) 컬러와 우드(Wood) 소재의 가구를 사용하여 편안하면서도 지루하지 않은 분위기를 나 타내었다. 또한 재택쇼핑몰을 운영하고 있으므로 집안에서 사진 작업을 할 수 있도록 작업공간에 스포트라이트(Spotlight)를 두어 공간의 활용도를 높이도록 하였다.

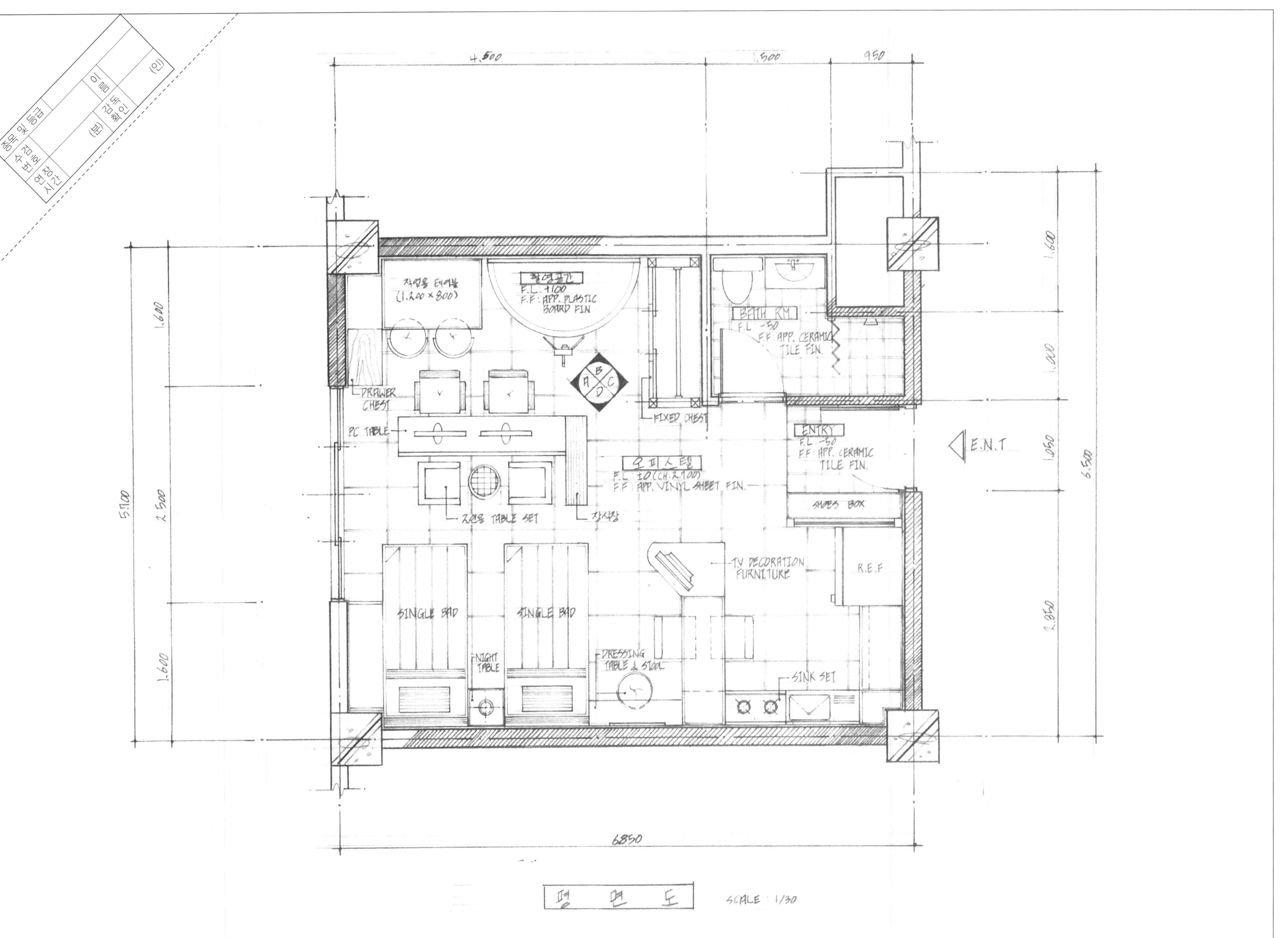

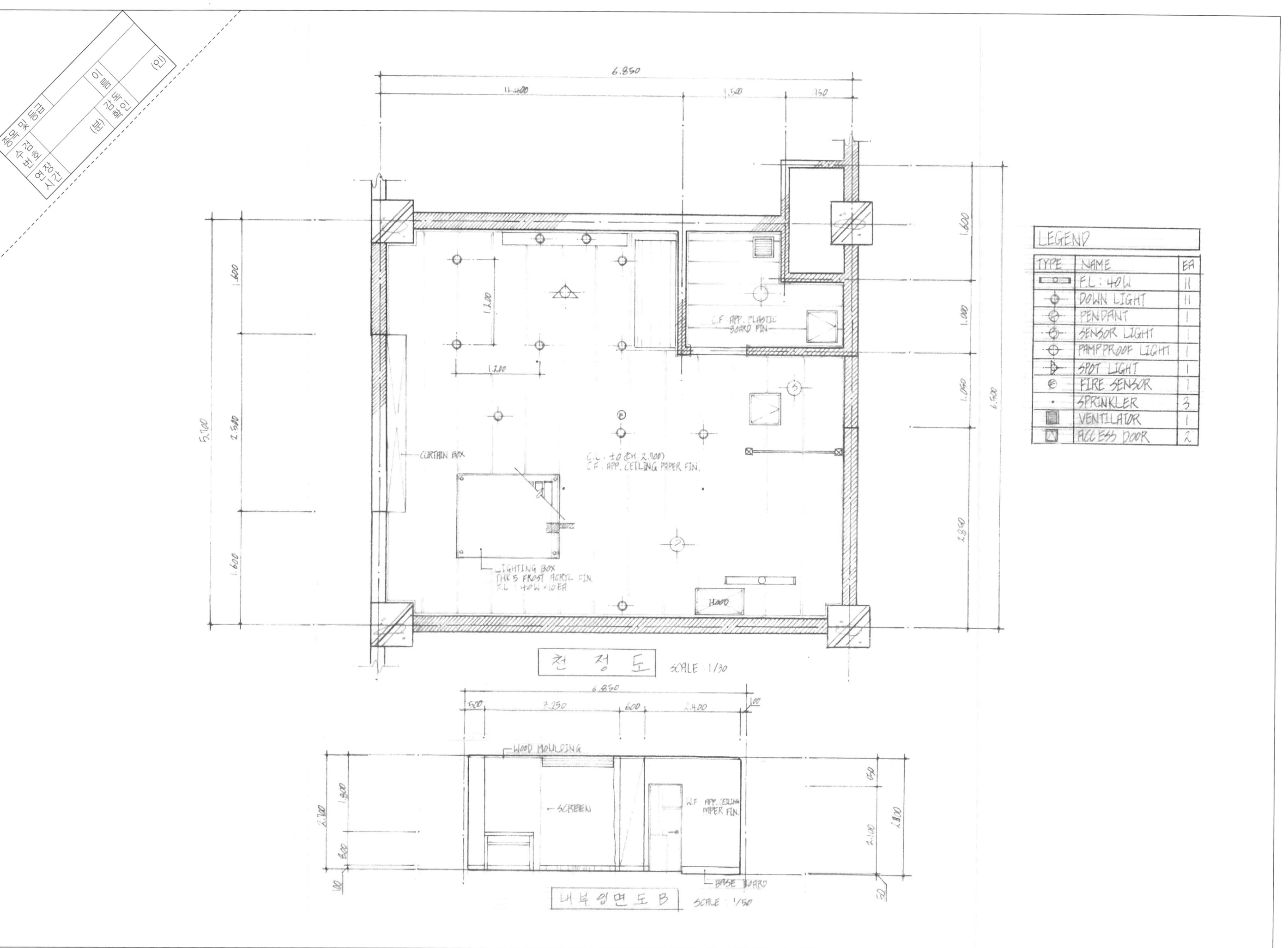

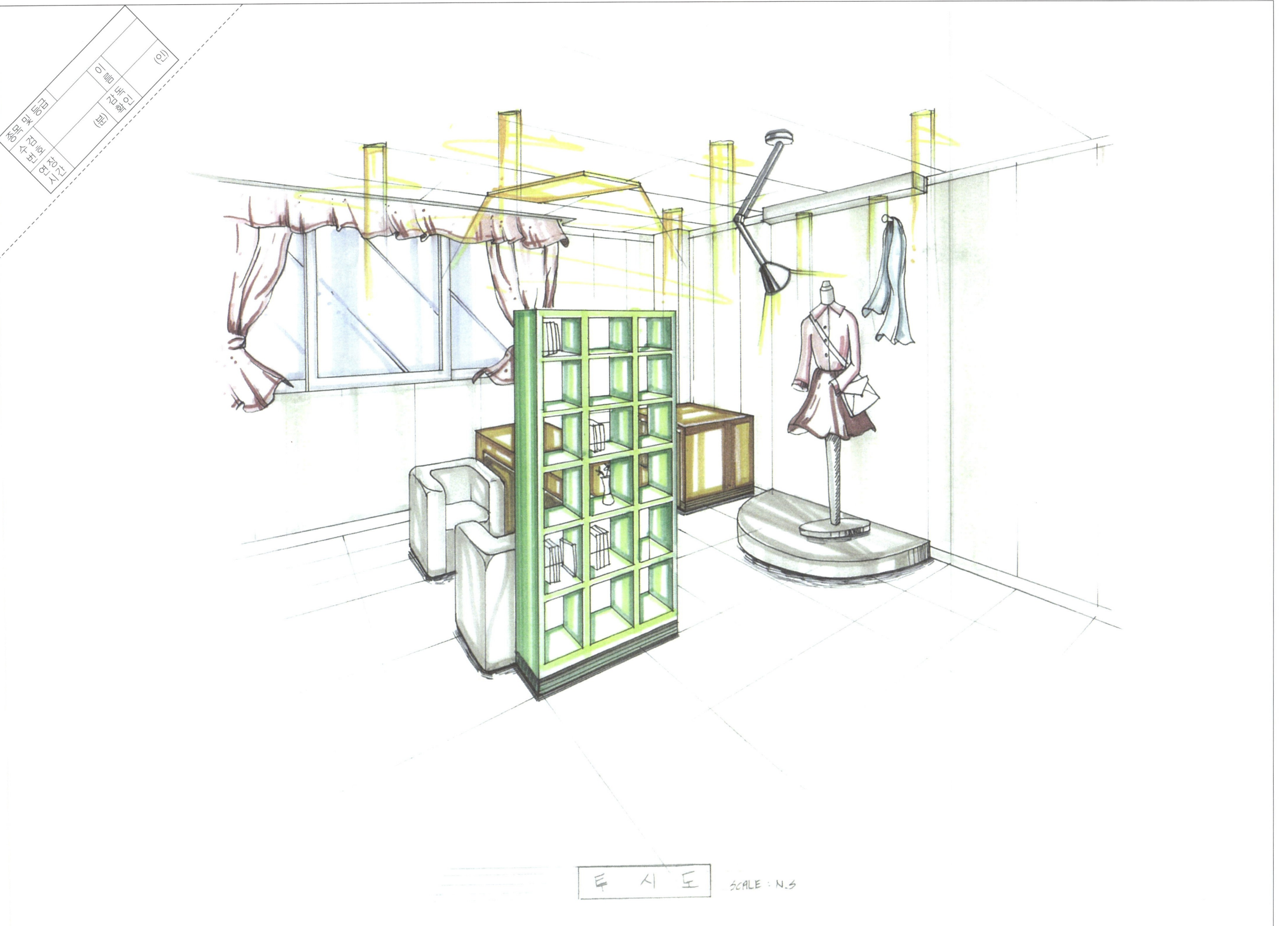

10 헤어숍

1 요구사항

주어진 도면은 근린생활지구에 위치한 헤어숍이다.
다음의 요구조건에 따라 도면을 작성하시오.

2 요구조건

1) 설계면적 : 8,500mm×6,000mm×2,700mm(H)
2) 인적구성 : 주고객 20~30대 이용
3) 요구공간 및 가구 : 샴푸실, 직원휴게실, 카운터, 대기공간, 미용공간
4) 출 입 구 : 2,500mm×2,300mm(H)

(이상 제시된 가구는 필수적이며 이외에 필요한 가구가 있다면 수검자 임의로 추가할 수 있음.)

3 요구도면

1) 평면도 (가구배치 및 바닥마감재 표기) : 1/30
2) 천정도 (설비, 조명기구 배치 및 범례표작성/천정마감재 표기) : 1/30
3) 내부입면도 임의 1면(벽면재료표기) : 1/50
4) 실내투시도 (채색작업은 필수) : N.S

(계획의 포인트가 좋은 지점에서 1소점 또는 2소점 투시법으로 작성 및 작성과정의 투시보조선을 남길 것.)

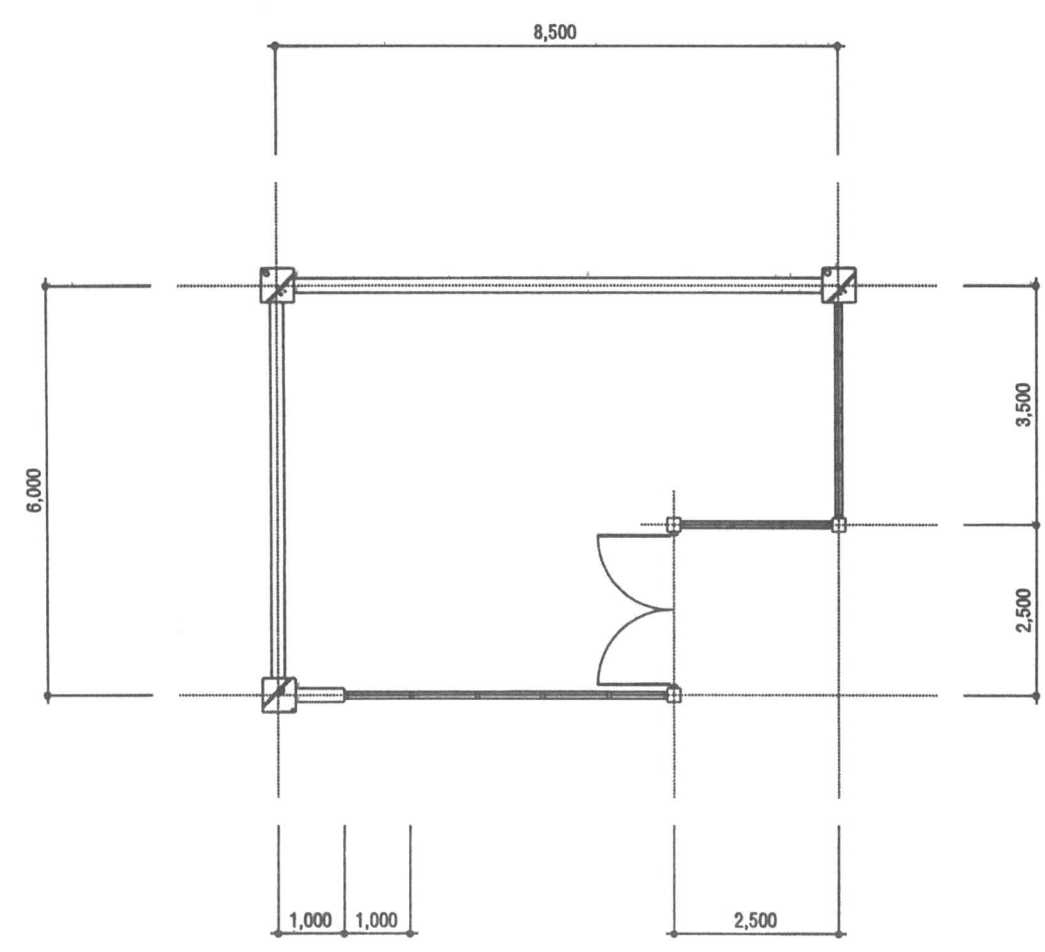

평 면 도

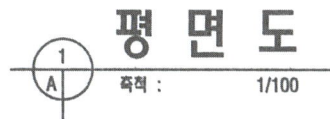

도면 컨셉 - 헤어숍

본 매장은 근린생활지구에 위치한 헤어숍으로써 주고객이 20~30대층이다. 매장입구에서 카운터가 바로 보이도록 배치하고 카운터 한쪽으로 직원휴게실을 두어 직원 동선의 편리성을 높이도록 하였다. 헤어숍 홀과 미용공간의 바닥 재료를 다르게 하여 공간을 나누지 않으면서 분리된 듯한 느낌이 들도록 하였고 미용공간 옆부분에 샴푸실과 비품실을 두어 공간의 효율성을 높였다. 또한 미용을 하는 동안에도 틈틈이 소비자 구매 심리를 유도할 수 있도록 부분부분에 진열대를 두어 상품을 진열하도록 하였다.

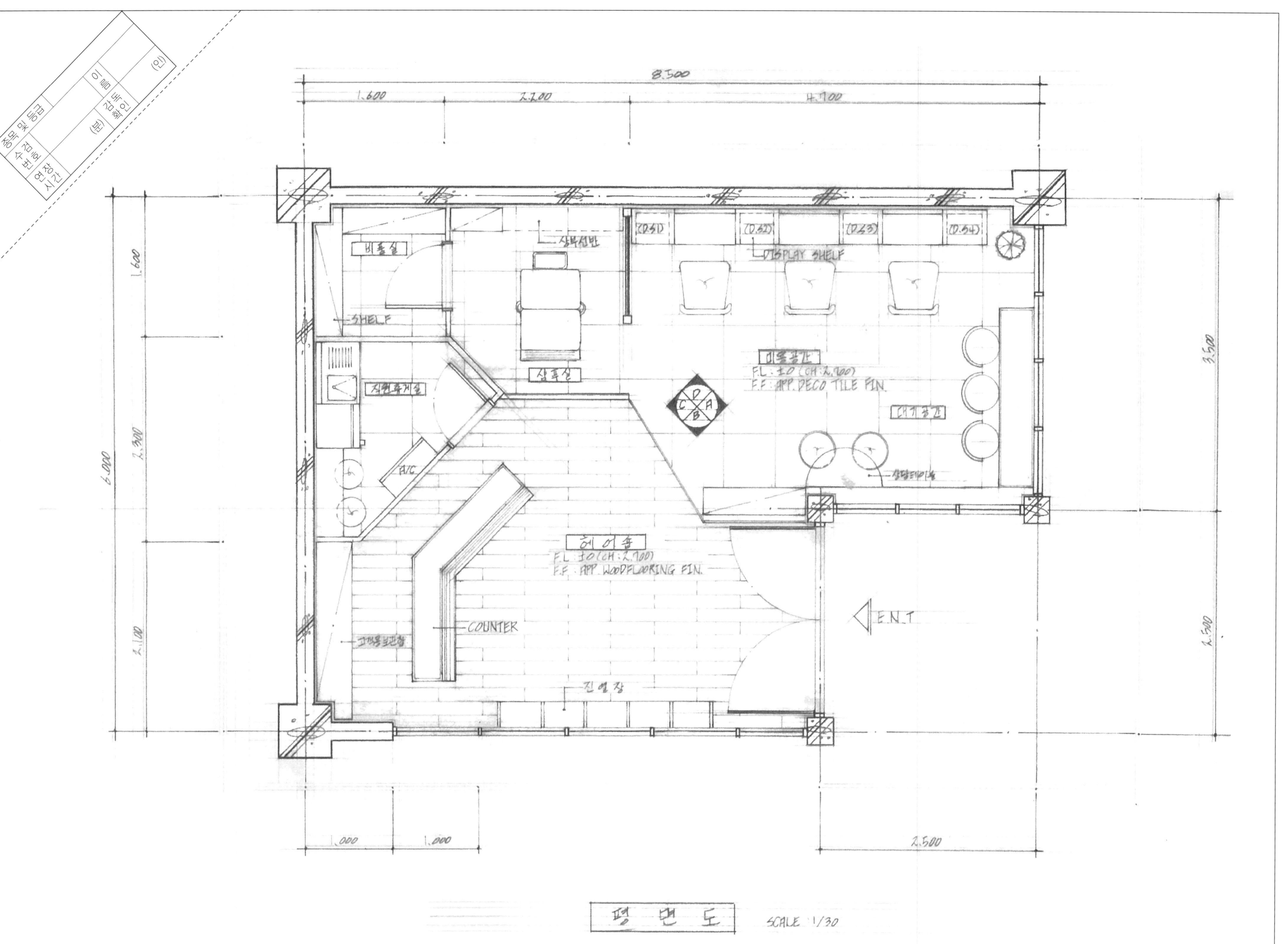

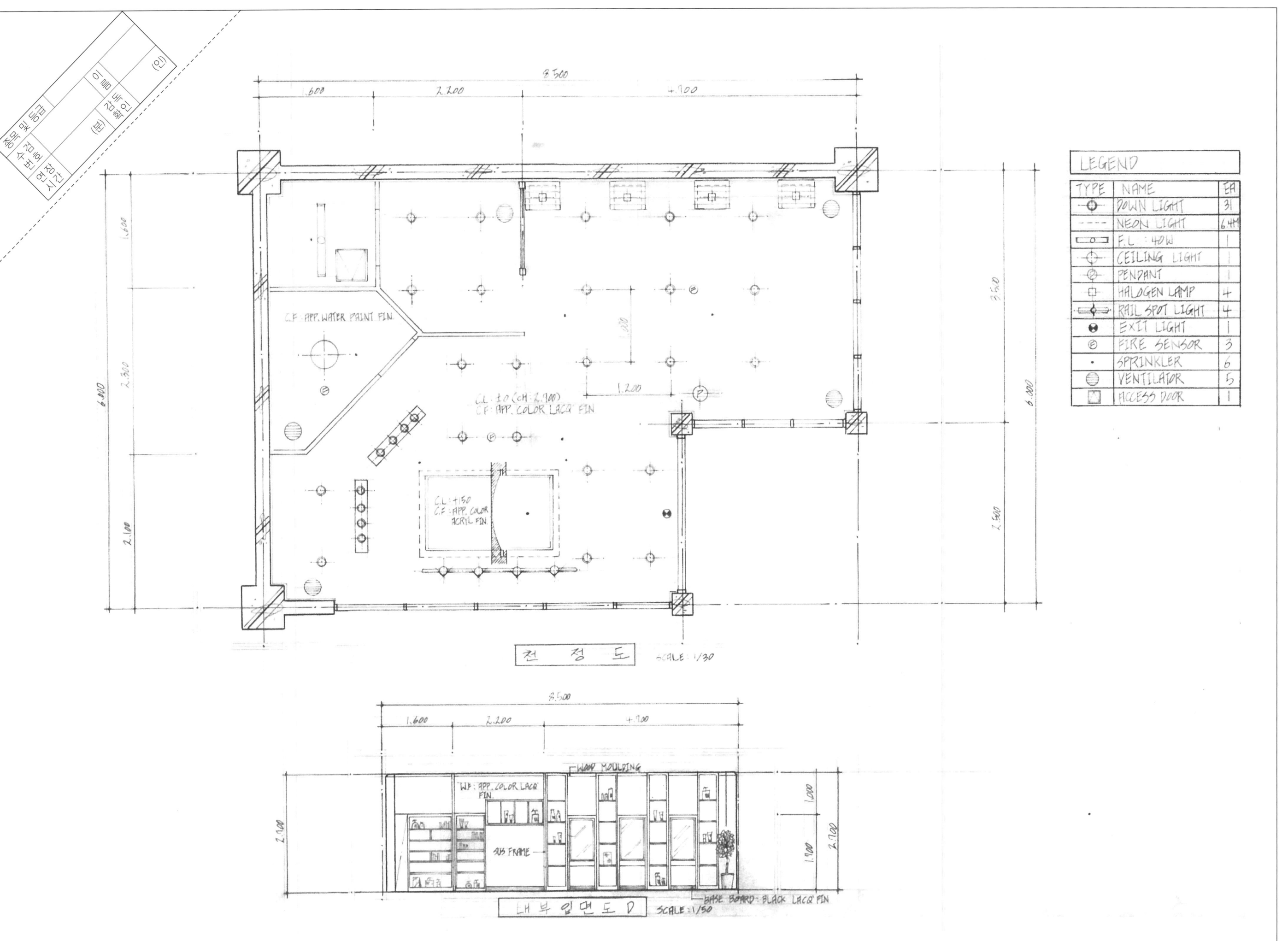

실내투시도 체크

01 오피스텔

1 요구 사항

문제 도면은 인테리어를 하는 독신자가 생활하는 고층의 오피스텔이다.
다음 요구 조건에 맞게 요구 도면을 작도하시오.

2 요구 조건

1) 설계 면적 : 10,500mm×4,200mm×2,400mm(H)
2) 공간 구성
   ① 접이식 SEMI DOUBLE BED, 최소한의 주방집기, 2인용 식탁, 2인용 SOFA SET,
      TV와 AUDIO 수납 장식장, 수납 가구, 신발장, 책상 2개
   ② 다용도실 : 세탁기, 보일러
   ③ 욕실 계획
      (이상 제시된 가구는 필수적이며 이외에 필요한 가구가 있다면 수검자 임의로 추가할 수 있음.)

3 요구 도면

1) 평면도(가구 및 바닥 마감재 표기) : 1/30 SCALE
   (평면도 우측 하단에 설계자가 의도한 DESIGN CONCEPT를 180자 내외로 적으시오.)
2) 내부 입면도 D방향 1면(벽면 재료 표기) : 1/30 SCALE(2001.11.04.)/(2003.04.27. B방향)
3) 천장도(설비 및 조명 기구 배치, 마감재 표기) : 1/30 SCALE
4) 실내 투시도(반드시 채색 작업 포함) : NONE SCALE
   (투시도는 계획의 포인트가 좋은 지점에서 1소점 혹은 2소점으로 작도하되,
   작도 과정의 투시 보조선을 반드시 남길 것)

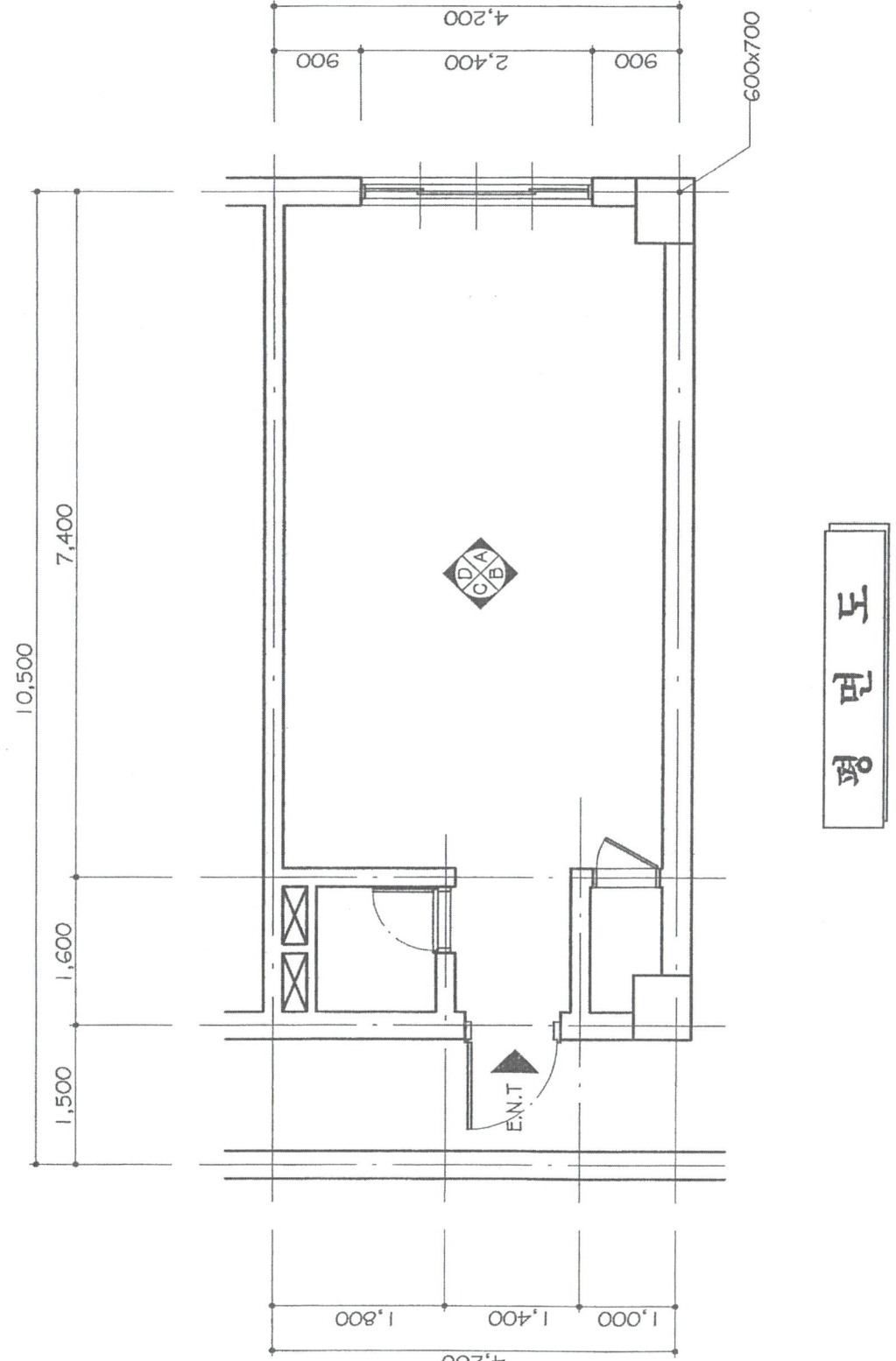

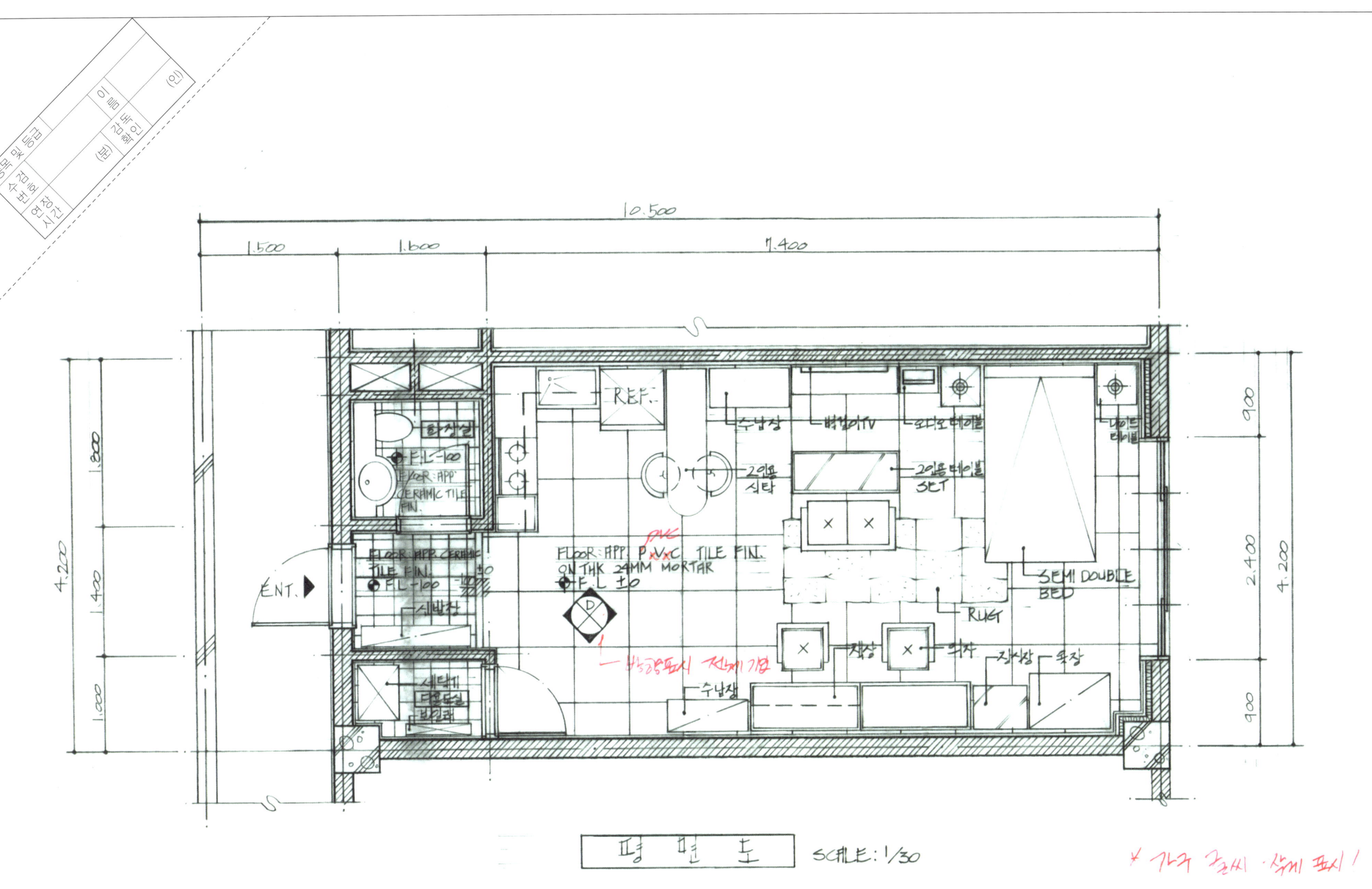

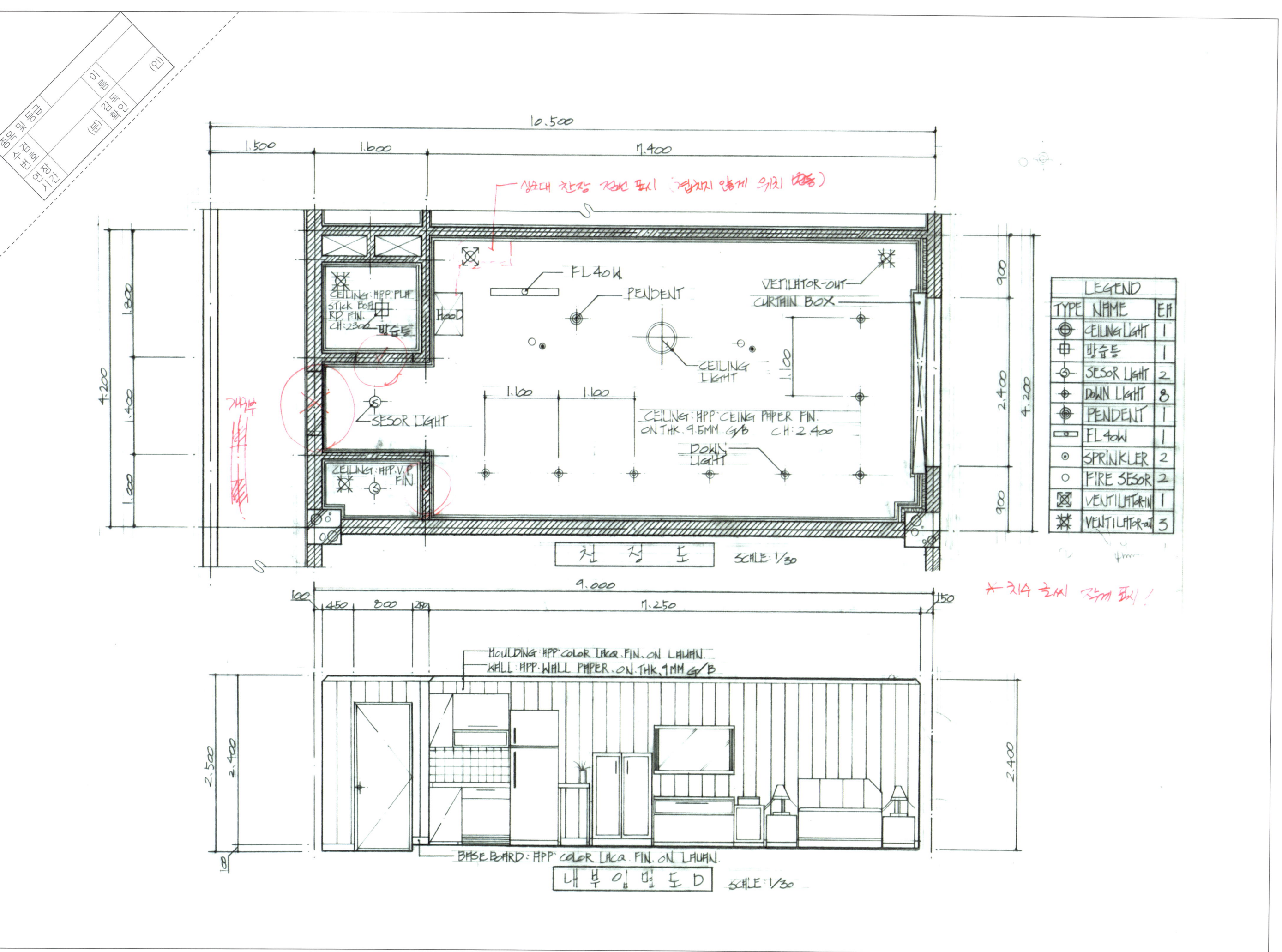

02 패스트푸드점

1 요구사항

문제 도면은 FAST FOOD점이다.
다음 요구 조건에 맞게 요구 도면을 작도하시오.

2 요구 조건

1) 설계면적 : 12,000mm×6,000mm×2,700mm(H)
2) 공간구성
   ① 주방
   ② HALL : 주문카운터 겸 계산대
   　　　　　공중전화 박스 – 전화기 한대
   　　　　　카운터용 테이블 공간 – 카운터 및 스툴
   　　　　　일반좌석 공간 – 테이블 및 의자
   (이상 제시된 가구는 필수적이며 이외에 필요한 가구가 있다면 수검자 임의로 추가할 수 있음.)

3 요구 도면

1) 평면도(가구 및 바닥 마감재 표기) : 1/30 SCALE
   (평면도 우측 하단에 설계자가 의도한 DESIGN CONCEPT를 180자 내외로 적으시오.)
2) 내부입면도 C방향 1면(벽면 재료 표기) : 1/30 SCALE
3) 천장도(설비 및 조명 기구 배치, 마감재 표기) 1/30 SCALE
4) 실내투시도(반드시 채색 작업 포함) : NONE SCALE
   (투시도는 계획의 포인트가 좋은 지점에서 1소점 혹은 2소점으로 작도하되,
   작도 과정의 투시 보조선을 반드시 남길 것)

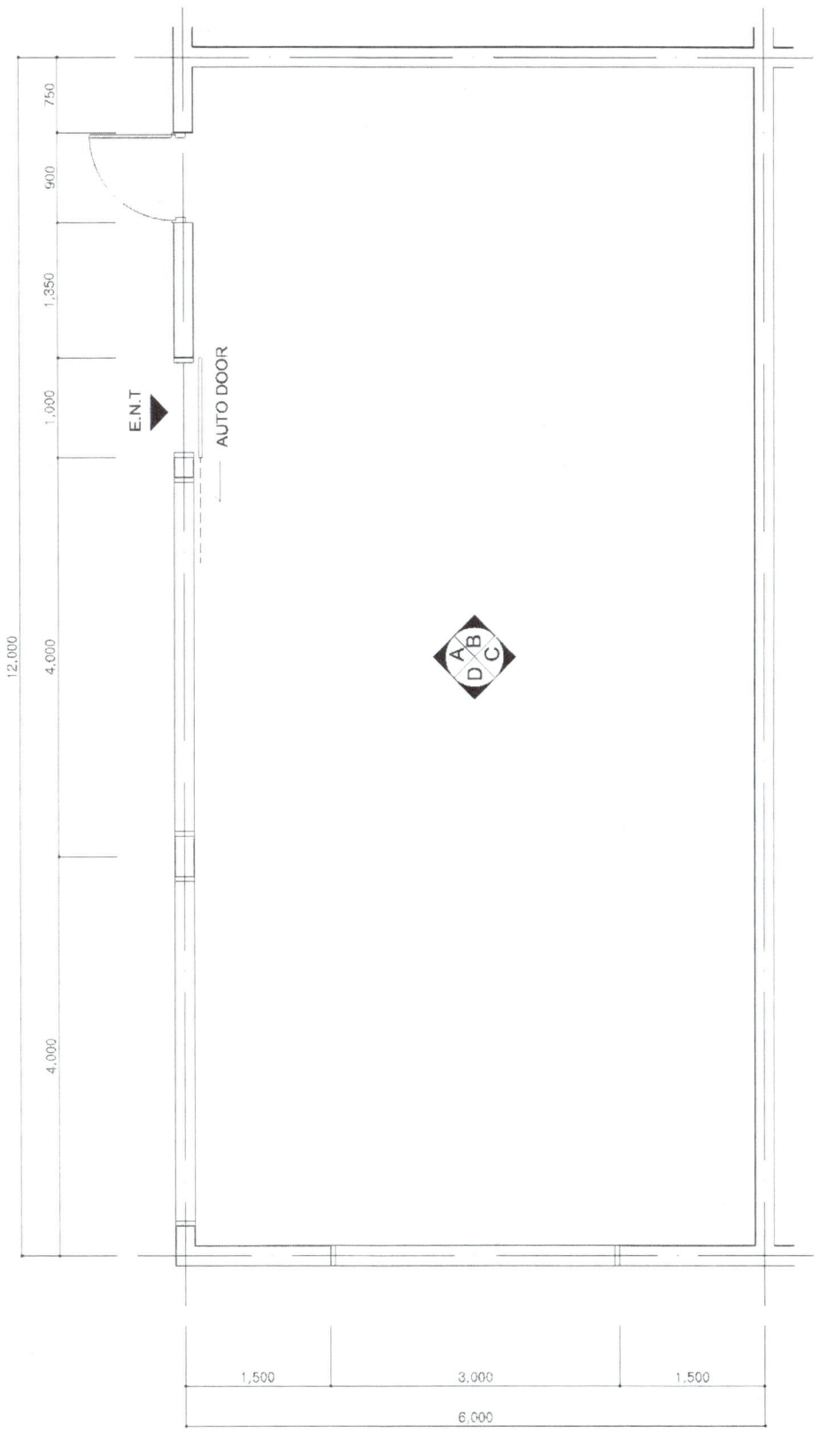

평 면 도

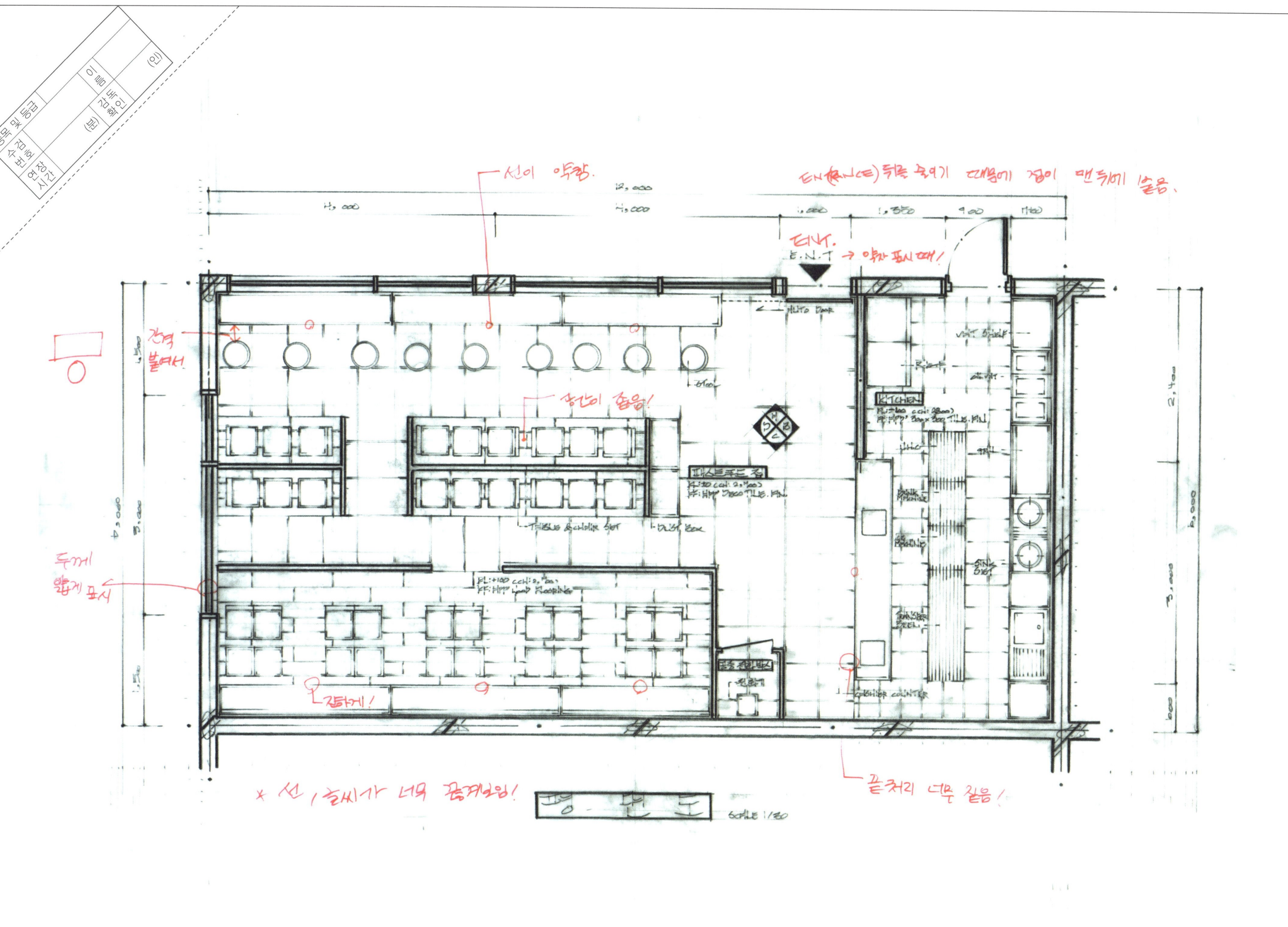

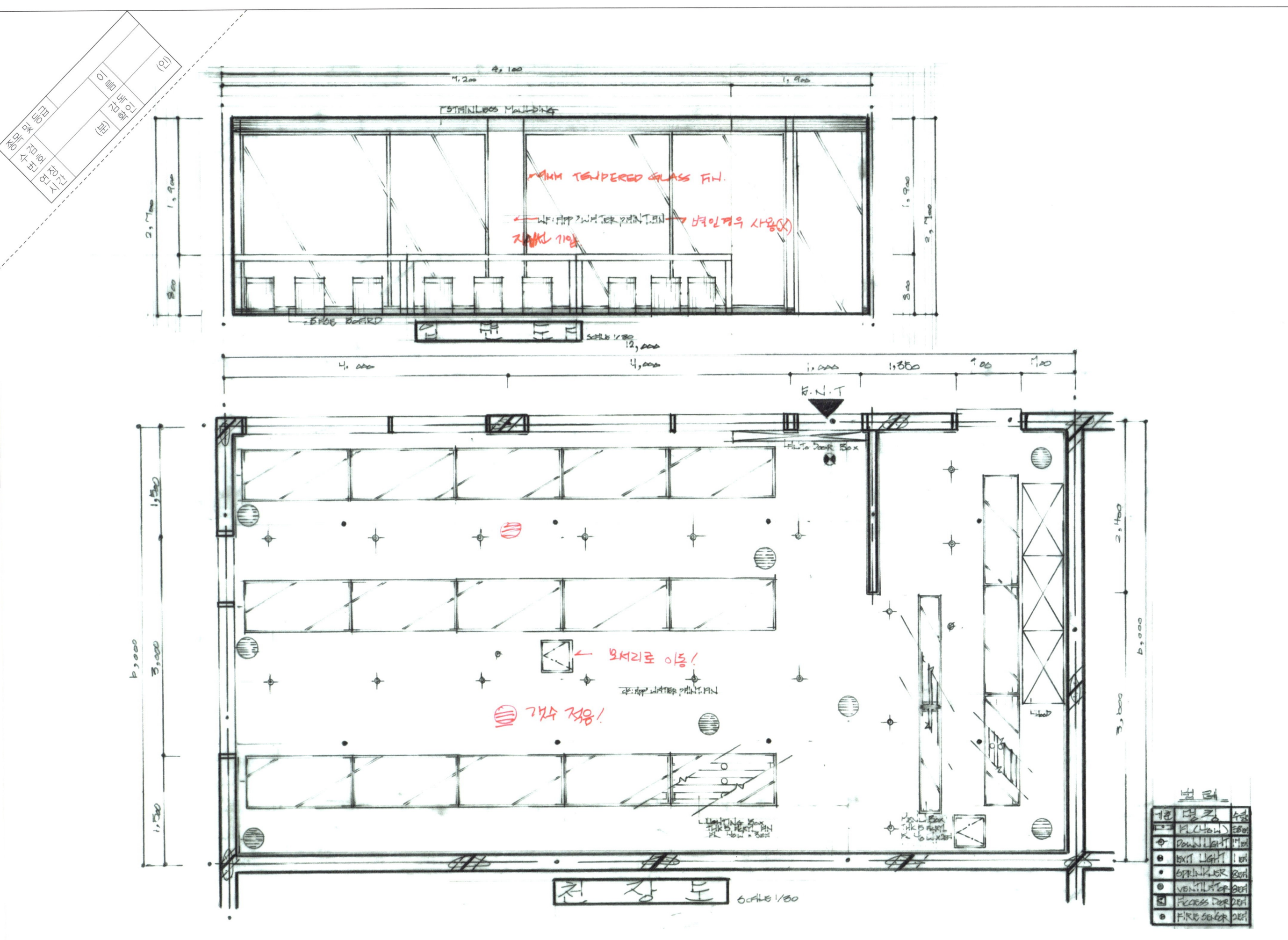

5 실내투시 컬러링

Industrial Engineer Interior Architecture

- 주거형오피스텔 I, II
- 커피숍
- 스포츠의류매장 I, II
- 아동복매장 I, II
- 이동통신기기매장 I, II
- 호텔객실(트윈베드룸)
- 재택근무자를 위한 원룸
- 자녀방 I, II
- 벤처사무실 I, II
- 보석점 I, II
- PC방
- 아이스크림전문점 I, II
- 독신자 APT I, II

주거형 오피스텔 II

스포츠 의류매장 I

투 시 도 SCALE: N.S

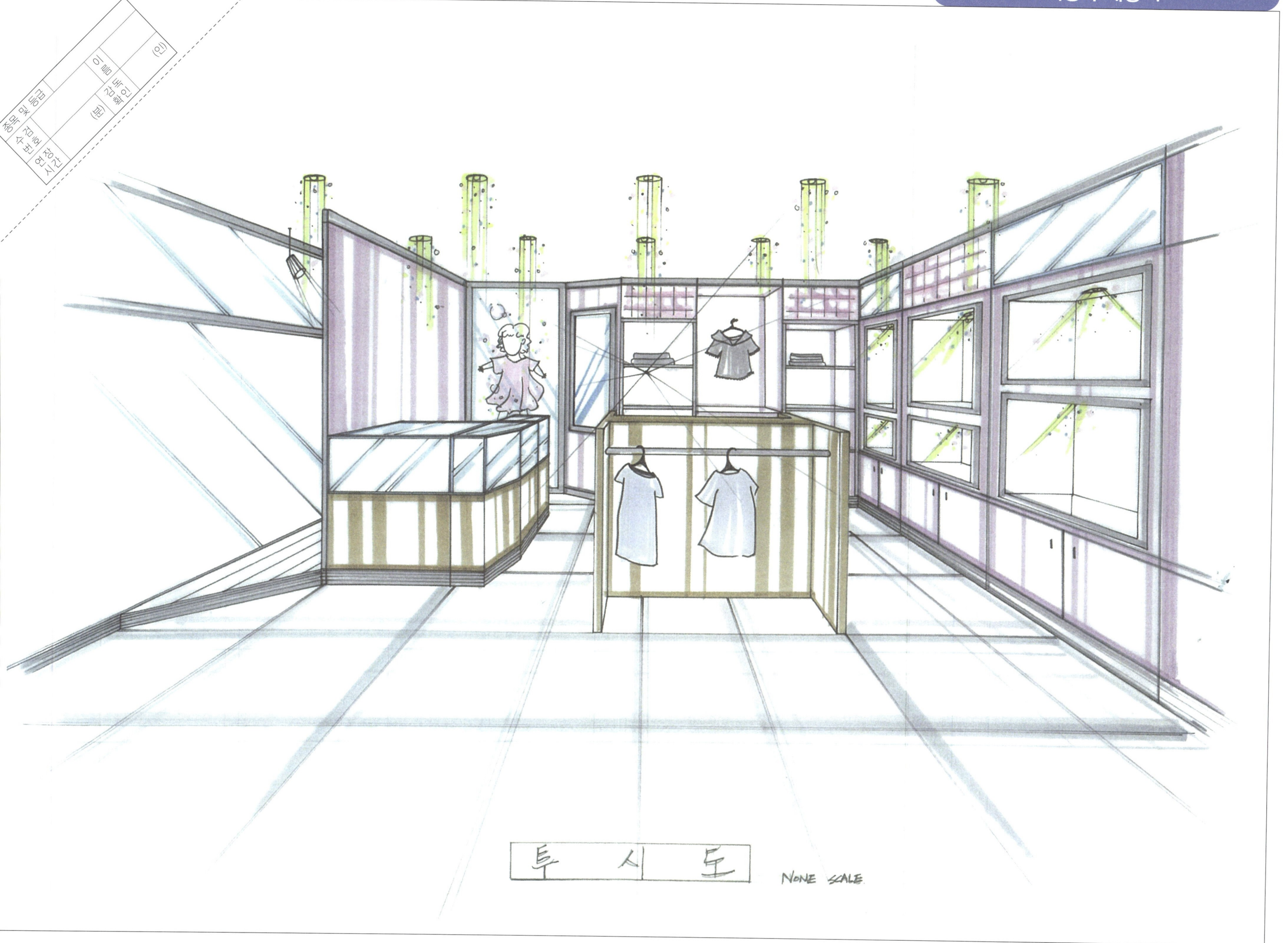

호텔 객실(트윈 베드룸)

재택 근무자를 위한 원룸

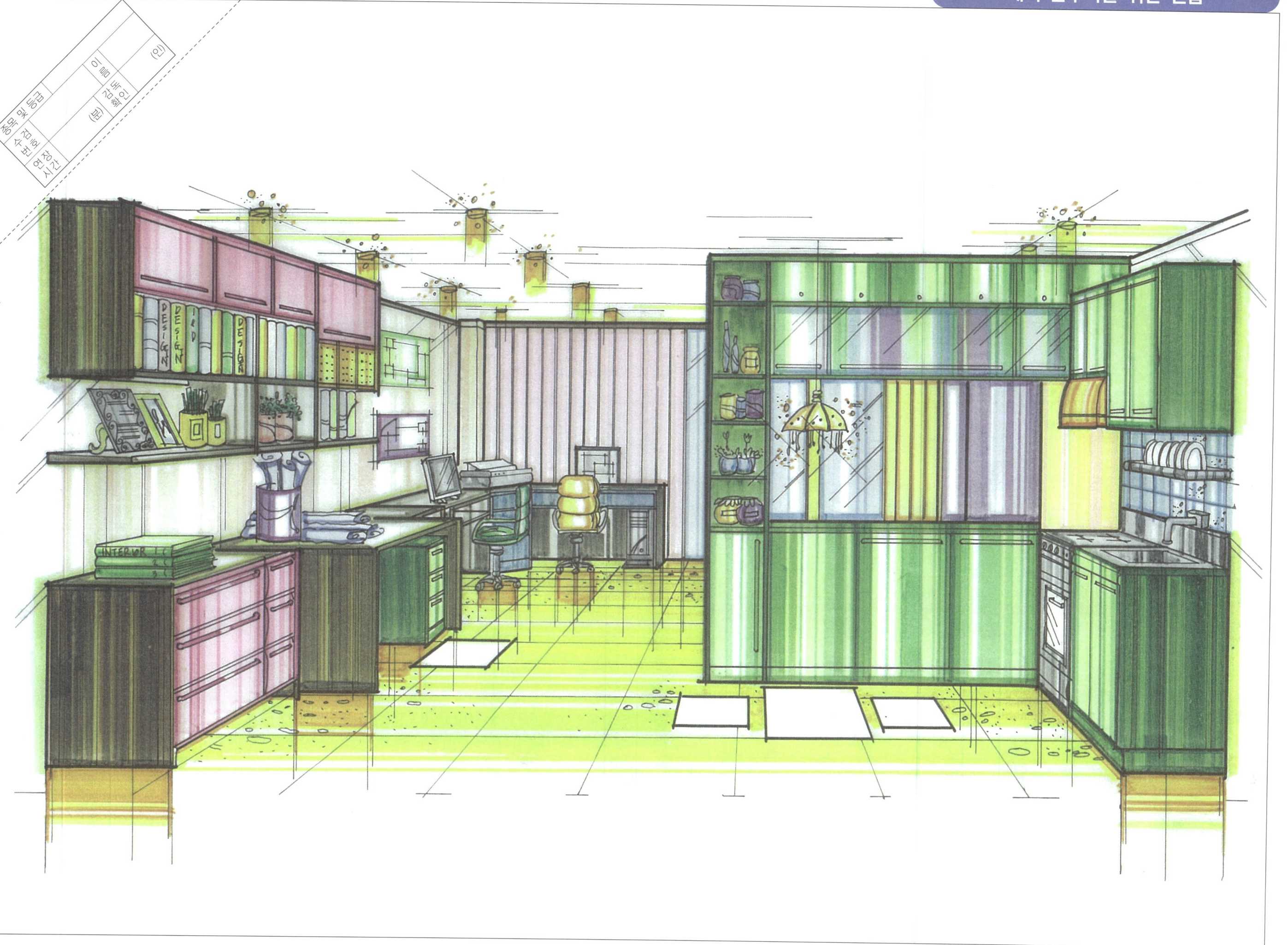

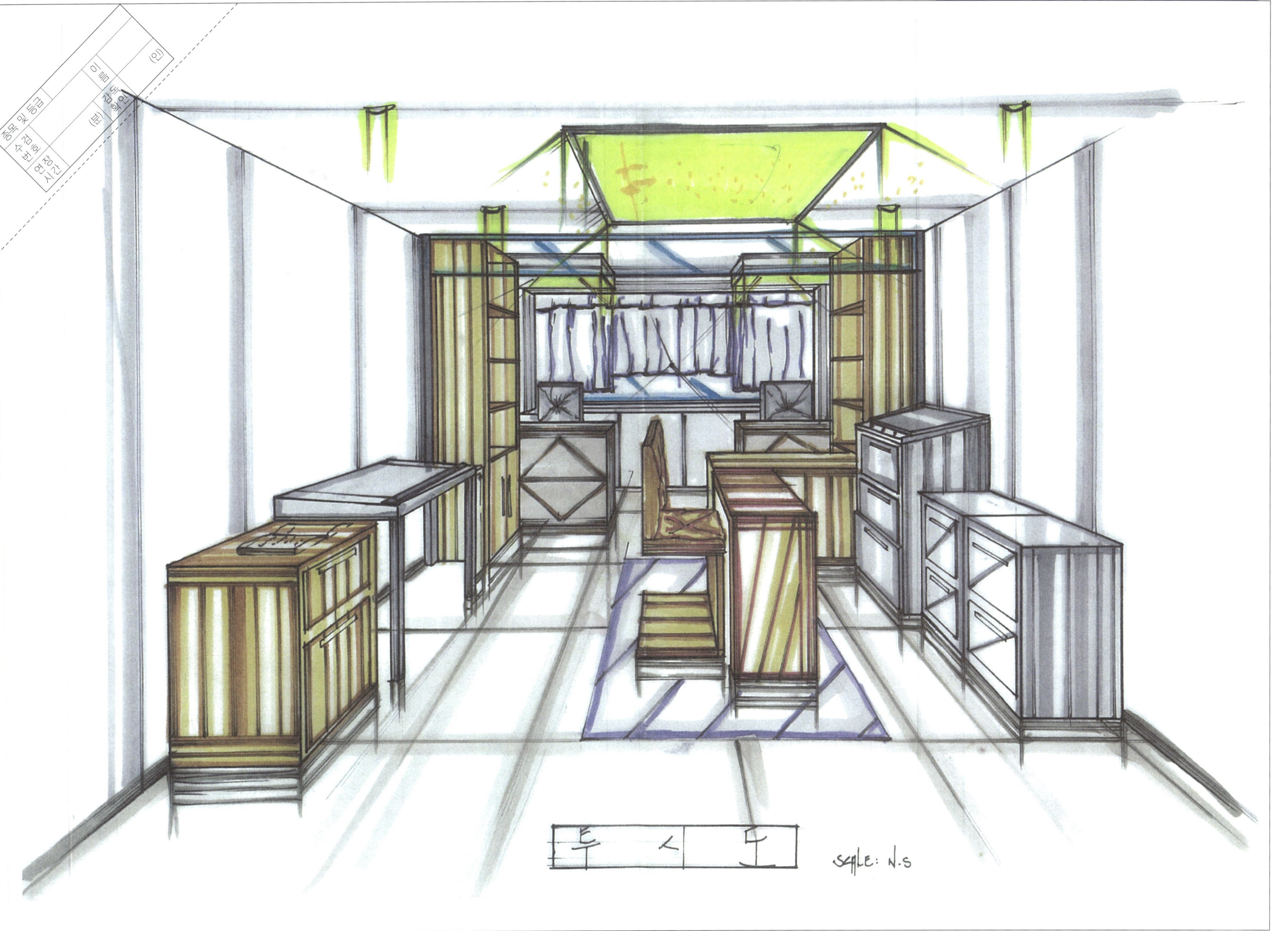

벤처사무실 II

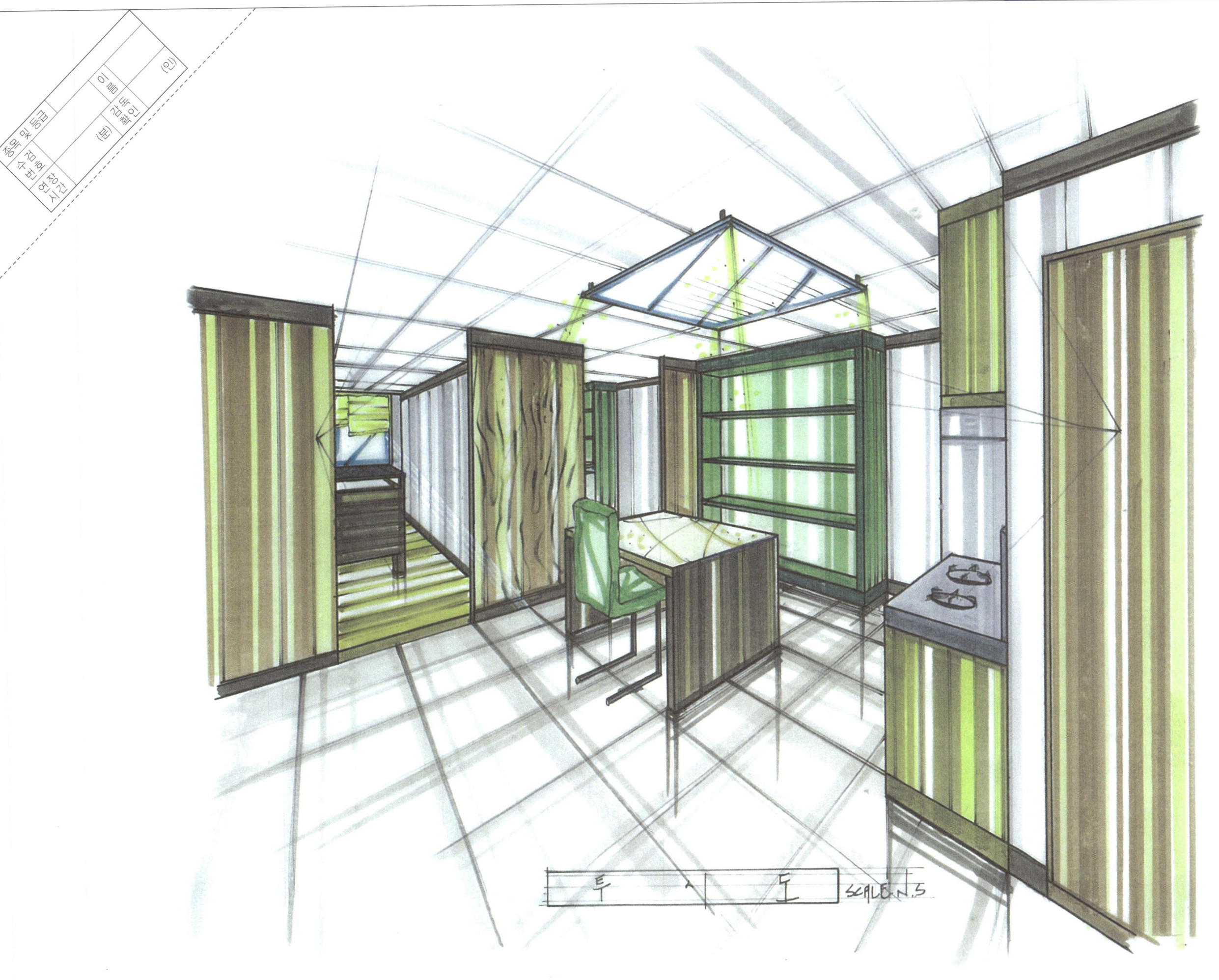

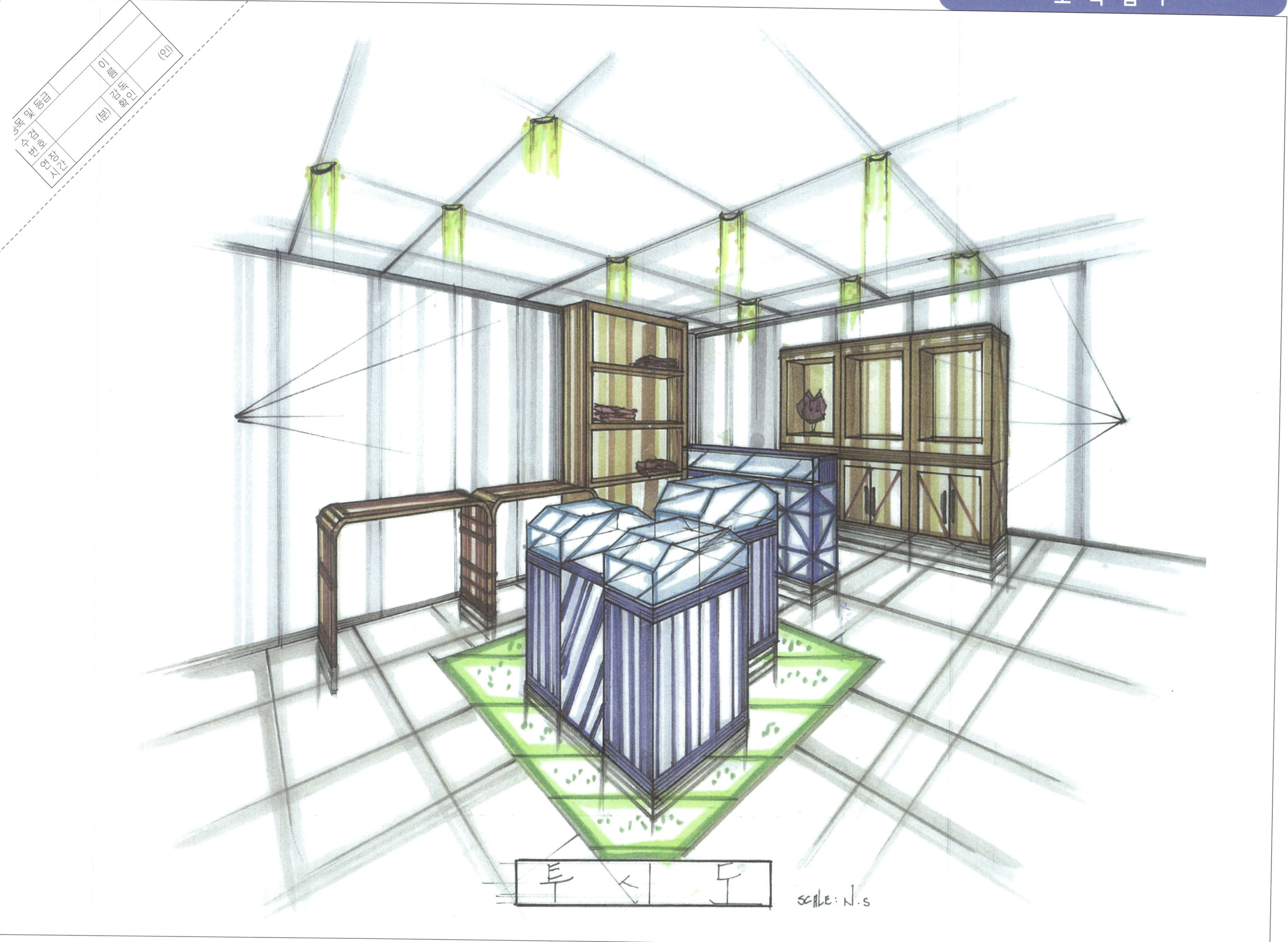

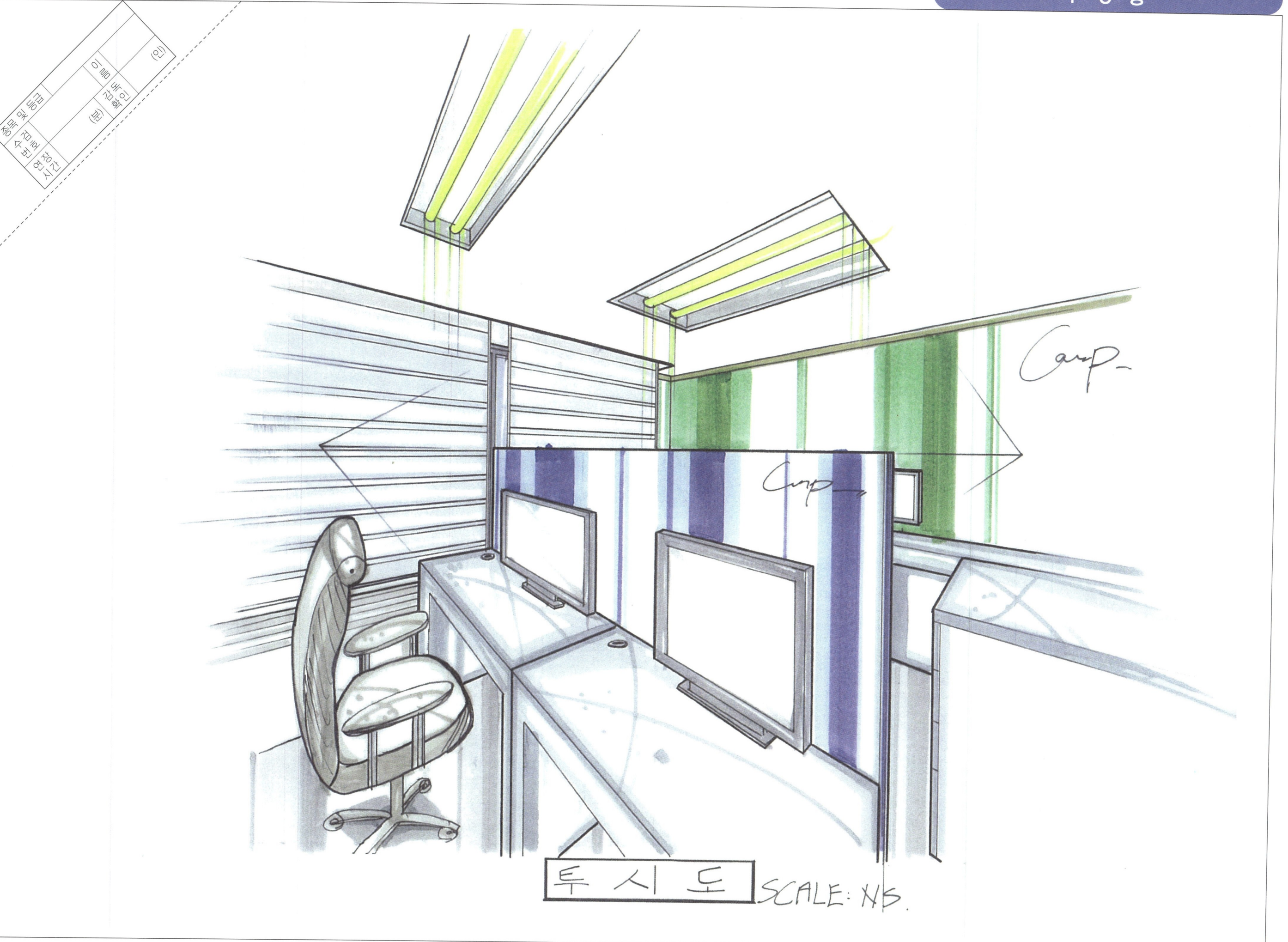

아이스크림 전문점 I

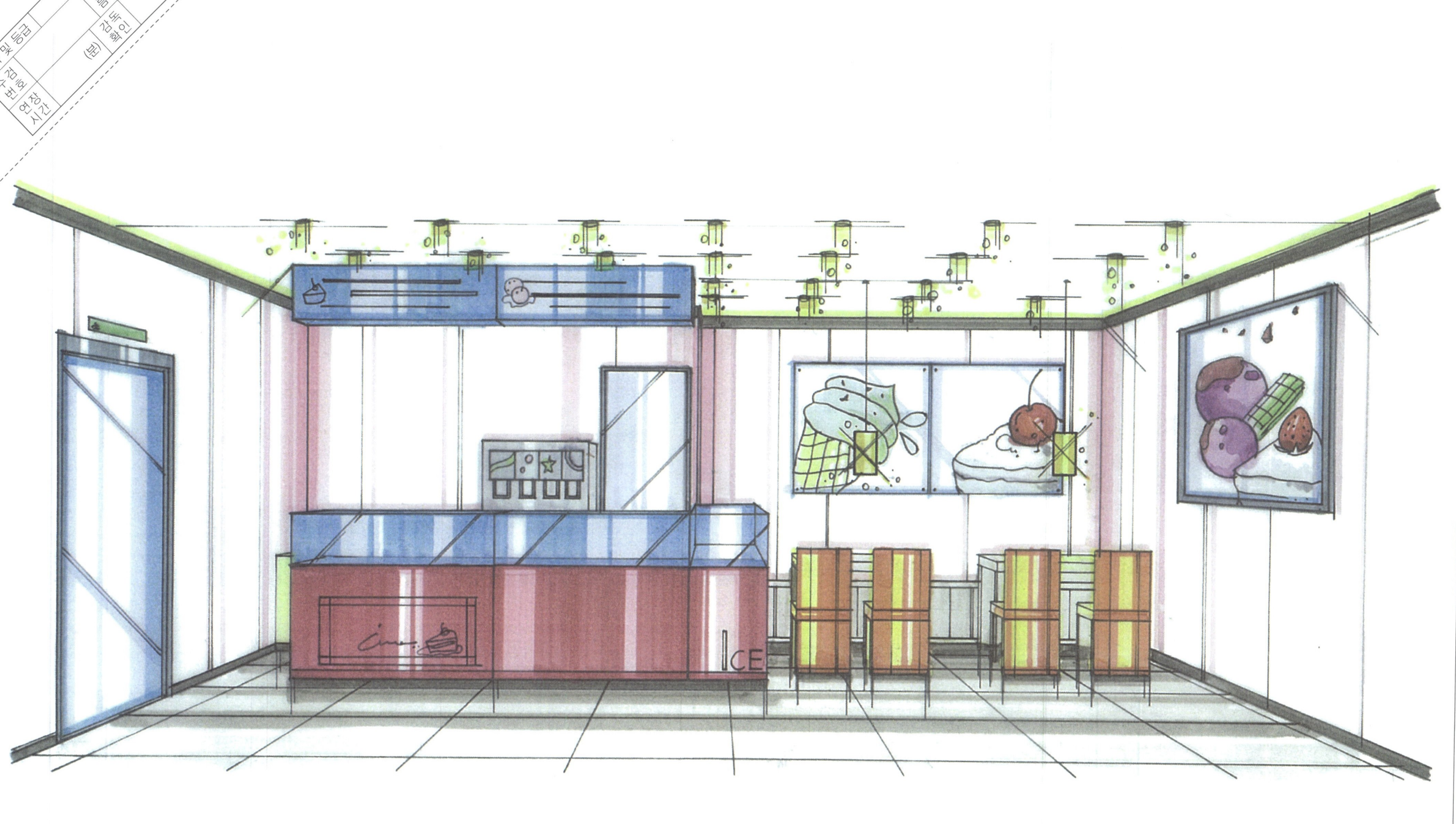

투 시 도 SCALE: N.S

아이스크림 전문점 II

실내건축산업기사실기 작업형

定價 30,000원

저 자 김 영 애
발행인 한 병 천

2017年 1月 17日 초 판 발 행
2017年 1月 23日 초 판 발 행

發行處 (주) **한솔아카데미**

(우)06775 서울시 서초구 마방로10길 25 트윈타워 A동 2002호
TEL : (02)575-6144/5 FAX : (02)529-1130
〈1998. 2. 19 登錄 第16-1608號〉

※ 본 교재의 내용 중에서 오타, 오류 등은 발견되는 대로 한솔아카데미 인터넷 홈페이지를 통해 공지하여 드리며 보다 완벽한 교재를 위해 끊임없이 최선의 노력을 다하겠습니다.

※ 파본은 구입하신 서점에서 교환해 드립니다.

www.inup.co.kr / www.bestbook.co.kr

ISBN 979-11-5656-418-8 13520

이 도서의 국립중앙도서관 출판시도서목록(CIP)은 서지정보유통지원시스템 홈페이지(http://seoji.nl.go.kr)와 국가자료공동목록시스템(http://www.nl.go.kr/kolisnet)에서 이용하실 수 있습니다. (CIP제어번호 : CIP2016032157)

참고문헌

Illstration 드로잉 Layout I / 도서출판 서우 / 김영애, 이원범 공저

인테리어 디자인을 위한 드로잉 / (주) 교문사 / Drew Plunkett 지음, 천진희 옮김

실내 디자인 표현기법 / 미진사 / 오태주 지음

동방디자인

interior sketch technic

실내건축 디자인 실무 / 성안당 / 전명숙 지음

A+ 실내건축제도 / 기문당 / 권문형외 4인 공저

4bee.co.kr

uniquesystem.co.kr

www. bimer.co.kr

건축설계제도 / 신구대학 규정도서 편찬위원회

실내건축산업기사 / 예문사 / 김정민 지음

실내디자인 조형실기 / 노동부 / 한국산업인력공단

건축설계제도 / 교육부 / 한국직업능력개발원 / (주)천재교육